核能与核技术经典教材系列

空间核动力

（第2版）

苏著亭　杨继材　柯国土 编著

上海交通大学 出版社
SHANGHAI JIAO TONG UNIVERSITY PRESS

内容提要

本书为"核能与核技术规划教材"之一。主要内容包括空间核动力的基本概念、分类、技术特点和实际应用,空间核动力的发展情况及趋势,空间核动力中的热电转换和材料选择,空间核动力的关键部件和重要实验设施,空间核动力的安全和可靠性问题;典型的、最具代表性的空间核动力装置等。本书可作为高校与研究机构的核能工程及航天专业教材,也可供相关专业技术人员参考。

图书在版编目(CIP)数据

空间核动力 / 苏著亭,杨继材,柯国土编著.
2版. -- 上海:上海交通大学出版社,2025.1 -- ISBN
978 - 7 - 313 - 31118 - 4

I. TL99

中国国家版本馆 CIP 数据核字第 2024NW9969 号

空间核动力(第 2 版)
KONGJIAN HEDONGLI(DI 2 BAN)

编　　著:苏著亭　杨继材　柯国土
出版发行:上海交通大学出版社　　　　　　　　　地　　址:上海市番禺路 951 号
邮政编码:200030　　　　　　　　　　　　　　　电　　话:021 - 64071208
印　　制:上海盛通时代印刷有限公司　　　　　　经　　销:全国新华书店
开　　本:710 mm×1000 mm　1/16　　　　　　印　　张:29
字　　数:488 千字
版　　次:2016 年 1 月第 1 版　2025 年 1 月第 2 版　印　　次:2025 年 1 月第 4 次印刷
书　　号:ISBN 978 - 7 - 313 - 31118 - 4
定　　价:89.00 元

前　　言

本书第一版自 2016 年出版以来,得到了来自核工业、航天、科工局、总装备部、高校等诸多领域读者的好评。

近年来,我们陆续收到了许多读者及有关单位的宝贵意见与建议。同时,世界空间核动力领域也有了不少重要的发展和研究趋势,比如,美国于 2018 年成功开展了热管型空间核反应堆电源 Kilopower 的地面带核试验,这是 21 世纪以来世界上第一次空间核反应堆地面原型试验,对于空间核动力的未来发展意义重大,有必要将其研究情况纳入本书。此外,近年来科技类图书出版又有了新的规范要求,本书也需要按新的规范要求做相应调整。以上因素促使我们对第一版内容进行修改、补充和完善。

在第一版的基础上,第二版遵循“修正不规范和错误、补充新进展、删减过时内容”的原则,主要进行了以下方面的修订工作:

(1) 内容上与时俱进。力求补充完整空间核动力的研发现状,以便于读者对本领域有更为全面的了解。增补内容主要包括美国热管型空间核反应堆电源 Kilopower 的研究历程、美国空间核反应堆领域的燃料低浓化趋势、美国核热推进领域的研究进展、采用动态斯特林转换的同位素电源的研究现状,以及俄罗斯“海燕”核动力巡航导弹的相关内容等。

(2) 结构上更加严谨清晰。本版书对第 3 章内容按照静态转换和动态转换两大类重新做了编排。

(3) 格式上合理规范。按照出版社新的规范要求,本版增补了多处标题间上下文衔接内容,使得全书行文更具前后逻辑性和连贯性,增强了可读性。

本版书的修订工作在上海交通大学出版社杨迎春博士的指导和帮助下完成。参与具体修订工作的人员有苏著亭、杨继材、柯国土、胡古、于宏、孙征、安伟健、霍红磊、钟武烨。此外,中国原子能科学研究院原院长孙祖训对本书的再版提出了重要意见:"加大研制力度,尽快制造出实物。"

由于编者水平有限,书中难免存在疏漏,欢迎读者批评指正。

目　　录

引　言
——从"万户飞天"说起

　　1945 年,美国火箭专家赫伯特·S.基姆出版了《火箭与喷气发动机》一书。书中提到"**大约在 14 世纪末,中国明朝有一个叫万户的人,在一把椅子上装了 47 支火箭,自己坐上去后用绳子绑紧,两手还各举一只大风筝。然后,让人把火箭点燃……**"这位火箭专家认为万户是"试图利用火箭作为运载工具的第一人"。这件事情在当时的世界科技界引起了不小的轰动。清华大学的刘仙洲教授将其译为"**万户飞天**"。此后,英国、德国和苏联的一些火箭专家在他们的著作中也多次提到和引用了这个故事。

万户飞天

　　万户借助火箭推力升空的创想和实践,使他成为被世界公认的"真正的航天始祖"。20 世纪 70 年代,为了纪念乘中国古代火箭飞天的万户,国际天文联合会将月球背面的一座环形山命名为"**万户山**"。应该说,"万户飞天"是极具创造性和富于想象的,他既考虑到火箭的推进力,也想到借用风筝的上升力。

他把当时世界上最先进的中国火箭技术和中国传统的风筝艺术戏剧性地结合在一起。**美国华盛顿国家航空航天博物馆正厅,陈列着中国古代的风筝与火箭模型。旁边的标牌中有这样一句话:"人类最早的飞行器是中国的风筝和火箭。"**

现在,人类已经成功实现了载人航天,所用的能源动力除了化学能和太阳能外,还拓展使用了核能。**在这里,我们把在航天活动中使用的"空间核能"统称为"空间核动力"。**本书从 7 个方面比较详细地介绍了空间核动力科技领域的相关知识,不妥之处望不吝指正。

第 1 章

空间核动力概述

从 20 世纪 60 年代起，人们就在航天活动中使用了空间核动力技术。1961 年 6 月，美国国防部在子午仪·4A 导航通信卫星上，装备了^{238}Pu 放射性同位素电源 SNAP - 3B7；1965 年 4 月，成功发射了世界上第一个空间核反应堆电源 SNAP - 10A。1970 年 6 月，苏联发射了装备 BUK 型空间核反应堆电源的军事侦察卫星；1987 年 2 月 1 日和 7 月 10 日，先后成功发射了装备了 TOPAZ - 1 型热离子空间核反应堆电源的"宇宙 1818"号和"宇宙 1867"号飞船。

1.1　空间核动力概念

在国内，"空间核动力"一词最早公开出现在钱绍钧院士主编的《军用核技术》[1]一书和苏著亭撰写的"空间核动力"专题报告[2]中。但在上述两本著作中，都没有像本书引言中那样直截了当、明明白白给出了**"空间核动力"的定义——在航天活动中所使用的"空间核能"的统称**。

在国外的科学著述中也很少看到对"空间核动力"一词的明确表述。例如，俄罗斯库尔恰托夫研究院荣誉副院长、科学院院士 H. H. 波诺马廖夫-斯捷普诺依等在 2000 年的 *Nuclear News* 上发表了著名论文——*Russian Space Nuclear Power and Nuclear Thermal Propulsion Systems*，系统而概括地介绍了俄罗斯（含苏联）空间核动力的发展情况[3]。我们翻译并认真研究了这篇文章，题目译为"俄罗斯的空间核电源和核热推进系统"。其中的"Space Nuclear Power"译为"空间核电源"而没有译为"空间核动力"。另外，中国长城工业公司组织翻译出版了俄罗斯 Keldysh 航空航天研究院院长、科学院院士 A. C. 科罗捷耶夫主编的《载人火星探测》一书。我们有幸参加了第 5 章"Power and Propulsion Systems"的校审[4]，把译稿的"动力和推进系统"

改为"电源和推进系统"。我们以为在中文中,"动力"一词包含了"电源"和"推进"的双重含义;在英文中"Power"一词,则既可以指"电源"也可以指"动力"。而当"Power"和"Propulsion"出现在同一篇文章中时,"Power"就一定指的是"电源"而不能译为"动力"。撰文至此,我们不能不为祖国语言文字的色彩缤纷、包罗万象和博大精准而点赞!

为了加深对"空间核动力"这一概念的理解,下面简单解释一下"空间"与"核能"这两个词的科学含义。

1.1.1 地球大气及其附近的空域

我们居住的地球以及包围着地球的大气是人类生存与发展的基础。地心引力决定着地球大气随海拔高度而分布的情况。通常把地球大气大致分为5个层次[5],分述如下。

1) 对流层

对流层的厚度从地面算起海拔约为18 km。对流层的空气密度最大,所含空气质量约为整个大气层质量的四分之三。这一层空气的密度、压强、温度和湿度都是变化的,雷雨、风暴等气象变化都发生在这一层。

2) 平流层

平流层指海拔为18~55 km的空域。平流层的空气质量约为整个大气质量的四分之一。这一层内的大气只有水平方向的流动,没有竖直方向的对流。

3) 中间层

中间层指海拔为55~85 km的空域。中间层的空气质量约占整个大气质量的三千分之一。

4) 高温层

高温层指海拔为85~800 km的空域。高温层中空气的温度随高度而上升。太阳的短波辐射常把空气分成几个电离层,因此,高温层也称为电离层。

5) 外层

外层指海拔为800 km以上直到2 000 km的空域。这里近乎大气的边界,所含的空气极少。

实际上,地球大气向周围延伸超过1 000 km。通常,人们把海拔20 km以下的空域称为天空;而把海拔100 km以上的空域习惯上叫作"太空"或"外层空间"。**太空或外层空间是人类航天活动的空域,也即空间核动力的"空间"。**

在这里,我们必须提到"临近空间"(near space)的概念。"临近空间"是美军首先提出的,他们把海拔为 20～100 km 的空域称为"临近空间"。实际上,现在人们已经把地球附近的空域划分成天空、外层空间和临近空间 3 个部分。

临近空间包含着大部分平流层、整个中间层和一小部分高温层,纵跨非电离层(海拔 60 km 以下)和电离层(高温层)。"临近空间"尽管是一个没有为国际公认确切定义的学术概念,但它却是一大块实实在在的、非常重要的和有着巨大利用价值的新空域。临近空间下面是"天空",上面是"太空"或外层空间。天空是传统航空飞行器的主要活动空域;"太空"是航天飞行器(包括空间核动力装置)的主要活动空域。在"临近空间"这一高度上,传统航空飞机遵循的空气动力学和航天飞行器遵循的轨道动力学都不适用。临近空间复杂独特的力学环境使得临近空间飞行器的应用研发具有极其重要的军事意义[6]。

美国对"临近空间"飞行器的研发非常重视。2003 年,美国空军将"攀登者"号飞行器释放到 30 km 的高空,完成了初步试验;2005 年,美国国防部(DOD)把临近空间飞行器列入无人飞行器系统范围,美国空军首次引入了"临近空间飞行器"的概念;2006 年初,美国空军提出了近(2006—2010 年)、中(2010—2020 年)、远(2020 年以后)发展临近空间飞行器的报告。

临近空间的研究和应用正在引起世界各国的高度关注[7]。我们很自然地想到,在临近空间应用核能也许应该成为一个新的研究课题吧?

1.1.2　核能——为"原子能"正名

其实人们把核能误称为"原子能"一事,已经有九十多年,并且事情好像还要持续下去。你看,联合国有国际原子能机构,有核国家一般都有国家原子能委员会或者原子能部,俄罗斯、中国还设有原子能科学研究院等,不一而足。弄清这件事,我们要追溯到从 19 世纪末到 20 世纪 40 年代近代物理学蓬勃发展的光辉岁月。

1896 年,法国物理学家 A. H. 贝可勒尔发现了天然放射性现象和铀的自发蜕变,使人类第一次捕捉到来自原子核内部的信息。新西兰物理学家卢瑟福在研究 α 射线的能量后,明确指出"**这些需要加以研究的事实,都指向同一结论,潜藏在原子里面的能量必然是巨大无比的**"[8]。当时,原子核尚未被发现,所以人们理所当然地把这种放射能叫作"原子能",并且一直沿用至今。实际上,应称为"原子核能"或简称"核能"。1911 年,卢瑟福通过 α 散射实验发现了原子核。1938 年,德国物理化学家奥托·哈恩与好几个当时已相当著名的科学家,共同发现了铀核裂变现象,证实了卢瑟福的天才预言,揭示了"原子能"的原子核能本质。

长期以来,"原子能"与"核能"基本上是同义语。例如,《现代汉语词典》是这样解释"原子能"的:原子核发生裂变或聚变反应时释放出的能量。而在科技图书,特别是在过去的科技图书中,只要提到原子能就必然指的是原子的核能或者是核能。我们认为,在科学研究中应该把原子能与核能区别开来。因为不论从字面上,还是从科学意义上看两者的含义是不同的。原子能应该是原子所含的全部能量,包括原子核蕴含的能量(即核能)、核外电子所具备的能量以及原子核与核外电子相互作用所拥有的能量。在本书中我们关注的主要是核能。

原子核内蕴藏着巨大的能量。原子核的变化(从一种原子核转变成另外一种原子核)常常伴随着很大的能量释放,如放射性同位素(如^{238}Pu)衰变,重核(如^{235}U)裂变,轻核(氘核和氚核)聚变都释放巨大能量。

例如,1个^{235}U核裂变释放的能量约为200 MeV。1 kg^{235}U裂变释放的能量相当于2 800 t标准煤充分燃烧所释放的能量! 这一巨大的能量来自何处? 来自铀原子核的内部,来自所谓的原子核的"结合能"。

大家知道,自然界的所有物质都是由原子组成的。原子则由位于中心位置的带正电荷的原子核和绕核运动的带负电荷的电子构成。而原子核又是由带正电荷的质子和不带电荷的中子组成的,质子和中子统称为"核子"。能把质子和中子紧密约束结合在一个极小的空间并形成原子核,是因为存在着一种巨大的"核子力",这种力只在原子核直径大小的空间内起作用。当质子和中子重新组合成新的原子核时,核子力的强大作用使质子和中子结合得更加紧密,以致总会出现质量减少和能量释放的现象。在这种情况下减少的质量称为"质量亏损",释放的能量称为原子核的"结合能"。

在^{235}U核裂变中,参加反应的是1个铀核和1个中子。生成物是2种新的核素(如钡和氪)和2~3个中子。经精确计算,质量亏损为0.215个原子质量单位,约等于$3.6×10^{-25}$ g。根据伟大科学家爱因斯坦的质能关系定律$E=mc^2$可以得出,与一个铀核裂变的质量亏损($3.6×10^{-25}$ g)相当的能量正是前面所说的200 MeV[9]。原子核内所含能量之巨大,简直令人难以想象。但我们可以坚信的是,核能的空间应用也即空间核动力的应用,必将使人类航天事业开创出更加光辉灿烂的新局面。

现在,空间核动力中使用的核能主要是放射性同位素特别是人工放射性同位素(如^{238}Pu)的衰变能,以及核反应堆中易裂变材料(如^{235}U)的裂变能。不久的将来有可能使用聚变能,甚至有正反物质的湮没能。应该说核能释放的主渠道都是基于核反应、结合能、质量亏损、质能关系定律等近代核物理基础理论。21 世纪以来,以"量子核子学"为理论实验基础的同核异能素(如 ^{178m}Hf)开发利用的创新性研究引起了核科技界的极大关注。

1.1.3　关于同核异能素的研究

同核异能素,又称同质异能素(isomer),是指质量数相同、原子序数也相同,而所具有的能量和能量状态不同、放射性也不相同的 2 个或 2 个以上核素。通常在核素符号的质量数后加写"m"来标记[m 表示亚稳(metastable)]。例如,^{178m}Hf 就是 ^{178}Hf 的一种同核异能素。同核异能素可能长期处于激发状态,是一种亚稳态同位素。同核异能素蕴含着巨大的能量,并且能长期保持这些能量。例如 ^{178m}Hf 的能量比基态的 ^{178}Hf 的能量高约 2.5 MeV,半衰期为 31 年。^{178m}Hf 同核异能素的能量密度约为 ^{235}U 核裂变能量释放密度的百分之一。在自然界中,天然存在的同核异能素为世人所知的仅有一种 ^{180m}Ta。多数同核异能素要通过人工核反应来生成。自从发现同核异能素以来,人们对同核异能素的研究已经有数十年的历史。

1.1.3.1　^{178m}Hf

2002 年 2 月 24 日,中国《科技日报》第 6 版刊登了一条大约 500 字的国际科技新闻。新闻报道说,美国五角大楼正在研究制造核动力无人战机的可能性。美国空军希望这样的战机一次可不间断地飞行数月,并能够摧毁一切进入其视野内的目标。美国空军研究实验室计划用所谓"核子反应堆"代替常规的核反应堆,使用放射性同位素 ^{178}Hf 作为核燃料,在 X 射线的作用下,^{178}Hf 以 γ 射线的形式释放能量加热空气气流,为飞机提供动力等。

经查证这则新闻的主要文字依据是美国 Duncan Graham-Rowe 撰写的文章 *Nuclear-powered Drone Aircraft on Drawing Board*(《绘图板上的核动力无人飞机》)。这篇科技论文反映了美国科技界以及美国军方对同核异能素研究的高度重视[10]。

与原子能级理论相类似,"量子核子学"理论认为,构成任何原子核的核子(即质子和中子)非常像原子中沿轨道运动的电子。在原子核中,核子的量子力学性质把这些核子局限在一组精确的能级范围,这些能级像一架架梯子的梯级。但是,核子梯级的能量间距比电子梯级的要大 100 万倍。因此,当核子下降到较低能级时,它释放出的光子能量将是电子跃迁时放出光子能量的 100 万倍,也就是说放出 γ 射线而不是可见光[11]。

如何把约束在原子核激发态的能量人为地释放出来?由美国得克萨斯大

学 Carl Collins 领导的,同时由美国、俄罗斯、乌克兰、罗马尼亚和法国专家参加的研究小组提出了一种假设,认为**原子核存在着比"同核异能素"更高的能量状态——"K-混合态"。量子系统有一种独特能力,可以使处于"K-混合态"的原子核有 2 种不同的形态。而原子核一旦处于"K-混合态",它就可以自由地衰变到基态。**根据这种设想,要打开一个长寿命的同核异能素,必须首先使它成为"K-混合态"。这就是 Carl Collins 研究小组用 X 射线照射^{178}Hf 同核异能素($^{178\,m}$Hf)实验的指导思想[12]。1999 年 1 月 25 日,Carl Collins 小组公布了实验结果,举世震惊。

(1) 在^{178}Hf 同核异能素($^{178\,m}$Hf)以上 20 keV 处,确实存在一个"K-混合态"。

(2) 释放出的 γ 射线的总能量相当于输入的 X 射线总能量的 60 倍。

(3) X 射线的辐照加速了^{178}Hf 同核异能素($^{178\,m}$Hf)的 γ 射线发射,缩短了 31 年的半衰期。

应该说这是"量子核子学"研究的重大突破,也是以^{178}Hf 为燃料的"核子反应堆"的理论实验基础。这一成果展现了$^{178\,m}$Hf 在应用(特别是空间军事应用)方面的广阔前景。

1) 直接作为 γ 射线激光武器

现在的激光武器是 X 射线激光器。X 射线最高能量在千电子伏特的量级,而 γ 射线的能量可达兆电子伏特量级,是 X 射线能量的 1 000 倍。从"核子反应堆"中直接引出 γ 射线,可以用来制造能量更高、威力更大的 γ 射线激光武器。俄罗斯著名的量子力学专家 Lev Rivlin 早就说过,"量子核子学所追求的神圣目标就是 γ 射线激光器"。美国军方已提出保密警告,禁止相关人员公开谈论 γ 射线激光器这个主题。

2) 作为战略核巡航导弹的推进系统

与化学火箭相比,核热推进系统具有极大的优越性。但核热推进系统的工作介质是氢,要自身携带。以"核子反应堆"为基础的核热推进系统可以充分利用近地表面的空气,而不必另携工作介质,系统质量可以大大减轻。因此,"核子反应堆"特别适合作为战略核巡航导弹的推进动力。

3) 作为热电直接转换的空间核电源

配以适当的耐高温的 γ 射线能吸收体,为静态热电直接转换(热离子转换、热电偶转换、碱金属转换)提供热源,为军用航天器供电。

4) 作为军用无人飞机的推进动力

以"核子反应堆"为推进动力的无人战机,可以在空间持续巡航数月,并可以摧毁进入其视野的一切军事目标,是极具诱惑力的应用方向。

5) 同核异能素武器有可能成为第四代核武器

同核异能素蕴含着巨大的可释放能量。^{178}Hf 同核异能素(^{178m}Hf)蕴含的能量是高能炸药能量的 100 万倍。同核异能素有可能成为第四代核武器的"炸药"和引信"火药"。

Carl Collins 小组的研究结果受到一些物理学家的质疑。最主要的实验是由美国阿贡国家实验室、洛斯·阿拉莫斯国家实验室和劳伦斯·利弗莫尔国家实验室联手完成的。结果显示,用 X 射线共振诱发 ^{178}Hf 衰变的截面比 Carl Collins 得出的截面小 5~6 个数量级。意味深长的是,Carl Collins 研究小组照射实验所用的 ^{178}Hf 同核异能素,就是由美国洛斯·阿拉莫斯国家实验室提供的。据报道,该实验室的物理学家利用质子束辐照目标靶,制备出了 4 μg 的同核异能素。但是,"核子反应堆"和同核异能素的研究与争议却引起了国际科技界的更大重视。美国、俄罗斯、法国、德国的一些科研院所,目前正把研究重点集中在同核异能素的性质、获取途径、释放能量的方法及应用领域等方面。

1.1.3.2　^{242m}Am

21 世纪以来,同样引起世界科技界关注的另一种同核异能素是镅的同位素 ^{242m}Am。^{242m}Am 是镅的 8 种同位素之一,是镅的第一激发态,它的半衰期为 141 年。核科技界对其感兴趣的原因是由 ^{242m}Am 的核特性决定的。作为裂变材料,它的热中子裂变截面比 ^{235}U 的热截面大十几倍,达 6 400 b,而热中子俘获截面较小,具有较多的平均裂变中子数和足够长的半衰期,是非常理想的核燃料。在具有反射层的条件下,以 ^{242m}Am 为燃料的核反应堆的临界质量不超过 5 kg,并且 ^{242m}Am 可做成厚度为微米级的燃料元件薄片,使得核裂变碎片可以从燃料元件中逸出。利用这些高能量、高度离子化的裂变碎片,可以研制成空间核反应堆电源、核火箭发动机和核电推进系统,为航天器提供电能或推进动力。

但是,形成或生产一定量和一定富集度的 ^{242m}Am 比较困难。理论研究已证明,在超热中子谱和快中子谱中辐照可以获得 10% 富集度的 ^{242m}Am;如果想得到更高富集度的 ^{242m}Am,则需要技术难度很高的同位素分离,费用将更为巨大。不过令人稍感宽慰一些的是,在生产 ^{242m}Am 的过程中还能得到另一种极具重要使用价值的放射性同位素 ^{238}Pu[13]。

在当今世界上,在 ^{242m}Am 应用研究领域的领军人物应该首推以色列的 Ronen 与 Liebson(1987 年,他们首先提出把 ^{242m}Am 作为核反应堆燃料的设想)、美国的 Chapline 与 Kammash(在 20 世纪 90 年代,他们分别提出了用于

空间推进的以 ^{242m}Am 为燃料的反应堆概念)和意大利的 Carlo Rubbia(21 世纪初,他领导了意大利 P242 项目,提出了利用 ^{242m}Am 的裂变碎片加热氢工质的核火箭发动机方案;Rubbia 是获诺贝尔物理学奖的科学家,2013 年夏天曾到北京在中国航天科技集团的第五研究院讲学)。尽管他们的研究工作目前仍停留在理论分析和计算论证的层面,但是人们普遍感觉到, ^{242m}Am 工程应用的时日已经不会太遥远。

1.1.3.3 钍-激光动力汽车

另外,在 2010 年左右关于钍-激光动力汽车的事情在美国的网上炒得很热,也引起了科技界的关注。钍是一种银灰色的金属元素,在地球上的储量极为丰富。它蕴含的能量比铀、煤、石油和其他燃料的总和还要多得多。美国探明的钍的储量为 4.409×10^5 t,澳大利亚的储量也超过 3.0×10^5 t,而中国的储量更为雄厚。在自然界中,钍的主要成分是 ^{232}Th。 ^{232}Th 是一种天然的放射性核素,经过一系列的 γ 和 β 衰变最终生成稳定核素 ^{208}Pb。一个钍原子核完全衰变释放的总能量约为 39.7 MeV。但是 ^{232}Th 的半衰期为 140 亿年,所以仅靠其自然衰变释放能量, 1×10^4 t 钍释放的能量也不足以点亮一只小灯泡。然而,钍在中子的辐照下可以转化为性能极好的易裂变材料 ^{233}U。因此,一旦钍元素得以成功利用,人类将得到一种潜力无比巨大的新的核能源[14]。

与铀相比,钍有许多优点:

(1) 自然界中钍的成分 99% 以上为 ^{232}Th,不需要浓缩。

(2) 在热堆中,与 ^{238}U 相比, ^{232}Th 是更好的可转换燃料,其热中子吸收截面是 ^{238}U 的 3 倍,因此具有更高的转换效率。

(3) 钍燃料循环寿期长,产生的放射性废物少。

(4) ThO_2 具有较好的化学与辐射稳定性。

(5) 利用钍燃料不能制造核武器,可有效防止核扩散。

人们对钍的研究也已有数十年的历史。其指导思想是利用核反应使钍核素发生转变,其反应式如下:

$$^{232}_{90}\text{Th} + ^{1}_{0}\text{n} \rightarrow ^{233}_{90}\text{Th} + \gamma$$

$$^{233}_{90}\text{Th} \xrightarrow[23.4 \text{ min}]{\beta^-} ^{233}_{91}\text{Pa} \xrightarrow[27.4 \text{ d}]{\beta^-} ^{233}_{92}\text{U}$$

这就是所谓的"钍-铀"循环,另一个著名的"铀-钚"循环已经实现了工程应用[15]。

实际上,早在 1957 年美国福特公司就首次推出了核动力概念车"Nucleon"。"Nucleon"的工作原理是利用核反应堆的裂变热能把水变为高压蒸汽,以驱动 2 台汽轮机,1 台直接驱动汽车,另 1 台用来发电。"Nucleon"概念汽车的设计基础是假定核反应堆要足够小型化,并且能够找到性能足够好、质量足够轻的屏蔽材料。这个前提条件,即使到现在都难以实现。

半个世纪后的 2009 年,在美国芝加哥的车展上,通用公司推出了全球第二款核动力概念车"凯迪拉克 WTF"。"WTF"(world thorium fuel)以钍为燃料,在汽车发动时,高能激光器可以激发钍原子衰变,产生的热能使水变为蒸汽,用以驱动小型涡轮发电机,产生的电能为汽车提供动力。据业内人士说,通用公司对此并没有投入多少经费,当时的钍燃料概念汽车难免有炒作之嫌。

2011 年,美国 PEEKER 公司提出了一种新型的、以钍为燃料的回旋加速磁流体发电机设计,准备应用于离子悬浮概念汽车(ionic levitating vehicle,ILV)。该车发电机的额定功率为 2 MW,可驱动 1 t 左右的汽车在离地面 2～3 ft(1 ft＝0.304 8 m)的高度上行驶,可连续 3 年不需要补充燃料。PEEKER 公司在磁流体发电机的研制上有丰富经验,但如何把钍蕴含的巨大能量释放出来并不是 PEEKER 公司的特长。

钍-激光动力系统是以钍为燃料的核动力汽车的核心技术。这项技术是由美国马萨诸塞州的激光动力系统(laser power system)公司提供的。据该公司介绍,"这种动力系统并不只是停留在纸面上的概念设计,而是一项成熟的技术,已经过多年的测试和实验,有望在 2014 年制造出一辆合适的原型车,对其性能进行检验。"我们对钍-激光动力汽车一事,本来就心存疑点。原因有两点:① 迄今为止还没有一篇相关文章把钍-激光动力汽车的能量释放原理讲得很清楚;② 没有哪个美国的权威科研机构对钍-激光动力汽车给出肯定的评价,而只是几个公司在那里鼓吹。很显然的是,美国激光动力系统公司把话说大了。利用激光释放钍核素蕴含能量的方法远未达到成熟的水平,并且 2014 年制造出一辆合适的原型车实在是吹牛皮。现在,2014 年早已过去,原型车并未造出来!

我们不敢说钍-激光动力汽车一定造不出来。但却坚定地认为,在核反应堆中,利用"钍-铀"循环的方式充分开发钍蕴含的巨大能量的方向还是比较靠谱的。

1.2　空间核动力的分类

从 20 世纪 60 年代起,人们就在航天活动中使用了空间核动力技术[16]。

1961 年 6 月,美国国防部在子午仪·4A 导航通信卫星上,装备了[238]Pu 放射性同位素电源 SNAP-3B7;1965 年 4 月,成功发射了世界上第一个空间核反应堆电源 SNAP-10A。1970 年 6 月,苏联发射了装备 BUK 型空间核反应堆电源的军事侦察卫星;1987 年 2 月 1 日和 7 月 10 日,先后成功发射了装备了 TOPAZ-1 型热离子空间核反应电源的"宇宙 1818"号和"宇宙 1867"号飞船。

根据对核能具体应用形式的不同,我们把空间核动力分为空间核热源、空间核电源、核推进,以及兼具供电和推进功能的双模式空间核动力系统四大类。

1.2.1 空间核热源

空间核热源主要指的是放射性同位素热源(radioisotope heat unit, RHU),这是利用放射性同位素的衰变能制成的热源。放射性同位素热源专门用来为航天器的仪器、仪表创建和保持温度适宜的工作环境[17]。放射性同位素热源由两部分构成:同位素热源燃料和包封燃料的燃料盒。放射性同位素热源的性能通常用两个参数来表示:① 功率密度(热源单位体积的平均发热功率),单位为 W/cm^3;② 热源燃料核素的半衰期 $T_{1/2}$,单位为年。根据放射性同位素放出射线种类的不同,放射性同位素热源可分成 α 热源、β 热源和 γ 热源。在航天活动中主要使用 α 热源。

α 热源的燃料可利用核反应堆来生产。α 热源的最大特点是无须很重的辐射屏蔽体,故作为空间应用尤为合适。此外,α 热源的比功率和功率密度均很高,尤其是[210]Po 和[242]Cm,但两者的半衰期均较短,使用寿命较短,仅用于示范装置或短期的空间任务。[238]Pu 和[244]Cm 虽然功率密度较低,但使用寿命长,因此用于长期的空间任务较为理想。但是,[244]Cm 的缺点是中子本底较高,因此空间应用绝大多数选择[238]Pu 热源。

应该强调指出,放射性同位素热源是放射性同位素电源最重要的组成部分,也是放射性同位素电源的技术关键所在。

在这里,我们不得不提到[210]Po 和[238]Pu 的毒性,因为极微量的[210]Po 或[238]Pu 就能置人于死地。特别是[210]Po,据说 1 g[210]Po 就能毒死全世界的人。到目前为止,世界上有两个著名的[210]Po 中毒案例。第一个案例是利特维年科中毒死亡案。利特维年科曾经是俄罗斯的特工,2000 年流亡英国,2006 年 11 月 1 日出现中毒症状后住院治疗,当月 23 日身亡。医生确认死亡原因是放射性[210]Po 中毒。利特维年科遗书中一口咬定是俄罗斯特工所为。此事曾一度使得英国和俄罗斯的关系极为紧张。第二个案例是阿拉法特之死。2004 年 11 月 11

日,巴勒斯坦民族权力机构领导人阿拉法特在法国去世。他的遗孀苏哈女士怀疑阿拉法特是被人用^{210}Po毒死的,因为在阿拉法特送检的遗物中检测到了高于正常水平的^{210}Po,最终导致了开棺验尸。2013 年 11 月 6 日,英国路透社曾报道,经瑞士法医鉴定阿拉法特确实死于^{210}Po中毒。同时,也有一些观点不尽相同的报道。究竟阿拉法特是怎么死的,至今还是个谜。两个案例给世人的警示却是:操作^{210}Po与^{238}Pu等剧毒放射性物质一定要慎之又慎,必须做到万无一失!

除了放射性同位素热源之外,未来在星球基地上建立的核反应堆电站中,在热排放系统的适当区段安装有特定的冷却回路,也可以将核电站的剩余热量引导至航天科考人员的生活和工作区域中。

1.2.2　空间核电源

空间核电源[18]包括放射性同位素电源、空间核反应堆电源和星球基地的星表核反应堆电站。

1) 放射性同位素电源

放射性同位素电源[17]包括静态转换的放射性同位素电源(RTG)和动态转换的放射性同位素发电系统(DIPS)。

静态转换的放射性同位素电源一般都采用热电偶温差发电的方式,把放射性同位素热源的热能直接转换成电能。静态转换技术成熟,已得到广泛采用。静态转换的放射性同位素电源主要由同位素热源、热电偶能量转换器、电源外壳三部分构成。图 1-1 给出了热电偶转换的放射性同位素电源的结构示意。中心部分为同位素热源,与其紧密接触的是热电偶能量转换器。通过转换器的热能一部分转换成电能,另一部分则经外壳和散热器排放到周围环境中。为了减少漏热,在热源和外壳之间填充有绝缘材料;为了保护放射性同位素电源附近的仪表和人员的安全,在外壳周围需采取适当的屏蔽措施。此外,为了使输出的电能与用户的需求相适应,一般还要配置电压变换和功率调节装置。

动态转换的放射性同位素发电系统是间接热电转换型电

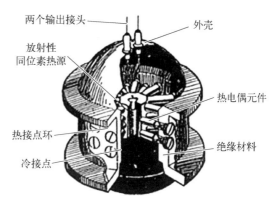

图 1-1　热电偶转换的放射性同位素电源的结构

源,即先将放射性同位素的衰变热能转换为机械能,再将机械能转换为电能。

动态转换的放射性同位素发电系统的原理和结构与常规火力发电机相似,即利用燃料发出的热能加热流体工质,推动发电机发电。不同的是放射性同位素发电系统的热能来源于放射性同位素的衰变能,而不是来自煤或者石油的燃烧。动态转换的放射性同位素发电系统(见图1-2)一般包括放射性同位素热源、管式锅炉、回热器、涡轮机、交流发电机、泵、喷射冷凝器、储液器等设备。

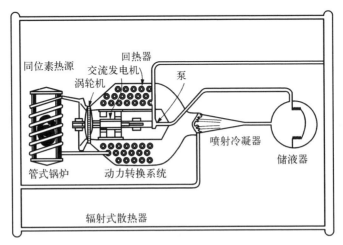

图1-2 动态转换的放射性同位素发电系统(DIPS)结构

在动态转换的放射性同位素发电系统中,研究较多的是布雷顿循环、斯特林循环和朗肯循环。与静态转换相比,动态转换的效率较高(超过20%),但技术难度也较大。一般说来,静态转换的放射性同位素电源的单机功率最高能达到300 W左右(1989年10月,美国"伽利略"号木星探测器使用的同位素电源功率为287.4 W),转换效率接近7%。而动态转换的放射性同位素发电系统的电功率可达2 kW,转换效率超过25%。

2) 空间核反应堆电源

此处,空间核反应堆电源仅指运行于外层空间的核反应堆电源(以区别于建立在星球表面上的核反应堆电站)。空间核反应堆电源可以把核反应堆的裂变热能转变成电能,供航天器系统使用。空间核反应堆电源主要由核反应堆本体、影子辐射屏蔽、热电转换系统、热排放系统和自动控制系统五部分组成(见图1-3)。核裂变在核反应堆堆芯内进行。裂变热能在热电转换系统内部分转变成电能,没有转变为电能的热量通过辐射散热器散射到外层空间。影子辐射屏蔽可以把核反应堆阴影区内且与堆芯有一定距离处的辐射剂量降低到有效载荷或宇航工作人员可接受的水平。自动控制系统负责对空间核反应电源的运行和供电状态进行监测、诊断、控制和调节。空间核反应堆电源不像地面上的核反应堆电源那样需构筑全方位的辐射屏蔽，主要是为了减轻空间核反应堆电源的总体质量和降低建造成本。理论计算和模拟实验都能证明选择适当的影子辐射屏蔽可以充分满足辐射安全的相关要求。

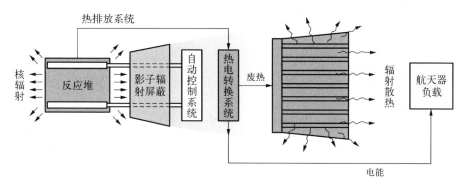

图 1-3　空间核反应堆电源系统原理

空间核反应堆电源的热电转换系统分静态转换和动态转换两大类。迄今为止，成功发射和应用的空间核反应堆电源都是静态转换。美国发射的世界上第一个空间核反应堆电源 SNAP-10A 采用的是热电偶式的热电转换。苏联发射的数十颗 BUK 型空间核反应堆电源采用的也是热电偶式的热电转换。苏联发射的两颗"TOPAZ-1"型空间核反应堆电源是热离子发射式的热电转换。俄罗斯正在研发的兆瓦级核动力飞船采用的是核电推进方案，核反应堆电源分系统的能量转换方式采取了动态转换中的布雷顿循环[19-20]。

空间核反应堆电源的功率因应用需求不同而异。小的有数百瓦，如美国 SNAP-10A 的功率为 500 W；中等的有数千瓦和数十千瓦，如苏联的 BUK 型空间核反应堆电源功率为 3 kW，美国设计的 SPACE-R 的功率为 40 kW；较大型的有数百千瓦，如美国的 SP-100 空间核反应堆电源功率为 100 kW；大型的有兆瓦级电功率，如俄罗斯的兆瓦级核动力飞船的电功率为 0.8~1 MW。

3）星表核反应堆电站

人类要拓展生存空间，要了解、认识和开发利用宇宙，就要持续不断地进行深空探测[21]。随着航天事业的蓬勃发展，在星球表面建立核反应堆电站的重大课题已经被提到各航天大国的议事日程上。我们把星表核反应堆电站归入空间核电源之列，是因为相对地球人这个行为主体而言，星表核反应堆电站确实是在空间。但星表核反应堆电站与空间核反应堆电源又有很大的不同，因为星表核反应堆电站毕竟是建在按照一定规律运行的某个特定星球上。

月球是地球的卫星，是距地球最近的自然天体。火星是地球的近邻。月球和火星的空间环境、地质构成，以及与地球的相对空间位置，决定了它们必然是人类要首先认真探索、深入开发和充分利用的两个最为重要的星球[22-23]。因此，在相当长的时期内，与其说是星表核反应堆电站，不如更确切地说是月表核反应堆电站和火星地表核反应堆电站更好。

在星球基地中，一般都有航天科考人员在那里工作和生活。因此，星表核反应堆电站要建立全方位的辐射屏蔽，而不能像空间核反应堆电源那样只在某个方位的立体角内构建影子辐射屏蔽。从这一点来看，星表核反应堆电站更接近地球上的核电站。但星表核反应堆电站与地球上的核电站最大的区别是所处的周围环境极不相同。例如：火星的质量是地球质量的1/10，表面重力加速度是地球重力加速度的1/3；火星没有两极磁场，火星表面没有液态水，只是干旱地；火星上有比珠穆朗玛峰高1倍的山峰，以及像马纳利亚海沟一样深的谷地。表1-1[4]和表1-2分别给出了火星和地球的大气参数和大气成分。

表 1-1 火星和地球的大气参数

参　　数	火　星	地　球
相同高度上的平均大气压/Pa	636	101 300
最高高度/km	11.10	8.43
平均相对分子质量	43.34	28.96
平均温度/K	210.00	288.15
总质量/kg	2.5×10^{16}	5.1×10^{18}

表 1-2 火星和地球的大气成分

火　星		地　球	
成　分	体积分数/%	成　分	体积分数/%
CO_2	95.32	N_2	78.084
N_2	2.7	O_2	20.948
Ar	1.6	Ar	0.934
O_2	0.13	CO_2	0.031*
CO	0.07	Ne	0.018×10^{-4}
H_2O	0.03*	He	5.24×10^{-4}
Ne	2.5×10^{-4}	Kr	1.14×10^{-4}

(续表)

火　星		地　球	
成　分	体积分数/%	成　分	体积分数/%
Kr	0.3×10^{-4}	Xe	0.087×10^{-4}
Xe	0.08×10^{-4}	H_2	0.5×10^{-4}
O_3	0.04×10^{-4}	O_3	2.0×10^{-4}
CH_4	$0.1 \times 10^{-4*}$	NO	$0.5 \times 10^{-4*}$

注：＊表示气体的含量易变。

因此,在设计和建造星表核反应堆电站时,不仅要满足空间探索任务对电功率的需求,还要综合考虑目标星球环境诸多因素的影响。例如:地球上的核电站基本是动态转换和回路式散热,最终热阱是河、海、湖泊;星表核反应堆电站的有些方案却采用静态转换,通过辐射冷却器散热,最终热阱是宇宙空间。又如,星表核反应堆电站的辐射屏蔽要充分利用星表的地形、地貌和地质成分,以降低建造成本。此外,还要考虑空间运输、星表安装以及调试运行等过程中相关的核安全与辐射安全问题。

星表核反应堆电站的功率与空间核反应堆电源的电功率大致相当,一般为数十千瓦到数百千瓦,远小于地球上核电站的功率。

21 世纪以来,许多国家和机构都提出了各自的星表核反应堆电站方案,这些方案各有所长[24]。其中日本的适用于月表的锂冷快中子核反应堆电源方案 RAPID-L 显得更为新颖,在此我们简单介绍一下。

日本研究了一种适合于月球表面用的称为 RAPID-L(refueling by all pins integrated design)的锂冷快中子核反应堆电源,具有完全自动运行的功能,可以提供 200 kW 的电功率,反应堆热功率为 5 MW 左右[25]。

反应堆本体采用泵送锂冷快堆。锂的熔点为 181 ℃,沸点为 1 330 ℃,室温下相对密度为 0.53,锂冷却剂既可以保证反应堆出口温度能达到 1 100 ℃的较高温度,又具有较小的质量。因为堆芯冷却剂的温度较高,并且锂是非常活泼的金属,所以相关材料采用了耐热性好且与锂共存性良好的钼和铼。同时,采用熔点较高、寿命较长的氮化铀(熔点达 2 757 ℃)燃料。氮化铀热导率高,与锂及铼具有良好的相容性,还具有膨胀量小及裂变产物气体产量小的优点。冷却剂循环选取电磁泵驱动方式,通过电磁泵驱动一回路冷却剂流过堆芯,带走反应堆产生的热量,在能量交换段将热量交换给二回路的锂,二回路的锂通过热管将热量传递给辐射器,将废热辐射到月表环境中去。考虑到目前月球基地用电量不高,在能量转换方式上选取技术成熟的热电偶转换技术(转换效率可达 4‰～5‰),整个电源系统效率约为 3‰,这种静态的转换方式在空间利用中具有特殊的优势。整个电源系统结构如图 1-4 所示。

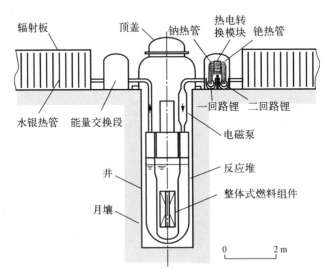

图 1-4 RAPID-L 系统结构

锂冷快堆在设计中采用了一体化设计思想。在设计中,燃料组件的换料方式是将整个燃料组件一次性换掉。每一个整体燃料组件设计可持续运行 10年,整体换料之后又可运行 10 年。从反应堆取出燃料元件后,由于燃料元件内充满锂冷却剂,故在刚停堆衰变热很多的状态下也可进行换料作业。将取出的乏燃料放入储存罐中,储存罐装有热管式散热器,可排放衰变热。一年后储存罐内的锂将凝固,与储存罐一起弃置到深层宇宙空间。该换料方式有利于长期保持反应堆结构的完整性,并可省去运行期间的检查,很适用于月球基地的反应堆电站。换料方式如图 1-5 所示。

对于该反应堆的控制,考虑采用无人操作的全自动运行方式。取消传统的控制棒控制方式,取而代之的是控制装置 LEM(lithium expansion module)、停堆装置 LIM(lithium injection module)和反应堆启动装置 LRM(lithium release module)。其独特的反应性控制模块 LEM 的原理已在 JRR-3M上采用中子射线照相技术经过了验证,并通过 JAERI 的快中子临界试验装置完成了各种功能模块(LEM、LIM、LRM)的反应性价值测量,验证了该设计思

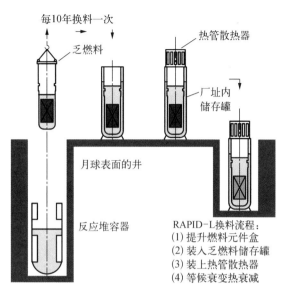

图 1-5　RAPID-L 系统换料

想的可行性。

　　中国是有核国家,也是世界上的航天大国之一。在核反应堆工程技术和载人航天工程技术领域都居世界前列。自古以来,中国人民就有"嫦娥奔月"的美好梦想。中国的月球探测"嫦娥工程"于 2004 年正式开展,分为"绕、落、回"三期。"嫦娥四号"探测器首次实现航天器在月球背面软着陆和巡视勘察。2020 年,"嫦娥五号"探测器实现中国首次地外天体采样返回,标志着探月工程"三步走"战略目标圆满实现。目前,探月四期工程已经全面启动,其主要目标为建设月球科研站的基本型,将与相关国家、国际组织和国际合作伙伴共同开展国际月球科研站建设。2024 年,"嫦娥六号"发射成功,该任务是中国探月工程四期的一部分,顺利完成了人类首次月球背面采样返回任务。我们期盼中国的宇航员们早日登陆月球,建立月表核反应堆电站,为中国宇航科考人员的基地供电供热。同时,把月球当作"驿站",从那里再飞赴我们的近邻,即平均航程约有 2.25×10^8 km 的行星——火星。

1.2.3　核推进

　　核推进包括核热推进与核电推进[26]。

　　1）核热推进

　　核热推进(也叫作核火箭发动机)利用核反应堆产生的裂变热能把工作介

质(推进剂)加热到很高的温度,然后将高温高压的工作介质从喷管高速喷出,从而产生巨大的推力。核火箭发动机由核反应堆热源、辐射屏蔽、涡轮泵系统、喷管系统和推进剂储箱五部分组成[16]。核火箭发动机的原理如图1-6所示。

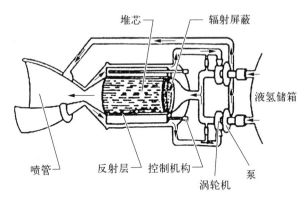

图1-6　核热推进原理

核火箭发动机的推进剂是氢。首先,液氢泵将液氢从工质储箱中抽出,通过管道将其送进喷管外部的环腔。其次,液氢依次流过喷管环腔、驱动涡轮泵,并通过核反应堆的堆芯加热。最后,经过加热的高温、高压氢气从喷嘴高速喷出,产生非常大的比冲和推进动力。比冲和推力对于任何火箭发动机都是两个最重要的性能参数。核火箭发动机的比冲可高达1 000 s,推力可达数吨和数十吨质量对应的重力大小。图1-7和图1-8分别给出了美国的NERVA核火箭发动机和俄罗斯的RD-0410核火箭发动机的概貌及技术参数。

技术参数

参　数	数　值
热功率	1 560 MW
推力	330 kN
推进剂温度	2 360 K
比冲	825 s
起动数	60
额定温度下的总点火时间	600 min
带屏蔽的发动机质量	15 700 kg
可靠性	0.995

图1-7　NERVA技术参数摘要

技术参数

参　　　数	数　　　值
热功率	340 MW
推力	68 kN
推进剂温度	2 900 K
比冲	940 s
起动次数	>10
总运行时间	1 h
核反应堆(带屏蔽和喷管)质量	2 675 kg
RD - 0410 NRE 净质量(不带氢罐)	2 890 kg

图 1‑8　RD‑0410 技术参数摘要

核火箭发动机是 20 世纪美国、苏联在冷战思维下发展起来的,目的是用来推动战略弹道导弹和巡航导弹。核火箭发动机的核反应堆堆芯功率密度高达 30 MW/L,氢推进剂的出口温度达 3 000 K。核火箭发动机是难度极大的、高精尖核科学工程技术,它为未来的宇宙空间探索,特别是载人的空间探索,提供了强大的推进动力。

2) 核电推进

核电推进(也称为核电火箭发动机)把核反应堆的裂变热能转换成电能并把电能提供给电火箭,使推进工质(如氙)电离并加速,最后成为等离子体状态的推进工质从喷管高速喷出,产生可达"牛顿"量级的较大推力。核电推进系统由空间核反应堆电源分系统和电推进(电火箭)分系统两部分组成,可以将电能分配和管理模块视为两个分系统的接口。核电推进系统如图 1‑9 所示[27]。核电推进综合了空间核反应堆电源长寿命、高能量密度和电推进高比冲的优点,只是推力相对要小一些[28]。

从工程应用实施角度看,以空间核反应堆电源和静电等离子体电推进(也即霍尔电推进)构成的核电推进是最成熟的。因为空间核反应堆电源(特别是俄罗斯的空间核反应堆电源)和静电等离子体电推进都是成熟的技术。例如,1987 年,苏联在发射的两颗装备热离子空间核反应电源的"宇宙‑1818"和"宇宙‑1867"飞船上,都成功进行了核电推进试验。又如,从 2003 年 12 月至 2004

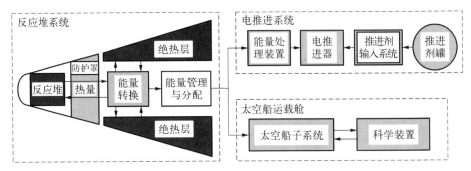

图1-9 核电推进系统

年2月,美国对NEXIS、HIPEP、BRAYTON-NSTAR等核电推进系统设计方案分别进行的验证性试验均达到了预期效果。因此,俄罗斯目前正在研发的兆瓦级核动力飞船采用核电推进方案既是意料之外又是情理之中的事情。因为俄罗斯的空间核反应电源和等离子体电火箭工程技术在世界上都处于领先地位。

这里要说明一下,就"核电推进"概念而言,放射性同位素电源与电推进系统也可以构成核电推进系统,这自然不错。但是,因为放射性同位素电源的功率太小,所构成的核电推进系统的推力也就更小,只能用于类似航天器姿态控制等推进力很小的任务,这里就不再细说。

1.2.4 双模式(兼具供电和推进功能)空间核动力系统

双模式空间核动力系统有两种不同的类型。一种是以核热推进为基础的兼具核热推进和供电功能的双模式空间核动力系统[29]。该系统中的核反应堆具有推进和供电两种工况。推进工况:用泵送推进工质(氢)经核反应堆堆芯加热后,从喷嘴喷出而产生推力。供电工况:一般通过闭合回路中的布雷顿循环实现,工作介质是氦和氙的混合气体。以核热推进为基础的双模式空间核动力系统的工作原理如图1-10所示。另一种是以空间核反应堆电源为基础的兼

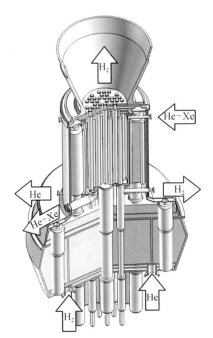

图1-10 以新一代核火箭发动机为基础的双模式空间核动力系统(俄罗斯)

具供电和电推进功能的空间核动力系统[30]。在该系统中,空间核反应堆电源不仅主要为电推进分系统供电,也为航天器上的其他仪器设备供电。图 1-11 为俄罗斯的由热离子空间核反应堆电源和稳态等离子体电推进器构成的双模式空间核动力系统[2],空间核动力系统分类[3]如图 1-12 所示。

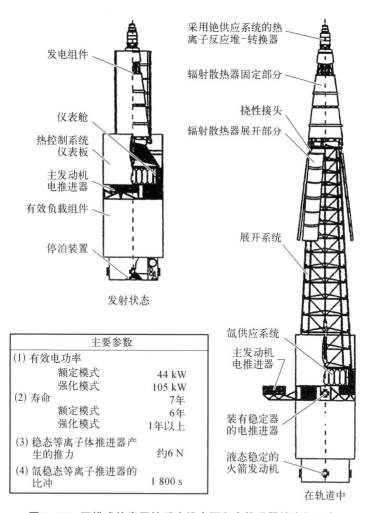

主要参数	
(1) 有效电功率	
额定模式	44 kW
强化模式	105 kW
(2) 寿命	
额定模式	7年
强化模式	6年
	1年以上
(3) 稳态等离子体推进器产生的推力	约6 N
(4) 氙稳态等离子推进器的比冲	1 800 s

发电组件
仪表舱
热控制系统仪表板
主发动机电推进器
有效负载组件
停泊装置
发射状态

采用铯供应系统的热离子反应堆-转换器
辐射散热器固定部分
挠性接头
辐射散热器展开部分
展开系统
氙供应系统
主发动机电推进器
装有稳定器的电推进器
液态稳定的火箭发动机
在轨道中

图 1-11 双模式热离子核反应堆电源和电推进器的空间平台

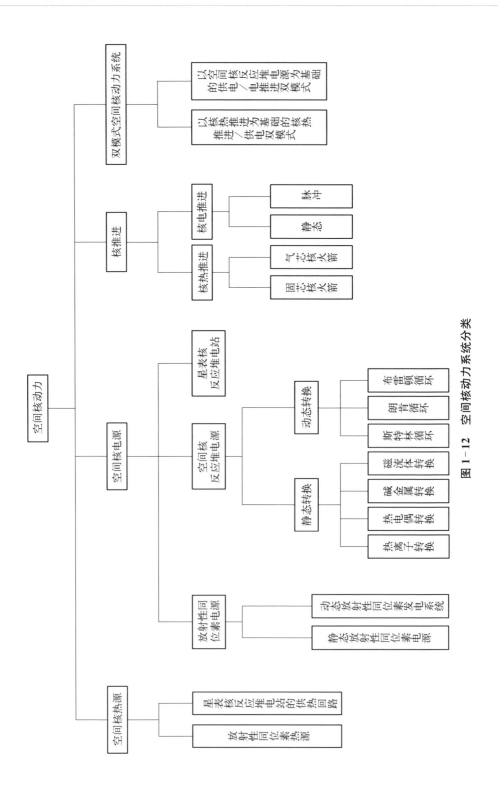

图 1-12　空间核动力系统分类

1.3　空间核动力的特点

空间核动力的能量来源是核能,空间核动力的特点主要取决于核能的独特性质。空间核动力不同的运行环境(如近地轨道、星球表面和深空星际轨道)和不同的应用需求(国防军事、社会经济和科学探索)对空间核动力的特点也有一定影响。

核能是自主能源,不取决于太阳光照和其他环境因素。核能能量密度大,可实现高温甚至超高温,这是核能的优点。另外,核能来自放射性同位素衰变、重核的裂变和轻核的聚变。放射性同位素与核燃料都有放射性和半衰期,存在核安全和辐射安全问题。此外,空间核动力技术难度大,研制周期长,经费投入多。在空间核动力装置的设计建造、运行试验、实际应用和废弃处置中都要考虑这些问题。

空间核动力的技术特点都体现在具体的空间核动力装置中[2]。

1.3.1　空间核电源的技术特点

目前,航天器使用的空间电源有 3 类: 化学电池、太阳能电池阵-蓄电池组联合电源和核电源。

化学电池的优点是结构简单,性能可靠,工作电压平稳,内阻小,适合大电流放电。缺点是工作寿命短,低温性能差,功率比较小,最大到数百瓦。

太阳能电池阵-蓄电池组联合电源技术成熟,性能可靠,工作寿命长,供电能力强,电功率可达数十千瓦,是现在应用最为广泛的空间电源。但是,在大功率情况下采用太阳能供电将带来一些难题: 因为依赖太阳光照条件,所以必须对日定向。因此,对发射窗口、轨道参数、飞行程序和飞行姿态等均有严格限制。这对航天器的总体设计提出了比较苛刻的要求。大面积的太阳能电池阵对机动飞行和低轨道飞行带来较大阻力,需要携带大量燃料,用于轨道维持,同时也存在安装和展开的技术困难;太阳能电池阵展开面积大,结构复杂,难以实现高精度和高稳定度的姿态控制;受空间碎片、陨石和外部打击面大,也容易受辐射等因素影响,从而造成破损、性能下降或失效,生存能力较差;在阴影、深空等环境下不能工作。以上因素造成太阳能电池阵-蓄电池组联合电源在军事航天方面没有优势,而在深空探测中,在离太阳很远(大于 5 个天文单位)或很近(小于 0.4 个天文单位)时,实际上不能使用太阳能电池阵-蓄电池组联合电源。

空间核电源包括放射性同位素电源、空间核反应堆电源和星表核反应堆电站,都有各自的特点[18]。特别是大功率、长寿命的空间核反应电源的综合性能相比于太阳能电池阵-蓄电池组联合电源,一点也不逊色。

1.3.1.1 放射性同位素电源的特点

放射性同位素电源功率虽小,但有3个优点:工作寿命长,安全可靠,能在各种恶劣条件下工作[17]。

放射性同位素电源一般都采用^{238}Pu同位素热源燃料,^{238}Pu的半衰期约为88年。从理论上讲,只要^{238}Pu热源燃料有一定的裕量,^{238}Pu同位素电源的寿命都能达到数十年。现在,美国有30多个放射性同位素电源仍在轨道上运行,工作寿命最长的已经40多年,已远超过设计寿命。

放射性同位素电源的安全可靠性保证措施是万无一失的燃料盒(见5.1节)。1996年11月俄罗斯发射的"火星-96"号探测器,携带着含有270g ^{238}Pu的放射性同位素电源,发射失败后,探测器残骸坠入太平洋中。到目前为止,俄罗斯专家仍在相关海域进行监测,至今未发现^{238}Pu泄漏。1968年5月和1970年4月在美国放射性同位素电源发生过的两次事故中,都没有发现放射性同位素泄漏。

放射性同位素电源可以适应尘暴、高温、带电粒子等危险环境,能够完成诸如近太阳、近彗星、木卫2、海王星等空间探测任务,这是太阳能电池阵-蓄电池组联合电源难以完成的。

1.3.1.2 空间核反应堆电源的一般特点

空间核反应堆电源技术难度大,研制周期长,经费投入多,存在并需要解决辐射防护和核安全等特殊问题。

但是,空间核反应堆电源具有重要优势:能量密度大,容易实现大功率(数千瓦至数兆瓦)供电,在高功率下功率质量比优于太阳能电池阵-蓄电池组联合电源;功率调节范围大、能够快速提升功率、机动性高,重量轻、体积小、比面积小、受打击面小,隐蔽性好;是自主能源,不依赖太阳光辐照,不需要对日定向,可全天时、全天候连续工作;环境适应性好,生存能力强,具有很强的抗空间碎片撞击能力,可在尘暴、高温、辐射等恶劣条件下工作。空间核反应堆电源是军事航天的理想电源,是深空探测不可替代的空间电源。

国际核能科技界和宇航界对空间核动力技术是非常关注的。俄罗斯著名核能专家、科学院院士 H. H. 波诺马廖夫-斯捷普诺依等人认为空间核反应堆电源比传统的太阳能电池及其他电源更具优点,因而有着光辉的发展前景[3]。这些优点包括如下几点：

（1）在距离和相对于太阳的方向性方面，不受太阳的影响。

（2）结构紧凑。

（3）初始功率水平为数十千瓦的空间核反应堆电源用于无人驾驶的宇宙飞船时，有较好的质量和尺寸参数。

（4）具有将额定功率水平提高 2～3 倍的能力。即在有限时间内，将为长期运行而设计的额定功率提高 2～3 倍。以此为基础建立的电源/推进系统可以将更大的有效载荷送到高功率需求轨道，同时还可以长时间（5～7 年）为船载专用仪器供应 50～100 kW 的电功率。这样的系统输送的有效载荷质量是利用化学推进剂轨道助推器输送有效载荷质量的 2～3 倍。

（5）对地球辐射带（例如"范艾伦辐射带"）的耐受能力强。

（6）能够用于电推进方面而产生比冲很高的推力。

俄罗斯著名宇航专家、科学院院士 A. S. 科罗捷耶夫对空间核反应堆电源和太阳能电池阵-蓄电池组联合电源进行了定量的对比分析[31-32]。他认为，在空间技术中太阳能发电在 21 世纪将继续起重要作用，因为现在太阳能电池具有生产大能量的特性及不断改善的潜力。基于太阳能电池组的系统有较长的寿命，在低轨道上可达 10 年，在对地静止轨道上可达 15 年。太阳能装置的生态安全性也比较好。

但是，与此同时基于太阳能电池组的供电系统有一些重大缺点：

（1）为了有效工作，太阳能电池组供电必须始终借助专门的面朝太阳的定向系统来实现。

（2）航天器在地球阴影下飞行时，需要连接供电系统构成中的蓄能器以保证供电；为了向蓄能器充电，必须增加太阳能电池组的功率，这会使得供电系统发电特性和质量-尺寸特性变差。

（3）由于受宇宙空间诸多因素的影响，太阳能电池组的发电性能递降速度目前还比较快，以致太阳能电池组的装机功率要比供电系统昼夜平均输出功率高出 1 倍以上（见图 1-13）。

（4）当与太阳距离超过 5 个天文单位时，太阳能电池组的效率将降低到不可接受的水平，这就排除了在木星及其后更远行星探测的航天器使用太阳能发电的可能性；另外，当距离太阳小于 0.4 个天文单位时，由于过热，太阳能电池组实际上不能应用（见图 1-14，其中 TOPAZ-25 为空间核反应堆电源试验样机的一个序号）。

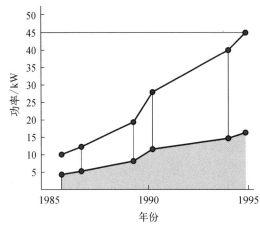

上面折线从左到右依次为主舱、"量子"舱、"量子2"舱、"晶体"舱、"自然"舱("光谱"舱)、装备功率
下面折线:考虑递减后的昼夜平均功率

图1-13 "和平号"空间站太阳能电池组的装备功率水平

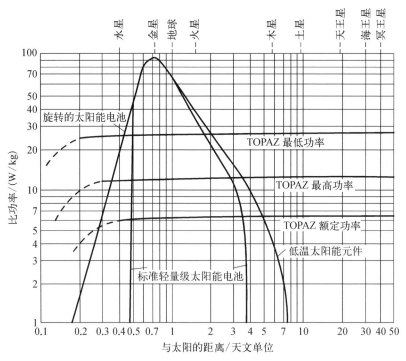

图1-14 太阳能电池和空间核反应堆电源TOPAZ-25的比功率随与太阳距离的变化

　　基于这些因素,太阳能电池供电系统的单位造价仍然很高,而且随供电时间和供电功率的变化不大。例如:国际空间站美国舱体的太阳能电池组板的价格为 4.5 亿美元;如果把作为蓄能器的镍氢蓄电池组也包括在内,那么太阳能电池供电系统的价格则为 7.58 亿美元[32]。

　　空间核反应堆电源的根本优点是与太阳照度无关。在正常能耗水平下,装备空间核反应堆电源的近地轨道航天器实际上不需要蓄能器。空间核反应堆电源可以调节功率,因此在蓄能器中不必考虑航天器可能有的一些高峰值负荷。空间核反应堆电源所需蓄能器容量的减少,大大降低了航天器的总质量。空间核反应堆电源结构紧凑,使得航天器运行极为方便,并且极大简化了需要高度精确引导目标仪器的定向系统。此外,空间核反应堆电源对空间环境诸多有害因素的高度稳定性,以及系统的比质量随功率增加而大大降低也是它的重要优点。

　　俄罗斯“Keldysh”航空航天中心的研究表明:近地轨道上当电功率水平为 35~40 kW 时、对地静止电功率水平为 50 kW 左右时,空间核反应堆电源对太阳能电池供电系统的比质量优势就能显示出来(见图 1-15)[32]。

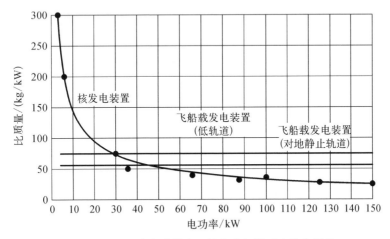

图 1-15　太阳能电池供电系统和空间核反应堆电源的
比质量随功率的变化

　　图 1-16 给出了化学能电源、太阳能电池供电系统和空间核电源的使用范围[2]。

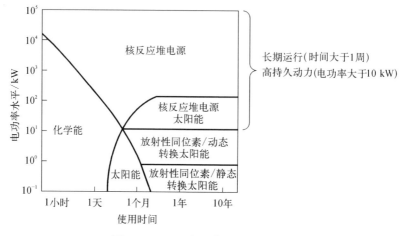

图 1-16　不同空间电源的使用范围

1.3.1.3　两种型号的最具特点的空间核反应堆电源

1) BUK 型空间核反应堆电源

BUK 型空间核反应堆电源是技术上最为成熟的空间核反应堆电源[3]。从 1967 年到 1988 年,苏联成功发射了 33 颗 BUK 型空间核反应堆电源,它的最大特点是有两套工作原理不同的安全保障系统。苏联解体以后,俄罗斯至今再没发射过空间核反应堆电源。

第一套是主要系统(也叫轨道处置系统)。该系统建在宇宙飞船里,具有把核反应堆电源抛入长期放置轨道(轨道高度为 850 km 以上)的能力,它有一个独立的包括各种控制系统和自备电源的推进系统。

第二套系统是备用系统。其功能是在主要系统失效时,使核燃料元件在地球大气高层实现空气动力学分散。避免沉降物对公众和环境增加辐射照射而超出国际辐射防护委员会所推荐的允许水平。

2) TOPAZ 型热离子空间核反应堆电源

TOPAZ 型空间核反应堆电源是苏联开发最成功的空间核反应堆电源型号之一。成功发射并应用的 TOPAZ-1 型空间核反应堆电源采用的是多节热离子燃料元件。研制成功并向美国进行了技术转让的 TOPAZ-2 型空间核反应堆电源采用的是单节热离子燃料元件。

TOPAZ 型热离子空间核反应堆电源是热电直接转换,没有热能-机械能转换这一中间步骤。其根本特点在于,由燃料芯块和热离子能量转换器组成的热离子燃料元件兼具发热和发电两种功能,所构成的热离子反应堆转换器是个全新的独立系统。该系统的热力学高温端(发射极内部)范围最小,高温区仅对热离子能量转换器的发射极提出比较苛刻的要求。电源的其余部分是中等温度，而电源的中温构件研发要相对容易些。热离子转换的低温端温度相对较高，这就降低了对辐射冷却器的尺寸要求。辐射冷却器是空间核反应堆电源的关键部件之一，它的性能和质量-尺寸参数对空间核反应堆电源的综合性能具有相当大的影响。热离子空间核反应堆电源具有辐射冷却器尺寸最小、没有振动、结构紧凑、高比功率等优势，比热电偶转换和机械能转换的空间核反应堆电源更具竞争力。

在这里，要强调一下采用单节热离子燃料元件的 TOPAZ - 2 型空间核反应堆电源的最重要优点。单节热离子燃料元件发射极放置燃料芯块的空腔，可以自由进出。因此，在研发和运行阶段可以利用适当功率的专用电加热器插入发射极空腔，进行热离子燃料元件、反应堆和空间核电源系统的全尺寸的电加热试验，获得热离子燃料元件、反应堆和空间核反应电源的有关性能，特别是热离子燃料元件和空间核反应电源的电输出特性。这对降低试验技术难度、缩短研发周期、节约成本和减少工作人员受辐照剂量都是很有帮助的。同时，单节热离子燃料的这种特点在保证空间核反应堆电源的核安全与辐射安全方面也是有优势的，因为可以选择最方便的时候往反应堆中装载核燃料，并在装料之前完成所需要进行的大部分检测项目。

1.3.1.4 星表核反应堆电站的技术特点

在这里，所谓"星表核反应堆电站"就是指月表核反应堆电站或者火星地表核反应堆电站。我们把星表核反应堆电站列为空间核反应堆电源一类，就是因为对地球人这个行为主体而言，它们毕竟运行在宇宙空间。而就总体结构而言，星表核反应堆电站更接近于地球上的核电站。

星表核反应堆电站由核反应堆本体、辐射屏蔽、热电转换系统、热排放系统和控制系统五大部分组成。不同的工作环境和应用需求决定了星表核反应堆电站、空间核反应堆电源、地球上的核电站三者之间，在基本结构上的"大同"和在技术特点方面的"小异"。

人类进行深空探测的根本目的，在于探索宇宙的奥秘和生命的起源、开发利用空间资源、拓展人类生存空间、规避太阳爆发和小行星撞击给地球——"人类的唯一家园"带来的巨大风险。在月球或火星上建立有人基地是为了对它们进行更直接、更深入的探测。而星表核反应堆电站是月球或火星上的宇航科研人员赖以生存、生活和科考工作的能源基础，是星球有人基地的生命线。

在本章的 1.2.2 节中，已经对星表核反应堆电站做了概括描述，在这里我们重点介绍 3 个问题。

1）为什么选择在月球和火星上建立有人基地

人类把月球作为深入探测和开发应用的第一目标星球，是因为月球是距离地球最近的自然天体，它的许多优点与人类深空探测的目的紧密相关：① 月球上具有超高真空、无大气活动、无磁场、弱重力、无污染等自然条件，是开展科学研究的天然实验室；② 月球是天文观测和对地球观察的理想基地；③ 月球上有可供人类利用的宝贵能源资源（如 ^{3}He 等）；④ 月球可作为深空探测的试验场和前哨站。进入 21 世纪以来，随着航天技术飞速发展和人类空间应用需求的日益增大，在世界范围内包括登陆月球在内的又一次新的探月高潮正在到来。

火星成为星球有人基地的选择目标，不仅是因为火星是地球的"近邻"（离地球最近的行星是金星，平均距离为 4.15×10^7 km，火星与地球最近距离为 5.57×10^7 km，但金星地表温度高达 464 ℃，金星大气中 97% 以上是二氧化碳，地表以上是由浓硫酸形成的 $10 \sim 20$ km 的浓云，探测起来很困难），还在于火星地表的环境特征与地球的很相似。例如，火星上有高耸的山脉，幽深的峡谷，移动的沙丘，飘荡的白云，怒吼的沙尘暴。火星南、北两极都有由干冰组成的白色冰冠，自转的周期和自转轴的倾角都与地球的非常接近，因而有明显的四季变化。火星两极冰冠和火星大气中都含有水的成分，从火星表面获得的探测数据表明，在远古时期火星上曾经有过液态水。因此，一直以来，火星都因它与地球相似而被认为有存在外星生命的可能。

与月球探测一样，21 世纪以来，登陆火星并在火星上建立科研基地，以及对火星进行更为深入的探测和研究，已经正式被提到世界各航天大国的议事日程上。2004 年，欧洲航天局公布了"曙光"探测计划，声称将于 2030—2035 年实现人类登陆火星的梦想。2007 年中国航天局与俄罗斯航天署在莫斯科共同签署了关于"联合探测火星及火卫-1 的合作协议"，根据俄罗斯 2040 年前的太空计划，将在 2035 年后开始载人的火星之旅。2010 年时任美国总统奥巴马颁布了"新的太空计划"，明确指出在 21 世纪 30 年代将实施载人火星登陆。2017 年，时任美国总统特朗普批准了 Artemis 计划，按照该计划，美国将在 2025—2030 年建立月球轨道"门户"空间站（gateway）和月球表面科研站以实现美国月面持续驻留，为未来美国宇航员登陆火星的任务打下基础。

2014 年 6 月 24 日，第 22 届国际天文馆学会大会在北京召开，中国探月工程首席科学家欧阳自远院士，对于中国探测火星的初步计划进行了扼要的说明：针对火星的探测任务，主要是探测火星的生命活动信息，包括火星过去、目前是否存在生命，火星生命生存的条件和环境，以及对生命的起源和地外生命的探测;针对火星本体的科学研究,包括对火星磁层、电离层和大气层的探测与环境科学,火星的地形、地貌特征与分区,火星表面物质组成与分布,地质特征与构造的区划;对于火星内部结构、成分,火星的起源与演化也将进行深入的研究与探索。**欧阳自远院士表示,在"为人类社会持续发展服务"的总目标下,将探讨火星的长期改造与今后大量移民建立人类第二个栖息地的可能性。**2020 年,中国首次独立开展了火星探测任务——天问一号,探测器包括一个轨道器、一个着陆器和一个巡视器(祝融号火星车),实现了火星环绕、着陆和巡视探测,标志着中国成为世界上第二个成功着陆火星的国家。按照目前规划,天问三号计划在 2028 年前后实施,目标是实现火星样品的取样返回地球,这将是人类首次尝试从火星带回样品。

我们期望也相信能够看到,在 21 世纪 40 年代之前人类登陆火星的伟大壮举!

2) 星球基地对星表核反应堆电站的基本要求

根据对月球和火星探测的任务需求和火箭运载能力条件,对星表核反应堆电站基本要求主要有如下方面:

(1) 足够的电功率和适当的工作寿命,用以支持在一定探测阶段内的宇航科技人员的生命系统,开展科学实验,开发利用星球资源,建设深空探测中转站(火星),保护星球环境等工作。

(2) 环境适应性和工作可靠性好,能在星表环境下生存并持续供电、供热,设置长寿命的应急备用电源。

(3) 全方位的辐射屏蔽和适当的热输出接口,满足星球基地宇航科研人员的辐射防护要求和相关仪器设备的辐照剂量限值要求,充分利用余热为星球基地供热。

(4) 安全性好、经济性可承受,整个系统的质量-尺寸特性好,在地球发射、空间运输、组装运行和寿期末处置等过程中均满足核设施的安全性要求,功率质量比高,单位功率造价可接受等。

在设计建造、运行实验、实际应用和退役过程中,星球基地对星表核反应堆电站的这些基本要求都必须得到保证。

3) 星表核反应堆电站方案的综合分析

最早提出在星球基地上建立星表核反应堆电站的是美国,提出星表核反应堆电站方案最多的也是美国。1969 年 7 月,"阿波罗-11 号"宇航员第一次登上月球,几乎就在同时美国就完成了月球基地核反应堆电源的基本方案。表 1-3 列出了美国提出的大量星表核反应堆电站方案。另外,俄罗斯和日本也曾提出数个星表核反应堆电站方案[22]。

表1-3 美国典型星表基地用核电源方案

序号	方案	堆型	燃料	堆芯冷却方式	热电转换方式	废热排放方式	控制方式	电功率/kW	效率/%	设计寿命/年	质量/t
1	SNAP-8(1)系列(20世纪60年代)	热堆	$UZrH_x$	NaK回路	月坑型水银朗肯循环	热辐射器	控制鼓	50.0	9.5	1.14	2.9
2	SNAP-8(2)系列(20世纪60年代)	热堆	$UZrH_x$	NaK回路	硅锗热电偶转换	热辐射器	控制鼓	20.0	2.2	1.7	11.7
3	MPR-300(1989年)火星	热堆	UN	CO_2气体	布雷顿循环	钠热管辐射器	控制鼓	300	28.9	6	7.3
4	LSPS(1991年)月球	快堆	UN	锂回路	SiGe/GaP热电偶	钾热管辐射器	安全棒+滑移反射层	100	4.2	8	6.6
5	模块化星表电源系统(1991年)火星/月球	快堆	UN	锂热管	SiGe/GaP热电偶	钠热管辐射器	安全棒	100	4.2	—	—
6	PS-100布雷顿系统(1992年)月球	快堆	UN	锂回路	布雷顿循环	水银+水热管辐射器	滑移反射层 / —	100 / 550	27.9 / 22.2	10 / 10	9.5 / 14.3
7	星球表面气冷反应堆系统(1992年)月球	快堆	UN	CO_2气体	布雷顿循环	板式辐射器	控制鼓+安全棒	307~1500	—	10~30	0.85(反应堆)
8	250 kW火星表面气冷堆电源系统(1998年)	快堆	UN	70%He-30%Xe	布雷顿循环	空冷换热器	滑移反射层	250	43.8	—	9.96

（续表）

序号	方　案	堆型	燃料	堆芯冷却方式	热电转换方式	废热排放方式	控制方式	电功率/kW	效率/%	设计寿命/年	质量/t
9	HPS 火星表面电源系统(2000 年)	快堆	UN	钠热管	SiGe 热电偶	—	控制鼓	2	5	—	—
10	HOMER(2000—2006 年)火星	快堆	UN	钠热管钾热管	斯特林发动机	热管辐射器	控制鼓控制鼓	3 25	20 26.5	— 5	0.78 2.13
11	MSR(2004 年)火星	快堆	UN	锂热管	堆外热离子转换	钾热管辐射器	控制鼓	100	>10	—	6.5
12	SAIRS(2004 年)月球	快堆	UN	钠热管	碱金属热电转换	钾热管辐射器	控制鼓	100	18.5～22.1	—	—
13	HP-STMCs(2004 年)月球	快堆	UN	锂热管	多级 SiGe 热电偶转换	钾热管辐射器	控制鼓	110	6.7	>10	约 4
14	固体堆芯月球表面核反应堆电源系统(2005 年)	快堆	UO₂	钾热管	Si/SiGe-Si/SiC热电偶转换	水热管辐射器	控制鼓	100	20	10	—
15	20 kW 月球表面电源系统(2005 年)	快堆	—	锂回路	布雷顿循环	热管辐射器	—	20	32	—	1.65
16	SCoRe(2005 年)月球	快堆	UN	锂回路	SiGe 热电偶	铷热管辐射器	控制鼓	111.5	3.9	4	0.5(堆本体)
17	20 kW 气冷核反应堆电源系统(2005 年)火星/月球	快堆	UN	80%He-20%Xe	布雷顿循环	辐射器	滑移反射层	22	22	—	0.8(堆本体)

(续表)

序号	方 案	堆型	燃料	堆芯冷却方式	热电转换方式	废热排放方式	控制方式	电功率/kW	效率/%	设计寿命/年	质量/t
18	S4(2005—2006年)月球	快堆	UN	He-Xe混合气体	布雷顿循环	水热管辐射器	控制鼓	93.6	21.4	7	1(含屏蔽的堆本体)
19	SNAPf3(2006年)月球	热堆	UZrH$_x$	NaK回路	斯特林发动机	钾热管辐射器	控制鼓+安全棒	25	25.5	5	2.2
20	SUSEE(2006年)火星/月球	热堆	UO$_2$	水冷	汽轮机发电(朗肯循环)	冷凝辐射器	—	10~1 000	20~24	10	—
21	50~100 kW火星表面气冷堆(2006年)	快堆	UN	70%He-30%Xe	布雷顿循环	辐射器	滑移反射层	50~100	—	—	—
22	50 kW月球基地电站(2006年)	快堆	UN	NaK回路	热电偶转换	NaK辐射器	滑移反射层	50	3.8	7	6.5
23	月球裂变表面电源系统(2006年)	快堆	—	气体冷却	布雷顿循环	水热管辐射器	—	50	—	10	9.2
24	AFSPS(2006—2016年)月球	快堆	UO$_2$	NaK回路	斯特林发动机	水冷热管辐射器	控制鼓	40	22.9	8 / —	4.9 / 8.8
25	25 kW月球表面核反应堆系统(2006年)	快堆	UO$_2$	NaK回路	斯特林发动机	钾热管辐射器	控制鼓	25	24.5	5	2.2
26	金属燃料月球/火星表面堆(2007年)火星/月球	快堆	U-10Zr或U-10Mo	NaK回路	斯特林发动机	—	控制鼓	30	24	5	—
27	LEGO-LRCS(2008年)火星/月球	快堆	UO$_2$	钠热管	斯特林发动机	热管辐射	控制棒	30	25	>5	1(单个LEGO)

从表 1-3 中综合分析美国这些星表核反应堆电站方案技术取向的共性，可以概括出星表核反应堆电站的技术特点。

首先，是堆型选择。然后，依次是燃料、堆芯冷却方式、热电转换方式、废热排放方式、控制方式、电功率、转换效率、设计寿命、系统总质量等。

(1) 堆型选择：在 27 个星表核反应堆电站方案中，快堆方案有 22 个，约占全部方案的 81%。因为快堆堆芯中没有慢化剂，所以结构紧凑、体积小。这样一来，堆芯外面包覆的反射层的质量和辐射屏蔽的尺寸也都会小些。快堆质量-尺寸特性较好，对空间应用而言这是一个基本优点。另外，快堆堆芯温度较高，也有利于提高效率。电功率稍大的星表核反应堆电站方案都采用快堆堆型。

(2) 燃料选择：在 27 个方案中，选择 UN 燃料的有 16 个方案，约占 59%；选择 UO_2 燃料的有 5 个方案，约占 19%。UN 燃料铀含量高，UN 燃料的热物理性能很好，十分适用于空间核电源，美国 UN 燃料的工艺也比较成熟。UO_2 燃料高温性能好，制造工艺相当成熟，但导热效果较差。

(3) 冷却方式选择：在 27 个方案中，有 11 个方案采取了液态金属（钠、钠钾和锂）回路冷却，约占 41%；有 8 个方案采用了碱金属（钠、钾和锂）热管冷却。就抗空间碎片撞击能力而言，热管冷却要优于回路冷却。不过星表核反应堆电站建在目标星球的表面，空间碎片撞击的问题不像空间核反应堆电源那样突出。不过美国在空间核电源中应用热管技术还是相当普遍的。另外，在 27 个方案中，有 7 个气体（He-Xe 混合气体，或 CO_2）冷却方案，约占 26%，这与布雷顿循环相对应。

(4) 热电转换方式选择：在 27 个方案中，静态转换共有 10 个，约占 37%；动态转换方案 17 个，约占整个方案的 63%。在静态转换方案中，热电偶转换的方案共有 8 个，占静态转换方案的 80%，其余两个方案是热离子转换和碱金属转换。在动态转换方案中，布雷顿循环方案有 9 个，约占动态转换方案的 53%；斯特林循环方案有 6 个，约占动态转换的 35%；朗肯循环方案有 2 个，约占动态转换的 12%。

(5) 废热排放方式选择：在 27 个方案中，有 24 个方案选择了辐射散热器（含热管式辐射散热器），约占方案总数的 89%。

(6) 控制方式选择：在 27 个方案中，选用控制鼓和控制鼓加安全棒的方案有 16 个，约占总方案的 59%，采用滑移反射层和滑移反射层加安全棒的有 6 个方案，约占总方案的 22%。滑移反射层控制主要利用中子泄漏效应。

(7) 电功率范围的选择：多数在数十千瓦到数百千瓦之间。

（8）转换效率选择：目前，热电偶转换和热离子转换效率一般不超过
10%。多级热电偶、堆外热离子和碱金属转换效率要高一些，可达 10%～
20%。斯特林循环和布雷顿循环的转换效率可达 20%～40%。一般说来，静
态转换技术难度较小，转换效率较低，中小功率的空间核电源多采用静态转
换。动态转换技术难度大，转换效率较高，大功率的空间核反应堆电源都采用
动态转换。例如，俄罗斯的兆瓦级核动力飞船就采用了闭式布雷顿循环。

（9）设计寿命选择：一般 5～10 年。

（10）总质量选择：一般不超过 10 t。

表 1-3 没有给出辐射屏蔽方面的技术参数，但星球上有宇航科研人员居
住、生活和工作，因此，与地球上的核电站一样，要实施全方位的辐射屏蔽，将
对人员、环境和相关仪器设备的辐照剂量控制在规定的限值以下。在进行屏
蔽设计时，一般都充分考虑利用星表地形、地质等环境条件。

上述分析是以美国的 27 个星表核反应堆电站方案为对象的，所以某些
方面反映了美国特色，其中最突出的是静态转换中的热电偶转换占据了静
态转换的 80%。另外，UN 燃料和热管冷却方案的比例也比较大，主要原因
是在这 3 个方面美国的技术都很成熟，应用经验也比较丰富。但是，对星表
核反应堆电站方案选择起主导作用的是星表基地对电源的基本要求和相关
技术的适用情况，与采用哪国的数据关系并不太大。更重要的是，科学是没
有国界的，美国的从根本上说也是世界的。采用先进的、成熟的技术，在航
天事业上是理所当然的事情。

根据对以上方案的统计分析，结合星球基地对星表核反应堆电站的基本
要求，我们把星表核反应堆电站的技术特点归结如表 1-4 所示。

表 1-4　星表核反应堆电站的技术特点

序号	选项名称	选择结果及说明
1	核反应堆堆型	快堆，堆芯温度较高，质量-尺寸特性好，适合于空间应用
2	核燃料	UN 燃料或 UO_2 燃料
3	堆芯冷却方式	液态金属（钠、钠钾或锂）回路冷却，或碱金属（钠、钾或锂）热管冷却
4	辐射屏蔽	充分利用星表地形和土壤的全方位辐射屏蔽
5	废热排放方式	辐射散热器，包括热管式辐射散热器
6	控制方式	转动控制鼓加安全棒，或滑移反射层加安全棒

（续表）

序号	选项名称	选择结果及说明
7	电功率	小的或初期阶段的电站功率一般为数十千瓦,大的、中后期电站的功率为数百千瓦
8	转换效率	取决于转换方式,静态转换效率一般不超过 10%;动态转换效率为 20%～40%
9	设计寿命	初设的电站寿命一般不超过 5 年,长寿命的电站寿命可达 10 年
10	系统总质量	小型电站不超过 5 t,中、大型电站不超过 10 t

1.3.2　核推进的技术特点

我们知道,核推进包括核热推进和核电推进。核热推进也称为核火箭发动机,核电推进也称为核电火箭发动机。

1) 核火箭发动机的特点

核火箭发动机与液体火箭发动机很相似。主要差别在于核火箭发动机利用核反应堆替代了液体火箭的燃烧室,并用单组分工作介质氢替代了液体火箭发动机的双元液体推进剂(液体燃料和液态氧)[16]。

从原理上分析,核火箭发动机与化学火箭发动机相比具有 3 个优点:① 核裂变(或核聚变)过程中释放出来的巨大能量是化学燃烧(或爆炸)产生的能量所不能比拟的,两者相差 100 万倍。归根结底,能量是推进动力的源泉。② 与巨大能量释放相对应,核裂变或聚变比化学反应能获得更高的温度,高温或超高温是使工作介质达到高流速、火箭达到高比冲的决定性因素之一。③ 核火箭发动机只需一种成分的工作介质,而不像化学火箭那样需要两种成分(如液体火箭)或两种以上成分(如固体火箭)的工作介质。

比冲(I_s)是火箭发动机最重要的性能参数之一,也称为比推力,单位是"秒(s)"。它的物理意义是,消耗单位重量的工质所产生的冲量。比冲直接反映了工作介质效能的大小。研究证明,比冲与工作介质相对分子质量(M)的平方根成反比,即 I_s 正比于 $\dfrac{1}{\sqrt{M}}$。核火箭发动机的根本优势就在于可以利用相对分子质量最小的工作介质获得最大的比冲[3]。例如,以"氢"作为工作介质,在其他因素相同的条件下,核火箭发动机的比冲要比化学火箭的高出 2

倍多。现在很好的液体火箭发动机比冲一般都不超过 400 s,而核火箭发动机的比冲一般都为 900 s 左右。表 1-5 给出了利用核火箭发动机和化学火箭发动机完成火星任务的计算结果。由于比冲高,核火箭发动机所需推进剂的质量不到化学火箭发动机推进剂质量的 1/3,而所花费的任务成本不到化学火箭发动机成本的 50%。从中可以看出,与现行的化学火箭发动机相比,核火箭发动机具有极大的优越性[26,33]。

表 1-5　火星往返飞行任务

参　　数	化学火箭(H_2/O_2)	核火箭(固态芯)
有效载荷/t	100	100
飞行时间/年	1	1
等效速度变化/(km/s)	7.7	7.7
比冲 I_s/s	500	1 000
质量比(初始/最终)	4.806	2.192
结构质量/t	25	15
推进剂质量/t	475	137
在低地轨道总的初始质量/t	600	252
有效载荷份额	0.167	0.397
任务成本/亿美元	30	13

与化学火箭发动机相比,核火箭发动机的另一个优势是工作时间长。液体火箭发动机的工作时间一般都不超过 10 min,而核火箭发动机的工作时间可达数小时。

核火箭发动机以其高比冲(900~1 000 s)、大推力(数吨至数十吨)的特点,长期以来一直受到世界宇航科技界的普遍青睐。

20 世纪 90 年代初期,美国开始实施"空间探索计划"(SEI),把以 NERVA 核火箭发动机为基础的核热推进作为载人火星探测的基本方案。2005 年, "Nuclear Power in Space—2005"国际研讨会在莫斯科召开。俄罗斯核能首席专家、科学院院士、库尔恰托夫研究院常务副院长 N. N. 波诺马廖夫-斯捷普诺依等著名专家,提出了以俄罗斯新一代核火箭发动机为基础的双模式空间核动力系统作为载人火星探测的首选方案。

不过,核火箭发动机也有一些缺点:900 s 的高比冲,要求核燃料元件工作在 3 000 K 的氢气环境中,核燃料腐蚀厉害,以致其使用寿命也只有小时的量级;在开放运行时,放射性裂变产物有可能随着流经堆芯的氢推进剂释放出来,对周围环境形成污染;核火箭发动机的推进剂氢要低温储存,在轨道上长期储存液氢的技术难题目前尚未得到解决。这些问题极大地制约了核火箭发动机的研发和工程应用。

不过世界各国对核火箭发动机的研发并未停止。2010 年,美国发布了新版的"国家太空政策"。对于将宇航员送到小行星或火星的探测任务,NASA仍将核热推进作为主要候选方案。目前,正在开展"核低温推进级"(NCPS)项目研究,详见 2.1.3 节核热推进。

俄罗斯核火箭发动机的研发水平领先于世界各国。与美国宇航科技界的观点一样,世界各国长期以来都认为核火箭发动机方案是载人深空探测的首选方案。

从 1988 年以后,苏联/俄罗斯再也没有发射过空间核反应堆装置。从政治上看,俄罗斯现在研发兆瓦级核动力飞船,就是要彰显俄罗斯空间核动力大国的地位。但究竟发射什么,却主要取决于技术因素。再发射空间核反应堆电源,已不再新鲜;进行核火箭发动机空间飞行试验,还不具备条件。看来只有设计大功率的核电火箭发动机推进系统更现实些,也够分量。

2) 核电火箭发动机的特点

核电火箭发动机由空间核电源(特别是空间核反应堆电源)和电火箭发动机组成。它综合了空间核反应堆电源长寿命、高能量密度和电火箭高比冲的优点,使得核电火箭发动机的工作寿命可达 10 年,比冲超过 10 000 s[28]。

与核火箭发动机相比,核电火箭发动机工作寿命长、比冲高,但推力一般都比较小。百千瓦级的核电火箭发动机的推力也不过几牛顿。宇航界有这样的看法:在载人深空探测中,最重要的问题是要千方百计地缩短宇航员在空间的时间。由于核火箭发动机推力大,在较短的时间内可使航天器获得更快的速度,从而有利于缩短载人航天器在空间的飞行时间。因此,直到最近几年,有些航天任务特别是载人火星任务,人们认为仍要由核热推进(核火箭发动机)技术来解决。

2009 年 10 月俄罗斯时任总统梅德韦杰夫宣布,俄罗斯将投资 170 亿卢布(约 6 亿美元)研制兆瓦级核动力飞船。这一信息震动了世界宇航界,引起了人们对核热推进和核电推进的对比思考。那么,与核火箭发动机相比,核电火箭发动机到底有哪些优点呢?

核电火箭发动机的技术基础是空间核反应堆电源和电火箭发动机。俄罗斯空间核反应堆电源和电火箭发动机都处于世界领先地位,特别是近年来俄罗斯在电推进领域取得了长足进步。把空间核反应堆电源和电火箭发动机

(例如霍尔电火箭发动机)结合起来构成的核电火箭发动机有很大优势:

(1)空间核反应堆电源在闭合循环下运行,没有放射性裂变产物从反应堆释放出来。

(2)空间核反应堆电源仅作为供电装置使用,寿命一般是数年,远大于核火箭发动机的寿命。

(3)电推进器一般用氙做推进剂,氙推进剂的用量小,储存密度比低温储存氢气的密度高得多,从而使得推进剂储箱更小、更轻、更简化。

(4)提高核电火箭发动机的性能可以通过装备性能更先进的电推进器来实现。

(5)相对而言,核电火箭发动机运行温度比核火箭发动机的运行温度要低得多,在材料、工艺方面的选择范围要宽得多,设备部件研制及技术难度要小得多,整个系统的成本投入要少得多。

核电火箭发动机深空探测的能力很强,应用范围也极为广泛。对于行星任务来说,比冲为1 000～9 000 s,适当推力的核电火箭发动机可实现的任务有载人火星探测,太阳极区轨道飞行器,木卫2、木卫3、木卫4及土星/土卫6样品返回,海王星/海卫1探测器,小行星科学,彗星或冥王星交会,星际探测器等太阳系以内或以外的其他任务。

从总体上看,核电火箭发动机的研发和应用要比核火箭发动机的研发和应用容易和简单得多。在这方面,俄罗斯兆瓦级核动力飞船在世界范围内做出了示范,这对空间核动力的发展,特别是对核推进的发展,会产生深刻的影响。

1.3.3 双模式空间核动力的技术特点

我们已经知道,双模式空间核动力系统主要有两种典型方案:一种是以核热推进为基础的兼有供电/核热推进的空间核动力系统;另一种是以空间核反应堆电源为基础的兼有供电/核电推进的空间核动力系统。前者的主要特点与核热推进较为接近;后者的主要特点与核电推进更为接近。

1.4 空间核动力的应用

客观上说,在20世纪中期美国和苏联研发空间核动力(包括放射性同位素电源、空间核反应堆电源和核火箭发动机)主要用于军事。美国的"SNAP"

(核辅助电源)计划、研制巡航导弹核冲压发动机的"PLUTO"计划、"战略防御"计划重要组成部分的"SP‐100"计划,都着眼于军事目的。苏联发射的数十颗装备了"BUK"型空间核反应堆电源的卫星都是军事侦察卫星,据说在阿富汗战争期间,美国的核潜艇一出动,苏联的军事卫星就能发现其踪迹。不过令人颇感欣慰的是,科学家们在研究空间核动力的军事用途时,还预测了把空间核动力(包括空间核反应电源和核火箭发动机)用于研究宇宙空间的可行性。在 1958 年,这样一种思想其至占据了主导地位,即认为"核能开辟了实现太阳系行星间飞行的唯一的可能途径"。事实已经证明,空间核动力不仅能用于国防军事,也完全可以用于社会经济,更适用于宇宙空间的科学探索。下面,我们主要围绕放射性同位素电源、空间核反应堆电源和双模式(电源/推进)空间核动力系统,概要介绍一下空间核动力的应用。

1.4.1　空间核热源的应用

前面已经指出,现在空间核热源就是指放射性同位素热源(RHU)。当然,未来的星表核反应堆电站,也可以为星球基地的生活区和工作区提供热能。

在人类的航天活动中,已经多次使用了放射性同位素热源。1969 年 7 月 20 日,"阿波罗 11 号"宇航员实现了人类首次登月的梦想,并在月球上安置了"月面科学试验站",内装 2 台热功率均为 15 W 的 ^{238}Pu 热源,专供月震仪加热保温用。苏联在 1970 年和 1973 年先后发射了两辆月球车(月球车 1 号和月球车 2 号),内装 ^{210}Po 热源用于为月面考察仪器建立恒温环境。美国在其外层行星探测器如"先驱者号""伽利略号"和"卡西尼"号宇宙飞船上,都安装有多个热功率为 1 W 的 ^{238}Pu 热源。为了提高放射性同位素电源的安全性,美国研发了模块式的通用热源(general propose heat source,GPHS),并将其广泛用于放射性同位素电源制造和航天任务中[17]。

现在,中国正在实施月球探测工程,将在月球软着陆并开展长达数月的就位探测,同时巡视器将开展巡视探测。为解决度过月夜低温、实现月夜生存的工程研制难题,需要使用 RHU 或 RTG 为仪器设备供电供热。在"嫦娥三号"探测器中,已经首次使用了放射性同位素热源(RHU)。"嫦娥四号"着陆器同位素电源(RTG)则是我国首个成功在航天器上应用的同位素电源。

1.4.2　放射性同位素电源的应用

放射性同位素电源具有体积小、重量轻、结构紧凑、寿命较长,不受周围环境影响等特点,是一种性能良好和比较理想的空间电源。它适用于包括月球在内的各种星球的自动观察、内行星飞行和外行星探测,特别是放射性同位素电源能够实现太阳能电池阵-蓄电池组联合电源所无法完成的空间任务:诸如近太阳、近彗星、木卫2、海王星以及其他危险场合(尘暴、高温、带电粒子等恶劣环境)飞行。从这个意义上讲,放射性同位素电源是深空探索任务不可或缺的空间电源。

从20世纪60年代到21世纪初的40多年中,美国共发射成功22艘载有^{238}Pu同位素电源的航天器(未包括发射失败的"子午仪-5BN$_3$""雨云-Ⅱ号"和"阿波罗-13号")。其中:8艘为不同类型的人造卫星,用于地球轨道飞行;5艘为月球飞船,用于"阿波罗"登月计划;9艘为星球探测器,用于外层行星探测。在其中,使用了40台同位素温差发电器(见表1-6)。美国在实施阿波罗计划中,先后在月球上放置了3辆月球车,安置了1座"早期阿波罗月面科学试验站(EASEP)"和5座"阿波罗月面科学试验站(ALSEP)",后者中的25台自动观测仪器都是由放射性同位素电源供电的。图1-17中"阿波罗-12号"宇航员正在月球上将^{238}Pu热源插入温差发电器中。图1-18展示了正在飞行中的"旅行者号"外层行星探测器[34]。

**图1-17 "阿波罗-12号"宇航员
正在装配同位素电池**

2012年8月5日,美国发射的装备有放射性同位素电源的"好奇"号火星探测

表1-6　20世纪美国用于空间的放射性同位素电源综合特性

航天器名称	使命	发射日期	初始功率①/W	电池型号（台数）	半导体热电材料	热接点温度/℃	转换效率/%	比功率/（W/kg）
子午仪-4A	导航卫星	1961-06-29	2.7	SNAP-3B(1)	PbTe2N/2P	510	5.0	1.48
子午仪-4B	导航卫星	1961-11-15	2.7	SNAP-3B(1)	PbTe2N/2P	510	5.0	1.48
子午仪-5BN₁	导航卫星	1963-09-28	25.2	SNAP-9A(1)	PbTe2N/2P	517	5.1	2.20
子午仪-5BN₂	导航卫星	1963-12-05	26.8	SNAP-9A(1)	PbTe2N/2P	517	5.1	2.20
阿波罗-12	月面试验站	1969-11-14	73.6	SNAP-27(1)	PbTe3N/3P	582~617	5.0	2.34
阿波罗-14	月面试验站	1971-01-31	72.5	SNAP-27(1)	PbTe3N/3P	582~617	5.0	2.34
阿波罗-15	月面试验站	1971-07-26	74.7	SNAP-27(1)	PbTe3N/3P	582~617	5.0	2.34
阿波罗-16	月面试验站	1972-04-16	70.9	SNAP-27(1)	PbTe3N/3P	582~617	5.0	2.34
阿波罗-17	月面试验站	1972-12-06	75.4	SNAP-27(1)	PbTe3N/3P	582~617	5.0	2.34
子午仪 Triad	导航卫星	1972-09-02	35.6	子午仪 RTG(1)	PbTe2N/3P	400	4.2	2.60
雨云-Ⅲ	气象卫星	1969-04-14	28.2	SNAP-19B(2)	PbTe2N/3P	507	6.0	2.10
先驱者-10号	木星探测器	1972-03-02	40.7	SNAP-19(4)	PbTe2N/TAGS85	512	6.3	3.00
先驱者-11号	木星探测器	1973-04-05	39.9	SNAP-19(4)	PbTe2N/TAGS85	512	6.3	3.00
海盗-1号	火星软着陆	1975-08-20	42.3	SNAP-19(2)	PbTe2N/TAGS85	546	6.3	3.00
海盗-2号	火星软着陆	1975-09-09	43.1	SNAP-19(2)	PbTe2N/TAGS85	546	6.3	3.00
林肯-8号	通信卫星	1976-03-14	153.7	MHW-RTG(2)	SiGe	1000	6.7	3.94
林肯-9号	通信卫星	1976-03-14	154.2	MHW-RTG(2)	SiGe	1000	6.7	3.94
旅行者-1号	外行星探测	1977-09-05	156.7	MHW-RTG(3)	SiGe	1000	6.7	3.94
旅行者-2号	外行星探测	1977-08-20	159.2	MHW-RTG(3)	SiGe	1000	6.7	3.94
伽利略号	木星探测器	1989-10-18	287.4	GPHS-RTG(2)	SiGe	1000	6.8	5.14
尤利西斯号	太阳极区探测	1990-10-06	282.0	GPHS-RTG(1)	SiGe	1000	6.8	5.14
克西尼号	土星探测器	1997-10-15	283.0	GPHS-RTG(3)	SiGe	1000	6.8	5.14

注：① 初始功率针对的是一台同位素电源。

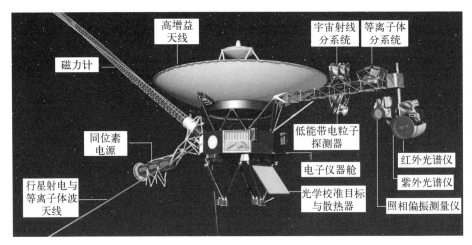

磁力计

高增益
天线

宇宙射线
分系统

等离子体
分系统

同位素
电源

低能带电粒子
探测器

电子仪器舱

红外光谱仪

紫外光谱仪

行星射电与
等离子体波
天线

光学校准目标
与散热器

照相偏振测量仪

图 1-18　"旅行者号"外层行星探测器

器成功登陆火星。这是一台功率为 110 W 的"多任务放射性同位素热电式电源"
(MMRTG),它利用一种全新的设计来驱动"好奇"号探测器平台和相关科学仪器
(见图 1-19),向世界展示了美国放射性同位素电源研发和应用的最高水平。

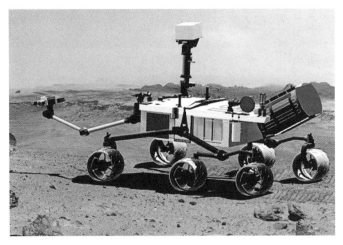

图 1-19　美国"好奇"号核动力火星探测器

苏联曾于 1965 年发射了 ^{210}Po 同位素电源供电的"宇宙号"系列卫星(如
宇宙-89、宇宙-90 等)。此后,苏联则着重发展空间核反应堆电源和核热推
进,并且取得了令世人瞩目的成就,特别是空间核反应堆电源,曾为苏联 38 颗
空间卫星提供电力支持。为了实施对火星进行综合研究的国际"火星-96"计
划,对采用 ^{238}Pu 作为燃料的放射性同位素电源的开发,再次受到了俄罗斯的

高度重视。

长期以来,绝大多数放射性同位素电源都以^{238}Pu 作为热源燃料。俄罗斯是生产^{238}Pu 放射性同位素的超级大国。多年以来,甚至美国放射性同位素电源使用的^{238}Pu 都是从俄罗斯进口的,俄罗斯若不高兴可以随时断绝对世界各国^{238}Pu 的供应。

为应对^{238}Pu 短缺的问题,美国目前一方面正在重新建立^{238}Pu 的生产能力,另一方面正努力研发采用动态斯特林转换技术的同位素电源,斯特林转换效率远高于静态温差转换,在同等电功率下,可将^{238}Pu 的用量节省约 3/4。此外,美国在 2010—2018 年开展了千瓦级热管式空间核反应堆电源 Kilopower 的研究,Kilopower 可替代较大功率需求的同位素电源,本书 7.1.9 节对 Kilopower 进行了详细的介绍。

1.4.3　空间核反应堆电源的应用

空间核反应堆电源是空间核动力中最重要的组成部分。空间核反应堆电源以及以空间核反应堆电源为动力的核电推进,占据了空间核动力应用的"半边天"。

1989 年,美国 NASA 对空间核反应堆电源和核电推进的用途进行了总结,提出了包括外太阳系、内太阳系、地月系统和地球轨道系统的多种应用[35](见图 1-20)。外太阳系的应用包括研究火星之外行星的无人探测器,如土星、天王星、海王星、冥王星以及小行星和彗星;内太阳系的应用主要为无人和载人火星及其卫星的探测,这包括无人探测器、着陆器、表面漫游器以及载人探险、前哨站和基地,也包括电推进货物运输器;地月系统的应用包括月球着陆器和表面漫游器,月面永久有人照料的前哨站和基地,有人照料的月球观察站,以及采用先进推进系统的货运飞船;地球轨道系统的应用包括地球静止轨道通信系统,低温燃料补给站,空中/海洋交通控制雷达卫星和新一代空间站。其中雷达卫星可工作在 1 000～3 000 km 轨道高度,处在范艾伦辐射带内,初步表明,根据任务特点、分辨率、轨道高度、目标数目、覆盖范围和天线尺寸等参数,它的电功率需求为 50～200 kW。而在这个轨道范围,太阳能电池系统面临着破坏性辐射环境的影响。所有这些任务都需要空间核反应堆电源。

美国战略防御计划(SDI)将用于拦截卫星和导弹的空间定向能武器系统需求电源分为三级,最低一级为数百千瓦的稳定电源,最高一级为可向空间定向能武器提供动力的兆瓦级电源。

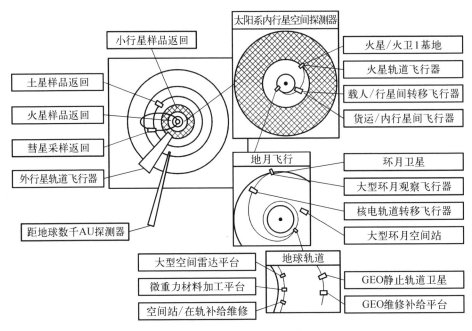

图 1-20 核反应堆的空间应用

2005 年,美国空军大学开展了空间政治的可行性研究,分析了 NASA 和国防部未来潜在的任务,认为空间核反应堆电源在以下 3 个方面具有重要应用。

(1) 空间科学任务。NASA 认为,核反应堆是实现人类空间移民的唯一可行手段。太阳能发电系统只适合太阳系内的任务;放射性同位素电源用于小功率(小于 1 kW)的太阳系的新前沿任务;空间核反应堆电源可用于具有数十至数百千瓦功率、500 kg 有效载荷的太阳系外行星大型标志性的任务。这些潜在的空间科学任务包括深空探测任务、行星间无人探测、长期的载人月球探测、载人火星探测、核推进、先进气象学等。

(2) 天基国家安全任务。国家安全部门认为,在可接受的技术和政治风险下,空间核反应堆电源可以增强国家安全能力。通过快速占领极高地球轨道,支持地面行动和空间作战能力,实现第一战略目标,超越引起国家安全和国际稳定的其他不利因素。美国国防秘书长 Rumsfeld 强调美国要保持超强的空间能力。小型、轻质、紧凑、长寿命的空间核反应堆电源可提供强大的电力和轨道机动能力,并使任务的有效性得到提高。不断增长的空间功率需求表明,空间核反应堆电源的应用不可避免。需要采用空间核反应堆电源的军事用途包括连续功率大于 100 kW 的天基雷达系统、激光通信、天基数据处理、先进军事气象、天基武器系统等。

（3）即将出现的社会经济任务。社会经济任务方面包括天基制造业、激光通信、高功率和宽带通信、定向能功率传输等。

综上所述，空间核反应堆电源应用范围之广大、意义之深远可窥见一斑。

下面，我们概略地介绍一下天基雷达系统和天基武器系统对空间核反应堆电源的功率要求[35]。

1.4.3.1　天基雷达系统

天基雷达系统可以全天时、全天候对全球进行连续的监测，对海洋、地面和空中的移动目标进行连续探测和跟踪，具有重要的军事价值。天基雷达系统可分为天基预警雷达卫星系统和雷达成像侦察卫星系统。根据雷达方程，雷达的发射功率与作用距离的四次方成正比，卫星平台的供电能力直接影响着天基雷达系统的性能指标。为实现更远作用距离、更大搜索范围、更高地面分辨率的目标，天基雷达系统对卫星平台提出了数十千瓦甚至兆瓦级的功率需求。目前看来，空间核反应堆电源是一个很好的备选方案。

1）天基预警雷达卫星系统

天基预警雷达卫星系统是指把发射站置于某颗卫星上，利用设置在同一颗卫星或不同卫星、临近空间飞行器、飞机、地面或舰船上的接收站，来探测敌方的空中目标，通过搜索波束发现目标，利用跟踪波束绘制目标航迹，使用回波分析等手段对目标进行识别和分类，同时向地面指挥控制中心发送预警信息，实现预警功能。天基预警雷达具有许多特点：能够全天候工作，可以实现低空目标预警，能获得更长的预警时间，能较好地应对隐身目标和部分小面积目标，能自由出入敌方国家的上空等。

图1-21给出了在搜索状态下预警雷达电功率需求随轨道变化的曲线。

可以看出：当轨道为800 km，相控阵天线面积为100 m² 时，电功率需求为21 kW；相控阵天线面积为150 m² 时，电功率需求为14 kW；相控阵天线面积为200 m² 时，电功率仍需达到12 kW。目前，卫星平台难以满足要求。

图1-22给出了在跟踪模式下，不同波段的预警雷达电功率需求与轨道高度的相互关系。可以看出：当轨道为800 km，相控阵天线面积为150 m² 时，对于C频段，电功率需求为41 kW；对于X频段，电功率需求为12 kW。相控阵天线面积为100 m² 时，对于C频段，电功率需求为91 kW；对于X频段，电功率需求达27 kW。目前，卫星平台很难满足要求，而装备空间核反应堆电源的卫星平台可提供大功率的解决方案。

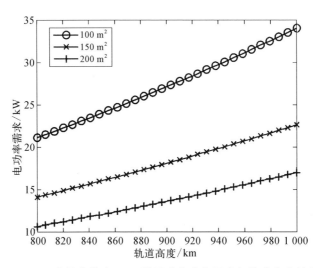

图 1-21 在搜索模式下,预警雷达电功率需求与轨道高度的相互关系(目标雷达散射面积为 10 m²)

2) 雷达成像侦察卫星系统

雷达成像侦察卫星系统采用微波频段对观测区域进行高精度地面水平分辨率或垂直分辨率成像。主要包括合成孔径雷达(SAR)和干涉型合成孔径雷达两种。就军事应用来看,装备在卫星平台上的合成孔径雷达可以在任何光照条件和气候条件下,在远程和宽搜索范围内"看清"目标。雷达成像侦察卫星系统能够完成的军事任务包括高分辨率成像、地面运动目标监测、高程测绘、海面流场成像、地下目标监测、空中运动目标监测等。

图像分辨率是合成孔径雷达最重要的指标之一。研究表明,若合成孔径雷达达到 3 m 的分辨率,能大致识别军事上感兴趣的大多数地面目标,可以确切识别少数目标;若达到 1 m 的分辨率,可以确切识别大多数目标,能够描述少数目标;若达到 0.3 m 的分辨率,则对多数目标能给予描述,从而大大提高对目标的识别概率。达到 0.3 m 高分辨率的雷达成像卫星能够实现对战场的高精度侦察,为精确打击引导和打击效果评估提供可靠的信息依据,确保地面、海上和空中战场的主动权和赢得军事行动的成功。星载合成孔径雷达成像系统需要卫星平台供电功率达数十千瓦甚至数百千瓦,大功率需求给卫星平台增加了极大的供电压力。在这种情况下,空间核反应电源则凸显了太阳能供电所没有的独特优势。

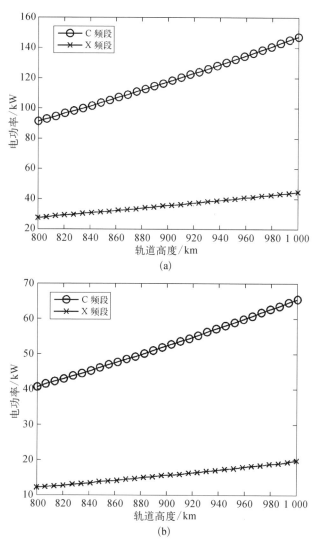

图 1-22 预警雷达跟踪模式下电功率随轨道高度的变化

(a) 天线面积为 100 m²; (b) 天线面积为 150 m²

1.4.3.2 天基武器系统

天基武器系统可以抵御与抑制敌方来自空间和穿越空间针对我方天基重要军事设施和民用设施以及地面战略目标的军事行动,起到抑制战争和防止战争升级的效能。同时,通过天基武器系统的有效工作,还能够沉重打击敌方的天基重要军事设施和民用设施以及地面战略目标,达到破坏敌方信息链和指挥控制中枢、获得局部战争优势的效果。天基武器系统可分为定向能武器和动能器两大类。我们仅就定向能武器包括的微波武器、激光武器、粒子束武器和天基电子干扰卫星的电功率需求进行简单说明。

1) 高功率微波武器

高功率微波指峰值功率为 100 MW～100 GW、频率为 1～300 GHz、横跨厘米到毫米波长范围的电磁辐射。高功率微波武器利用强微波发射机、高增益天线以及相应的配套设备,使发出的强大微波束汇聚成极窄的波束,以强大的能量杀伤、破坏既定目标。

计算表明,输入功率为 200 kW 的微波源可以满足重复使用的天基高功率微波武器对电能的需求。这样的高功率微波武器可以对距离为 500 km 处的目标形成毁伤级的破坏效果。空间核反应堆电源是高功率微波源的理想选择。

2) 高能激光武器

天基高能激光武器由卫星平台和有效载荷组成。有效载荷包括强激光器、瞄准跟踪系统、光束控制与发射系统、自适应光学系统和其他配套系统。高能激光武器的毁伤机理包括烧蚀效应、激光效应和辐射效应。高能激光武器分为战术激光武器(主要用于攻击战术目标,功率需 100 kW 以上,射程在 10 km 以内)、战区防御激光武器(平均功率需 1 MW 以上,射程大于 100 km)和战略防御反导激光武器(射程为数百到数千千米,功率为 10 MW 到超过 1 000 MW 兆瓦)。

大功率激光武器的概念是一个天基激光武器网。每颗星激光武器功率约为 25 MW,作用距离为 4 000 km,每次攻击时间为 3～10 s。一个 20 颗星的星座就可以实现全球覆盖。天基激光星座可以打击所有近地轨道上的卫星,并对全球范围内的卫星发射进行压制。

要达到上述要求,化学激光和太阳能电池阵驱动激光是不现实的,只能利用空间核反应堆电源。图 1-23 是美国天基激光武器的示意图。

3) 粒子束武器

粒子束武器可以把电子、质子或离子加速到接近光速,聚焦成密集的束流,射击并摧毁目标。加速器是粒子束武器的核心。此外,粒子束武器还包括目标探测、捕获和识别分系统,目标精密跟踪分系统,以及指挥和协调各分系统工作的指挥、控制和通信分系统。

天基粒子束武器的破坏机理包括粒子动能的贯穿杀伤,以及 X 射线和 γ 射线的辐照破坏,通过这些作用破坏卫星的结构和内部设备,使电子仪器失效。电子设备和器件是粒子束武器理想的破坏对象。粒子束武器是空间武器

图 1-23　美国天基激光武器

中的佼佼者。

　　粒子束武器原理并不复杂,但必须要有强大的脉冲电源(例如脉冲电源的功率要达到 3×10^{10} kW),而对应卫星平台上电源系统需要有百千瓦量级的电功率,这样的电源非空间核反应堆电源莫属。图 1-24 给出了美国天基粒子束武器的结构示意图。

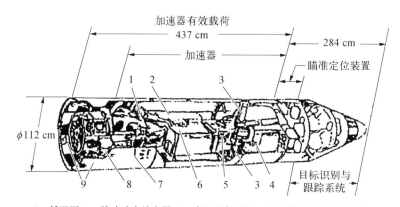

1—低温泵;2—脉冲功率放大器;3—真空吸气泵;4—注入器;5—粒子加速器;
6—粒子传输装置;7—电荷去除装置;8—监测装置;9—摄像机。

图 1-24　美国天基粒子束武器的结构

4) 天基电子干扰卫星

　　在未来战争中,电子战、特别是电子干扰的重要性是不言而喻的。在电子干扰的应用中,对 GPS(全球卫星定位系统)信号的干扰是现在关注的研究重点。

全球卫星定位系统的发展为导航技术带来了革命性的飞跃变化。现在,弹道导弹的打击精度达到了十米级,巡航导弹的打击精度达到了亚米级,无人飞机的定点侦察已经精确到"点"目标。这与全球卫星定位系统在军事上的成功应用是分不开的。弹道导弹、巡航导弹、无人飞机、低轨道侦察卫星都高度依赖于全球卫星定位系统。在战争中,利用天基电子干扰卫星对全球卫星定位系统进行干扰,降低其导航精度甚至使其失去作用,必然对战争的胜负产生决定性的影响。

计算表明,如果要干扰地面直径为 490 km 区域的 GPS 信号,天基电子干扰卫星平台上发射机的电功率需要 28 kW 左右;如果要干扰 3 000 km 直径区域的 GPS 信号,天基电子干扰卫星平台上发射机的电功率则需要近 1 MW。因此,采取空间核反应堆电源供电方案是非常合适的。

表 1-7 给出了几种典型空间武器的功率需求。

表 1-7 两类空间武器系统的功率需求

系统名	卫星及武器名	电功率
天基雷达系统	天基预警雷达卫星 雷达成像侦察卫星	数十千瓦至数兆瓦
天基武器系统	高功率微波武器	数百千瓦
	高能激光武器	数十兆瓦
	粒子束武器	数十千瓦到百兆瓦
	天基电子干扰卫星	数十千瓦到一兆瓦

作为空间武器装备用电源首先要满足功率要求,但是还必须充分考虑所选电源的独立性、机动灵活性、环境适应性、生存能力、抗打击能力等诸多因素。从综合分析来看,空间核反应堆电源必然是空间军事装备的不可替代的选择。

1.4.4 核推进的应用

从概念上,包括核热推进和核电推进的核推进是独立的和完整的。但在实际应用中,不论核火箭发动机或核电火箭发动机,基本上是既具有供电功能又具有推进功能的双模式空间核动力系统。

前面已经介绍过,双模式(电源和推进)空间核动力系统最具代表性的两种方案是以核火箭发动机和动态能量转换技术为基础的双模式空间核动力系统,以及以空间核反应堆电源和电推进技术为基础的双模式空间核动力系统。业内专家一般认为,对于要求快速进入轨道的飞行任务(特别是载人的星际飞行),电源/核热推进的双模式空间核动力系统更为合适[29];而对于无人的运载任务,电源/核电推进的双模式空间核动力系统比较可取[30]。在 20 世纪 90 年代初期,美国宇航界经过 3 个多月的讨论,对火星探测的原则性方案取得共识: 将以 NERVA 核火箭发动机为基础的核热推进系统作为载人火星探测的基本方案;将以 SP-100 空间核反应堆电源为基础的核电推进系统作为载物飞船的动力,为载人宇宙飞船探路和运输所需的相应物资。下面介绍俄罗斯关于载人火星探测的一个方案以及欧空局的海王星探测的核电推进方案。

1.4.4.1　基于固相反应堆的核热推进/发电装置的火星考察综合体

由于核火箭发动机具有更高的推力比冲(约 900 s),用它替代液体火箭发动机可以大大降低火星考察综合体的发射质量。像在装备液体火箭发动机的火星考察综合体中一样,核火箭发动机也要采用大量低温组分(特别是液氢)。要求在人造地球卫星轨道上组装火星考察综合体阶段和行星星际飞行期间,具有消耗电功率为 100~150 kW 的能动低温恒温系统(火星考察综合体能耗总功率为 150~200 kW)。这种情况决定了在航天器发电推进系统构成中利用双模式发电推进装置的适宜性,同时这种装置可保证在单个固相反应堆基础上产生推力和发电。

双模式核发电推进装置由 4 个模块连接体组成,每个模块包括带有辐射防护的核反应堆、喷管系统、供氢系统、发电工况的氦-氙回路、涡轮机转换器、辐射散热器,并且每个模块保证约 50 kN 的推力和产生电功率 50 kW。供氢系统、发电工况的氦-氙回路、能量转换系统和辐射散热器都由一些模块组合件装配在一起。这样,在必要情况下可以将故障模块断开。在推进工况或者推进-发电工况下任一模块出现故障时,通过增加其余模块工作时间来完成飞行任务。

核火箭发动机的工质氢置于规格化的工质模块中,它们的质量特性和外形尺寸特性取决于发射条件。当利用"能源"运载火箭时,在人造地球卫星安装(在该情况下辐射安全轨道高度为 800 km)轨道上的添加工质模块质量为 85.7 t,工质模块的最终质量为 15 t,其中包含没有用完的工质氢。

俄罗斯的宇航专家在研讨地球—火星—地球飞行路线的同时,还研讨了地球—金星—地球和地球—火星—金星—地球等飞行路线,因为飞越金星的路线可以大大降低进入地球大气层的速度,特别是在相对不利的起飞期间内。

1）发电/推进系统主要特性

推进工况

（1）工质——氢。

（2）喷射推力——200 kN。

（3）热功率——1 200 MW。

（4）总工作时间——5 h。

（5）比冲——910 s。

（6）工质加热温度——约达 3 000 K。

发电工况

（1）工质——氙和氦混合物。

（2）能量转换系统——按布雷顿循环工作的涡轮机系统。

（3）总工作时间——65 个昼夜。

（4）电功率——50～200 kW。

（5）最高工质温度——1 223 K。

（6）辐射散热器面积——600 m^2。

发电/推进系统"净"质量约为 60 t。

2）火星考察综合体宏观参数随发射日期和飞行路线的变化

表 1-8 列出了随发射日期和飞行路线变化的总速度比冲（ΔV_{Σ}）、返回地球飞船进入地球大气层的速度（V_{BX}）、考察持续时间（t_{Σ}）和火星考察综合体发射质量（M_0）。

表 1-8　火星考察宏观参数与发射日期和飞行线路的关系

起飞日期	飞行线路	宏观参数			
		ΔV_{Σ} / (km/s)	V_{BX} / (km/s)	t_{Σ} /d	M_0 /t
2010-12-05	地球—金星—火星—地球	8.5	14.0	660	750
2013-11-23	地球—金星—火星—地球	8.8	12.5	600	730
2018-04-12	地球—火星—地球	9.6	15.6	460	800

图 1-25 给出了基于固相反应堆的双模式核热推进发电装置的火星考察综合体结构[32]。

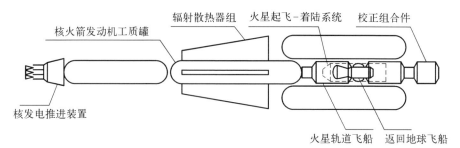

图 1-25　基于固相反应堆的双模式核热推进发电装置的火星考察综合体

发电推进系统和火星考察系统的特性(2010 年发射)如下:推进装置工质为氢;推进装置推力为 4×50 kN;比冲为 900 s;发电装置电功率为 200 kW;初始质量为 750 t;考察持续时间为 660 个昼夜;火星考察综合体最大长度为 100 m;最大横向尺寸为 20 m。

1.4.4.2　欧空局用于海王星探测的核电推进空间飞行器

欧空局在 2002 年启动了 Aurora 探测计划,这是欧空局第一次由工业企业界参与研制生产的空间核电推进计划。参加该计划的有欧洲 6 个研究空间技术的主要国家和一些大公司。图 1-26 为欧空局正在制订的用于海王星探测任务的核电推进空间飞行器概念图。

图 1-26　欧空局用于海王星探测的核电推进空间飞行器

近年来,欧空局还启动了利用核电推进的空间飞行器撞击飞入地球运行轨道的小行星研究计划,促使小行星轨道发生改变,避免撞击地球。欧空局设计的上述核电推进的空间飞行器携带 3 台 40 kW 的离子推力器、6 个 900 L 的氙气储箱。核电推进系统的推力为 2 N,比冲为 7 235 s。

在 2014 年的 NETS(核与新兴技术)会议上,法国科研人员介绍了目前欧洲正在执行的 MEGAHIT 计划。该计划用于建立欧洲的兆瓦级核电推进路线图,目前已经确定了多个子系统的技术选项,例如:热电转换方式为布雷顿循环;辐射器为热管式,而液滴式作为备选;电推进的候选为霍尔推进器、离子推进器和磁等离子体推进器。对于系统级别,考虑采用 1 300 K 的热端温度,以达到较高的比质量目标(<20 kg/kW),但尚未决定是采用氦氙冷却反应堆直接布雷顿循环,还是锂冷却反应堆间接布雷顿循环。下一步研发工作就是针对反应堆、涡轮机叶片/盘、轴承和换热器的高温及长寿命要求开展技术研究。该核电推进装置预计在 2022 年进行地面演示验证,2032 年进行首次空间应用。

参考文献

[1] 钱绍钧. 军用核技术[M].北京:中国大百科全书出版社,2007.

[2] 中国核学会. 2007—2008 核科学技术学科发展报告[C].北京:中国科学技术出版社,2008:137-147.

[3] Ponomarev-Stepnoi N N, Kukharkin N E, Usov V A. Russian space nuclear power and nuclear thermal propulsion systems [J]. Nuclear News,2000,76(13):37-46.

[4] 科罗捷耶夫 A C. 载人火星探测[M].赵春潮,王苹,魏勇,译.北京:中国宇航出版社,2010.

[5] 刘桐林. 高技术战争中的撒手锏一巡航导弹[M].北京:解放军文艺出版社,2002.

[6] 李铮,赵大勇. 美军临近空间平台的开发利用及对我军的启示[J].火力与指挥控制,2009,34(8):1-4.

[7] 黄立,曾建江. 临近空间飞行器技术的发展与趋势[J].江苏航空,2012(S1):46-49.

[8] 王莫棠,孙汉诚. 核世纪风云录:中国核科学史话[M].北京:科学出版社,2006.

[9] 格拉斯登 S. 核反应堆工程[M].吕应中,许汉铭,施建忠,译.北京:原子能出版社,1986.

[10] 苏著亭. 军用核动力新概念:以 Hf-178m2 为燃料的核子反应堆(内部报告)[R].北京:中国原子能科学研究院,2005.

[11] Chown M. Gamma force [J]. New Scientist,1999,163:42.

[12] Collins C B. Accelerated emission of gamma rays from 31-yr isomer of ^{178}Hf induced by X-ray indication [J]. Physical Review Letters,1999,82(4):695.

[13] 安伟健,孙征. 新型核燃料:Am-242m 的生产和应用研究(内部报告)[R].北京:中国原子能科学研究院,2014.

[14] 吴晓春. 核动力汽车电源可行性研究(内部报告)[R].北京:中国原子能科学研究院,2014.

[15] 连培生. 原子能工业[M].北京:原子能出版社,2001.

[16] 钱学森. 星际航行概论[M].北京:科学出版社,1963.

[17] 吴伟仁,王倩,罗志福. 放射性同位素热源/电源在航天任务中的应用[J].航天器工程,2013,22(2):1-6.

[18] 卢浩淋. 空间核电源[M].北京:化学工业出版社,2007.

[19]　苏著亭,柯国土.美、俄空间核动力发展概览[N].中国核工业报,2013-03-19(8).

[20]　吕延晓,蔡善珏.空间核电源研究(内部报告)[R].北京:中国原子能科学研究院,1997.

[21]　欧阳自远.月球探测对推动科学技术发展的作用[J].航天器工程,2007,16(6):5-8.

[22]　胡古.月球表面月核反应堆电源调研及可行性方案初步研究(内部报告)[R].北京:中国原子能科学研究院,2011.

[23]　欧阳自远,肖福根.火星探测的主要科学问题[J].航天器工程,2011,28(3):205-217.

[24]　薛平.NASA重返月球和火星的载人飞行计划[J].世界导弹与航天,1990,2:13-17.

[25]　Kambe M. Long lifetime fast spectrum reactor for lunar surface power system [C]. College Park, Maryland: American Institute of Physics, 1993: 649-654.

[26]　苏著亭.核热推进技术译文集(内部资料)[C].北京:中国原子能科学研究院,2002.

[27]　卢银娟.研究堆与核动力[G].北京:中国核科技信息与经济研究院,2004.

[28]　周成.空间核电推进技术发展研究[J].空间控制技术与应用,2013,39(5):1-6.

[29]　巴依诺夫ＳＶ,斯梅坦尼科夫ＶＰ,巴甫舒克ＶＡ,等.用于太阳系外行星探测的、带有电推进系统的宇宙飞船上的、涡轮机动力转换的核电源方案[R].莫斯科-波达勒斯克:空间核动力-2005,2005.

[30]　巴依诺夫ＳＶ,斯梅坦尼科夫ＶＰ,巴甫舒克ＶＡ,等.以带有采用布雷顿气体循环实现涡轮机动力转换的高温气冷堆为基础的、用于火星探测的行星辅助电源方案[R].莫斯科-波达勒斯克:空间核动力-2005,2005.

[31]　科罗捷耶夫ＡＳ.用于空间探测的核推进系统[R].苏著亭,译.意大利:第十届国际燃烧与推进专题研讨会,2003.

[32]　科罗捷耶夫ＡＣ.核火箭发动机[M].郑官庆,王江,黄丽华,等,译.上海:上海交通大学出版社,2020.

[33]　Miller T J.核推进项目专题讨论会概要(内部资料)[R].苏著亭,译.北京:中国原子能科学研究院,2002.

[34]　肖伦.放射性同位素技术[M].北京:原子能出版社,2005.

[35]　姚伟.核反应堆航天器功率需求分析(内部报告)[R].北京:中国空间技术研究院,2009.

第 2 章

空间核动力发展情况及趋势

自从 1961 年美国发射了装备放射性同位素电源 SNAP-3BT 的子午仪-4A(导航)航天器以来,至今已有 60 多年。在这期间,美国和俄罗斯(含苏联)在空间任务中使用了数十个放射性同位素电源和超过百个同位素热源。1965 年,美国的 SNAP-10A 空间核反应堆电源在 Snapshot 宇宙飞船上进行了试验;1970 年以来,苏联的 31 个 BUK 型空间核反应堆电源应用在宇宙飞船的海洋雷达观测上;1987 年,苏联的 2 个 TOPAZ-1 型热离子空间核反应堆电源在 Cosmos-1818 和 Cosmos-1867 宇宙飞船上成功进行了试验[1]。同时,美国和苏联早就对核热推进开展了广泛和深入的研发工作,包括建造实验样机和开展地面试验等,取得了极其重要的成果。所有这一切为空间核动力的发展和应用奠定了良好的工程技术基础。可以确信,未来应用的范围将随着空间任务所增加的功率和推进动力的需求而大大拓展[2]。

本章将分别概述美国和俄罗斯空间核动力(主要包括放射性同位素电源、空间核反应堆电源和核推进)的发展情况,并对空间核动力总的发展趋势做出一定的分析[3-5]。

2.1 美国的发展概况

1954 年美国空军开始实施"诱骗者"计划,专门开展对空间核电源的研究。1965 年,可能是由于"诱骗者"名称不太好听,将其改为"核辅助电源系统"计划,也即"SNAP"计划。SNAP 计划包括两大类研发项目:空间核反应堆电源和放射性同位素电源。前者编号为偶数,后者编号为奇数。应该说,SNAP 计划是美国执行最为成功的空间核动力研发计划,该计划成就了世界上第一颗成功应用的空间核反应堆电源 SNAP-10A,同时使美国在放射性同位素电源工程技术领域至今稳居世界霸主地位[6-7]。

2.1.1 放射性同位素电源

在放射性同位素电源(RTG)方面,美国是研发最早、应用最早和最多、单机功率最大、整体技术水平也最高的国家。

在1961—2021年,美国发射了28座带有47个RTG的航天器。其中:一部分RTG用于美国国防部发射的导航和通信卫星;另一部分用于美国国家航天局(NASA)发射的气象卫星、月球站、火星着陆器及行星际探测器。目前,尚有30多个RTG在轨道上运行,最长的工作寿命已超过40年。

美国在航天任务中应用的所有RTG均采用放射性同位素^{238}Pu,其输出功率已从最早的2.7 W提高到300 W,最高热电转换效率达6.7%,最高功率质量比达5.36 W/kg,设计寿命也由早期的5年提高到15年左右。表2-1列出了美国在航天任务中成功应用RTG的情况[8](共有25次)。

在美国成功应用的放射性同位素电源中有几个代表性的型号[8],分述如下。

1) SNAP-3B RTG

SNAP-3B RTG是首个用于空间飞行的辅助电源。1961年1月29日,美国在世界上首次研制出RTG,即SNAP-3B RTG,并将其应用于近地轨道的子午仪-4A(TRANSIT-4A)导航卫星上。SNAP-3B RTG的电功率为2.7 W,设计寿命为5年,实际工作超过10年。SNAP-3B RTG选用的是^{238}Pu金属,其熔点为650 ℃。在发生意外事件时,所有的^{238}Pu金属应在高空烧蚀成亚微米级尘埃,并扩散至大气层稀释,使大气内^{238}Pu的浓度达到可接受的水平。图2-1是子午仪-4A卫星及其SNAP-3B RTG的结构示意图。

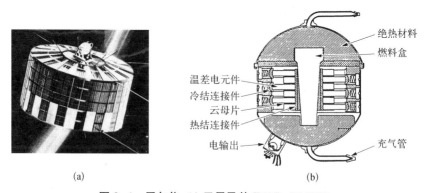

(a)　　　　　　　　　　　　　　　　　(b)

图2-1　子午仪-4A卫星及其SNAP-3B RTG

(a) 子午仪-4A卫星;(b) SNAP-3B RTG的结构

表 2-1　美国在航天任务中成功应用 RTG 的情况

RTG 型号	数量	初期功率/W	航天器	热源材料	发射时间	备　注
SNAP-3B7	1	2.7	子午仪-4A（导航）	^{238}Pu 金属	1961-06-29	RTG 运行了近 15 年,卫星仍在轨道上
SNAP-3B8	1	2.7	子午仪-4B（导航）	^{238}Pu 金属	1961-11-15	RTG 运行了近 9 年;自 1962 年高轨道核试验后,卫星工作中断运行,1971 年得到最后信号
SNAP-9A	1	>25.2	子午仪 5BN-1（导航）	^{238}Pu 金属	1963-09-28	RTG 按计划运行;发射 9 个月后,卫星因电路故障失效(并非 RTG 造成)
SNAP-9A	1	26.8	子午仪 5BN-2（导航）	^{238}Pu 金属	1963-12-05	RTG 运行超过 6 年;发射 1.5 年后,卫星失去导航能力
SNAP-19B3	2	28.2	雨云-Ⅲ（气象）	^{238}PuO$_2$ 微球	1969-04-14	RTG 运行超过 2.5 年(此后未查到相关数据)
SNAP-27	1	73.6	阿波罗-12	^{238}PuO$_2$ 微球	1969-11-04	RTG 工作 8 年;1977 年 9 月 30 日,月球站关闭
SNAP-27	1	72.5	阿波罗-14	^{238}PuO$_2$ 微球	1971-01-31	RTG 工作 6.5 年;1977 年 9 月 30 日,月球站关闭
SNAP-27	1	74.7	阿波罗-15	^{238}PuO$_2$ 微球	1971-07-26	RTG 工作 6 年以上;1977 年 9 月 30 日站关闭
SNAP-19	4	40.7	先驱者-10（行星际）	^{238}PuO$_2$-Mo 陶瓷	1972-03-02	RTG 工作 31 年以上;2003 年 1 月,因距离遥远,探测器信号微弱,失去联系;探测器成功飞越木星,冥王星
Transit-RTC	1	35.6	子午仪-TRIAD	^{238}PuO$_2$-Mo 陶瓷	1972-09-02	RTG 寿命超过 33 年
SNAP-27	1	70.9	阿波罗-16	^{238}PuO$_2$ 微球	1972-04-16	RTG 工作 5.5 年;1977 年 9 月 30 日,月球站关闭
SNAP-27	1	75.4	阿波罗-17	^{238}PuO$_2$ 微球	1972-12-07	RTG 工作 5 年;1977 年 9 月 30 日月球站关闭

(续表)

RTG型号	数量	初期功率/W	航天器	热源材料	发射时间	备注
SNAP-19	4	39.9	先驱者-11(行星际)	^{238}PuO$_2$-Mo陶瓷	1973-04-05	RTG的寿命超过32年;探测器成功飞越木星、土星(冥王星),1995年11月与地面失去联系
SNAP-19	2	42.3	海盗-1(火星)	^{238}PuO$_2$-Mo陶瓷	1975-08-20	着陆器关闭前,RTG工作6年以上
SNAP-19	2	43.1	海盗-2(火星)	^{238}PuO$_2$-Mo陶瓷	1975-09-09	继电器失效前,RTG工作4年以上
MHW-RTG	2	153.7	林肯-8(通信)	^{238}PuO$_2$燃料球	1976-03-14	该航天器于2004年关闭
MHW-RTG	2	154.2	林肯-9(通信)	^{238}PuO$_2$燃料球	1976-03-14	该RTG仍在运行
MHW-RTG	3	159.2	旅行者-2(行星际)	^{238}PuO$_2$燃料球	1977-08-20	RTG仍在工作;探测器成功飞越木星、土星、天王星、海王星,预计到2030年仍有信息
MHW-RTG	3	156.7	旅行者-1(行星际)	^{238}PuO$_2$燃料球	1977-09-05	RTG仍在工作;探测器成功飞越木星、土星
GPHS-RTG	2	287.1	"伽利略"(木星)	^{238}PuO$_2$陶瓷片	1989-10-18	RTG工作14年;2003年9月21日,探测器坠入木星大气层
GPHS-RTG	1	282.0	"尤里西斯"(太阳)	^{238}PuO$_2$陶瓷片	1990-10-06	RTG的寿命超过15年;2008年,探测器结束科学探测任务
GPHS-RTG	3	300.0	"卡西尼"(土星)	^{238}PuO$_2$陶瓷片	1997-10-15	RTG仍在工作;2004年7月1日,探测器进入土星轨道
GPHS-RTG	1	249.0	"新地平线"(冥王星)	^{238}PuO$_2$陶瓷片(10.9 kg)	2006-01-19	RTG仍在工作
MM-RTG	1	125.0	"好奇"号(火星)	^{238}PuO$_2$陶瓷片(4.8 kg)	2011-11-26	2012年8月6日,"好奇"号巡视器着陆火星
MM-RTG	1	110.0	"毅力"号(火星)	^{238}PuO$_2$陶瓷片(4.8 kg)	2020-07-30	2021年2月18日,"毅力"号巡视器着陆火星

注:表中MHW为multi-hundred watt的缩写,表示"数百瓦级"。

2) SNAP-9A RTG

在 SNAP-3B RTG 试验成功之后,美国国防部决定继续使用核电源作为导航卫星的电源,在 SNAP-3B RTG 的基础上研制了 SNAP-9A RTG。SNAP-9A RTG 第一次作为主电源为卫星供电,在任务初期的输出电功率为 26.8 W,是 SNAP-3B RTG 输出电功率的 10 倍。SNAP-9A RTG 由 6 个 ^{238}Pu 热源组成,提供的总热功率为 525 W。每个热源外部装有石墨包壳,并彼此分离。

3) SNAP-19 RTG

图 2-2 为 SNAP-19 RTG 的放射性热源(RHU)结构示意图。SNAP-19B RTG 是首个满足空间安全性要求的 RTG。其特点是使用了一个全新设计的热功率为 645 W 的热源(称为抗撞击热源),所用的源芯由 ^{238}Pu 金属改进为 ^{238}PuO$_2$ 微球,熔点由 650 ℃ 提升至 2 230 ℃,化学和物理稳定性好,难溶于氢氟酸、硝酸等酸。在发生意外事件时,即使热源的包壳受损,也不会造成大量 ^{238}Pu 以气凝胶的形式散入大气中,从而避免人体吸入。同时,还改进了放射性热源包壳的安全设计,在发生多种意外事件下,如发射场火灾、运载器发射事故、再入大气层的高温烧蚀、高速撞击硬地面、掉入深海等,可保证不发生放射性物质扩散。

1—储气腔;2—散热片;3—热屏蔽;4—热电偶;
5—热屏蔽端塞;6—吸气器;7—同位素燃料;8—套筒
支撑;9—燃料容器;10—热屏蔽;11—热电偶冷却散
热器;12—热屏蔽;13—电输出。

图 2-2　SNAP-19 RTG 的放射性热源结构

4) SNAP-27 RTG

在"阿波罗"登月计划中,由于长期月面探测的急需,美国研制了 SNAP-27 RTG。为保证电源的安全性和航天员在月球表面操作的灵活性,SNAP-27 RTG 的热源单独存放在密封的石墨模具桶中,由月球舱携带升空,在月面再由航天员将热源装入转换器。"阿波罗"计划先后成功使用了 5 次 RTG,这些 RTG 在月面连续工作了 5～8 年。

5) GPHS-RTG

美国航天活动中曾发生过核电源应用事故,因此对放射性热源的设计提出了更加严格的要求,主要是加大了通用性和安全性的研究,研发了通用热源(general propose heat source, GPHS)。GPHS(见图 2-3)是首个采用模块化设计的放射性热源。模块包含 2 个单体,每个单体有 2 个 $^{238}PuO_2$ 芯块,芯块由铱合金包裹,每两个芯块组合装进石墨制的缓冲罐内,中间放置石墨隔板填充,以防止机械挤压和碰撞。单个 GPHS 模块的热功率为 250 W,可根据需要进行模块化配置。GPHS 自 1989 年在"伽利略"探测器上第一次应用后,又应用于"尤里西斯""卡西尼""新地平线"等探测器。

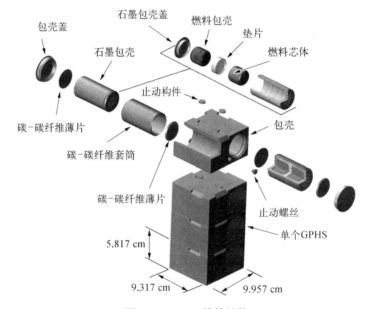

图 2-3 GPHS 模块结构

图 2-4 所示的 GPHS-RTG(通用热源-放射性同位素电源)是为空间任务建造的 ^{238}Pu 燃料最多的长寿命 RTG。它使用最新生产的 ^{238}Pu,18 个 GPHS 模块堆叠的 ^{238}Pu 热源组件,在发射时至少产生 285 W 的功率。GPHS-RTG 运行的正常输出电压为 28~30 V(直流),总的尺寸为直径 2.2 cm,长 114 cm。GPHS-RTG 质量为 55.9 kg,发射时比功率为 5.1 W/kg。热源组件的周围是 572 个硅锗(Si-Ge)热电偶,也称为单耦合。单耦合各自栓锁并悬吊在铝合金电源外壳内部,同时被热绝缘层包裹着。热绝缘层是 60 层交替的钼箔和宇航石英纤维。硅钼(Si-Mo)触点式插座和热源辐射状相

连。单耦合以两组并联的串-并布线电路方式相连,以加强可靠性并提供完整的输出电压。布线的安排还要尽可能地降低 RTG 的磁场强度。

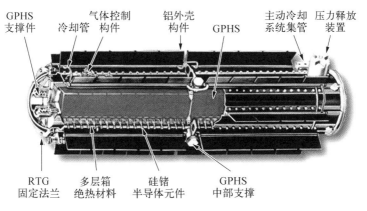

图 2-4　GPHS-RTG 结构

1989 年以来,共有 4 个任务采用了 7 个 GPHS-RTG。最近一次使用 GPHS-RTG 是 2006 年 1 月发射的"新地平线"。所有这些 GPHS-RTG 都将按照预期运行。

6) MM-RTG

2011 年 11 月,美国发射的 "好奇"号火星探测器装备了一台 MM-RTG(multi-mission RTG)。 这台放射性同位素电源使用了 8 个 GPHS 模块,热功率为 2 000 W。任务初期的输出电功率为 125 W,设计寿命为 14 年,热电转换效率为 6.25%。"好奇"号完全由核电源供电,不再利用太阳能供电,如图 2-5 所示。

图 2-5　"好奇"号探测器的 RTG

7) ASRG

采用静态温差发电的 RTG 转换效率较低,仅约 6%。21 世纪初,为应对 ^{238}Pu 存量不足的问题,美国开始研究采用高效率斯特林转换的 RTG - ASRG(advanced stirling radioisotope generator),其转换效率超过 25%,可大幅节省 ^{238}Pu 用量。ASRG 初始电功率约为 130 W,与 MM - RTG 的相当,但

ASRG 仅使用 2 个 GPHS 模块,而 MM - RTG 需集成 8 个 GPHS 模块。ASRG 系统质量约为 32 kg,设计寿命达 17 年。

ASRG 结构如图 2-6 所示。2 台先进斯特林发电机(advanced stirling convertor,ASC)呈反向对置结构,2 个 GPHS 模块位于两端,分别与 2 台发电机的热头相连。控制器与电源主体分开,用于将发电机输出的交流电转换为航天器需要的直流电,并使 2 台发电机中的活塞保持同步反向运动以消除振动[9]。

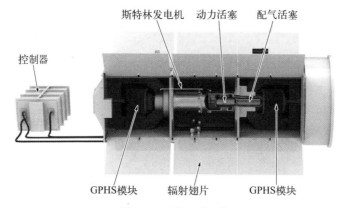

图 2-6 ASRG 结 构

ASRG 的研发并未成功。2013 年,美国终止了 ASRG 研发项目,其原因主要有两个方面。

(1) 经费不足:项目原预期经费约 1.5 亿美元,但到 2013 年时已超支约 1.1 亿美元,且预计仍将继续超支。

(2) 研究进展不理想:NASA 于 2014 年对 ASRG 电加热工程样机 EU2 (engineering unit 2)进行测试,该测试仅进行了数百小时,2 台发电机均发生了功率波动,且波动的频率和幅度随时间不断变大,试验因此被迫终止。后续对发电机进行解体检查时发现内部产生了碎片,但造成该现象的根本原因最终未能确定[10]。

2016 年,美国重启了对动态转换 RTG(dynamic radioisotope power systems,DRPS)的研究,目标电功率为 100~500 W,可用于深空和星表等多种任务。DRPS 备选的转换方式包括斯特林转换和布雷顿转换。对于斯特林转换,吸取 ASRG 的教训,考虑降低转换效率指标至 20%,重点提升发电机可靠性。Sunpower 公司对 ASC 进行了多项改进,研发了坚固型斯特林发电机

(sunpower robust stirling convertor, SRSC)。目前,DRPS 的研究正在进行之中[11]。

2.1.2　空间核反应堆电源

美国对空间核反应堆电源开展专门研究始于 1954 年美国空军的"诱骗者"计划。该计划提出要研发电功率为 1~10 kW,重量尽可能轻,能够在太空独立运行 1 年的空间核电源。1956 年,"诱骗者"计划改名为"核辅助电源系统"(SNAP)计划。半个多世纪以来,美国在空间核反应堆电源研发上投入了大量的人力、物力和财力,研究、设计、建造了各种类型的核反应堆,开展了大量的理论计算和实验验证,成功发射运行了人类历史上第一个空间核反应堆电源——SNAP-10A,可谓成就巨大,经验丰富,技术基础坚实,技术储备雄厚。

美国研发空间核反应堆电源的历程大致可分为四个阶段:第一阶段为 1954—1973 年;第二阶段为 1983—1995 年;第三阶段为 2000—2006 年;第四阶段为 2006 年至今。每个阶段基本上都围绕着一些研究计划、特别是国家级的研究计划开展工作[5, 12-13]。

2.1.2.1　第一阶段(1954—1973 年)

1) SNAP 计划

前面提到,SNAP 计划的前身是"诱骗者"计划,北美航空公司下属的国际原子公司(AI)是"诱骗者"计划的承研单位之一。1955 年,原子公司提出了一种铀锆氢化物燃料、钠冷却、氢化钙反射层的反应堆。该反应堆具有重量轻、堆芯压力低、温度反应性系数为负等优点。后来的 SNAP-2、SNAP-8、SNAP-10A 都源于这种铀锆氢化物与液态金属冷却的小型反应堆。基于反应堆开发费用和进度提出的温度限制及辐射器散热面积要求,汞介质的朗肯循环成为热电转换系统的首选方案。

1956 年,"诱骗者"计划改名为核辅助电源系统(SNAP),由原子能委员会(Atomic Energy Commission, AEC)全面负责。原子公司成为主要合同商,SNAP 计划包括空间核反应堆电源和放射性同位素电源研发。反应堆电源以偶数编号,放射性同位素电源以奇数编号。

1958 年,原子公司成功开发了陶瓷包壳,用于在高温下保持金属氢化物中的氢。1959 年 11 月,SNAP 试验堆(SER)满功率运行,成为当时出口温度最高的长时间运行的反应堆。SER 的成功推动了后来的 SNAP-2 开发反应堆(S2DR)的设计和建造,该反应堆采用铀锆氢化物燃料和朗肯循环热电转换系统。S2DR 于 1961 年临界,运行到 1962 年底。1963 年 12 月,SNAP-2 开发计划因政府预算削减而被取消。汞介质朗肯循环热电转换系统的开发也于 1966 年 10 月中止。

1958 年,在与 AEC 的 SNAP 计划协调会上,空军代表表达了对小型核反应堆电源的兴趣,该电源输出功率为数百瓦,可将热量直接从外表面排出而不需要循环的流体,即在外表面安装静态热电转换器或热离子转换器将热能转换为电能。1959 年,AEC 正式组建该研究计划,即 SNAP-10 计划。由于 SER 反应堆取得了良好的运行成绩,AEC 认为 SNAP-10 可以采用 SNAP-2 的反应堆,通过强制对流换热将热量输送给一体化的热电转换器-散热器装置。1960 年,各方正式确认开发强制对流冷却、温差热电直接转换的核反应堆电源,该电源系统被命名为 SNAP-10A,设计目标为电功率 500 W,寿期为 1 年。

1960 年,由于 SNAP 计划取得了一定成果,美国国防部和 AEC 考虑对 SNAP-10A 开展飞行测试,为此组建了 SNAPSHOT 计划。然而,从 1963 年开始,美国空军对 0.5~3 kW 的核电源不再有具体需求,取消了对 SNAP-10A 飞行测试的所有投资。在此情况下,AEC 用自身经费继续开展 SNAP-10A 的飞行测试。**1965 年 4 月 3 日,载有 SNAP-10A 的"阿金纳"运载火箭发射。发射后约 12 小时,反应堆达到满功率。**5 月 16 日,由于运载火箭电气故障,SNAP-10A 在运行了 43 天后被永久关闭。SNAP-10A 计划于 1966 年正式结束。SNAP-10A 也成为美国唯一发射的空间反应堆电源系统[14]。

由于美国空军预期未来任务对电源功率需求会更大,SNAP 计划初期还着手启动了更大功率系统的开发。同时,NASA 也于 1959 年提出了功率为 30 kW 以上的电源需求,用于电推进和行星间通信。在这些需求下,AEC 和 NASA 启动了 SNAP-8 反应堆电源开发,NASA 负责热电转换装置和系统整合,AEC 负责反应堆开发。SNAP-8 设计输出功率为 35~50 kW,采用铀锆氢反应堆,汞朗肯循环热电转换,寿期 1 年。SNAP-8 计划对反应堆和热电转换装置都进行了测试,建造了 S8ER 和 S8DR 两座反应堆。在 S8DR 测试后,还进行了多个 SNAP-8 系列电源的设计。

1962 年,AEC、NASA 和美国空军建立了 SNAP-50/SPUR 计划。AEC 负责原型示范装置到飞行测试的全面协调。空军负责建立需求、项目整合和飞行测试。NASA 从其他相关工作中提供技术数据。SNAP-50 为快堆设计,电功率输出为 350 kW,并可提升到 1 000 kW,运行寿期为 10 000 h,不包括屏蔽的最低质量功率比(9 kg/kW)。由于没有大功率系统太空应用的明确需求，而且 AEC 不考虑近期建造原型系统或实验堆，SNAP-50 计划进展到技术和材料开发阶段后就随着政府预算的削减而迅速终止。

20 世纪 70 年代初，NASA 的路易斯研究中心将 SNAP-50/SPUR 设计成果纳入了"先进电源反应堆"(APR)。APR 采用氮化铀燃料和快中子谱堆，运行热功率为 2.17 MW，额定电功率输出为 300 kW，运行寿期为 50 000 h，采用布雷顿热电转换系统。反应堆包括一个锂冷却的一回路、一个或多个惰性气体的热电转换回路和一个主要散热回路。材料、能量转换和屏蔽研究都实现了既定目标，但未开展系统测试。

在 20 世纪 70 年代，太空探索和开发不再是美国政府的投资重心，NASA 不得不重新组织优先任务。70 年代以后，空间核反应堆电源开发的重点从飞行任务转变为长期计划开发，并继续获得低水平的投资。1973 年，NASA 和 AEC 停止了空间核反应堆电源开发与应用的全部计划。SNAP 计划下的反应堆试验与电源主要参数如表 2-2 和表 2-3 所示[15]。

表 2-2　SNAP 计划下的反应堆试验主要参数

参　数	SNAP-2 实验堆 (S2ER)	SNAP-2 开发反应堆 (S2DR)	SNAP-8 实验堆 (S8ER)	SNAP-10A 飞行系统		SNAP-8 开发反应堆 (S8DR)
				FS-3	FS-4	
临界日期	1959-09	1961-04	1963-05	1965-01	1965-04	1968-06
关闭日期	1960-12	1962-12	1965-04	1966-03	1965-05	1969-12
热功率/kW	50	65	600	38	43	600/1 000
电功率/W	—	—	—	402	560	—
运行时间	1 800 h (648 ℃) 3 500 h (482 ℃)	2 800 h (648 ℃) 7 700 h (>482 ℃)	12 080 h	10 005 h (417 d)	43 d	7 500 h

表 2-3　SNAP 计划的几种反应堆电源主要参数

参　数	SNAP-10A	SNAP-2	SNAP-8	SNAP-50
电功率/kW	0.5	5	35~50	350
热功率/kW	30	55	600	2 500
效率/%	1.6	9	8	14

(续表)

参　　数	SNAP-10A	SNAP-2	SNAP-8	SNAP-50
反应堆出口温度/℃	538	650	704	1 093
反应堆	U-Zr-H 热堆	U-Zr-H 热堆	U-Zr-H 热堆	UC 快堆
主冷却剂	NaK-78	NaK-78	NaK-78	锂
能量转换	Si-Ge 温差	Hg 朗肯	Hg 朗肯	K 朗肯
开发机构	AEC、空军	AEC	AEC、NASA	AEC、空军
反应堆合同商	AI	AI	AI	Pratt&Whitney
系统合同商	AI	AI	空气喷射通用	Pratt&Whitney

2) 同期其他开发计划

在 SNAP 计划的同一时期,美国还开展过多项其他空间核反应堆电源开发计划。

1959—1966 年,橡树岭国家实验室(ORNL)小规模但紧密地开展了 MPRE(中等功率反应堆试验)计划。MPRE 采用钾直接冷却和朗肯循环发电,可满足高至 150 kW 的功率需求,用于满足 SNAP-8 和 SNAP-50 之间的功率空档。ORNL 设计了反应堆和试验设施,设计、建造并运行了一系列部件和试验台架以进行设计验证。后来由于需要把资金安排给其他先进反应堆系统的工作,导致计划停止。

1961 年通用电气启动了 710 计划,当时是作为 ROVER 核火箭开发计划的一种后备。1965 年,该计划重新定向,目标改为空间核反应堆电源。710 系统设计功率为 200 kW,寿期为 10 000 h,采用快堆设计并使用耐热金属陶瓷燃料。反应堆采用惰性气体冷却和直接循环的布雷顿热电转换系统。1967 年,该计划缩小为燃料元件开发,1968 年该计划终止,后来把资金安排给了热离子和液态金属冷却反应堆计划。

1959 年洛斯·阿拉莫斯实验室启动了热离子反应堆计划。1970 年,通用原子公司被选为热离子燃料元件和热离子反应堆试验的开发机构。美国热离子反应堆主要用来填补数千瓦到数兆瓦之间的功率空档。热离子反应堆体现的优势是运动部件最少,冗余性高、效率高、散热器表面积小、质量功率比低而且功率范围大。开展的数千小时堆内试验得到了很有前途的结果。1973 年,所有空间热离子反应堆开发活动停止[16]。

2.1.2.2　第二阶段(1983—1995 年)

1973 年以后,美国各研究机构仍维持了小规模的空间核反应堆电源研究。

坚持空间核反应堆电源研究的原因主要如下：认为空间核反应堆电源对外太空探索具有巨大潜力，空间核反应堆电源是可持续提供具有大功率的空间电源。此外，苏联的空间核反应堆电源研究计划不断取得进展，给美国在技术上和军事上形成了威胁也是重要因素[17]。

1）SP-100 计划

1983 年，美国总统里根提出战略防御倡议（SDI）计划，打算利用陆基和天基武器系统保护美国免受战略核导弹的打击。在 SDI 背景下，以 SP-100 为主的多种空间核反应堆电源设计成为美国天基国防系统的未来能源供应方案选项[18]。

SP-100 初步设计以 100 kW 为重点，运行期 7 年。美国首先开展了大范围的候选技术筛选，包括液态金属反应堆、气冷堆、热离子反应堆和热管反应堆，以及温差、热离子、布雷顿、朗肯和斯特林等热电转换方式。最后选定的 3 项候选技术如下：① 高温、细棒燃料反应堆和温差转换；② 堆内热离子电源系统；③ 低温细棒燃料反应堆和斯特林循环。

1985 年，美国决定选择第一种候选技术继续开发以达到飞行准备水平。主要原因：热离子系统虽然结构紧凑且温度较低，但寿期不长；斯特林系统虽然能量转换效率高且温度较低，但当时开发水平较低，技术风险高。不过，鉴于这两种技术的优势，美国仍然对热离子和斯特林这两种技术继续开展了研发。

在 20 世纪 90 年代初以前，SP-100 计划主要设计通用的 100 kW 电源，后来 SDI 计划的终止导致更加侧重 NASA 任务。为加快部署，SP-100 转向 20～40 kW 系统的开发。从 1985 年到 90 年代初，SP-100 电源系统从概念设计发展到飞行系统设计以及特定部件设计、开发和测试的水平。1994 年计划终止时，除电磁泵和热电转换装置仍需在液态锂回路中进行连接部件试验外，20～40 kW 系统的详细设计、制造和资格认证已准备就绪。

SP-100 技术路线体现的优势：热电转换系统位于反应堆外部，可以变换使用不同的热电转换系统（温差、布雷顿、朗肯、斯特林、热光伏、碱金属、堆外热离子等）以针对具体用途和功率需求。SP-100 计划作为一种具有高度灵活性的电源，以具有灵活性的标准设计为基础，通过多种任务能力实现费用优势。SP-100 最终设计为可在数十千瓦到数百千瓦之间缩放，而通用设计定为 100 kW，以便适应各种类型的任务[19]。SP-100 核反应堆电源的主要设计参数如表 2-4 所示。

表 2-4　SP-100 主要设计参数

参　　数	内　　容
电源质量/kg	4 600
装置长度/m	6.0
电源功率水平/kW	100
电源内部消耗功率/W	300
轨道寿命(满功率)/a	7
反应堆类型	快中子堆
反应堆热功率/MW	2.3
反应堆出口最高温度/K	1 375
主回路冷却剂	液体金属锂(Li)
主回路温差/K	92
主回路质量流量/(kg/s)	5.9
辐射器进口最高温度/K	810
二回路温差/K	48
二回路质量流量/(kg/s)	10.4
辐射器表面平均温度/K	790
辐射器面积/m²	104
实际总功率/kW	105.3
半导体热电元件材料	硅-锗(Si-Ge)
转换效率	4.1

2) 斯特林反应堆电源开发

1985 年,考虑到电功率数百千瓦的斯特林发动机与 SP-100 反应堆相结合可达到较低的质量功率比,例如斯特林发动机运行温度为 1 050 K 时,600 kW 电源系统质量功率比可低于 23 kg/kW,美国决定在开展 SP-100 温差转换的同时继续开发斯特林发动机技术。这项计划首先开展了 650 K 空间电源示范发动机(SPDE)的技术开发,随后进行了 1 050 K 和 1 300 K 的通用设计开发。1986 年 10 月,650 K 的 SPDE 演示了 25 kW 的功率。SPDE 由 2 个对置的 12.5 kW 转换器构成。20 世纪 90 年代初,2 kW 的 EM-2 装置在 1 033 K 下开展了寿期持久性测试,经 5 385 h 的测试后仅发现微小的刮痕。

3) "多兆瓦"反应堆电源开发

由于 SDIO(战略防御倡议组织)和 NASA 的远距离太空探索与地外基地对更大功率核反应堆电源提出了需求,1985—1990 年,SDIO 和 DOE 共同发起了一项"多兆瓦计划"的空间核反应堆计划,目标是开发电功率为数十到数百兆瓦的核反应堆电源,且将质量最小化和安全性与可靠性最大化。

SDIO 的目标是将这种反应堆电源用于中性粒子束、自由电子激光、电磁发射装置和轨道转移飞行器。在轨道上的空间武器及其电源系统经常处于"休闲"状态,一旦使用则要求在告知之后的数百秒内达到满功率水平。这种"爆发"式运行方式提出了与众不同的设计要求。在 SDIO 的许多武器方案中,武器的冷却拟采用液氢冷却方式。因而当时提出的一些设计是将氢气作为电源工质,被反应堆加热的氢气进入开放循环的布雷顿系统驱动涡轮机/发电机后,热气直接排出。但由于 SDIO 的许多武器方案采用了精密的传感器与控制系统,为了防止排放气体对这些装置的影响,另一些电源采用了不产生排气的方案[20]。

NASA 的任务规划纳入了载人火星系统、月球表面科学前哨站、月球和火星表面基地以及近地小行星的考察。这些任务对核能的潜在要求分为两类:一是开放循环短时间的爆发式推进,二是用于星体表面支持电推进的闭合循环稳定状态的长时间热/电供应。

该计划开发活动主要关心燃料开发。开发期间开展了筛选试验,以评价 UN 燃料与 W-Re、Mo-Re 合金的相容性。试验结果发现了高温下出现的问题,且这些问题可通过控制氮的化学计量来缓和。开发计划开展了热力学分析,以估算 UC 燃料与这些合金的化学相容性。此外,还开展了一项试验计划对 2 种颗粒床燃料元件进行试验。这些元件的性能没有达到预期水平。辐照后检验发现了不均匀流分布体现的功率/流速匹配问题、颗粒-釉料化学和机械相互作用以及循环问题。

在美国能源部(DOE)和 SDIO 的"多兆瓦"计划下,美国业界提出了多个核电源设计方案,主要满足 SDIO 的需求并兼顾 NASA 的需求。

4) 热离子反应堆电源开发

1986 年,美国启动热离子燃料元件验证计划,目的是解决 SP-100 概念选择阶段发现的热离子反应堆的技术问题。该计划目标是开发电功率输出 0.5～5 kW、满功率寿期 7～10 年的多节热离子燃料元件(TFE),主要关注燃料/包壳肿胀、长时间辐照下绝缘体完整性、TFE 以及其部件的性能与寿期等问题。1986 年以后,美国对 TFE 及其部件开展了加速辐照试验和分析模拟。主要成果如下:燃料的百分比燃耗在 1 800 K 时达到 3%,1 700 K 时达到 4%,相当于 5 年以上的运行时间;外包壳绝缘体在 10～12 V 下进行测试;经测试证明,在运行 39 000 h 后转换器绝缘体的密封性能仍然保持完好;石墨储存器(reservoir)辐照测试相当于 10 年以上运行时间;TFE 测试达到 13 500 h。

在冷战结束后,美国于 1990 年组建了"热离子系统评估计划"(后更名为 TOPAZ 国际计划),目的是从俄罗斯购买热离子空间核反应堆电源进行测试和评价,对一个 TOPAZ-2 电源进行飞行测试,并以此为基础开发下一代空间电源系统。后来由于经费的削减,该计划没能实现既定的技术转让目标。同时,美国官员也指出,俄罗斯不会向美国全面转让 TOPAZ-2 技术,特别是俄罗斯提出 TOPAZ-2 的许多重要数据属于专利或商业秘密。尽管如此,美国还是基本上掌握了 TOPAZ-2 的关键技术[21]。

在 TOPAZ 国际计划的基础上,DOE 和 DOD 于 1992 年发起一项开发 40 kW 热离子空间核反应堆电源系统有关技术的计划,以 TOPAZ-2 为基础设计了 SPACE-R 空间核反应堆电源,功率为 40 kW,寿期为 10 年,主要设计参数如表 2-5 所示。这是一个极其成熟的技术设计。

表 2-5 SPACE-R 主要设计参数

参　数	内　容
反应堆热功率/kW	611
BOL(寿期初)/EOL(寿期末)净功率输出/kW	44/40
系统效率/%	7.2
堆芯直径/长度/cm	46/35
TFE 数量/根	150
燃料类型	UO_2
慢化剂	$YH_{1.75}$
控制鼓数目/个	9
安全鼓数目/个	3
安全棒数目/根	1
主回路质量流量/(kg/s)	6.45(钠钾合金)
辐射器平均温度/K	815
辐射器面积/m²	28
反应堆质量/kg	621
屏蔽质量/kg	569
系统质量/kg	2 170

2.1.2.3 第三阶段(2000—2006 年)

1) 热管反应堆技术开发

洛斯·阿拉莫斯国家实验室在空间核反应堆开发基础上于 2000 年提出

HOMER(热管运行的火星探索反应堆)反应堆设计[22]。HOMER 快中子反应堆的主要特征是,采用不锈钢包壳的二氧化铀燃料细棒与不锈钢/钠热管相结合,热管将燃料产生的热量输送到堆外热电转换系统。HOMER 反应堆设计简化且采用模块化设计,几乎所有堆芯部件都采用不锈钢,从而降低了材料和加工费用。燃料可以很容易地添加和卸除。HOMER 反应堆功率仅受到所用材料的限制:使用不锈钢热功率可达 25～500 kW;使用难熔合金可超过 1 MW。低功率(<5 kW)设计采用静态能量转换系统(温差、热离子或碱金属热电转换),中高功率采用动态能量转换。洛斯·阿拉莫斯实验室在 21 世纪初成功开展了 HOMER 的硬件试验,证明了技术可行性。

在 HOMER 基础上,洛斯·阿拉莫斯实验室进一步开发了新的 SAFE(安全而经济的裂变发动机)反应堆设计。这种反应堆采用与 HOMER 相同的燃料细棒-热管比(4∶1),有 3 个热管/气体换热器和 3 套冗余布雷顿发动机,可实现数千瓦到 100 kW 的功率输出,且具有较高的转换效率。反应堆结构采用高温弹性合金(resilient alloy),比不锈钢可靠性更高。优化的铍中子反射层和翼片形状的 B_4C/Be 控制鼓可实现更精细的反应性控制。

2)"普罗米修斯"计划

2002 年 2 月 4 日,美国 NASA 局长宣布了美国太空核能新计划,以促进核推进和空间核电源的开发。2003 年,该计划更名为"普罗米修斯",包含一项为木星冰覆卫星轨道器(JIMO)的电推进器和为有效载荷供电的反应堆电源系统的开发。美国 DOE 海军反应堆部门领导了该空间核反应堆电源系统的开发工作,任务是开发一种 200 kW 的反应堆电源装置,寿期为 15～20 年,并可用于核电推进。

经过对多种反应堆与热电转换系统方案的评估,最终选择了气冷快堆与直接布雷顿循环的方案进行开发。这一概念是将一个气冷反应堆安装在航天器的前端。氦氙混合气体用于冷却堆芯,并将热量绕过阴影屏蔽传输到布雷顿热电转换系统。气体流动的方式是直接经过燃料细棒,或者经过堆本体内的通道流动,燃料细棒也插在通道内。多种难熔金属以及碳化硅都被考虑作为燃料包壳。堆芯出口平均气体温度限制在 1 150 K,从而允许将更多常规材料用于反应堆装置和能量转换系统。热气体通过一个涡轮机膨胀,涡轮机通过一个共用轴与压缩机以及交流发电机相连接。对于 1 MW 热功率的系统而言(转换效率为 20%),反应堆与屏蔽质量范围为 3 000～5 000 kg,航天器总质量为 7 500～11 000 kg。

随后开展的工作包括反应堆与电源装置预先设计、仪表与控制技术开发、反应堆装置特性模拟、堆芯与装置材料开发与试验,以及一个总体项目策划。在计划开展期间,在确定电源装置运行条件,确定反应堆机械、热与核性能,理解材料的能力与不确定性,以及策划非核与核系统试验方面都取得了重大的进展[23]。

然而,在计划的执行过程中,NASA 逐渐认识到,尽管选择的技术路线最大限度地降低了预期开发时间和费用,但由于技术复杂度过高,仍需要庞大的预算和大量开发工作。2006 年,NASA 重新调整了空间任务的优先顺序,"普罗米修斯"计划被终止。

2.1.2.4　第四阶段(2006—2014 年)

1) 星表裂变反应堆电源(FSP)

"普罗米修斯"计划后,NASA 将空间核反应堆电源定位为开发一种可用于月球或火星表面,提供能量和支持人类居住地的、经费可以负担的核反应堆电源。星体表面裂变反应堆电源(FSP)成为 2006 年至今 NASA 和 DOE 空间核反应堆开发的重点。FSP 可为月球或火星表面的人类前哨站提供能量,具有经济、保守、简化和耐用的特点。

2006 年 4 月,NASA 和 DOE 启动了经济可承受的星体表面裂变反应堆电源系统研究(AFSPS),以确定电源的设计特征和一种有代表性的裂变表面电源系统预期成本。在这项研究的基础上,NASA 和 DOE 把 40 kW 电源作为重点开发型号。由于 Sunpower 公司研发的先进斯特林转换装置(ASC)获得了突破,NASA 决定开始将这项技术用于 FSP[24]。

FSP 系统所考虑的是一种不锈钢、UO_2 燃料、泵送 NaK 冷却反应堆、斯特林热电转换以及泵送水热管辐射器的方案。电源展开跨度约为 34 m,地面以上高 5 m。辐射器底端在地面上方 1 m,从而最大限度地减小了在辐射器表面积累尘土。反应堆位于深 2 m 的坑内,上方有一个屏蔽保护其上的设备免受直接辐射。NaK 泵、斯特林热电转换器和热排放泵安装在 5 m 高的钢架结构上,钢架安装在反应堆上部屏蔽的上面。2 个对称的辐射器翼从钢架经由剪式机构装配,采取垂直方式允许两面散热。一对辅助辐射器(cavity radiator)将凿掘洞中部件的废热排出,并与主辐射器的机械装置相连接。FSP 反应堆产生约 175 kW 的热量,包壳峰值温度为 900 K。2 个冗余性的主泵将 890 K 的热 NaK 输送给一对中间换热器(IHX)。IHX 为 NaK 到 NaK 换热器,从而将一回路 NaK 与斯特林转换器相隔离。每个斯特林转换器由 2 个轴向相对的

斯特林发动机和 2 个直线交流发电机组成。FSP 参考概念主要技术特征如表
2-6 所示。

表 2-6　FSP 参考概念主要技术特征

项　目	质量/kg	技 术 特 征
反应堆	913	93% 富集度 UO_2,NaK 冷却剂,316 不锈钢包壳/结构材料,铍鼓反射层,1 个主回路和 2 个中间回路,6 个电磁泵,175 kW,峰值包壳温度 900 K,辅助辐射器
屏　蔽	1 676	轴向屏蔽 1.2 m,材料为 B_4C 和不锈钢;堆顶屏蔽表面为 1.2×1.5 m 的椭圆形,其上斯特林转换器处的 γ 射线辐射吸收剂量<$2×10^4$ Gy,并且中子注量<$1×10^{14}$ cm^{-2};径向屏蔽利用月壤加强,在径向 100 m 处的辐射当量<0.05 Sv/a
能量转换	344	自由活塞斯特林转换,4 个两两相对的转换器,8 个直线交流发电机(6 kW),100 Hz,$T_H=830$ K,$T_c=415$ K
排　热	615	泵送水冷却剂,4 个独立环路,入口温度 400 K,复合材料散热器片并带有钛/水热管,剪式展开,聚酯薄膜表面挡板,总面积 175 m^2
功率调节与配电	559	400 V(AC)配电,100 m 电缆,120 V(DC)用户总线,寄生负载控制,命令/遥测连接,5 kW 太阳能电池阵列,10 kW·h 电池
小　计	4 107	
裕　量	821	20%
总　计	4 928	

　　为将 FSP 非核部分技术成熟度提升到 TRL5 级,NASA 格伦研究中心开
展了非核技术论证装置(TDU)综合系统测试。其中,电磁泵由爱达荷国家实
验室设计和制造,并在马歇尔飞行中心的试验回路上完成了测试。堆芯模拟
器由马歇尔飞行中心根据洛斯·阿拉莫斯国家实验室设计的反应堆而设计和
制造。该堆芯模拟器与设计的反应堆结构相同,能够根据堆芯温度的变化模
拟钠钾合金的流动和热交换情况,并能够根据堆芯温度的变化模拟反应性反
馈,从而决定功率输出水平。斯特林热电转换系统由 Sunpower 公司设计和制
造,该转换系统以氦气为工质,长约 1.2 m,直径为 0.3 m,由 2 个对置的 6 kW
斯特林发电机组成。由于研究经费的限制,废热排放系统由原计划的真实辐
射器单元改为水冷装置。非核技术论证装置的试验于 2016 年完成,试验产生
了 9.6 kW 的电功率,系统效率达到 18.4%。

2）热管冷却的千瓦级空间核反应堆电源

除 FSP 外，美国还在积极开发千瓦级空间核反应堆电源，以填补同位素电源和 FSP 之间的功率空档。该千瓦级电源采用钠热管冷却，斯特林热电转换，燃料为高富集度铀合金，反射层材料为氧化铍，热排放系统为钛/水热管。位于堆芯中心有一根启动棒。在可信的运行及发射事故下，启动棒可保持反应堆处于次临界状态。启动时，启动棒从堆内抽出，当反应堆达到预期的温度后，启动棒将不再动作，由温度反应性效应补偿燃耗变化和进行负荷跟踪。该电源的参考设计指标如下：电功率 1 kW，热功率 3.5 kW，系统质量 390 kg；电功率 10 kW，热功率 40 kW，系统质量 1 800 kg。2012 年，洛斯·阿拉莫斯实验室在内华达的"平顶"裂变装置上进行了热管冷却、小型核反应堆驱动斯特林发电机的试验，产生了 24 W 的电力，验证了千瓦级电源方案的可行性。

2.1.2.5　未来发展（2015 年以后）

2010 年 6 月 28 日美国公布了新版"美国国家太空政策"，提出"美国应开发和使用能够安全实现或大幅提高太空探索或太空作战能力的空间核能系统"。这一"政策"还敦促美国能源部等有关部门进行空间核能的安全分析与评估，从而加快空间核能应用的决策[5-6]。

2012 年 11 月 28 日，美国航空航天局网站发布了"太空技术路线图：NASA 带给你的未来"。该"路线图"草案于 2010 年完成后，国家研究理事会（NRC）进行了独立评估，并于 2012 年 2 月公布研究结果《空间技术路线图与优先任务》，选出了 16 个最重要技术发展领域。空间核反应堆电源、空间核热推进及空间放射性同位素电源都在这 16 个技术领域之内。NASA 最后在 NRC 评估的基础上完成了"路线图"最终版。这一成果将被 NASA 及国家其他的空间机构作为技术开发和示范工作的组织框架[27]。

在空间电源方面，"路线图"指出："裂变电源系统能够支持 0.5～5 kW 功率范围的科学任务，特别是在 ^{238}Pu 的短缺有可能导致无法研制放射性同位素电源的情况下；10～100 kW 的裂变电源系统能支持星体表面任务和机器人任务；大功率（MW 级）的裂变电源系统可用于核电推进任务——包括潜在载人飞行去火星和其他目的地。"

根据美国的研发现状，NASA 给出了空间核反应堆电源发展路线图，如图 2-7 所示。

对于未来各级别空间核反应堆电源的开发工作，主要有下面几种。

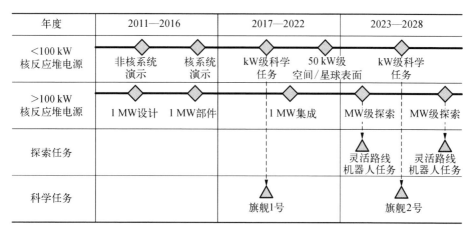

图 2-7　美国空间核反应堆电源发展路线

1）40 kW 级

NASA 和其他部外组织通过密切合作已取得重大进展，1/4 规模的非核技术示范装置（TDU）在 2014 年进行的地面试验中出了些问题，在 2015 年秋季重新开始了试验。TDU 的开发和运行将从组织和硬件的角度，为所有的未来空间裂变电源与推进工作提供很好的基础。目前，计划的重点是 40 kW 月面核反应堆电源系统，重点放在了安全性、可靠性和经济可承受性。该电源采用的反应堆技术和其他技术大量借鉴了地面反应堆的成果。

2）0.5～5 kW

系统要求燃料中铀密度高；堆芯到热电转换系统的热传输简单、重量轻；热电转换系统质量低（运行功率低）；安全、可靠和质量最小化的设计。现有（或近期的）材料、燃料、热电转换和废热排放技术都可以被采用。主要挑战是如何把这些技术集合成一个安全、可靠、经济可承受的电源系统。

3）第二代及以后的空间反应堆电源

主要挑战是进一步提升性能。具体技术包括高温反应堆燃料和材料、高温/高效率热电转换和轻型高温辐射器等技术。例如，在大功率水平下（100 kW 以上），先进燃料、先进热电转换系统和轻型散热器技术都能给空间裂变电源系统性能带来好处。创新反应堆设计也能提升性能。具体技术包括开发高温（约 1 800 K）金属陶瓷燃料（如 W-UN 燃料）和在 2 500 K 以上运行的液态或气态裂变堆芯（如 UF_4）。先进热电转换方案可以包括碱金属朗肯循环和磁流体（MHD）热电转换。运行温度超过 1 000 K 的轻型辐射器也能提高系统的整体性能。

可以预测,美国未来空间核反应堆电源开发重点仍然是 40 kW 的 FSP 以及千瓦级电源,而兆瓦电源的研究也将进入快速发展阶段。

2.1.3 核热推进

1942 年和 1945 年,美国先后运行了自己的第一座核反应堆和爆炸了第一颗原子弹;1946 年和 1949 年苏联也先后运行了自己的第一座核反应堆和爆炸了第一颗原子弹。这些事件不仅在科学上、军事上而且在政治上都具有重大意义。在冷战时期,美苏两个超级大国及其同盟之间有着激烈的对抗。对抗的每一方都力图改善和提高自己核武器的威力,并形成将它发射到洲际远程的能力,以给可能的对手增加军事压力。

首先研究带有核动力装置的飞机和核火箭的是美国。第二次世界大战后,美国着手研讨在航空和火箭技术中应用核能的可能性,不断地提出飞机和火箭的核发动机方案的报告[28-30]。

大约经过七八年的初步研究后,从 1955 年开始,美国着手直接研发核火箭发动机("ROVER"计划)和用于巡航导弹的核冲压式空气喷气发动机("PLUTO"计划),断断续续研究了近 60 年。

1) ROVER/NERVA 计划(1955—1973 年)

ROVER 计划最初由洛斯·阿拉莫斯实验室开展先期研究工作,由劳伦斯·利沃莫辐射实验室负责核燃料和反应堆的设计,Rocktdyne 负责推进剂输送系统和再生冷却喷管的设计。不久后,在内华达州的拉斯韦加斯西北部的 Camp Mercury 建立了大型核热推进实验基地。整个 ROVER 计划期间共进行了 14 个不同系列核热推进反应堆部件和发动机组件的热试车,取得了丰富的数据,为发动机整机研制奠定了基础。ROVER 计划得到美国空军和 AEC 的大力支持。

ROVER 计划以大型洲际弹道核导弹主推进为研制目标[31]。但到了 20 世纪 60 年代初,化学火箭发动机技术已经趋于完善,而且核弹头的体积及质量已经可以做得很小,化学火箭发动机完全可以胜任发射洲际导弹,使得 ROVER 计划因为没有任务需求而终止。

随后美国开展了载人月球探测工程,大型核热推进在空间任务中找到了新的应用领域,于是 NASA 取代美国空军,成立 NASA/AEC 联合办公室继续开展核热推进的研制,启动了火箭飞行器核发动机计划(NERVA),目的在于利用 ROVER 的研究成果进一步研制用于空间推进目的的核火箭发动机,其重点如下:研制具有约 825 s 比冲和 35 t 对应的推力、持续工作时间超过 1 h

的飞行样机[32]。整个 NERVA 计划期间共进行了 6 次发动机或整个推进系统的热试车,考核其各种工作性能,包括比冲、重复启动性、在保证性能条件下的变推力能力、持续工作寿命、推进系统与发动机的联合工作特性等,最长持续工作时间达到了 90 min,最高试验比冲为 845 s。通过这些试验,发动机及其系统的设计不断得到完善,尤其是不断完善了核燃料的设计,耐高温、耐腐蚀能力不断提高,推重比(推力与发动机质量之比)也得到了提高,完全具备了开展飞行实验样机研制的技术基础。

　　ROVER/NERVA 计划中研究的反应堆主要采用了以石墨为基体的燃料,燃料形状经多次试验优化后确定为六棱柱形。在最初的设计中,燃料核心采用热解碳包覆的 UC_2 颗粒,直径约为 0.2 mm。这些燃料颗粒均匀地弥散在石墨基体中,通过挤压和热处理制成燃料元件。后来,又发展了性能更为先进的(U, Zr)C 复合燃料。石墨虽然具有较高的熔点,但容易与高温氢气发生化学反应,导致燃料元件被腐蚀和燃料的流失。为了保护石墨基体,通常采用化学方法在燃料元件的外表面和工质孔道内壁沉积一层碳化锆保护层。

　　早期设计的 NERVA 堆芯只装有燃料元件,但由于石墨的慢化能力较差,堆芯的体积和质量都比较大。为提高推重比,在后期设计的反应堆支柱元件中加入了氢化锆。支柱元件外形尺寸与燃料元件的完全相同。支柱元件不但起支撑连接燃料元件的作用,其内部的氢化锆套管还提供了额外的中子慢化能力,有助于减小堆芯体积和质量。氢气在进入燃料元件前,首先流过支柱元件被预热,一方面使支柱元件保持在较低的温度,另一方面为涡轮泵提供驱动力。图 2-8 为燃料元件和支柱元件的示意图。

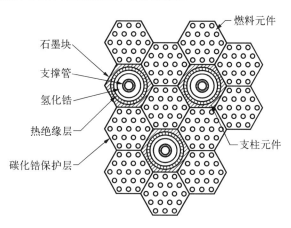

图 2-8　燃料元件和支柱元件

尽管 NERVA 计划取得了巨大成功,但最终还是在 1972 年被终止。其原因一方面在于探月工程最终采用了化学推进形式,而在完成探月工程后,NASA 将发展重点调整为行星际无人探测器,采用化学推进也能胜任,使核热推进再次失去了需求的牵引。另一方面,也有政治和财政原因。

ROVER/NERVA 计划取得了丰硕的成果,这些成果为核热推进的后续发展奠定了坚实的基础,以后在核火箭发动机方面所有的发展均是建立在这些成果基础之上的。表 2-7 给出了 ROVER/NERVA 计划期间开展的试验情况。表 2-8 给出了 ROVER/NERVA 计划在试验中取得的性能最佳值。

表 2-7　ROVER/NERVA 计划期间开展的试验

计　划	装　置	日　期	最大功率/MW	最大功率运行时间/s
ROVER	Kiwi-A	1959-07-01	70	300
	Kiwi-A	1960-07-08	88	307
	Kiwi-A3	1960-10-19	112.5	259
	Kiwi-B1A	1961-12-07	225	36
	Kiwi-B1B	1962-09-01	880	数秒
	Kiwi-B4A	1962-11-30	450	数秒
	Kiwi-B4D	1964-05-13	990	64
	Kiwi-B4E	1964-08-28	937	480
	Kiwi-B4E	1964-09-10	882	150
	Kiwi-TNT	1965-01-12	—	—
NERVA	NRX-A2	1964-09-24	1 096	40
	NRX-A3	1965-04-23	1 093	210
	NRX-A3	1965-05-20	1 072	792
	NRX-A4	1966-03-03	1 055	1 740
	NRX-A5	1966-06-08	1 120	1 776
	NRX-A6	1967-12-15	1 120	3 720
ROVER	Phoebus-1A	1965-06-25	1 090	630
	Phoebus-1B	1967-02-23	1 450	—
	Phoebus-2A	1968-06-26	4 082	750
ROVER	Pewee-1	1968-12-04	514	2 400
NERVA	XE-prime	1969-06-11	1 140	210
ROVER	Nuclear Furnace-1	1972-06-29	44	6 528

表 2-8　ROVER/NERVA 计划试验中取得的最优性能值

参　　数	值	装　　置
功率/MW	4 082	Phoebus-2A
推力/kN	930	Phoebus-2A
氢质量流量/(kg/s)	120	Phoebus-2A
等效比冲/s	901	Pewee-1
反应堆最小质量功率比/(kg/MW)	2.3	Phoebus-2A
工质平均出口温度/K	2 550	Pewee-1
燃料最高温度/K	2 750	Pewee-1
堆芯平均功率密度/(MW/m³)	2 340	Pewee-1
燃料最大功率密度/(MW/m³)	5 200	Pewee-1
满功率累计运行时间/min	109	Nuclear Furnace-1
启动次数	28	XE-Prime

总体来说,ROVER/NERVA 计划达到了较高的技术成熟度(5~6 级),曾设计、建造并地面测试了 20 座反应堆,验证了如下技术指标:① 各种推力水平(25、50、75 和 250 klbf,其中 klbf 是千磅力,1 klbf≈4 448 N);② 基于碳化物的高温核燃料,氢气排气温度可达 2 550 K;③ 发动机持续运行;④ 累计运行寿期;⑤ 再启动能力。ROVER/NERVA 计划共耗资 15 亿美元。

2) Timberwind(森林风)计划(1982—1993 年)

ROVER/NERVA 计划结束后,美国再没有进行系统的核热推进研制试验,但是相关的反应堆关键技术研究仍在继续。到了 20 世纪 80 年代至 90 年代初,美国实施了"战略防御计划"。美国国防部和战略防御计划局设想使用核热推进拦截弹道导弹和作为空间轨道转移动力,制订了 Timberwind 计划。由于冷战的结束,1992 年该项目解密,改名为 SNTP(空间核热推进),并划归美国空军管理。1993 年,SNTP 连同大多数核项目都被克林顿政府取消。在 SNTP 计划中,以颗粒床反应堆(PBR)的研究最为深入(见图 2-9、图 2-10 和图 2-11)[33]。

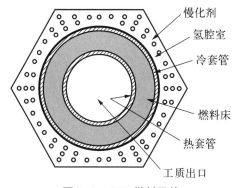

图 2-9　PBR 燃料元件

慢化剂
氢腔室
冷套管
燃料床
热套管
工质出口

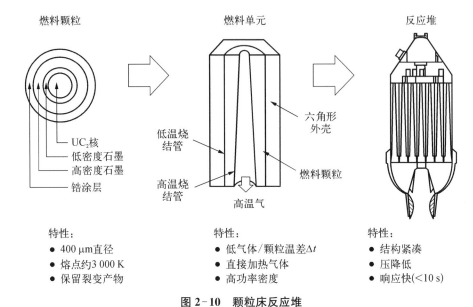

燃料颗粒

UC₂核
低密度石墨
高密度石墨
锆涂层

特性：
● 400 μm直径
● 熔点约3 000 K
● 保留裂变产物

燃料单元

低温烧结管
高温烧结管
六角形外壳
燃料颗粒
高温气

特性：
● 低气体/颗粒温差Δt
● 直接加热气体
● 高功率密度

反应堆

特性：
● 结构紧凑
● 压降低
● 响应快(<10 s)

图 2-10 颗粒床反应堆

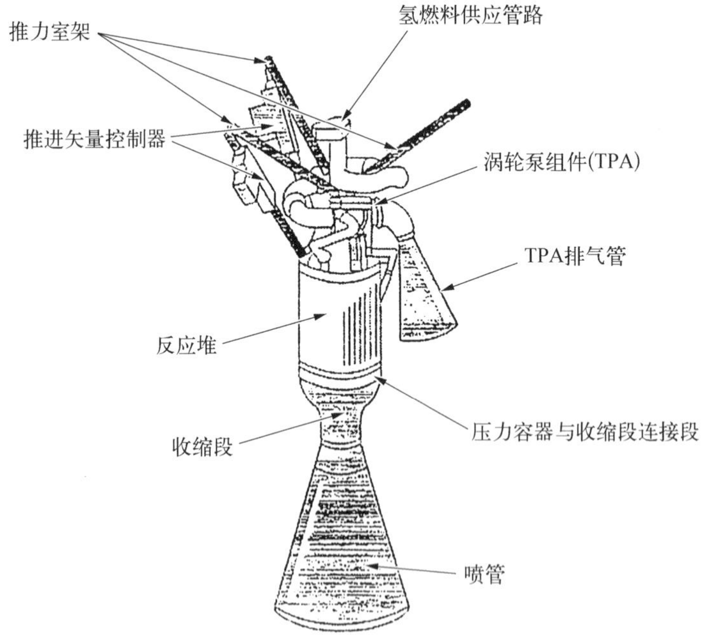

推力室架
氢燃料供应管路
推进矢量控制器
涡轮泵组件(TPA)
TPA排气管
反应堆
压力容器与收缩段连接段
收缩段
喷管

图 2-11 颗粒床反应堆(PBR)核火箭发动机

颗粒床反应堆(PBR)由布鲁克海文国家实验室提出。在 PBR 中,类似于高温气冷堆燃料的颗粒燃料填装在两个同心的套管之间,工质氢沿径向穿过外部冷套管、颗粒燃料床和热套管,进入工质排气腔,被加热到 3 000 K 左右,然后流向喷管产生推力。PBR 由于采用了石墨和碳化锆包覆层保护燃料,避免了工质对燃料的侵蚀,延长了堆芯寿命。与 NERVA 计划中设计的反应堆相比,颗粒床反应堆的主要特点在于:

(1) 采用了 ^{7}LiH 作为慢化剂,不仅密度小,慢化能力好,而且可以耐 1 000 K 左右的高温,从而减小了堆芯的体积和质量。

(2) 燃料采用直径约 400 μm 的、表面敷以耐高温涂层(ZrC)的 UC$_2$ 颗粒构成燃料床,增大了换热面积,使燃料功率密度达到 30 MW/L。

(3) 采取了冷却剂径向流动设计,缩短了流程,降低了流动阻力,加大了工质的流速,相应地提高了功率密度,并且流量分配可以方便地通过冷套管上的孔隙率来调节。

在此期间,尽管没有如 ROVER/NERVA 计划期间开展大型地面试验,但发动机工作原理机制得到了更深入全面的把握,并在技术上得到了进一步的发展。与此同时,对核热推进的应用领域和应用效能也进行了重新评估。结果表明,核热推进最适用于需要快速运送大质量有效载荷的载人星际探测等空间探索领域。Timberwind 计划共耗资 8 亿美元。

在这里,应特别指出的是在 20 世纪 90 年代末,布鲁克海文国家实验室的 James R. Powell 等在颗粒床反应堆基础上,提出了"MITEE"型核火箭发动机方案(见本书第 7 章 7.2.2 节)[34]。

3) 太空探索倡议(SEI)计划

在 1989 年纪念人类登陆月球 20 周年大会上,美国总统乔治·布什宣布要重返月球并登陆火星,这就是太空探索倡议计划(SEI)。在综合各方面信息后,美国航空航天局(NASA)认为核热推进是实现载人登陆火星的明智选择,提出了发展模块式的核热推进系统。即核热推进系统的每个反应堆大小、参数完全相同,使用不同数目的模块式核热推进系统可以完成登月、登陆火星等任务。模块式核热推进系统能够增强任务的灵活性和安全性,简化飞船设计和组装,并且通过使用大量标准化部件降低费用。在 SEI 计划中,对多个核热推进方案进行了评价,其中认为 NDR、CERMET 和 CIS 方案都很有发展前景[35-36]。

NDR 是 NERVA 的改进型,通过采用更加耐高温耐侵蚀的燃料,减少了燃料破裂,提高了工质温度。CERMET 的燃料与其他核热推进系统有很大的不同,它的燃料来源于通用电气 710 项目,是将裂变材料 UO_2 均匀弥散到难熔金属(钨、铼、钽等)基体中的形式。CERMET 堆的金属陶瓷燃料对裂变产物有较强的包容能力,与高温氢气的相容性较好,有较长的寿命和多次启动的潜力。CIS 是与俄罗斯合作研究的方案,采用俄罗斯成熟的燃料组件技术。其中 NDR 和 CIS 这两个方案都经过了大量试验,技术相对比较成熟,研制费用预计比较少。"空间探索计划"初步实施取得的重要成果如下:① 确定了载人火星探测的基本方案是以 NERVA 核火箭发动机为基础的核热推进;以 SP-100 空间核反应堆电源为基础的核电推进作为载物飞船的动力。② 明确了人类登陆火星任务的基本要求,以及满足这些要求相应的核热推进系统所应达到的性能指标(见表 2-9 和表 2-10)。

表 2-9　载人的火星探测任务要求

项　目	内　容
发射时间	2016 年
发动机开始使用时间	2015 年
系统初始质量	124 t
轨道配置	407 km
返程质量	40 t
任务周期	<600 d
火星表面停留时间	30 d
人员舱可靠性	0.995
设备舱可靠性	0.975

表 2-10　核热推进系统的设计参数

项　目	内　容
发动机的总冲力	334 kN
发动机数量	1
反应堆热功率	1 500 MW
发动机冲力/重量比	4 : 1
比冲	850 s
喷管扩展比	100 : 1
推进运行时间	120 min
任务次数	1
启动循环	6 次
任务时间	434 d

4）2010 年以后的开发活动

2010 年美国奥巴马政府发布了新版的《国家太空政策》，提出"在 2025 年以前启动月球以远的载人任务，包括把宇航员送到小行星上。到 21 世纪 30 年代中期，把宇航员送到火星轨道上并使之安全返回地球。"

对于将宇航员送到小行星和火星的探索任务，NASA 仍将核热推进作为主要的候选方案，并于 2011 年在"探索技术开发与论证计划的先进空间推进"项目下重新启动了核热推进技术的开发与论证工作。该工作包括两方面内容，首先是基础技术开发，然后是技术论证。具体规划如图 2-12 所示，潜在的应用包括 2027 年 1991 JW NEO 小行星往返任务、2029—2031 年火星载货任务和 2031—2033 年火星载人任务。近期的基础技术开发活动属于 NASA 的核低温推进级（NCPS）项目的一部分，主要包括以下 5 项关键任务[37]：

（1）任务分析、发动机/火箭系统特性描述与需求定义。帮助引导初步的基础技术工作，以及小规模地面与飞行技术验证发动机的后续开发。小规模发动机可放大到未来载人小行星和火星探索任务所需的全尺寸水平。

（2）核热推进燃料的评价与技术开发。目标是进一步掌握燃料制作技术和试验技术，然后在两种主要燃料形式之间进行选择。两种候选燃料分别是 NERVA 衍生的复合燃料和钨金属陶瓷燃料（来源于"710"项目）。马歇尔飞行中心的核热推进燃料元件环境模拟器可以模拟核热推进的热环境，将被用于在辐照试验和最终选择之前筛选候选燃料和燃料元件设计。

（3）发动机概念设计、分析和模拟。目标是利用前面讨论的候选燃料开发小型论证发动机及全尺寸 25 klbf 级发动机概念设计。这部分工作将利用最先进的数值模型确定反应堆子系统内堆芯的临界水平、详细的能量沉积和控制棒价值，提供燃料元件的热工、流体和应力分析，并预测发动机的运行参数与总体质量。

（4）论证经济可承受的地面测试。重点是对内华达试验场 SAFE（地表以下排气的主动过滤）或称"钻井"试验方案进行概念验证。这部分工作将先进行非核、小规模的热气体注入试验，而后进行放射性气体的示踪试验，从而获得对捕获、驻留和过滤发动机排气有效性的数据。这些设计将用于小规模地面和飞行技术论证发动机测试及以后更大规模的 25 klbf 级发动机的测试。

（5）形成经济可承受、可持续发展的核热推进开发策略。该策略将形成

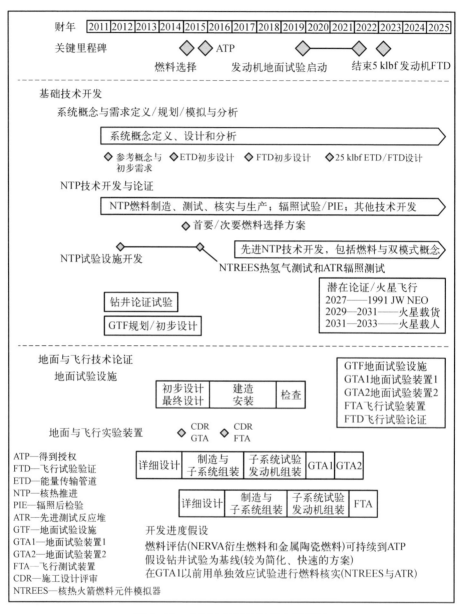

图2-12 美国核热推进开发方案规划

一项规划,强调运用单独的效应测试、创新性的内华达试验场以及小型可缩放地面与飞行技术论证发动机。

截至2014年,在燃料研究方面,美国橡树岭国家实验室开展了石墨基体复合燃料的工艺处理、元件制造和元件包覆等工作[38-39];爱达荷国家实验室和马歇尔飞行中心开展了 W-UO$_2$ 金属陶瓷燃料的制造工艺开发[40],并进行了高温氢气环境测试;在试验设施方面,完成了燃料元件环境模拟器(NTREES)的升级改造,改造后该设施的加热功率达 1.2 MW,氢气质量流量达 200 g/s 及以上,氢气压力约 7 MPa,试验最高温度接近 3 000 K,可在接近原型反应堆功率密度的条件下测试燃料元件[41];在发动机概念设计方面,开展了 33 kN 和 111 kN 两种推力核热推进发动机设计和建模仿真;在地面测试方案方面,研究了发动机测试排放物的地面处理和地下处理两种手段[42]。

2015 年核低温推进级项目被重新命名为核热推进项目,并启动第二阶段的工作(2015—2017 年)[43]。该阶段继续进行发动机的建模、概念设计和运行要求定义;重点对石墨基体复合燃料开展单项效应测试(包括在 NTREES 进行测试、辐照考验以及辐照后检验);对地面测试候选方案进行评估,并进行非核的小规模概念验证;形成支持 10 年内地面测试和飞行测试的经济可承受开发计划。为缩短开发周期、降低成本,地面测试和飞行测试都计划采用小型的小推力发动机(33 kN 或 73 kN),并采用通用燃料元件[44]。采用通用燃料元件可通过增加燃料元件长度和数目的方式,将小推力发动机放大为大型发动机(例如 111 kN)。计划建造测试 1～2 个地面测试装置和 1 个飞行测试装置。地面测试将在内华达试验场(Nevada Test Site, NTS)进行,而飞行测试设想采取简单的一次性月球飞掠任务[44]。

近些年来,美国核热推进研究的重点逐渐转向采用低富集度燃料(富集度小于 20%)。采用低富集度燃料无核扩散风险,可增强政治和国际接受度,消除因使用高富集度燃料带来的安保、费用和进度影响,可允许私营工业部门参与到研发活动中,增强项目的灵活性。美国目前正在开展低浓铀燃料核热推进发动机的可行性和可承受性评估,进行了多种低浓铀反应堆方案设计[45-52],并开展了小尺寸燃料元件制备工艺研究,试制燃料元件样件,进行堆外试验和堆内辐照试验。

2021 年初,美国能源部发布了《太空能源(计划):能源部推进美国太空领导力的战略(2021—2031 财年)》[53],报告提出:在 2028 年之前建立核热推进相关的技术基础和能力(包括确定与解决关键技术挑战),使核热推进系统方案满足 NASA 和国防部今后的任务要求。近期的任务主要有燃料开发、慢化剂开发、高温材料开发、反应堆设计和综合燃料系统的测试。美国国防部高级研究计划局(DARPA)启动了核热推进火箭用于地月方案运输的研究[54],其

"敏捷地月空间行动验证火箭"(DRACO,简称"天龙座")任务正在开展核热推进系统的研制工作,拟将其用于地月空间的快速机动,计划2025年在轨道上开展测试。2023年7月,DARPA与Lockheed Martin公司签署协议,Lockheed Martin公司将开始制造和设计试验核热推进飞行器(X-NTRV)及其发动机,BWX Technologies(BWXT)将开发核反应堆,能源部将提供高丰度低浓铀(HALEU)燃料。

美国NASA近期在空间核推进(SNP)工程中[55],整体核热火箭策略如下:研发能够验证一种可行的核热推进系统的小尺度发动机,可升级满足火星任务发动机需求。小尺度核热推进发动机推力为45~68 kW,比冲为900 s,目标是2027财年前进行地面或飞行验证。采用能够提供反应堆出口温度≥2 700 K的HALEU固溶体燃料形式。3个工业团队承担了阶段Ⅰ原型反应堆开发工作,分别是BWXT、通用原子(General Atomics)和超安全公司(USNC-Tech)。

2.1.4 核电推进

核电推进也即核电火箭发动机,是空间核电源(特别是空间核反应堆电源)工程技术和电火箭发动机技术的有机结合。与空间核反应堆电源相比,电火箭技术是更为成熟的技术。相对而言,美国的离子电火箭发动机技术水平更高些;而俄罗斯的静态等离子体电火箭发动机技术水平更高些。例如美国900系列电子轰击式离子发动机在输入功率为3 kW、比冲为2 940 s、推力为135 mN的运行状态下,成功完成了15 000 h的寿命试验。该发动机可应用于轨道转移、轨道运输以及行星际空间探测飞行的主推进。表2-11给出了900系列离子火箭发动机的主要参数[56]。

表2-11　900系列离子发动机主要性能和结构参数

参 数 名 称	数 据
推力/mN	135
比冲/s	2 940
工作寿命/h	15 000
发动机本体质量/kg	8.2
输入功率/kW	3
束直径/mm	300
推进剂	汞

美国非常重视核电推进的研究。

1) 在 SNAP 计划时期(1954—1973 年)

1965 年 4 月 3 日美国成功发射世界上第一座空间核反应堆电源 SNAP-10A。在飞行期间曾为一个小型的离子电火箭推进器供电,可以说这是世界上最早的空间核电推进试验。

2) 在"战略防御计划"(SDI)时期(1983—1990 年)

SP-100 是美国为"战略防御计划"开发的一种轨道电源。国防部(DOD)和国家宇航局(NASA)是任务的需求方。NASA 最初研究表明:采用电功率为100 kW、比质量为 40 kg/kW 和寿期为 10 年的核电推进系统,可以实现最大胆的行星任务;而 3~5 年的任务可以采用较低功率水平(20~40 kW)的核电推进系统[57]。更具体的描述是:将 SP-100 与离子电火箭相结合可以携带 2 000 kg 的有效载荷用于火星轨道飞行器及火星卫星、小行星带探索和小行星样品返回。

3) 在"国际 TOPAZ"计划时期(1991—1994 年)

在成功完成了两个空间核反应堆电源实验装置(V71 和 Ya-21U)的功率测试以及单节热离子燃料元件测试之后,美国专家着手设计装备有 TOPAZ-2 空间核反应堆电源系统和不同型式电推进器 NEPSTP 的实验宇宙飞船,核电推进用于使宇宙飞船从辐射安全轨道(参考轨道 800 km,轨道倾角为 28.5°)转移到地球同步轨道(36 000 km 圆形轨道)。

4) 在"空间探测计划"(SEI)时期(20 世纪 90 年代初期)

对于火星探测,明确了以 NERVA 核火箭发动机为基础的载人火星探测和以 SP-100 空间核反应堆为基础的核电推进的无人探测或货运方案[36]。

5) 在"普罗米修斯"计划时期[23](2002—2006 年)

2002 年美国开始"太空核能新计划",该计划由两部分组成。第一部分称为"核电源计划",包括研发新一代放射性同位素电源系统;第二部分称为"核电推进计划",准备研发以裂变反应堆为基础的空间核电系统和先进的电推进器。2003 年,宣布附加第三部分"JIMO",并把原计划改名为"普罗米修斯"计划。"JIMO"是"Jupter Icy Moons Obiter"的缩写,意思是"木星冰覆卫星轨道器",其核电推进系统如图 2-13 所示。轨道器的核电推进系统的功率大于100 kW,比冲大于 6 000 s,寿命大于 70 000 h。巡航阶段的主推进采用 8 台30 kW 的离子电火箭推进器,轨道转移和姿态控制分别采用 12 台和 6 台霍尔(静态等离子体)推进器。

在 2003 年 12 月至 2004 年 2 月的短短 3 个月内,美国对 NEXIS、HIPEP、

BRAYTON-NSTAR 等核电推进系统设计方案分别进行了验证性试验,均达到了预期效果。

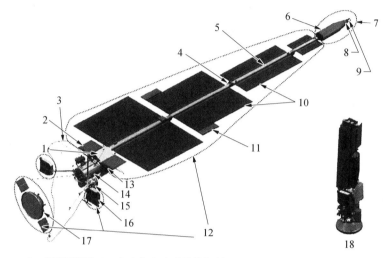

1—母线辐射器;2—高功率电子元器件辐射器;3—任务模块;4—连接杆铰链;5—主连杆;6—布雷顿动力转换;7—反应堆模块;8—辐射屏蔽体;9—反应堆;10—热排放辐射器板;11—辐射器分流板;12—航天器模块;13—母线室;14—氙储箱;15—高增益天线;16—电推进器;17—航天器对接接合器;18—未展开的航天器。

图 2-13 JIMO 核电推进系统

6) 在星表裂变反应堆电源(FSP)[58]计划期间(2006 年至今)

"普罗米修斯"计划重组后,NASA 将空间核电计划定位于开发一种用于月球或火星表面,提供能量和支持人类居住地的经费可承受的空间核反应堆电源。2008 年前后,NASA 提出的"推动性技术发展与论证"ETDD 计划,还准备将 JIMO 和 FSP 的研究成果进一步应用于 300 kW 载人的核电推进设计概念中。

与空间核反应堆电源配套用的电推进系统主要有静电离子电推进、静电霍尔电推进、电磁类型电推进。离子电推进的比冲为 2 500~15 000 s,功率为 10 W~30 kW,效率为 60%~80%;霍尔电推进的比冲为 1 500~3 000 s,功率为 100 W~50 kW,效率为 45%~60%。电磁类型的电推进系统主要包括磁等离子体推力器(MPD),脉冲感应推力器(PIT),变比冲磁等离子体火箭。电磁电推进的比冲为 2 000~10 000 s,功率大约为 100 kW,效率为 35%~50%。

表 2-12 给出了美国大功率电推进器的一些主要参数。

表 2-12　美国的大功率电推进器的主要技术参数

名　　称	功率/kW	比冲/s	效率/%	推力/N
离子推进器（HiPEP）	34	9 500	78	0.6
核电氙离子系统（NEXIS）	27	8 700	78	0.5
霍尔电推进器（NASA-457）	73.2	2 930	58	2.95
磁等离子体推进器（AF-MPDT）	50	6 200	63	5.2
变比冲的磁等离子电推进器（VASIMR）	200	5 500	69	5.8

2.2　俄罗斯的发展情况

从总体上看,俄罗斯在空间核动力的研发上起步要稍晚一些,并且着眼点也不一样。例如,俄罗斯的发展重点是空间核反应堆电源与核热推进,放射性同位素电源处于次要地位。同时,俄罗斯最先发展的也不是^{238}Pu 放射性同位素电源[1-5]。

2.2.1　放射性同位素电源

苏联在 20 世纪 60 年代开始了自己的空间核电源计划,但是采取的技术路线与美国有所不同。1965 年,苏联首次使用了以^{210}Po 为燃料的 RTG,作为军事卫星"宇宙-84"和"宇宙-90"的星载设备。1969 年和 1971 年又使用了具有 800 W 功率的^{210}Po 加热器,作为"月球车 1 号"和"月球车 2 号"的加热设备。直到 20 世纪 90 年代,俄罗斯为了完成对火星进行综合研究的国际"火星-96"计划,才再次将目光投向空间研究用的放射性同位素电源 RTG。1996 年 11 月 16 日,俄罗斯发射的"火星-96"飞船使用了 4 台^{238}Pu RTG。尽管"火星-96"飞船没有发射成功,但俄罗斯以此为起点研究了供小型自动观察站（由轨道发射器发射至火星表面）设备加热用的"天使"^{238}Pu 热源（8.5 W）,以及供仪器运转和处理、发射信息用的 RTG（200 mW 和 400 mW）。虽然这些RTG 的输出功率很小,但意义非同小可,表明俄罗斯开发的^{238}Pu RTG 在辐射

安全、事故分析等方面达到了空间辐射安全规定的要求。从 2001 年起，俄-美
火星研究计划继续进行，其中轨道飞行器和科学仪器由美国制造，发射越野车
至火星表面及部分科研设备由俄罗斯承担。越野车上采用俄罗斯的 RTG。
由此可见，俄罗斯的 ^{238}Pu RTG 技术水平得到了美国的认可。在俄-美空间合
作的下一步——太阳探测和冥王星探测计划中，也将使用俄罗斯开发的
RTG。苏联/俄罗斯发射的空间同位素电源如表 2-13 所示。

表 2-13　苏联/俄罗斯发射的空间同位素电源

航天器名称	同位素电源名称	电源数量	发射使用	发射时间	现　状
Kosmos-84	^{210}Po-RTG	1	军事通信	1965-09-03	在轨运行
Kosmos-90	^{210}Po-RTG	1	军事通信	1965-09-18	在轨运行
Mars-96	^{238}Pu-RTG	4(0.2 kg ^{239}Pu)	火星飞行	1996-11-16	发射失败
Mars-96	^{238}Pu-RTG*	—	火星飞行	2011-11-16	发射失败

发展放射性同位素电源，技术研发非常重要，但是放射性同位素热源燃料
的供给更为重要。如果没有 ^{238}Pu 等放射性同位素热源燃料的来源，研制放射
性同位素电源就真正成了"无米之炊"。俄罗斯是放射性同位素热源燃料
^{238}Pu、^{210}Po 等的生产大国。1988 年美国停止了 ^{238}Pu 的生产之后，截至 2009
年之前，航天项目所用的 ^{238}Pu 主要从俄罗斯购买。

2.2.2　空间核反应堆电源

20 世纪 60 年代初，通过热电及热离子转换器把核反应堆产生的热能直
接转换为空间应用电能的研究工作，是由苏联的中型机械制造部下属机构
（见表 2-14）首先开展的，这些机构不论在苏联时期或现在都是俄罗斯顶尖
的科研单位和著名国家企业。此项工作引起兴趣的原因是由于热-电能量
转换方法极大地简化了电源系统设计，消除了能量转换的中间环节，使制造
尺寸较小、质量较少而功率水平变化从几千瓦到几百千瓦的空间核电源系
统成为可能[6]。

在当时，一种以高温硅-锗半导体材料（其工作温度直到 1 000 ℃）为基础
的热电合金在苏联已经开发成功，并且一些试验用的转换器组件已制造出来。
与此同时，热离子转换器研究也开展起来。更进一步的工作推动是由于美国
科技文献提供的信息，即美国开展了以温差热电转换为基础的空间反应堆项
目，如 SNAP-10 和 SNAP-10A 等。

表 2-14　苏联/俄罗斯空间核研究与生产组织

旧　名	现　名	地　址
中型机械制造部(MMMB)	俄罗斯联邦原子能部(Minatom)	莫斯科,俄罗斯
原子能院(IAE)	俄罗斯研究中心 Kurchatov 研究院(RRCKI)	莫斯科,俄罗斯
苏呼米物理与工程所(SIPE)	同名	苏呼米,格鲁吉亚
邦达勒斯克研究与技术所(PNITI)	科学与工业联合体 Lutch (SIA Lutch)	邦达勒斯克,俄罗斯
哈尔科夫物理与工程所(KIPE)	同名	哈尔科夫,乌克兰
物理与动力工程院(IPPE)	俄罗斯物理与动力工程研究院(RRC IPPE)	奥布宁斯克,俄罗斯
V. P. 格卢什科实验设计局	科学与生产联合 Energomash (NPO Energomash)	莫斯科,俄罗斯
M. M. Bondariuk 实验设计局(OKB)	解散	莫斯科,俄罗斯
现代能源研究所(VNIIT)	科学与生产企业 Kvant (SPE Kvant)	莫斯科,俄罗斯
科技与生产联合体红星(SPA 红星)	红星企业 (SE Krasnaya Zvezda)	莫斯科,俄罗斯
机器制造中心设计局(CDBMB)	同名	圣彼得堡,俄罗斯
应用机械设计局(DBAM)	同名	克拉斯诺亚尔斯克,俄罗斯
仪器工程研究所(NIITP)	同名	Lytkarino,俄罗斯
Dvigatel 州工厂	同名	塔林,爱沙尼亚
1 号研究所(NII-1)	Keldysh 研究中心	莫斯科,俄罗斯
动力工程研究设计所(NIKIET)	同名	莫斯科,俄罗斯
化学自动化设计局(CADB)	同名	沃罗涅日,俄罗斯

注:原则上,对于在苏联时期的活动,单位名称一律用旧名。

　　俄罗斯成功研发了 4 种主要型号的空间核反应堆电源,取得了举世瞩目的成就。到 1989 年苏联共发射了 35 颗装备有空间核反应堆电源的"宇宙"号系列军事侦察卫星。苏联解体后,由于投资大幅度减小,俄罗斯空间核反应电源的发展则从研制阶段转向了研究阶段,暂时推迟了建造空间核反应堆电源的任务。直到 2009 年,俄罗斯提出兆瓦级空间核动力飞船计划,并着手研制兆瓦级空间核反应堆电源,俄罗斯空间反应堆电源才迎来新一轮的大规模发展。表 2-15 给出了苏联时期空间核反应堆电源的发展简况。

表 2-15 苏联空间核反应堆电源发展情况

名　　称	ROMASHKA	BUK	TOPAZ-1	TOPAZ-2
计划持续年份	1964—1966	1966—1988	1970—1988	1975—1988
中子谱	快中子	快中子	热中子	热/超热中子
^{235}U 装载量/kg	49	25~30	11.5	27
核燃料	UC$_2$	U-Mo	UO$_2$	UO$_2$
^{235}U 富集度(质量分数)/%	90	90	90	96
冷却剂	无	NaK	NaK	NaK
热电转换方式	温差	温差	热离子	热离子
热功率/kW	28.2	100	120	135
电功率/kW	0.45	3	7	5
寿期/月	24	3~6	4~12	18
堆芯温度/℃	1 900	约800	1 600	1 500~1 650
系统质量/kg	508	930	994	1 061
地面试验次数	1	4	7	6
轨道试验次数	—	33	2	—

2.2.2.1 苏联时期的成就(1961—1989 年)

1) ROMASHKA

根据苏联原子能院(IAE)的建议,1961 年苏联政府决定研制和试验一种小型空间核反应堆电源,根据温差直接转换称之为 ROMASHKA 转换反应堆。ROMASHKA 由原子能院(IAE)与苏呼米物理与工程所(SIPE)、邦达勒斯克研究与技术所(PNITI)以及哈尔科夫物理与工程所(KIPE)合作共同设计、制造。1964 年 8 月开始,ROMASHKA 在原子能院的专门装置(R 台架)上进行了 2 年的功率试验,该次试验连续运行了大约 15 000 h,证实了寿期特性。ROMASHKA 的主要参数如表 2-16 所示[59]。

表 2-16 ROMASHKA 的主要参数

参　　数	数　　值
堆芯直径/mm	241
堆芯高/mm	351
径向反射层的内径/mm	266
径向反射层的外径/mm	483
径向反射层高/mm	553
上部反射层厚度/mm	125
下部反射层厚度/mm	180
裂变材料^{235}U 的装载量/kg	49

（续表）

参　　　数	数　　　值
反射层质量/kg	265
热电转换器的质量/kg	185
反应堆质量（不包括仪表）/kg	450
反应堆寿命/h	15 000
反应堆的有效热功率/kW	28.2
反应堆的电功率/W	460～475

2) BUK

在研究 ROMASHKA 电源的同时,物理与动力工程院(IPPE)、M. M. Bondariuk 实验设计局(OKB)、苏呼米物理与工程所(SIPE)和现代能源研究所(VNIIT)联合开展了 BUK 型空间核反应堆电源的研发工作。BUK 型空间核反应堆电源为快中子反应堆设计,堆芯共有 37 根燃料元件。每根燃料元件包括 3 个铀-钼芯块(各 55 mm 长)和 2 个端部铍块反射层。所有燃料元件的^{235}U 装量为 30 kg,富集度为 90%。反应堆容器周围有 100 mm 厚的铍反射层。反射层由多个部分构成并用钢带捆扎在一起。当卫星离开轨道进入稠密大气层的时候,钢带会发生过热,使反射层散开,从而让堆芯内的燃料元件燃烧耗尽。

IPPE 在专门开发的临界台架上开展了中子物理学实验,在 Obninsk 核电站反应堆内进行了燃料元件寿命试验。温差转换装置的研制工作首先在电源研究所进行,随后在苏呼米物理与工程所(SIPE)开发并最终成功。用于反应堆电源装置全规模地面测试的台架建在 Lytkarino。在整个地面研究期间,开发重点包括用于让反应堆从深次临界状态进入功率运行状态、将仪表加热到工作温度并维持正常运行状况的自动手段,以及研究反应堆的寿命特性。

从 1967—1988 年,苏联共有 33 个 BUK 型空间核反应堆电源用于宇宙号侦察卫星,最长任务持续时间为 135 天。

3) TOPAZ-1

1958 年,IPPE 提出了开发空间热离子转换反应堆电源的思路。经过对多种反应堆方案进行全面的中子物理学特性分析、有计划的理论研究和临界台架上的实验研究,IPPE 开发了 TOPAZ-1 堆内热离子转换反应堆电源概念。反应堆采用热中子非均匀堆设计,利用氢化锆作为慢化剂,采用位于堆侧反射层中的旋转铍鼓控制反应性。铍鼓上装有含硼镶块,用以吸收中子。TOPAZ-1 系统的优势在于,热源和热离子转换器组成反应堆-转换器独立装置,从而使热力学循环的高温端最小。同时,高温区仅受到热离子转换器发射极的限制,其余低温部件的开发相对容易。热离子热电转换技术的低温端温度相对较高,降低了对辐射冷却器的要求,使得系统更加紧凑。

1961年4月,IPPE在BR-5快堆的回路通道内对首个热离子转换器进行了测试。后来的测试在Obninsk核电站反应堆内专用的回路上进行。1962年,莫斯科Soyuz机械制造厂开始负责建造一个热离子反应堆装置。1972年,专业化的制造机构科技与生产联合体红星在此基础上成立,专门负责TOPAZ-1反应堆的设计建造工作,制造了用于技术测试、功率测试和飞行测试的样品和样机。IPPE建造了热离子反应堆电源的地面试验台架。台架安装了真空室,可以在模拟太空条件下开展全功率测试。在太空飞行测试前,7个TOPAZ-1反应堆装置样机在台架上进行了功率寿命测试。

1987年2月2日,苏联发射了首个空间热离子反应堆电源装置。反应堆电源装置以自动模式在轨道上运行了6个月,电功率超过7 kW,直到铯消耗完。1987年7月10日,苏联发射了第二个TOPAZ-1空间电源。该装置在轨道上运行了近1年。

4) TOPAZ-2

1969年,苏联的应用机械设计局(DBAM)负责开发能够直接向偏远地区提供电视播送的空间装置。1969年6月6日,苏联政府第58-202号决议将电源系统开发的任务指派给中型机械制造部(MMMB),并由机器制造中心设计局(CDBMB)作为电源系统的主设计方,原子能院(IAE)作为科学指导[60],邦达勒斯克研究与技术所(PNITI)作为发电通道与堆芯部件开发的设计者,苏呼米物理与工程所作为控制系统开发方。

设计方提出开发基于热离子系统的"Yenisei"(TOPAZ-2)核电源系统。技术指标如下:电功率为4.5~5.5 kW,运行寿期在最初阶段为1.5年,随着开发工作进展延长到3年,核电源系统的质量约1 000 kg。与TOPAZ-1电源相比,TOPAZ-2空间核电源采用单节热离子元件,发射前可在台架上进行电加热试验[59]。

20世纪70年代初,苏联就对TOPAZ-2开展了测试。试验持续时间超过2 000 h,电功率在1 200 h以后表现出轻微的下降趋势。80年代,苏联TOPAZ-2系统完成了单机14 000 h地面的试验。TOPAZ-2的地面试验情况如表2-17所示。TOPAZ-1和TOPAZ-2具有较低的转换效率的原因是VM-1合金成分中微量的钛和锆的氧化物导致发射极表面中毒。TOPAZ-1和TOPAZ-2的电源特性参数如表2-18[61]所示。

表 2-17　TOPAZ-2 开展的系统试验

测试装置	开始年份	持续时间/h	要　点
23 号装置	1975	2 500 5 000	地面论证装置 因 TFE 导致功率衰减
31 号装置	1977	4 600	飞行论证装置 TFE 与 23 号相同;利用自动控制系统启动; 达到计划测试时间
24 号装置	1980	14 000	地面论证装置 TFE 与 23 号相同;利用自动控制系统启动; 开展许多部件的寿期测试
81 号装置	1980	12 500	地面论证装置 新 TFE 设计;热试验前未完成 1 000 h 电加热 试验;NaK 泄漏(150 h),修复后继续试验
82 号装置	1983	8 300	地面论证装置 冷却剂丧失事故;由于 $ZrH_{1.85}$ 中的氢流失而 关闭反应堆;结构材料没有大的损坏
38 号装置	1986	4 700	飞行论证装置 辐射器的收集器 NaK 泄漏而结束试验;自动 控制系统首次纳入温度控制器

表 2-18　TOPAZ-1 和 TOPAZ-2 的电源特性参数

参　数　名	两类核电源系统	
	TOPAZ-1	TOPAZ-2
电功率/kW	7(自用 2 kW)	4.5~5.5
热功率(寿期初/最大)/kW	150	115/135
热离子燃料元件(TFE)数量	79	37
TFE 节数	5	1
^{235}U 富集度/%	90	96
系统质量/kg	994	1 061
发射极直径/cm	1.0	1.96
堆芯长度/cm	30	37.5
堆芯直径/cm	26	26
慢化体	$ZrH_{1.8}$	$ZrH_{1.85}$
发射极	Mo/W	Mo/W
发射极温度/K	1 773	1 800~2 100
接收极	Mo	Mo
冷却剂	NaK	NaK
泵	电磁泵	电磁泵
泵动力来源	19 TFE	3 TFE

（续表）

参　数　名	两类核电源系统	
	TOPAZ-1	TOPAZ-2
反应堆出口温度(BOL/EOL)/K	773/873	560/660
铯供给方式	流过式	流过式
反射层	金属铍	金属铍
控制鼓数量	12	12
辐射器面积/m²	7	7.2

2.2.2.2　苏联解体以后的发展(20 世纪 90 年代末—21 世纪初)

苏联解体后,由于经费投入大幅缩减,空间核反应堆电源的研究开发只能小规模地发展。相关研究机构陆续研究了功率和寿命大幅提高的第二代热离子系统,并着力研究了动态能量转换的更大功率的空间反应堆电源系统。

1) 第二代热离子电源

20 世纪末期,俄罗斯开发人员开展了"第二代 TOPAZ 型热离子核电源系统"的研发工作,并分析了堆芯外热离子转换器空间核电源系统的可能构造。堆外热离子转换器的优势主要是工作寿期长,缺点是技术难度高,系统体积和质量较大。俄罗斯科学家认为,如果新的技术问题可以解决,就有可能实现研发寿命更长的电源系统,但其总体质量比堆内热离子电源要高 25%～30%。

1998 年 2 月,俄罗斯第 144 号国家决议提出利用电火箭将航天器推送到同步轨道,然后向航天器长时间供电的需求。任务对电源的总体要求是推进模式电功率为 120～150　kW,供电模式电功率为 50～60　kW,寿命为 7 年甚至为 10～15 年的空间核动力系统[62]。在这样的背景下,俄罗斯在 20 世纪 90 年代末期设计了数十千瓦到百千瓦级的双模式系统,例如,在推进工况下电功率为 60　kW 的双模式热离子空间核反应堆电源。

2) 动态热电转换的空间核反应堆电源

20 世纪 90 年代以后,俄罗斯电力技术研究与设计院(就是 NIKIET)和俄罗斯科学中心 Kurchatov 研究院(RRCKI)以及科学与工业联合体(Lutch SIA Lutch),着重开展了布雷顿循环动态热电转换的空间反应堆电源设计(见表 2-19)。然而,由于 20 世纪 90 年代以后投资的骤然缩减,所有这些项目只能在科学研究的范畴内开展。但电力技术研究与设计院的专家们相信,将空间核反应堆电源的研究工作转换到研制上来是具有客观可能性的。

表 2-19　1997—2007 年电力技术研究与设计院开发的概念设计

名　　称	电功率/kW	推力/kN	目　　的
YaÉDU-B-40/500	40	5	在同步轨道上向目标提供能量
YaÉDU-R-40/500	40	5	在同步轨道上向目标提供能量
YaÉDU-B-50/7000	50	70	火星探索(推进与供给能量)
带有 ÉRD 的 YaÉU-100	100	—	太阳系遥远行星探索
带有 ÉRD 的 YaÉU-500	100～500	—	向同步轨道运送可用载荷(500 kW),向轨道上的目标提供能量(100 kW)
带有 ÉRD 的 YaÉU-6	6 000	—	火星探索
带有 ÉRD 的 YaÉU-15	15 000	—	火星探索
AÉS-25	25	—	在火星表面提供能量
AÉS-100	100	—	在火星表面提供能量(固定式)
AÉS-200	200	—	在火星表面提供能量(固定式)

2007 年 4 月,电力技术研究与设计院发起召开了一次布雷顿循环热电转换空间核电源系统与核发动机系统开发工作现状分析的多部门研讨会。会议做出决定,将设计工作的重点放在开发一种核动力系统的陆地原型装置上,其电功率范围为 100～500 kW[63]。

2.2.2.3　现阶段开发计划(2008—2018 年)

根据 2008 年 4 月 24 日俄罗斯政府批准的《2020 年前及以后俄罗斯联邦在空间活动领域政策的原则》所提出的俄罗斯政府开展空间研究、探索和利用的要求,时任总统梅德韦杰夫于 2009 年 10 月 28 日宣布,俄罗斯将投资 170 亿卢布(约 6 亿美元),在 2018 年以前开发空间核动力飞行器。2009 年 12 月,俄罗斯航天局(RSA)负责人阿纳托利·佩尔米诺夫称,俄罗斯将开发用于行星之间的载人或无人任务的兆瓦级空间核动力飞行器[2]。

详细计划是,发动机和电源系统模块的初步设计将在 2010—2012 年完成,包括使用计算机进行设计、必要的可靠性分析、紧急情况下核与辐射安全的模拟。到 2015 年,发动机系统的地面工作将要完成,电源模块的工作文件也将准备好。发动机装置的试验、制造和交付计划在 2015—2017 年进行。电源模块非核系统的建造和地面试验计划在 2014—2017 年进行。电源模块的地面开发,包括电源-发动机装置的寿命试验应在 2018 年完成。

据相关报道,该核反应堆电源的初步设计已于 2012 年 11 月完成,并于

2013年开始了在索斯诺维博尔开展反应堆台架试验。

2.2.2.4 未来的发展(2015年以后)

在2012年3月举行的国际空间核新兴技术及月球、行星科学联合会议上,俄红星企业(SE Krasnaya Zvezda)和物理与动力工程院(IPPE)公布了创新型热离子转换器的设计,该设计可达到10%的转换效率,从而使热离子反应堆能够提供约1 MW的电能输出。综合考虑质量功率比、动力学特征和技术因素,热离子转换器在1兆瓦以下功率比其他能量转换方案更具优势。俄罗斯能源火箭与航天公司认为,高温热离子快堆可用于清理太空残骸和地球静止轨道上不再运行航天器的太空船。这样的太空船总质量为7~10 t,寿命为10~15年,装有电能输出为150~500 kW的热离子反应堆电源。该动力装置还可用于全球卫星通信系统、可重复使用的月球拖船、星球前哨站、小行星和彗星碰撞防御系统等。

可以预见,俄罗斯未来空间核反应堆电源的研发重点除了兆瓦级空间核动力飞行器外,还应有相应的空间热离子核反应堆电源开发工作。

2.2.3 核热推进

2.2.3.1 20世纪的研发活动

1) 核热推进的研发

在20世纪50年代时期,苏联一些独立的专家小组开始进行创新性的研究,产生了制造核热推进(NTP)的思想。后来,这些小组开始协同工作,并于1958年夏天,在取得政府同意之后,其活动获得正式地位。原子能院(IAE)、1号研究所(NII-1)(现在的Keldysh研究中心)及物理与动力工程院(IPPE)被任命为核热推进研制的管理单位;V. P. 格卢什科实验设计局和M. M. Bondariuk实验设计局(OKB)被任命为核热推进设计单位。

当时苏联建造核热推进反应堆的国家意识主导思想就是基于非均匀原则和堆芯模块化的相关原则,不像美国规划采用均匀反应堆概念。

此种选择的主要原因是非均匀堆芯概念比均匀堆芯有如下基本优势:① 工作介质在反应堆的热工流程中可以相当完全地在一个堆芯单元内再现,使堆芯主要部件——燃料组件(FA)的研制和试验比均匀反应堆更简单和便宜;② 可用于结构部件的材料种类明显增加;③ 减少了暴露于高温(2 000 K以上)的结构部件;④ 一个或数个燃料组件可以在高度可靠的实验反应堆内进行测试,较之测试一个首次建造的全尺寸反应堆,其安全性无以比拟。同时,还可以利用现有反应堆测试设备;⑤ 将燃料与慢化剂分离,使得当选择慢化剂材料时只考虑慢化需求;⑥ 简化的堆芯物理(例如:燃料浓度变量)及热工水力分布解决方案,可以最大限度减少温度变动和提高工作介质温度。

模块化设计可以把全尺寸反应堆堆芯作为一个管道系统来考虑,把其中的工作介质流动限定在一个模块内,同时简化了为实现工作介质额定流量分配所需进行的部件调节。

研制工作所依据的并且对反应堆设计进行限定的另一个原则是,对核热推进反应堆的各个部件(包括燃料组件、慢化剂、反射层、压力容器等)都要进行包括所需的可靠性验证在内的反应堆实验研究;而反应堆作为一个整体只需经过检验测试或程序简化的试验,以便确定已分别经过试验的各部件的相互影响。与模块化设计一样,这个原则的目标是最大限度减少反应堆综合试验的成本[1]。

在核热推进反应堆开发中节约开支是反应堆研制与建造总战略的基础原则。

建造一个核热推进装置的过程需要相当长的时间。一个核热推进装置(进而也是反应堆)具体的尺寸和参数,不可能被过早地预知。因此,就主要构件块的模块化做出基本决定,是完成项目最节省成本的方法,因为这些主要构件块可以用来建造几乎是任意功率水平和尺寸的反应堆。主要构件块的模块化可以很容易地适应与具体应用相关的条件变化。

核热推进反应堆与其他类型反应堆有本质的区别,对它们的主要要求就是尽可能小的尺寸和质量。这就要求堆芯每个单位体积产生较高功率(高出其他类型反应堆几个数量级)。选择结构材料由在反应堆中达到最大工作介质温度来决定,以保证推进设备的高比冲量。核热推进反应堆运行于高功率水平(数百万千瓦)和高热中子通量(大约为 10^{15} cm^{-2}·s^{-1})条件下。由一个功率水平转换到另一个功率水平,包括由物理水平(最小可控功率水平)达到额定功率水平,其过程非常快(几分钟)。

这种核热推进反应堆与其他类型反应堆之间的本质区别极其需要实验研究,首先是研制燃料元件,这是与反应堆性能相适应的基本部件。因为现有反应堆的低中子通量和稳态运行不能提供这种测试条件,所以不能用于进行这方面的研究。

因此,用于核热推进反应堆研究与开发工作的设施,不仅包括进行其他功率堆研制时使用的测试仪器和研究性反应堆,而且还包括建造并运行特别的装置。而最重要的是,专门建立了 3 座反应堆试验装置,用于提供与核热推进实际运行

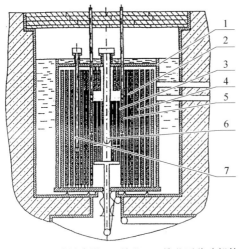

1—反应堆容器；2—堆芯；3—堆芯可移动部件；4—反射层；5—控制元件；6—中心实验通道；7—边实验通道。

图 2-14 IGR 反应堆

工况相一致的部件试验条件。

燃料元件组件动态试验是在 IGR 高通量石墨-脉冲反应堆（见图 2-14）上进行的，IGR 高通量石墨-脉冲反应堆是由原子能院（IAE）和动力工程研究设计所（NIKIET）建造的，用于研究正常运行和在事故工况下材料的结构在快速瞬变过程中的特性。反应堆堆芯由充满铀的石墨块构成，反射层由纯石墨块构成。在堆芯或反射层中没有金属部件。由于大量的石墨存在，脉冲持续期间慢化剂可以有很大的温升（大约为 1 000 K），以及石墨很小的热中子俘获截面，因此确保了很高的积分中子通量（4×10^{16} cm^{-2}）。直到今日，IRG 反应堆仍是世界上积分中子通量最大的脉冲反应堆。

脉冲持续时间从几分之一秒至数百秒。中心实验通道直径为 290 mm，因此可进行核热推进反应堆燃料组件和其他大型样品的全尺寸回路试验。

核热推进反应堆燃料组件在不同功率水平下的全尺寸寿命试验是在原子能院（IAE）、动力工程研究设计所（NIKIET）和邦达勒斯克研究与技术所（PNITI）建造的 IVG-1 反应堆上进行的（见图 2-15、图 2-16）。反应堆堆芯用研制中的核热推进反应堆燃料组件构成，试验中反应堆运行参数与核热推进反应堆的相一致。直径为 164 mm 的回路通道定位在堆芯的中心部位。通道可容纳小部分核热推进反应堆堆芯，包括 1～7 个燃料组件。回路通道周围用铍包裹，可产生高于堆芯平均通量 2 倍的中子通量脉冲。这种堆芯构造可进行元件组件试验（30 个燃料组件）以及不同温度水平和功率参数下的组件回路试验。

化学自动化设计局（CADB）、仪器工程研究所（NIITP）、物理与动力工程院（IPPE）及邦达勒斯克研究与技术所（PNITI）建造了最小的核热推进试验性原型反应堆——IRGIT 反应堆（见图 2-17），它与实际飞行装置的区别在于具有一个使用氢和氮气的反应堆冷却系统，一个缩短的喷管以及附加的辐射屏蔽和安全设施。

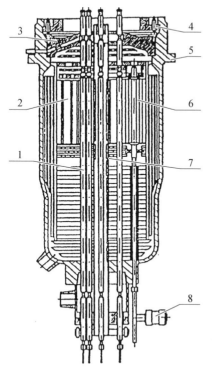

1—燃料组件（FA）；2—反射层；3—盖子；
4—锁；5—压力容器；6—控制元件；7—回路通
道；8—驱动机构。

图 2-15　IVG-1 反应堆

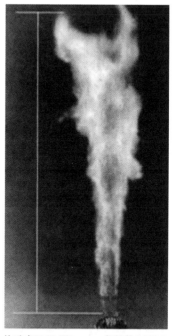

热功率225 MW　　　氢温约3 000 K

图 2-16　IVG-1 实验反应堆启动

　　螺旋条燃料棒发热段形状像一个 2 mm 直径的钻头，是所有在研核热推进反应堆的燃料组件核心，这种形状根据参数分析被认为是最佳的。建造小尺寸燃料棒堆芯的能力为在堆芯体积范围内实现所要求的铀分布创造了条件。

　　所有燃料组件部件，如燃料元件、热绝缘片、承载结构、喷嘴，基本材料都是成分为碳化物和氮化碳的陶瓷。所选择的陶瓷材料在成分、结构和物理状态方面的改变，可以提供一个宽阔的性能范围，来满足全部高温核热推进部件的要求。材料研制基于以下思想：只要堆芯陶瓷部件在堆芯运行过程中保持其功能，即可容许该部件发生预测的部分退化（包括脆性破坏）。此种思想的正确性和有效性已被多次热电、气动力及反应堆试验所证实。

　　燃料组件研制的后期是在 IGR、IVG-1 和 IGRIT 反应堆上进行试验。在

IGR 反应堆上进行的动态试验中,受测燃料元件功率密度达到 30 kW/cm³,氢温度为 3 100 K,加热速度为 350～1 000 K/s。多数样品是反复试验的,一个周期的持续时间范围从 5～100 s。IVG 反应堆完成了大约 300 个燃料组件的寿命试验,进行了 10 多次改进。燃料组件功率密度达 20 kW/cm³,氢温度为 3 100 K,加热速率为 1 500 K/s,而且多数燃料元件试验总时间为 4 000 s。在 IRGIT 反应堆上,功率水平达 90 MW,氢温度达 3 000 K。

这样,核热推进反应堆的燃料组件通过了全周期地面试验。核热推进反应堆的其他组件也在试验装置和研究堆上进行了充分试验。

图 2-17 位于 Keldysh 中心试验设备
所的 IRGIT 反应堆

图 2-18 核热推进系统全
尺寸模型

为了对核热推进的构成、部件(除反应堆外)和工艺过程进行综合性研究,建造了一个"冷态"发动机,使用了在实际质量流量、压力和温度情况下的实际推进剂。"冷态"发动机在液氢测试平台上进行了 250 次以上的试验。在试验中,涡轮驱动泵装置的运行时间是 NTP 要求寿命(3 600 s)的 3 倍(即 3 h)。为了模拟加热供给涡轮泵装置涡轮的氢气,利用了一个换热器装置。该试验利用了氢氧燃料在气体发生器中释放的化学能。

上述的研发工作促进了推力为 40 t 的核热推进系统的成功设计以及其他核热推进系统的设计(见图 2-18),也推进了以核热推进技术为基础的许多核电源/推进系统概念的提出和论证,这类系统除产生推力之外还能产生兆瓦级水平的电功率。

2) 关于电源/推进系统

20 世纪 90 年代进行的设计研究和探索结果表明,对于不同的空间任务,使用不同设计的核电源/推进系统(NPPS)为飞船提供电源和推进,是非常有希望的。利用核电源/推进系统作为运输和电源舱(TPM)的一部分,把航天器送入对地静止轨道和星际运行轨道,并在其服役期内始终为机载系统提供电源,是最为有利和有效的。图 2-19 对可能的双模式电源/推进系统进行了分类。最具代表性的方案有热离子空间核反应堆电源+电推进;以核热推进为基础+闭路循环动态转换发电的双模式;热离子转换器发电且以经过堆芯喷出的氢气产生推力的双模式。设计概念如图 2-20~图 2-22 所示。表 2-20 给出了以核热推进为基础的双模式空间核动力的主要参数。

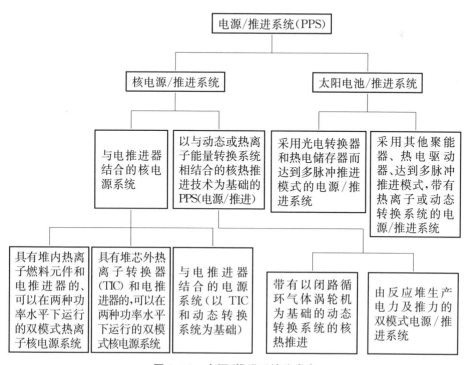

图 2-19　电源/推进系统分类表

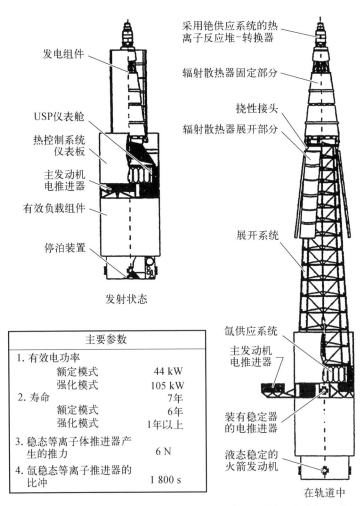

主要参数	
1. 有效电功率	
额定模式	44 kW
强化模式	105 kW
2. 寿命	
额定模式	7年
强化模式	6年
强化模式	1年以上
3. 稳态等离子体推进器产生的推力	6 N
4. 氙稳态等离子推进器的比冲	1 800 s

图 2-20 双模式的热离子核电源系统和电推进器的宇宙空间平台

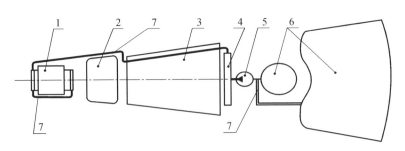

1—反应堆;2—屏蔽设备;3—辐射-换热器;4—蒸发器-分离器;5—泵;6—氢气箱; 7—氢气管线。

图 2-21 双 模 式 系 统

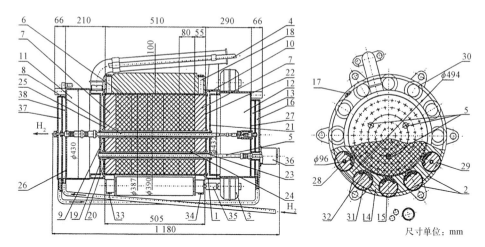

1—容器；2—带有转动调节鼓的径向反射层；3—调节鼓转动机构；4—外母线及其连接元件；5—安全棒位置；6—慢化剂块；7—端反射层块；8—热离子燃料元件；9—上冷却剂室；10—下冷却剂室；11—上氢室；12—下氢室；13—铯室；14—径向反射层插件；15—控制鼓；16—下部入口氢集流管；17—电气锁；18—弹簧元件；19~22—管板；23~24—管道；25—慢化剂腔室；26—上氢室盖；27—下氢室盖；28—控制鼓（单独的）；29—5鼓组的主控制鼓；30—6鼓组的主控制鼓；31—控制鼓棒；32—板；33—上张紧带；34—下张紧带；35—联轴节；36—可移动安全棒机械装置；37—上出口氢收集器；38—上入口氢收集器。

图 2-22 TOPAZ 型双模式反应堆设计

表 2-20 双模式核电源/推进系统(NPPS)的主要参数

参 数	数 值	参 数	数 值
有用电功率（发电模式）	20 kW	比冲	770 s
有用电功率（推进模式）	≥5 kW	NPPS 质量（不包括 H_2、储罐、管道）	2 640 kg
推力	80 N	反应堆质量	660 kg
总冲量	7.2×10^7 Ns		

电源/推进系统可以用核能和太阳能两者来实现。作为选择方案之一，把 TOPAZ 型的核热离子系统的各种技术与效率最高的电推进器的各种技术（例如氙喷气推进剂、比冲为 1 800 s 的稳态等离子体推进器或者离子推进器等）结合起来。这种电源/推进系统设计从实施方面看是最成熟的，而且可以保证将最大有效载荷送至较高功率的轨道上，例如对地静止轨道和星际轨道。其缺点是需要较长时间（6 个月以上）才能把有效载荷送入对地静止轨道，甚至即使加强电源系统的电功率水平（大约 2.5 倍）也仍然如此。然而，以氢作为推进剂的核热装置和闭路循环动态转换系统为基础，或者使用双模式反应堆——即以热离子转换

器发电又以经过堆芯喷出的氢气产生推动力,这两种方式的电源/推进系统,可以实现在较短时间(从10小时到约1个月)内把载荷送到对地静止轨道。

对于一些要求快速进入轨道的飞行任务(特别是载人星际飞行情况),以核热推进和动态能量转换技术为基础的核电源/核热推进系统较为可取。而对于货物运载任务,选择核电源和电推进技术为基础的电源/核电推进系统更合适些。

在发射阶段利用电推进器和核电源系统可以节约大量成本,因为可以利用中型的运载火箭替代大型运载火箭,或者是把2~3倍质量的有效负荷送至高轨道。例如,对于带有20 kW机载太阳能电源系统的Arian运载火箭,如果使用核电源运送到对地静止轨道,航天器质量可从4.1~5.3 t增加到13.4 t,推起时间不超过6个月。而如果使用核电源/核热推进系统(可产生100~7 000 N推力的核热推进装置),航天器的推起时间将减少到几天。

2.2.3.2 新世纪的开发活动

从20世纪90年代末到21世纪初,俄罗斯先后参与国际科学技术中心(MNTTS)第1172号后续的第2120号项目,着眼开发具有数十千牛推力和数十千瓦的有效电功率输出的电源/推进综合体,以用于空间载人飞行。在该项目中,俄罗斯设计了代表其最高技术水平的双模式空间核动力系统,主要性能参数如表2-21所示。

表 2-21　双模式空间核动力系统的主要性能参数

参　　数	值
在真空中推力/kN	68
推力比冲/s	≥900
反应堆热功率/MW	340
工质	氢
释热组件(TVS)中喷管组前工质的温度/K	≥2 900
输出的额定电功率/kW	
使用行星间载物飞船时	15
使用行星间载人飞船时	50
核动力推进工作总时间	
在推进工况下/h	不小于5~6
在电源工况下/年	小于10
热能转换为电能的方式	涡轮机、布雷顿循环
双模式核火箭发动机单个模件数量	4

2007年,俄罗斯电力技术研究与设计院和哈萨克斯坦国家核中心的核动

力院一起开始了升级 IVG-1 反应堆的工作。这项工作完成后,将开发一种封闭排放氢气的气体冷却回路,并将重建冷却系统以保证反应堆长时间运行的可能。所有这些将使许多寿命试验成为可能,包括核动力系统反应堆的燃料元件和其他部件,以及反应堆出口氢气温度超过 3 000 K 的核发动机系统。

此外,根据 2007 年报道,俄罗斯还开发了碳氮化物燃料,其化学稳定性在 2 800 K 下的 100 h 试验中得到了验证。这种燃料也将成为核热推进的备选燃料之一。

在 2009 年,俄罗斯宣布研发核电推进方式的兆瓦级核动力飞船[2]。针对兆瓦级核动力飞船的技术路线,俄罗斯空间核动力专家扎基罗夫和帕夫舒克指出核热推进技术用途受到限制,核安全问题不易解决,开发成本高昂,而俄罗斯电推进技术取得的技术进步,使核电推进方案具有优势。未来俄罗斯的核热推进技术研发是否将退居次要位置,也未可知。

2.2.4　核电推进

俄罗斯在空间核反应堆电源和电推进器的开发运行和应用上,继承了苏联的研究成果和丰富经验,在核电推进技术领域处在国际领先水平。

从 20 世纪 50 年代到 80 年代末,苏联研制的 4 个空间核反应堆电源主要型号的性能指标,都达到了相当高的水平(见表 2-15)。在历时 18 年的飞行计划中,有 34 个空间核反应堆电源发射到研究轨道上。苏联发射的空间核反应堆电源如表 2-22 所示。

表 2-22　苏联核反应堆飞行历史

序号	发射日期	飞行器	反应堆型号	任务持续时间	最终轨道平均高度/km	备　注
1	1970-10-03	Cosmos 367	BUK	110 min	970	反应堆堆芯熔化,航天器进入废弃轨道
2	1971-04-01	Cosmos 402	BUK	<3 h	990	任务完成
3	1971-12-25	Cosmos 469	BUK	9 d	980	任务完成
4	1972-08-21	Cosmos 516	BUK	32 d	975	任务完成
5	1973-04-25	—	BUK	—	再入大气层	发射失败;亚临界状态的反应堆进入太平洋
6	1973-12-27	Cosmos 626	BUK	45 d	945	反应堆停堆模块压力下降

（续表）

序号	发射日期	飞行器	反应堆型号	任务持续时间	最终轨道平均高度/km	备注
7	1974-05-15	Cosmos 651	BUK	71 d	920	反应堆压力传感器故障
8	1974-05-17	Cosmos 654	BUK	74 d	965	任务完成
9	1975-04-02	Cosmos 723	BUK	43 d	930	任务完成
10	1975-04-07	Cosmos 724	BUK	65 d	900	反应堆停堆模块压力下降
11	1975-12-12	Cosmos 785	BUK	<3 h	955	任务完成
12	1976-10-17	Cosmos 860	BUK	24 d	960	反应堆压力传感器故障
13	1976-10-21	Cosmos 861	BUK	60 d	960	任务完成
14	1977-09-16	Cosmos 952	BUK	21 d	950	任务完成
15	1977-09-18	Cosmos 954	BUK	约43 d	再入大气层	航天器发生事故再入大气层,将放射性碎屑散布到加拿大一处偏远地区
16	1980-04-29	Cosmos 1176	BUK	134 d	920	任务完成
17	1981-03-05	Cosmos 1249	BUK	105 d	940	任务完成
18	1981-04-21	Cosmos 1266	BUK	8 d	930	任务完成
19	1981-08-24	Cosmos 1299	BUK	12 d	945	任务完成
20	1982-05-14	Cosmos 1365	BUK	135 d	930	任务完成
21	1982-06-01	Cosmos 1372	BUK	70 d	945	任务完成
22	1982-08-30	Cosmos 1402	BUK	120 d	再入大气层	航天器发生事故从大西洋上空再入大气层
23	1982-10-02	Cosmos 1412	BUK	39 d	945	任务完成
24	1984-06-29	Cosmos 1579	BUK	90 d	945	任务完成
25	1984-10-31	Cosmos 1607	BUK	93 d	950	任务完成
26	1985-08-01	Cosmos 1670	BUK	83 d	950	反应堆自动控制系统故障
27	1985-08-23	Cosmos 1677	BUK	60 d	940	反应堆自动控制系统故障
28	1986-03-21	Cosmos 1736	BUK	92 d	950	任务完成
29	1986-08-20	Cosmos 1771	BUK	56 d	950	任务完成

（续表）

序号	发射日期	飞行器	反应堆型号	任务持续时间	最终轨道平均高度/km	备　注
30	1987-02-01	Cosmos 1818	TOPAZ-1	142 d	800	任务完成
31	1987-06-18	Cosmos 1860	BUK	40 d	950	任务完成
32	1987-07-10	Cosmos 1867	TOPAZ-1	342 d	800	任务完成
33	1987-12-12	Cosmos 1900	BUK	124 d	720	反应堆通信系统故障，自动进入废弃轨道
34	1988-03-14	Cosmos 1932	BUK	66 d	965	任务完成

　　苏联 20 世纪 60 年代就开始研发电推进器。在俄罗斯开发的各种电推进器中，静态等离子体推进器（SPT）是开发最成功的。静态等离子体发动机也称霍尔发动机，是苏联首创的，20 世纪 70 年代末期已发展成为一种定型的电火箭发动机产品。20 世纪 90 年代初期，美国和法国从俄罗斯引进这种发动机，分别与俄罗斯合作研制和改进，并计划做进一步的测试评价和飞行验证。表 2-23 给出了使用氙推进剂的霍尔推进器飞行型号的性能参数[56]。

表 2-23　俄罗斯霍尔推进器飞行型号的性能参数

推进器性能	推进剂	比冲/s	推力/mN	推力效率/%	质量/kg	推力质量比/(N/kg)	功率/kW	运行时间/h
SPT-50	氙	最高1 750	20	45	1.4	0.014	0.2～0.6	2 500
SPT-60	氙	1 300	30	37	1.2	0.025	0.5	2 500
SPT-70	氙	1 450	40	48	1.5	0.026	0.65	3 100
SPT-100	氙	1 500	83	50	3.5	0.024	1.35	9 000

　　在近 30 年的在轨飞行试验中，有 4 种不同型号的 310 个霍尔推进器应用于近 60 颗卫星，在 800～36 000 km 高的轨道上实现了轨道保持和姿态控制的推进功能，验证了霍尔推进器的可靠性和耐久性。在其中的两次任务中，TOPAZ-1 空间核反应堆电源驱动了霍尔推进器，在轨运行的记录时间超过 2 个月，证明了核电推进的可行性。表 2-24 给出了俄罗斯霍尔推进器的飞行历史。

表 2-24　俄罗斯霍尔推进器的飞行历史

序号	发射日期	飞行器	EPT 型号	运行时间/h	推进器个数	备　　注
1	1971-12-29	Meteor 1-10	SPT-60	180	2	838×912 km 轨道保持
2	1974-10-28	Meteor 1-19	SPT-60	600	2	842×882 km 轨道保持
3	1976-05-15	Meteor 1-25	SPT-60	—	2	829×884 km 轨道保持
4	1977-04-05	Meteor 1-27	SPT-50	—	2	844×887 km 轨道保持
5	1978-12-23	Cosmos 1066	SPT-50	—	2	819×890 km 轨道保持
6	1982-05-17	Cosmos 1366	SPT-70	261	4	GEO 东/西位置保持
7	1984-03-02	Cosmos 1540	SPT-70	223	4	GEO 东/西位置保持
8	1985-10-25	Cosmos 1700	SPT-70	52	4	GEO 东/西位置保持
9	1986-04-04	Cosmos 1738	SPT-70	301	4	GEO 东/西位置保持
10	1987-10-01	Cosmos 1888	SPT-70	270	4	GEO 东/西位置保持
11	1987-02-01	Cosmos 1818	SPT-70	152	6	790×810 km 轨道保持,TOPAZ-1
12	1987-07-10	Cosmos 1867	SPT-70	16	6	797×813 km 轨道保持,TOPAZ-1
13	1987-11-26	Cosmos 1897	SPT-70	787	4	GEO 东/西位置保持
14	1988-08-01	Cosmos 1961	SPT-70	560	4	GEO 东/西位置保持
15	1989-12-27	Cosmos 2054	SPT-70	475	4	GEO 东/西位置保持
16	1990-07-18	Cosmos 2085	SPT-70	—	4	GEO 东/西位置保持
17	1991-11-22	Cosmos 2172	SPT-70	—	4	GEO 东/西位置保持
18	1994-01-20	Gals-1	SPT-100	1600	8	GEO 南/北与东/西
19	1994-09-21	Cosmos 2291	SPT-70	—	4	GEO 东/西位置保持
20	1994-10-13	Express 11	SPT-100	—	8	GEO 南/北与东/西
21	1994-12-16	Luch	SPT-70	—	4	GEO 东/西位置保持
22	1995-11-17	Gals-2	SPT-100	—	8	GEO 南/北与东/西
23	1995-08-30	Cosmos 2319	SPT-70	—	4	GEO 东/西位置保持
24	1995-10-11	Luch-1	SPT-70	—	4	GEO 东/西位置保持
25	1996-09-26	Express 12	SPT-100	—	8	GEO 南/北与东/西

（续表）

序号	发射日期	飞行器	EPT 型号	运行时间/h	推进器个数	备　注
26	1997-11-12	Kupon-1	SPT-70	—	4	GEO 南/北与东/西
27	1999-09-06	Yanmal-101	SPT-70	—	8	GEO 南/北与东/西
28	1999-09-06	Yamal-102	SPT-70	—	8	GEO 南/北与东/西
29	1999-10-27	Ekspress À-1	SPT-100	—	8	发射失败
30	2000-03-12	Ekspress À-2	SPT-100	—	8	GEO 南/北与东/西，仍在运行
31	2000-04-17	SESat	SPT-100	—	8	GEO 南/北与东/西位置保持,仍在运行
32	2000-06-24	Ekspress À-3	SPT-100	—	8	GEO 南/北与东/西，仍在运行
33	2000-07-04	Cosmos 2371	SPT-70	—	4	GEO 东/西位置保持,仍在运行
34	2002-06-10	Ekspress À-4	SPT-100	1550	8	GEO 南/北与东/西，仍在运行
35	2002-11-25	Astra 1 K	SPT-100	—	4	发射失败,2002 年 12 月 9 日脱离轨道
36	2002-12-11	Stentor	SPT-100	—	4	发射失败
37	2003-11-24	Yamal-201	SPT-70	—	8	GEO 南/北与东/西，仍在运行
38	2003-11-24	Yamal-202	SPT-70	—	8	GEO 南/北与东/西，仍在运行
39	2003-12-28	Ekspress-AM-22	SPT-100	—	8	GEO 南/北与东/西，仍在运行
40	2004-03-13	MBSat 1	SPT-100	—	4	GEO 南/北与东/西位置保持,仍在运行
41	2004-04-26	Ekspress-AM-11	SPT-100	—	8	GEO 南/北与东/西，仍在运行
42	2004-06-16	Intelsat 10-02	SPT-100	—	4	GEO 南/北与东/西位置保持,仍在运行
43	2004-10-30	Ekspress-AM-01	SPT-100	—	8	GEO 南/北与东/西，仍在运行
44	2005-02-03	AMC 12	SPT-100	—	4	GEO 南/北与东/西，仍在运行

(续表)

序号	发射日期	飞行器	EPT 型号	运行时间/h	推进器个数	备　注
45	2005-03-29	Ekspress-AM-02	SPT-100	—	8	GEO 南/北 与 东/西，仍在运行
46	2005-03-11	Inmarsat-4 F1	SPT-100	—	4	GEO 南/北 与 东/西位置保持，仍在运行
47	2005-06-23	Telstar 8	SPT-100	—	4	GEO 南/北 与 东/西位置保持
48	2005-06-24	Ekspress-AM-03	SPT-100	—	8	GEO 南/北 与 东/西，仍在运行
49	2005-08-11	iPStar 1	SPT-100	—	4	GEO 南/北 与 东/西位置保持
50	2005-12-29	AMC 23	SPT-100	—	4	GEO 南/北 与 东/西，仍在运行
51	2006-06-17	KazSat 1	SPT-70	—	4	2008 年 11 月 26 日机载电脑故障
52	2008-01-28	Ekspress-AM-33	SPT-100	—	8	GEO 南/北 与 东/西，仍在运行
53	2008-12-10	Ciel 2	SPT-100	—	4	GEO 南/北 与 东/西，仍在运行
54	2009-02-11	Ekspress-AM-44	SPT-100	—	8	GEO 南/北 与 东/西，仍在运行
55	2009-02-26	Telsar 11N	SPT-100	—	4	GEO 南/北 与 东/西，仍在运行
56	2009-04-03	Eutelsat W2A	SPT-100	—	4	GEO 南/北 与 东/西，仍在运行
57	2009-06-30	Sirius FM5	SPT-100	—	4	GEO 南/北 与 东/西，仍在运行
58	2009-10-29	NSS 12	SPT-100	—	4	GEO 南/北 与 东/西，仍在运行
59	2009-11-24	Eutelsat W7	SPT-100	—	4	GEO 南/北 与 东/西，仍在运行

　　为了满足核电推进的任务需求，俄罗斯开发了功率更大的电推进器，这些推进器具有更高的比冲和更大的推力。例如使用铋的 D-160 推进器样机的

比冲达 8 000 s、推力为 710 mN。目前，正对这种推进器的实验室样机进行大量测试。表 2-25 给出了俄罗斯正在开发的大功率电推进器的参数。可以看出，与现行的霍尔推进器相比，在同样的输入功率和质量情况下，在研的电推进器可以得到更高的比冲和更大的推力，并且运行时间延长了 3～4 倍。这些推进器更适合于核电推进。核电推进系统的原理如图 2-23 所示。图中：NPS 反应堆产生的热量被能量转换装置转换为电力；电力通过输电线从 NPS 反应堆传送给电推进系统（EPS），并被用来加速推进剂，开动推进器；屏蔽保证空间核电推进系统的敏感仪器仪表免受辐射损伤；散热器用来将废热排除出去。

表 2-25　俄罗斯正在开发的大功率电推进器参数

型　　号	类型	推进剂	比冲/ s	推力/ mN	推力效率/%	功率/ kW	质量/ kg	推力质量比/ (N/kg)	运行时间/h
IT-300 ID-300	离子	氙	3 300	60～110	—	1.5～2.5	—	—	—
SPT-140 SPD-140	霍尔	氙	<2 000	<300	>55	<7	7.5	0.04	10 000
SPT-200 SPD-200	霍尔	氙	2 500	<500	<60	3～15	15	0.033	18 000
SPT-290 SPD-290	霍尔	氙	3 300	<1 500	<65	5～30	23	0.065	27 000
TM-50 D-100	霍尔	氙	3 000～ 7 000	1 000～ 1 500	70～75	20～50	—	—	—
D-160 VHITAL	TAL	铋	800	710	>70	36	40	0.018	—

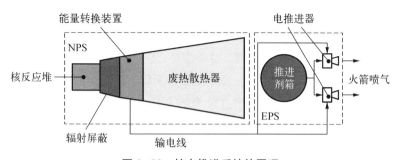

图 2-23　核电推进系统的原理

　　现在，俄罗斯正在研发兆瓦级核动力飞船，采取了核电推进方案。按原来计划，2018 年俄空间兆瓦级核动力飞船要为发射做好准备[64]。但根据 2021 年相关报道,该计划的时间已推迟至 2030 年。让我们拭目以待。

2.3 其他国家的情况

除美俄两国外,法国、德国、意大利等国也在 20 世纪 80—90 年代相继开展了空间核动力的研发[4]。

2.3.1 法国的 ERATO 空间核反应堆电源

1)开发情况

1983 年,法国国家空间研究中心和原子能委员会预期在 1995 年研制成欧洲 Ariane V 新一代运载火箭,为了探索开发 20～200 kW 空间核电源系统的可能性并评价其研制周期和研制费用,联合发起了"法国空间核动力电源研究(ERATO)计划"。

该计划前三年(1983—1986 年)对一种输出电功率为 200 kW 的布雷顿循环电源设计进行了初步概念研究。1986 年,初步概念研究结束后,法国决定再开展 3 年研究(1986—1989 年),目标是评价核动力相对太阳能的潜在优势,并比较多种当时更感兴趣的 20 kW 候选反应堆技术和系统方案,以满足 2005 年以后欧洲太空任务的能源需要。定期对 3 种布雷顿能量循环反应堆电源参考概念开展了对比研究,并评价了静态热电转换反应堆电源、放射性同位素电源、太阳能电源等其他电源形式。

2)设计特征

法国 ERATO 计划期间,20 kW 电源的设计目标是达到 7 年的工作寿期及 0.90 的可靠性。3 种反应堆分别为液态金属快中子堆、高温气冷堆和超高温液态金属反应堆。反应堆都有 12 个含 B_4C 的控制鼓和 B_4C 安全棒,屏蔽采用 B_4C 和 LiH 材料,转换方式为布雷顿循环。

液态金属快中子堆堆芯包括 780 根燃料棒和 7 根安全棒,结构材料为 316 不锈钢。钠冷却反应堆设计采用直径为 8.5 mm 的二氧化铀燃料棒,锂冷却反应堆设计采用直径为 9.0 mm 的氮化铀(UN)燃料棒,2 种设计的堆芯高度/直径分别为 270/290 mm 和 290/310 mm,93% 富集度铀装载量分别为 75 kg 和 110 kg,冷却剂升温分别为 115 K 和 135 K。中间换热器把热量传递给气体工质。

高温气冷堆设计包括超热中子设计和 $ZrH_{1.7}$ 慢化剂的热中子设计。超热中子反应堆设计主要寻求堆芯紧凑化,从而把气体压力降限制在 3%。主要设计方案是二氧化铀燃料球的紧凑球床堆。堆芯高为 350 mm,直径为 380 mm,铀(富集度 93%)装载量为 137 kg。$ZrH_{1.7}$ 慢化剂的热中子设计基于美国布鲁克海文国家实验室的环形燃料设计,反应堆有 37 根燃料元件,堆芯高为 410 mm,直径为 340 mm,反射体为 $ZrH_{1.7}$ 和铍。

超高温液态金属冷却反应堆设计以 1983—1986 年的 200 kW 电源系统为基础。反应堆为液态金属锂冷却的一氮化铀燃料快中子堆。燃料包壳和结构材料为 Mo-Re 合金。

3)主要参数

ERATO 计划的 3 种设计方案的主要参数如表 2-26 所示。

表 2-26　ERATO 计划 3 种 20 kW 电源设计的主要参数

参　　数	钠冷却快中子堆	高温气冷堆	超高温液态金属冷却反应堆
反应堆热功率/kW	119	115	114
冷却剂出口温度/K	923	1 113	1 387
冷却剂升温/K	114	312	135
中间换热器功率/kW	110.5	—	98
布雷顿循环 HeXe 气体工质的摩尔质量/(g/mol)	50	55	60
热力学循环效率	0.201	0.209	0.220
辐射器面积/m^2	116	56	38
系统总效率	0.168	0.173	0.176
反应堆与屏蔽质量/kg	564	807	612
系统总质量/kg	2 319	1 960	1 884
质量功率比/(kg/kW)	116	98	94

2.3.2　联邦德国的 ITR 空间核反应堆电源

1)开发情况

联邦德国的 BROWN 公司、BOVERI 公司、INTERATOM 公司、西门子公司、核研究中心等单位曾在 20 世纪开展堆内热离子反应堆(ITR)计划,目的是开发建造一种采用堆内热离子直接转换的核反应堆电源用于通信卫星等太空应用。ITR 计划开展了热离子燃料元件堆内试验,建造了临界装置,并设计了 ITR 地面试验反应堆以及空间电源。

2) 设计特征

ITR 反应堆是一种高浓(93%)铀燃料、液态钠冷却、金属氢化物慢化设计,输出电功率目标为 20~200 kW。

ITR 堆芯为热离子燃料元件和 $YH_{1.85}$ 或 $ZrH_{1.6}$ 组成的六角形结构,通过氢和铀原子数比例变化展平堆芯功率。热离子燃料元件钼发射极的 10 个孔道内装有二氧化铀芯块,接收极与发射极间距 0.15 mm。燃料元件端部装有铍反射体。热离子区外围是一层均匀紧密排列的燃料-慢化剂棒(FMR)。堆芯外围安装可移动的侧部铍反射体。

3) 设计参数

表 2-27 给出了 ITR 地面试验堆的设计参数。

表 2-27 ITR 地面试验堆设计参数

参 数	参数值
^{235}U 装载量/kg	约 16
堆芯高度/mm	450
堆芯直径/mm	396
端部、侧部铍反射体厚度/mm	100
输出电功率/kW	20
热离子燃料元件数量	19
发射极温度/K	1 800
接收极温度/K	920~970
每根燃料元件的输出电压/V	4~5
每根燃料元件的输出电流/A	200~300
发射极直径/mm	20
发射极材料	有钨涂层的钼
FMR 数量	414
热离子燃料元件热功率/kW	240
FMR 热功率/kW	1 160

注:ITR 地面试验堆所用发射极材料为有钨涂层的钼。

2.3.3 意大利的 SPOCK 空间核反应堆电源

1) 开发情况

意大利罗马大学与 ENEA 研究实验室从 1992 年以来对 MAUS(先进超级紧凑空间反应堆)反应堆概念设计进行了研究。这种概念着眼于给未来先进空间任务提供可靠、长时间、低质量、紧凑的电源。MAUS 反应堆设计用于为太空基地、太空船、探测器或卫星提供电力,或为深空探索任务提供推进。21 世纪初,罗马大学在 MAUS 反应堆概念的基础上开发了升级型号 SPOCK 空间电源反应堆。

2）设计特征

SPOCK 电源是一种输出电功率为 30 kW 的温差热电转换钠液态金属冷却快中子反应堆,寿期为 7 年。

反应堆堆芯采用了 91 根 MOX 燃料元件,燃料富集度为 95%,包壳为钼,热功率为 350 kW。反应堆外包围 8 cm 厚的金属铍反射体,其中装有 6 个控制鼓。利用电磁泵强制循环的钠冷却剂将热量传递到堆外热电转换系统的热端(1 150～1 250 K)。热电转换效率为 9%～11%,从而满足 30 kW 的电功率要求。多余热量从冷端通过二回路钠冷却剂传递给辐射散热器。

2.3.4　日本的 RAPID 星表核反应堆电源

1）开发情况

日本电力工业中央研究院在 20 世纪 90 年代提出了适用于月球表面的 RAPID(全部燃料棒换料的一体化设计)反应堆电源。

2）设计特征

RAPID 为锂冷却快中子反应堆电源,反应堆热功率为 5 MW,采用锂朗肯循环能量转换,可提供 800 kW 的输出电功率。通过每 10 年更换全部燃料,电源寿期可达 30 年。

堆芯包含约 2 700 根燃料元件,氮化铀燃料富集度分为 80% 和 97% 两种,包壳材料选用 Mo-Re 合金。堆芯直径为 0.6 m,并有一个直径为 0.1 m 的中央通道。锂冷却剂堆芯入口温度为 1 303 K,出口温度为 1 373 K。系统净效率为 16%。

RAPID 电源的特点是通过采用一体化设计,实现快速简化的换料。反应堆停堆 2 周后便可整体更换燃料组件,更换后的燃料组件又可运行 10 年。

2.4　美、苏/俄两国发展水平分析

从 20 世纪 50 年代以来,美国和苏联/俄罗斯对空间核动力研发一直极为重视,投入了巨大的财力、物力和人力,取得了重大成就,达到了相当高的技术水平[4,6]。

2.4.1 美、苏/俄都把空间核动力视为战略核心技术

1) 研发空间核动力是国家行为

在美国,几乎所有具有代表性的空间核动力研究计划,例如 SNAP 计划、ROVER/NERVA 计划、SP-100 计划、普罗米修斯计划等,都是由 AEC(原子能委员会)或者 DOE(能源部)、NASA(航空航天局)和 DOD(国防部)领导、组织和管理的。主要承研单位有洛斯·阿拉莫斯国家实验室、橡树岭国家实验室、劳伦斯·利弗莫尔国家实验室、布鲁克海文国家实验室、桑迪亚国家实验室等,以及国际原子公司、通用电气公司、波音公司、西屋公司、格鲁曼公司、通用原子公司、格伦研究中心、马歇尔飞行中心、肯尼迪空间中心、洛克希德导弹与空间分部(LMSD)等著名企业和军工企业单位。

在苏联/俄罗斯,空间核动力的研发工作集中在著名科研院所和国有企业(见表 2-14)。在早期主要型号开发上:ROMASHKA 由原子能院(IAE)、苏呼米物理与工程所(SIPE)、邦达勒斯克研究与技术所(PNITI)以及哈尔科夫物理与工程所(KIPE)合作共同设计、制造;BUK 由苏联物理与动力工程院(IPPE)、M. M. Bondariuk 实验设计局(OKB)和现代能源研究所(VNIIT)开发研制;TOPAZ-1 的研制主要由 IPPE 和科技与生产联合体红星实施;TOPAZ-2 的研制机构包括苏联中型机械制造部(MMMB)、机器制造中心设计局(CDBMB)、原子能院(IAE)、邦达勒斯克研究与技术所(PNITI)、苏呼米物理与工程所(SIPE)。

俄罗斯目前的兆瓦级核动力飞船开发中,原子能部(Minatom)的 NIKIET 负责研发核反应堆,Keldysh 研究中心负责建造核推进系统,火箭与航空公司 Enérguia 将建造核动力飞船。

2) 空间核动力的研发投入巨大

单从经费上看,ROVER/NERVA 计划投入了 14 亿美元(1972 年);美国在 SNAP 计划上投入了大约 8.5 亿美元(1973 年);在 SP-100 计划上,投入了大约 12 亿美元(1997 年,含 TOPAZ 国际计划的投资);"普罗米修斯计划"曾计划 10 年投资 30 亿美元。俄罗斯研制兆瓦级核动力飞船总投资约 6 亿美元(2012 年)。这些只是比较独立的几个项目。我们粗略地推算,美国和俄罗斯在整个空间核动力研发上的经费投入,都应在百亿美元的量级。

3) 空间核动力的研发坚持不懈

美国空间核动力的研发活动像波浪一样时高时低、起起伏伏,但始终不断。美国 2012 年 2 月公布了《空间技术路线图与优先任务》,从中选出了 16

个最重要技术发展领域,空间核反应堆电源、核热推进和放射性同位素电源赫然在列。这将成为今后 NASA 及美国其他空间机构进行技术开发和示范工作的组织框架。

苏联对空间核动力的研发始终如一,硕果累累。苏联解体初期政局动荡,经济衰退,空间核动力的发展一度受到严重影响。1998 年,俄罗斯政府发布了《俄宇航核动力发展构想》,强调要继续保持在空间核动力领域的国际领先地位;明确指出空间核动力主要用于发展基础军事技术,满足国防军用的需要;一段时期的重点任务是建立科学技术基础,争取在 2010 年前后研制出电功率为 100 kW 的空间核反应堆电源;远景目标是研制出电功率为 500 kW 甚至更高的空间核反应堆电源和宇宙飞船的核"运输动力舱"(transpost power module,TPM)。经过 10 年休养生息和积蓄力量,2009 年 10 月俄罗斯宣布了功率为兆瓦级核动力飞船的研制计划,令世人震惊。

2.4.2　取得的重大成就

美俄在空间核动力技术领域取得的重大成就主要如下:

(1) 把放射性同位素电源(含热源)和空间核反应堆电源成功应用于国防军事、社会经济和科学探索等多项空间任务中。

(2) 多次完成了核电推进的地面试验和空间试验。

(3) 完成了核火箭发动机的地面冷态试验和"点火"试验。

(4) 研发设计了大量的、切实可行的、应用目的不同的(包括用于核热推进、核电推进、星表核电站、双模式空间核动力系统等)空间核反应堆方案。

(5) 建立了包括各种类型实验用核反应堆在内的科研设施和大型综合性试验基地[例如建立在现今哈萨克斯坦的,用于演练核火箭发动机燃料组件的石墨脉冲反应堆(IVG-1)试验台架综合体,以及世界上仅有的两个能够进行核火箭发动机及其主要部件实物试验的著名"贝加尔"试验台架综合体][65]。

(6) 积累了空间核动力设计、制造、实验、运行和实际应用的丰富经验。

所有这些为 21 世纪空间核动力进一步发展和广泛应用奠定了坚实的技术基础。

2.4.3　美俄两国发展水平比较

美、俄政治制度不同,文化思想不同,在空间核动力的研发上差别也很大。美国任务需求多样,技术路线纷呈,试验规模很大,研发机构和供应商也比较分散。相对而言,俄罗斯任务需求单一,技术路线明确,研发机构相对集中[4, 12, 13]。

美国的若干个空间核动力的研发计划,比较成功的算是 SNAP 计划和 ROVER/NERVA 计划,其他计划都执行得不够彻底。特别是宏大的、名噪一时的"普罗米修斯计划",执行了不到两年便偃旗息鼓了。在俄罗斯,除了苏联解体对空间核动力研发造成了重大冲击外,其他时期空间核动力的研发工作一直在稳定地运行。

(1) 在放射性同位素电源方面,美国占有较大的优势,具有丰富的研发应用经验和雄厚的技术基础。相对而言,俄罗斯要落后些。但如前面所述,近年来,俄罗斯研制的 ^{238}Pu 放射性同位素热源和电源已得到美国的认可。另外,俄罗斯在 ^{238}Pu 放射性同位素热源燃料生产活动方面一直没有间断。从 1992 年开始到 2010 年为止,美国放射性同位素电源所用的 ^{238}Pu 都是从俄罗斯购买的,现在俄罗斯已经停止了对美国的 ^{238}Pu 出口,美国 ^{238}Pu 的库存仅够完成一次规模较大的核动力太空任务。2013 年,美国宣布 25 年来首次为太空任务生产了少量的 ^{238}Pu。目前, ^{238}Pu 的生产还处在测试阶段,随后将进入全面正式生产,并制订了年产 1.5~2 kg ^{238}Pu 的计划。

(2) 在空间核反应堆电源方面,情况正好相反,俄罗斯占有较大优势,具有丰富的研发应用经验和雄厚的技术基础。相对而言,美国与俄罗斯有一定差距,特别是在热离子型空间核反应堆电源方面。为此,在 20 世纪 90 年代,美国从俄罗斯引进了 6 座不含核燃料的 TOPAZ-2 型空间核反应堆电源系统。设计了著名的 SPACE-R 热离子型空间核反应堆电源系统。SPACE-R 系统吸收了俄罗斯 TOPAZ-2 型空间核反应堆电源系统的先进技术,也借鉴了美国在液态金属快增殖堆和 SNAP-10A 空间核反应堆电源方面的研究经验。SPACE-R 系统设计所依据的技术、材料、部件和温度,都已经在 SNAP 计划和苏联的 TOPAZ 计划中得到了证明,是一个完整的、成熟的、接近施工水平的技术设计。迄今为止,TOPAZ 型热离子空间核反应堆电源被认为是世界上最为先进的空间核电源。

(3) 在核火箭发动机的研发方面,美国和俄罗斯所花的费用和投入的力量,都要比用于空间核反应堆电源研发上的更大。因为核火箭发动机运行温度很高,一般要达到 3 000 K,所以燃料、材料、工艺、控制、运行、试验等方面的技术难度都非常大。美俄(包括苏联)两国研发核火箭发动机近 60 年,至今都没有做过空间飞行试验。美国代表性的成果是"NERVA"核火箭发动机;俄罗斯代表性的成果是 RD-0410 核火箭发动机样机和新一代核火箭发动机(NRE)设计方案。

我们曾与俄罗斯核火箭专家 V. D. Kolganov 讨论过美俄两国核火箭发动机的发展水平问题。他回答："投资 10 亿美元,花费 7 年左右的时间,不论美国还是俄罗斯,都可以把核火箭发动机搞出来。"这已是 10 年前的往事。

俄罗斯"Keldysh"研究中心主任 A. S. Koroteev 院士在论文"用于空间探测的核推进系统"中,对美俄研究成果扼要地进行了对比(见表 2-28)。他是这样评价的,"**正如表中所看到的,所获得的核火箭发动机的某些参数美国是领先的;而在另一些参数方面俄罗斯(苏联)是领先的。但最重要的是,建造核火箭发动机的问题,实际上已基本解决了。**"我们觉得,A. S. Koroteev 谦虚而低调。实际上,从核火箭发动机的比冲、H_2 平均出口温度和堆芯能量释放平均密度这三个最具代表性的性能参数看,俄罗斯的水平要高于美国的水平。

表 2-28　美国和俄罗斯的核火箭发动机性能参数对比

性能参数	俄罗斯(IVG-1)	美　　国
热功率/MW	230	4 100(Phoebus 2A)
推力/t	约 15	约 93(Phoebus 2A)
流量率/(kg/s)	16	120(Phoebus 2A)
比冲/s	950	848(Pewee)
H_2 平均出口温度/K	3 100	2 550(Pewee)
堆芯能量释放平均密度/(kW/cm^3)	15	2.3(Pewee)
燃料元件中能量释放的最大密度/(kW/cm^3)	25	5.2(Pewee)
额定模式下总的运行时间/s	4 000	6 540(NF1)
最大起动次数	12	28(NF1)

(4) 在核电推进方面,俄罗斯的空间核反应堆电源的发展水平以及霍尔电推进器的发展水平,要高于美国相应的水平。俄罗斯在研的兆瓦级核动力飞船就是核电推进方案。俄罗斯空间核动力专家瓦迪姆·扎基罗夫和弗拉基米尔·帕夫舒克认为:"**NEP(核电推进)方案是苏联过去研究工作的符合逻辑的延续,这是一项技术可行、低风险的计划。成功与否,也许未来可能面临的资金短缺、进度拖延、预算加大等非技术性问题会成为决定性因素。**"

(5) 在星表核电站研发方面,美国和俄罗斯是航天大国,都非常重视星表核反应堆电站的研发,提出了各种各样的星表核反应堆电站的方案。从研发深度看,当首推美国从 2006 年就重点开发的、并且研发工作一直持续至今的星体表面(月球或火星)核反应堆电站(FSP)项目。

FSP可为月球或火星表面的有人基地提供能量,具有经济、可靠、简化和耐用的特点。最近几年,FSP小规模部件测试已经完成,并将陆续运到NASA格伦研究中心进行非核技术论证装置(见图2-24)(TDU)综合系统测试,目前测试工作正在进行。

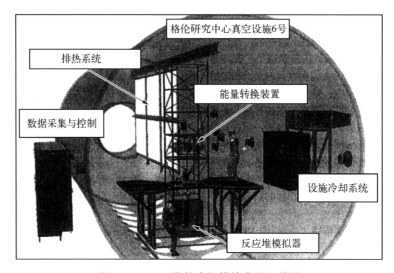

图2-24 FSP非核全规模技术论证装置

按照合理的预测,建立星表核反应堆电站的活动,美国应该能走在俄罗斯的前面。

(6)俄罗斯最新发展研制成功"海燕"核动力巡航导弹,在推进动力上使用了核动力发动机。

2.5 空间核动力的发展趋势

空间核动力的发展取决于空间任务对它的需求。在20世纪末,俄罗斯航天局、国防部和原子能部的一些机构对有发展前景的国防、社会经济和科学任务进行了系统研究,认为要实现这些任务必须有高水平的空间电源和推进动力保证。其中,起主要作用的除了太阳能发电外,还有空间核动力。图2-25给出了需要高能量的有发展前景的航天任务。

研究表明,对于近地轨道上具有恒定动力需求的航天器,35～40 kW的空间核反应堆电源比传统太阳能供电系统具有一定优势。例如,以空间核反应

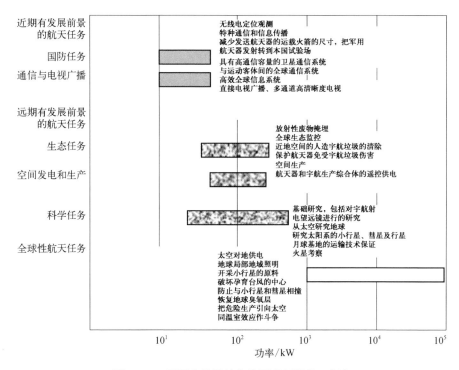

图 2-25　需要高能量的有发展前景的航天任务

堆电源供电的、工作在近地轨道上的合成孔径雷达,可以完成下列国防任务:观测作战行动区域,包括监控技术装备调动、构筑物建设、运输干线状况等;观测海域、港口区域及海军基地的水面状况,发现和辨认各种级别的水上舰艇;有效绘制难以进入区域的地图、地形图的准确标定和更新等任务。太阳能供电系统的比质量基本固定,而空间核反应堆电源的比质量将随着功率的增加大大降低。功率越大,空间核动力的优势就越明显[65]。

　　从研发和应用的角度看,空间核动力系统有三个共性的问题:存在核安全或辐射安全风险;在空间运行中难以维修;结构复杂、技术难度大、研制成本高。从空间核动力的发展历程和对未来空间任务需求分析,在空间核动力系统的安全性、可靠性有保障,经济性可以接受的前提下,我们不妨预测一下空间核动力的可能发展趋势。

2.5.1　热源模块化、单机功率高、系统一体化的 ^{238}Pu 放射性同位素电源

　　^{238}Pu 放射性同位素电源不受太阳光和其他环境条件的限制,工作寿命长,可靠性高,是小功率需求的空间任务理想的空间核电源。^{238}Pu 放射性同位

素电源的发展是必需的,不可替代的。发展方向是提高电源的功率质量比。技术途径之一是提高热电转换效率。

2.5.2 大功率、长寿命的空间核反应堆电源

空间核反应堆电源是空间核动力的最重要组成部分,发展大功率、长寿命空间核反应堆电源的关键问题是选择热电转换的类型。选择动态转换还是选择静态转换? 选择热离子转换,还是选择热电偶转换? 因为正是热电转换方式影响决定着空间核反应堆电源的功率、质量、整体尺寸和寿命。在飞行条件下,TOPAZ-1 型空间核反应堆电源的寿命已达到 1 年;在地面试验中,TOPAZ-2 型空间核反应堆电源的寿命达到了 3 年。在地面的布雷顿转换器的寿命超过了 50 000 h,但并不清楚这一寿命将受到核反应堆辐射和空间条件怎样的影响。要想获得 10 年左右的寿命,除了解决设计、材料和工艺问题外,还需建立一些合适的试验装置以及研发加速试验的方法。另外,提高热电转换效率也是空间核反应电源需要大力解决的重要问题。

最具吸引力、也比较现实的是研制电功率数十千瓦至 100 kW 静态转换(热离子转换和热电偶转换)的空间核反应堆电源。静态转换没有转动部件,工作比较可靠,容易实现较长的工作寿命,空间姿态控制也比较容易。与热电偶转换相比,热离子转换效率较高,所需的辐射散热器较小,结构相当紧凑,更适合军用。在数十千瓦到 100 kW 的功率范围内,综合考虑效率、质量、体积、技术成熟度、研制成本等因素,热离子转换的空间核反应堆电源将是很有发展前途的空间核电源。同时,大功率、长寿命的空间核反应堆电源也是核电推进的能源基础。

2.5.3 适用于月球和火星基地的星表核反应堆电站

随着空间应用需求的日益扩大和载人航天等空间技术的逐渐成熟,登陆和开发月球已经成为美国、俄罗斯、中国、印度、日本、欧盟、德国、乌克兰等国的重点航天目标。月球是距地球最近的自然天体,具有许多独特优点:

(1) 月球上具有超高真空、无大气活动、无磁场、无污染、弱重力、地质结构稳定等环境条件,是开展科学研究的天然实验室。

(2) 是天文观察和对地观测的理想基地。

(3) 有丰富的矿物资源,例如钍、铀和 ^{3}He 等,可供人类开发利用。

(4) 是人类深空探测和开发利用太空资源的前哨站和中转站。

(5) 是天然的军事战略制高点等。

火星是地球的近邻,火星表面的环境条件与地球的非常接近。火星探测一直是人类进行深空探测和开发利用的首选目标。火星探测具有重大的政治、经济和科学价值。它可以充分体现一个国家的航天技术水平和国家综合实力。

登陆并开发利用月球和火星资源,就要在月球和火星上建立人类生活、工作和活动的基地。首先要解决的是能源问题。

根据人类空间活动的任务需求,在月球和火星上建立起星表核反应堆电站并不是什么发展趋势的问题,而是摆在月球开发和火星探测议事日程上的既定建设项目。至于星表核反应堆电站采取何种方案,那是另一个问题。

2.5.4　以空间核反应堆电源为基础的核电推进系统

把空间核反应堆电源与电推进器相结合,可以构成既能供电又能提供推力的核电推进系统。从实施方面看,以热离子空间核反应堆电源为基础的核电推进在技术方面是最为成熟的,它能够保证将最大的有效载荷送至高功率轨道(如对地静止轨道或者星际轨道)。核电推进系统是无人深空探测宇宙飞船的最佳推进方案。美国"普罗米修斯计划"始终把研发重点放在核电推进系统上。2003 年 12 月—2004 年 2 月,美国对 NEXIS、HIPEP、BRAYTON - NSTAR 等核电推进系统设计方案分别进行了验证性试验,均达到了预期结果,从中可以看出核电推进在空间核动力及其应用中的重要地位。

当然,大功率的核电推进系统也可用于载人深空探测方面。A. S. 科罗捷耶夫院士在他的著作《核火箭发动机》一书中,介绍过类似方案。目前,俄罗斯的兆瓦级核动力飞船也拟用于载人。

2.5.5　中小型核火箭发动机

中小型核火箭发动机(例如推力为 68 kN,比冲不小于 900 s,质量为 3 t 左右的核火箭发动机)在一次航程中可以把 10 t 的有效载荷输送到月球上去,不仅满足探测任务以及在月球上建立人类永久性基地的需求,而且也能保证运输用于生产"月球"氧以及相关材料的工艺设备。装备有这种核火箭发动机的宇宙飞船可以高效地围绕地球空间运输货物。

具有大推力、高比冲特点的核火箭发动机,是载人深空探测宇宙飞船不可替代的推进系统。载人火星探测方面的初步研究结果表明,采用这样的核火箭发动机可以很快通过地球的辐射带,并且可以降低飞船的发射质量。

而载人火星飞船的推进系统可以由 4 个这样的核火箭发动机"捆绑"在一起构成。俄罗斯研发的新一代核火箭发动机设计方案就选择了这样的性能参数(见图 2-26)。

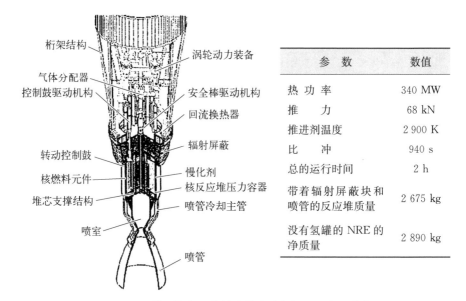

参　数	数值
热 功 率	340 MW
推　　力	68 kN
推进剂温度	2 900 K
比　　冲	940 s
总的运行时间	2 h
带着辐射屏蔽块和喷管的反应堆质量	2 675 kg
没有氢罐的 NRE 的净质量	2 890 kg

桁架结构
涡轮动力装备
气体分配器
控制鼓驱动机构
安全棒驱动机构
回流换热器
转动控制鼓
辐射屏蔽
核燃料元件
慢化剂
堆芯支撑结构
核反应堆压力容器
喷室
喷管冷却主管
喷管

图 2-26　俄罗斯新一代核火箭发动机概貌及主要参数

2.5.6　双模式(电源/推进)空间核动力系统

　　双模式(电源/推进)空间核动力系统有推进和供电的双重功能,作为运输-电源舱的主要部分,可以把航天器送入对地静止轨道和星际运行轨道,并在工作寿期内始终为船载系统供电,是最为有利和有效的。

　　双模式(电源/推进)空间核动力系统是空间核反应堆电源技术与推进(核热推进和电推进)技术的高度有机结合,有各种不同的方案。最具代表性的是以核火箭发动机和动态能量转换技术为基础的双模式空间核动力系统,以及以空间核反应堆电源和电推进为基础的双模式空间核动力系统(也就是核电推进系统)。对于要求快速进入轨道的飞行任务(特别是载人的星际飞行情况),电源/核热推进的双模式空间核动力系统比较可取;而对于无人运载任务,使用电源/核电推进的双模式空间核动力系统更合适些。

　　兼有电源和推进功能的双模式空间核动力系统代表着空间核动力的未来发展方向。

2.5.7　低浓铀燃料

低浓铀(LEU)的概念由美国原子能委员会(AEC)在 1955 年首次引入,随后被国际原子能机构(IAEA)通过,其定义为:^{235}U 富集度低于 20% 的浓缩铀[66]。研究人员已证实低浓铀燃料实际上不存在直接用于制造核武器的可能性[67]。

美俄早期设计和发射的空间核反应堆均采用高浓铀(HEU),HEU 相对于 LEU 的优势在于可以减小反应堆电源的尺寸和重量,并降低发射成本和增加任务载荷重量。HEU 存在的问题主要有以下几个方面[68-70]。

(1) 核扩散和恐怖主义风险:任何国家均可以进行空间核反应堆研究的名义来证明自己生产 HEU 的合法性。而一旦 HEU 被恐怖分子窃取,后者可利用该燃料制造核武器。

(2) 政治风险:采用 HEU 的空间堆项目可能最终会因为 HEU 的争议而被取消。美国在 1978 年发起一项针对反应堆燃料低浓化的国际计划(the reduced enrichment for research and test reactor program,RERTR),目标是将各国的研究堆、海军动力堆、医用同位素生产堆等 HEU 燃料全部替换为 LEU 燃料,以减小核扩散与恐怖主义风险。在该计划下,截至 2016 年 10 月,世界范围内有 96 座民用反应堆已将 HEU 替换为 LEU 或者关停。在 80 年代后期,美国宣布将新建一座以 HEU 为燃料的先进中子源反应堆,这引起了包括法国、德国在内的 RERTR 成员国的强烈反对。美国于 1995 年被迫取消了该反应堆的建造计划,使得美国目前在该领域只能依赖两座已经严重老化的反应堆(先进测试堆 ATR 和高通量堆 HFIR)。这对空间核反应堆的倡导者来说也是一个值得吸取的重要教训。

(3) 安保费用高昂:根据美国现有数据,在 HEU 的制造、运输、储存、测试等过程中,每年的安保费用达到数千万美元,基础设施的费用则在数千万至数亿美元。此外,在 HEU 空间核反应堆的发射过程中,发射场每个月的安保费用也在千万美元级别。同时,为应对发射失败,还需要部署一支专业部队,在反应堆坠落时迅速回收 HEU,以减小其落入恐怖分子或无核武器国家的风险。

(4) 无法商业研发:对于商业公司而言,HEU 的政治风险和成本太高。参考美国在商业火箭领域的巨大成功,如果采用 LEU 燃料,由商业公司参与空间核反应堆的设计、制造、运输和发射,可大幅度减小研发成本、缩短研发周期。

2020年12月16日,时任美国总统特朗普签发了《第六号太空政策指令——空间核电源和核推进国家战略》[71],规定:"在空间核电源和核推进系统(SNPP)中使用HEU应限于使用其他核燃料或非核动力源无法完成任务的应用场景。在为任一SNPP设计方案或任务选择HEU或其他非LEU燃料之前,发起部门应向国家安全委员会、国家航天委员会、科技政策办公室及管理和预算办公室人员通报情况,说明为什么要使用HEU或其他非LEU燃料的正当理由,以及发起部门为应对核安全、安保和与核扩散相关的风险而采取的所有措施。"这意味着燃料低浓化已成为美国空间核反应堆领域的一个重要发展趋势。

参考文献

[1] Ponomarev-Stepnoi N N, Kukharkin N E, Usov V A. Russian space nuclear power and nuclear thermal propulsion systems [J]. Nuclear News, 2000, 76(13): 37-46.

[2] Koroteev A S. New stage in the use of atomic energy in space[J]. Atomic Energy, 2010, 108(3): 170-173.

[3] 中国核学会. 2007—2008核科学技术学科发展报告[C]. 北京: 中国科学技术出版社, 2008: 137-147.

[4] 许春阳. 国际空间核反应堆电源发展历程(内部报告)[R]. 北京: 中国核科技信息与经济研究院, 2012.

[5] 苏著亭, 柯国土. 美、俄空间核动力发展概览[N]. 中国核工业报, 2013-3-19(8).

[6] 许春阳. 国际空间核反应堆电源发展政策与能力研究(内部报告)[R]. 北京: 中国核科技信息与经济研究院, 2013.

[7] 解家春, 赵守智. 空间核反应堆电源的过去、现在和未来(内部报告)[R]. 北京: 中国原子能科学研究院, 2014.

[8] 王颖. 空间核反应堆电源发展研究(内部报告)[R]. 北京: 中国核科技信息与经济研究院, 2014.

[9] NASA. Advanced stirling radioisotope generator (ASRG)[R]. USA: National Aeronautics and Space Administration, 2013.

[10] Lewandowski E J, Dobbs M W, Oriti S M. Advanced stirling radioisotope generator EU2 anomaly investigation[C]//14th International Energy Conversion Engineering Conference, Salt Lake City, 2016.

[11] Oriti S, Wozniak E, Yang M. Status of dynamic radioisotope power system development for NASA missions[R]. Cleveland: NASA Glenn Research Center, 2023.

[12] 蔡善钰, 何舜尧. 空间放射性同位素电池发展回顾和新世纪应用前景[J]. 核科学与工程, 2004, 24(2): 97-104.

[13] 吴伟仁, 王倩, 罗志福. 放射性同位素热源/电源在航天任务中的应用[J]. 航天器工程, 2013, 22(2): 1-6.

[14] Staub D W. SNAP programs: summary report[R]. Canoga Park, Calif: Atomics International Div., 1973.

[15] Voss S S. Snap reactor overview[R]. Kirtland Air Force Base, New Mexico: Air Force Weapons

Laboratory，Air Force System Command，August，1984.

[16] Dix G P，Voss S S. Pied piper：A historical overview of the US space power reactor program [M]//Space Nuclear Power Systems 1984：Proceedings. Volume 1. Malabar，Florida：Orbit Book Company，Inc. 1985.

[17] Buden D. Summary of space nuclear reactor power systems，1983—1992[R]. Idaho Falls：Idaho National Engineering Lab. ，ID (US)，1993.

[18] Bennett G L，Hemler R J，Schock A. Status report on the US space nuclear program[J]. Acta Astronautica，1996，38(4)：551-560.

[19] Demuth S F. SP-100 space reactor design[J]. Progress in Nuclear Energy，2003，42(3)：323-359.

[20] Dearien J A，Whitbeck J F. Multimegawatt space power reactors[R]. EG and G Idaho，Inc. ，Idaho Falls，ID (USA)，1989.

[21] Bowron E B. TOPAZ II space nuclear power program-management，funding，and contraction problems[R]. Washington：General Accounting Office，1997.

[22] Popa-Simil L. Advanced nuclear compact structures for power generation on mars[M]//Mars. Springer Berlin Heidelberg，2009：241-286.

[23] Ashcroft J，Eshelman C. Summary of NR program prometheus efforts[C]//Space Technology and Applications International Forum-staif 2007：11th Conf Thermophys. Applic. in Micrograv. ；24th Symp Space Nucl. Pwr. Propulsion；5th Conf Hum/Robotic Techn &. Vision Space Explor. ；5th Symp Space Coloniz. ；4th Symp New Frontrs &. Future Con. AIP Publishing，2007，880(1)：497-521.

[24] Shaltens R K，Wong W A. Advanced stirling technology development at NASA Glenn research center[C]//NASA Science Technology Conference，Maryland. 2007.

[25] Mason L，Palac D，Gibson M，et al. Design and test plans for a non-nuclear fission power system technology demonstration unit[J]. Journal of the British Interplanetary Society，2011，64(4)：99.

[26] Houts M G. Space nuclear power systems[R]. Orlando，Florida：NASA Marshall Space Flight Center. 2012.

[27] Lyons V J，Gonzalez G A，Houts M G，et al. Space power and energy storage roadmap[R]. Washington：NASA. 2012.

[28] Serber R. The use of atomic power for rockets [R]. California：Douglas Aircraft Company，1946.

[29] Seifert H S，Mills M M. Problems in the application of nuclear energy to rocket propulsion[C]// Physical Review. One Physics Ellipse，College PK，MD 20740-3844 USA：American Physical SOC，1947，71(4)：279-279.

[30] Shepherd L R，Cleaver A V. The atomic rocket-2[J]. J. Brit. Int. Soc，1948，7：234-241.

[31] Finseth J. Overview of rover engine tests[R]. Washington：Final Report，Sverdrup Corporation for NASA MSFC，1991.

[32] Robbins W H，Finger H B. An historical perspective of the NERVA nuclear rocket engine technology program，final report[R]. Analytical Engineering Corp. ，North Olmsted，Ohio (US)，1991.

[33] Haslett R A. Space nuclear thermal propulsion program[R]. New York ：Grumman Aerospace Corp Bethpage，1995.

[34] Powell J，Maise G，Paniagua J. MITEE：A compact ultralight nuclear thermal propulsion engine for planetary science missions[C]//Forum on Innovative Approaches to Outer Planetary

Exploration 2001-2020，2001，1：66.

[35] National Aeronautics and Space Administration. Report of the 90 - day study on human exploration of the Moon and Mars[R]. Washington：NASA ，1989.

[36] Miller T J.核推进项目专题讨论会概要(内部资料)[R].苏著亭，译.北京：中国原子能科学研究院，2002.

[37] 许春阳.美国加大空间核热推进技术开发力度[J].研究堆与核动力,2012,53(7)：1-5.

[38] 解家春,霍红磊,苏著亭,等. 核热推进技术发展综述[J]. 深空探测学报,2017,4(5)：417-429.

[39] Trammell M P, Jolly B C, Miller J H, et al. Recapturing graphite-based fuel element technology for Nnuclear thermal propulsion ［C］//AIAA/ASME/SAE/ASEE 49th Joint Propulsion Conference and Exhibit, San Jose, USA, 2013.

[40] Hickman R R, Broadway J W, Mireles O R. Fabrication and testing of CERMET fuel materials for nuclear thermal propulsion ［C］//AIAA/ASME/SAE/ASEE 48th Joint Propulsion Conference and Exhibit，Atlanta, USA, 2013.

[41] Emrich W J, Moran R P, Pearson J. Nuclear thermal rocket element environmental simulator (NTREES) upgrade activities[C]//48th AIAA/ASME/SAE/ASEE Joint Propulsion Conference & Exhibit 2012, Atlanta, USA, 2012.

[42] Gerrish H P. Current ground test options for nuclear thermal propulsion[C]//Nuclear and Emerging Technologies for Space 2014, Stennis Space Center, USA, 2014.

[43] Houts M G, Mitchell D P, Kim T, et al. NASA's nuclear thermal propulsion project[C]// AIAA SPACE 2014 Conference and Exposition, Orlando USA, 2015.

[44] Borowski S K, Sefcik R J, Fittje J E, et al. Affordable development and demonstration of a small NTR engine and stage：how small is big enough[C]//Space 2015 forum & Exposition, Pasadena, USA, 2015.

[45] 赵润喆,霍红磊,赵爱虎,等.低浓铀核热火箭堆芯研究设计进展[J].东北电力大学学报,2021, 41(3)：78-84.

[46] Eades M, Deason W, Patel V. SCCTE：An LEU NTP concept with tungsten cermet fuel[J]. Transactions of the American Nuclear Socienty, 2015, 113：8-12.

[47] Patel V, Deason W, Eades M. Center for space nuclear research (CSNR) NTP design team report[R]. Idaho Falls：Idaho National Lab, USA, 2015.

[48] Nam S H, Venneri P, Kim Y H, et al. Preliminary conceptual design of a new moderated reactor utilizing an LEU fuel for space nuclear thermal propulsion[J]. Progress in Nuclear Energy, 2016, 91：183-207.

[49] Kim Y, Paolo V. A point design for a LEU composite NTP system：superb use of low enriched uranium (SULEU)[C]//Nuclear and Emerging Technologies for Space 2016, Huntsville, 2016.

[50] Poston D. Design comparison of nuclear thermal rocket concepts[C]//Nuclear and Emerging Technologies for Space 2018, Las Vegas, USA,2018.

[51] Lin C S, Youinou G J. Design and analysis of a 250 MW plate-fuel reactor for nuclear thermal propulsion[R]. Idaho Falls：Idaho National Lab, USA, 2020.

[52] Venneri P, Kim Y. Advancements in the development of low enriched uranium nuclear thermal rockets[J]. Energy Procedia, 2017, 131：53-60.

[53] U. S. Department of Energy. Energy for space department of energy's strategy to Advance American Space Leadership (FY 2021 - FY 2031)[R]. Washington D C：U. S. Department of Energy (DOE)，2021.

[54] Rosaire C G, Guckes A L, Zeiler C P. Nuclear thermal propulsion borehole ground testing validation[R]. North Las Vegas, USA：Nevada National Security Site/Mission Support and

Test Services LLC（NNSS/MSTS），2023.

[55] Gustafson J. Space nuclear propulsion fuel and moderator development plan conceptual testing reference design[C]// Nuclear and Emerging Technologies for Space 2021，Online，USA，2021.

[56] 邢继发. 世界导弹与航天发动机大全[G]. 北京：军事科学出版社，1999.

[57] Demuth S F. SP-100 space reactor design[J]. Progress in Nuclear Energy，2003，42(3)：323-359.

[58] Elliott J O，Reh K，MacPherson D. Lunar fission surface power system design and implementation concept［C］//Space Technology and Applications International Forum-Staif 2006，2006，813：942-952.

[59] 波诺马廖夫-斯捷普诺依 N N. 空间核动力（热电转换和热离子转换的空间核反应堆电源"ROMASHKA"和"ENISEY"）[M]. 刘舒，译. 北京：原子能出版社，2015.

[60] 波诺马廖夫-斯捷普诺依 N N. 库尔卡托夫研究院独有的设计和实验基地[M]. 李耀鑫，译. 北京：原子能出版社，2015.

[61] 波诺马廖夫-斯捷普诺依 N N. 空间核动力装置的热离子发射[M]. 郑颖，译. 北京：原子能出版社，2015.

[62] Yarygin V I，Ionkin V I，Kuptsov G A，et al. New-generation space thermionic nuclear power systems with out-of-core electricity generating systems[J]. Atomic Energy，2000，89(1)：528-540.

[63] Gabaraev B A，Lopatkin A V，Tret'yakov I T，et al. Research reactors — a look into the future [J]. Atomic Energy，2007，103(1)：566-572.

[64] 科罗捷耶夫 A S. 核火箭发动机(内部资料)[M]. 郑官庆，王江，黄丽华，译. 北京：中国原子能科学研究院，2005.

[65] Zakirov V，Pavshook V. Feasibility of the recent Russian nuclear electric propulsion concept：2010[J]. Nuclear Engineering and Design，2011，241(5)：1529-1537.

[66] IAEA. IAEA safeguards glossary 2001 edition[R]. Vienna：IAEA，2002.

[67] Glaser A. About the enrichment limit for research reactor conversion：Why 20%？[C]//The 27th International Meeting on Reduced Enrichment for Research and Test Reactor（RERTR），Boston，2005.

[68] Kuperman A J. Avoiding highly enriched uranium for space power[C]//Nuclear and Emerging Technologies for Space，Las Vegas，2018.

[69] Poston D，McClure P. White paper — use of LEU for a space reactor[R]. New Mexico：Los Alamos National Laboratory，2017.

[70] Poston D，McClure P，Gibson M，et al. White paper — comparison of LEU and HEU fuel for the kilopower reactor[R]. New Mexico：Los Alamos National Laboratory，2018.

[71] The Write House. Memorandum on the national strategy for space nuclear power and propulsion（Space Policy Directive-6）[R]. US：the White House，2020.

第 3 章
空间核动力中的热电转换

将热能转换为电能有两种方式。一种是用涡轮机带动发电机发电,即将热能转变为机械能,再通过发电机将机械能转变为电能,该方式有机械转动部件,称为动态转换;另一种是将热能直接转换成电能,不需要发电机,没有机械转动部件,也无噪声,称为静态转换。就热源而言,可以用化石燃料(煤、石油、天然气)燃烧作为热源(如火电厂),也可以用核反应堆核裂变能(如核电厂)或核衰变能(放射性同位素)作为热源。

目前,在空间飞行器中应用的核电源,既有反应堆热源(电功率在数千瓦以上),又有放射性同位素热源(电功率从毫瓦到数百瓦)。就热电转换方式而言,可以用于空间电源的有 5 种静态转换[1],它们是热电偶转换、热离子转换、碱金属转换、磁流体发电和热光伏转换。前两种转换的发电器和反应堆电源已经成功用于空间电源中;碱金属转换和磁流体发电虽然有大功率电源设计,但正处于研制阶段;热光伏转换由于高温(2 200～2 400 K)和材料辐照问题,研究进展很慢,本章不进行介绍。正在研究的能用于空间电源的动态转换有 3 类:朗肯循环、布雷顿循环和斯特林循环。这 3 类循环虽然在空间电源中还没有得到应用,但从长远空间飞行器发展对大功率(数十千瓦到数兆瓦)电源的要求来看,动态转换将是一个重要研究方向。

3.1 静态转换

相比于动态转换,静态转换的热电转换效率较低,但其技术成熟度相对较高,尤其是温差发电技术和热离子发电技术,已在多个空间飞行器中得到了成功应用。

3.1.1 温差发电技术

温差电转换又称热电偶转换。在能用于空间的五类热电直接转换中，温差电转换结构简单，技术成熟，工作温度范围宽，凡是有温差存在的环境都可以得到应用。在 20 世纪 60 年代，随着航天技术对电源的需要，热电转换技术得到了快速发展。目前，已有数十个以放射性同位素为热源的温差发电器(RTG)和以反应堆为热源的温差电转换的空间电源(如 SNAP-10A 电源、BUK 电源)用于空间飞行器，但它们的热电转换效率都比较低，已实现的 RTG 热电转换效率达到 6.7%，BUK 反应堆热源的热电转换效率只有 3%。RTG 的工作寿命已超过 30 年，BUK 反应堆电源在空间的运行时间达 4 000 余小时。近十余年，由于新能源的开发，新的热电偶转换电极臂材料和制备工艺得到了快速发展，温差发电器地面试验热电转换效率可达 15%。这些新的电极臂材料和制备工艺能否用于空间电源，还没有看见正式报道。

3.1.1.1 温差发电器的原理与理论基础

3.1.1.1.1 温差发电器的原理

两种不同材料(可以是导体，也可以是半导体)连接的接点间当有温差存在时回路中就产生电动势。当回路中一个接点加热，另一个接点冷却，回路中就有电流通过，这种现象称为温差电转换或称温差发电。工业上(或实验室)利用这一原理制成测量温度的热电偶，因此温差发电又称热电偶转换。工作原理如图 3-1 所示[2]。图 3-1(a)为热电偶示意图，图 3-1(b)为 P-N 型半导体材料构成的温差电转换示意图。将一个 P 型(富空穴型材料)温差电元件和一个 N 型(富电子型材料)温差电元件在热端用金属导体连接起来，在其冷端分别连接导线，就构成一个温差电单体或单偶。在温差电单体开路端接入电阻为 R_L 的外负载，如果在温差电的热端输入热量 Q_2(温度 T_2)，冷端散热 Q_1(温度 T_1)，在温差电单体热端和冷端之间就建立了温差，则将会有电流流经电路，负载上将得到电功率 $I^2 R_L$，这就是将热能直接转换为电能的发电器。由于单个转换器功率太小，一般由多个转换器串联使用。

3.1.1.1.2 温差发电器的理论基础

构成温差电技术的理论基础有 3 个效应：塞贝克(T. J. Seebeck)效应、佩尔捷(Peltier)效应和汤姆逊(Thomson)效应。

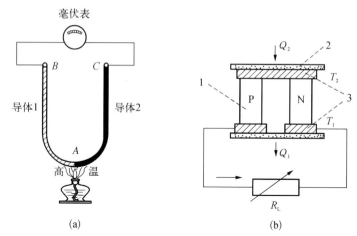

A—热接点；B、C—冷接点；Q_2—吸热；1—P 型半导体；2—绝缘体；3—导体；
Q_1—排热；R_L—负载。

图 3-1　温差发电器的原理

1）塞贝克效应

1821 年德国科学家塞贝克观察到，当两种不同金属构成回路，若两个接点存在温差时回路中将产生电流，若两个接点间的温差一直存在，电流就不断流过回路，即将热能直接转换成电能。因为是塞贝克首先发现的，所以称它为塞贝克效应[3]。

塞贝克系数 S 是材料的基本性质，由热电势 E_s 和温度 T 变化的比率决定：

$$S = \frac{dE_s}{dT} \tag{3-1}$$

产生在 A、B 两种材料电路中的热电势 E_s 为

$$E_s = \int_{T_1}^{T_2} \left[S_a(T) - S_b(T) \right] dT = \int_{T_1}^{T_2} S_{ab} dT \tag{3-2}$$

式中：S_a 和 S_b 分别为导体 A 和导体 B 的塞贝克系数，单位为 V/K 或 μV/K；S_{ab}（或 S_{pn}）为塞贝克组合系数，表示电流由导体 A（或 P 型半导体）流向导体 B（或 N 型半导体）。

如果 S_a 和 S_b 不随温度变化，式（3-2）可表示为

$$E_s = (S_a - S_b) \Delta T \tag{3-3}$$

式中：$\Delta T = T_2 - T_1$，T_2 和 T_1 分别为热端和冷端温度。

几种材料的塞贝克系数列于表 3-1，可以看到，金属和合金的塞贝克系数

比半导体材料的塞贝克系数小得多。塞贝克组合系数对于铁和康铜电路为 $60.6\,\mu\mathrm{V/K}$;而对于锗和硅的组合系数为 $830\,\mu\mathrm{V/K}$。

表 3-1　塞贝克系数(在 100 ℃ 时)

材　　料	$S/(\mu\mathrm{V/K})$	材　　料	$S/(\mu\mathrm{V/K})$
铝	-0.2	铂	-5.2
康铜	-47.0	硅	$+375.0$
铜	$+3.5$	锗	-455.0
铁	$+13.6$		

2) 佩尔捷(Peltier)效应

1844 年法国科学家佩尔捷发现两种不同金属构成的回路,当回路中有直流电流通过时两个接点间将产生温差,也就是接头附近温度将发生变化,一个接头变热,另一个接头变冷(吸热或放热),这就是佩尔捷效应[4]。它是与塞贝克效应相反的效应。它是可逆的,接头是吸热或放热取决于电流方向。如果电流的流向反过来,则原来的热接点将变冷,而原来的冷接点将变热。

由材料 A 和材料 B 组成的电路的佩尔捷系数表示为 π_{ab},定义为

$$\pi_{ab} = \frac{-Q_\pi}{I_{ab}} \tag{3-4}$$

式中:$-Q_\pi$ 是来自接点的吸热(或放热)速率(W),与回路中的直流电流强度 I_{ab} 成正比;π_{ab} 的单位为 W/A,也可以用电压 V 表示。

佩尔捷系数 π_{ab} 与塞贝克系数 S_{ab} 的关系为

$$\pi_{ab} = T_{(1或2)} S_{ab} = T_{(1或2)}(S_a - S_b) = -\pi_{ba} \tag{3-5}$$

式中:$T_{(1或2)}$ 为冷接点 T_1 或热接点 T_2 的绝对温度。当直流电流由材料 A 流向材料 B 时佩尔捷系数 π_{ab} 为正。

3) 汤姆逊(Thomson)效应

1854 年,英国物理学家威廉·汤姆逊(William Thomson)利用热力学原理对塞贝克效应和佩尔捷效应进行了全面分析,将塞贝克系数和佩尔捷系数之间建立了联系。汤姆逊认为[5],在绝对零度时,佩尔捷系数与塞贝克系数之间存在简单的倍数关系。在此基础上,他从理论上预言了一种新的温差电效应,即当电流在温度不均匀的导体中流过时,导体除产生焦耳热外,还要吸收或放出一定的热量(称为汤姆逊热)。反过来,当一根金属棒的两端温度不同

时,金属棒两端会形成电势差。这一现象后来称为汤姆逊效应。

汤姆逊系数 τ 表示为

$$\tau = \frac{Q_\tau}{I \Delta T} \tag{3-6}$$

若流过均匀导体的电流强度为 I,施加于电流方向上的温差为 ΔT,$\Delta T = T_1 - T_2$,则在这段导体上吸热(或放热)速率 $Q_\tau = \tau I \Delta T$,τ 为汤姆逊系数,单位与塞贝克系数相同,为 V/K。当电流方向与温度梯度方向一致时导体吸热,τ 为正;反之,τ 为负。

汤姆逊系数、佩尔捷系数、塞贝克系数三者之间的关系为

$$\tau = T \frac{dS}{dT}$$
$$\pi = ST \tag{3-7}$$

汤姆逊热在热电转换器的运行中影响很小,可以忽略。

3.1.1.2　温差发电器的性能参数

温差发电器的性能参数包括电性能(电流、电压、输出电功率),热电转换效率,发电器的寿命和质量等参数[6-7]。

3.1.1.2.1　温差发电器的电流和电压

1) 温差发电器的电流

利用闭合电路的欧姆定律,即得电路中的电流

$$I = \frac{S_{pn} \Delta T}{R_i + R_L} = \frac{E_s}{R_i + R_L} \tag{3-8}$$

2) 温差发电器的电压

温差发电器的开路电压是指温差发电器负载开路时发电器输出端的电压。其值与温差发电器的热电势相等,表示为 $E = S_{pn} \Delta T$,单位为 V。

温差发电器的输出电压 V_{out} 等于所产生的总电压减发电器的内部电压降:

$$V_{out} = S_{pn} \Delta T - I R_i \tag{3-9}$$

最大输出电流 I_{maxp} 时的电压可如下求出:

输出功率 $P_{out} = I V_{out} = S_{pn} \Delta T I - I^2 R_i$,当 $dP_{out}/dI = 0$ 时,可得到

$$S_{pn}\Delta T = 2I_{maxp}R_i; \quad I_{maxp} = \frac{S_{pn}\Delta T}{2R_i} \qquad (3-10)$$

于是,最大输出电流 I_{maxp} 时的电压为

$$V_{out\,max} = I_{maxp}R_L = S_{pn}\Delta T - I_{maxp}R_i = 2I_{maxp}R_i - I_{maxp}R_i = I_{maxp}R_i$$

3.1.1.2.2 温差发电器的输出功率

温差发电器的输出功率等于负载上的电压 V 和回路电流 I 的乘积或负载电阻 R_L 与回路电流平方的乘积,即

$$P = I^2 R_L = \frac{E_s^2 R_L}{(R_i + R_L)^2} \qquad (3-11)$$

当令电阻匹配系数 $M = R_L/R_i$ 时,上式为

$$P = \frac{E_s^2 M}{R_i(1+M)^2} = \frac{S_{pn}^2 M \Delta T^2}{R_i(1+M)^2} \qquad (3-12)$$

当外负载电阻 R_L 与温差发电器的内阻 R_i 相等时,即 $R_i = R_L = R$,电阻匹配系数 $M = R_L/R_i = 1.0$ 时,输出功率最大,于是有

$$P_{max} = \frac{E_s^2}{4R} = \frac{S_{pn}^2 \Delta T^2}{4R} \qquad (3-13)$$

3.1.1.2.3 温差发电器的转换效率

1) 放射性同位素热源

温差发电器的热电转换效率定义为输出电功率与输入热功率之比。

$$\eta = \frac{P}{Q_H} \qquad (3-14)$$

式中: η 为热电转换效率(%); P 为输出电功率(W); Q_H 为输入热功率(W)。

当用放射性同位素作为热源时,有

$$Q_H = m q_H \qquad (3-15)$$

式中: m 为放射性同位素的质量(g); q_H 为放射性同位素的比释热(W/g)。

根据所选放射性同位素的性能参数,可以计算该同位素的比释热[8]:

$$q_H = \frac{7.7 \times 10^5 \overline{E}_i}{A T_{1/2}} e^{-\lambda t} \qquad (3-16)$$

式中：$\bar{E}_i$ 为衰变一次辐射线平均能量（MeV）；A 为放射性同位素的相对原子质量；$T_{1/2}$ 为半衰期（d）；λ 为衰变常数。

从式（3-16）看出，小相对原子质量（轻同位素）和短半衰期的放射性同位素具有最大比释热。

α 粒子初始能量 E 和半衰期之间有以下近似关系：

$$\lg E = 0.86 - 0.013 \lg T_{1/2} \tag{3-17}$$

式中：E 的单位为 MeV；半衰期 $T_{1/2}$ 以秒为单位。

2）温差发电器热接头的热量

当转换器工作时，为保持热接头和冷接头之间有一定的温差，应不断地对热接头供热，从冷接头不断排热。若忽略汤姆逊热，由环境传递给接点的热 Q_H 为

$$Q_H = Q_\pi + Q_m - \frac{1}{2} I^2 R_i \tag{3-18}$$

$$Q_\pi = S_{pn} T_2 I \tag{3-19}$$

$$Q_m = K_g (T_2 - T_1) \tag{3-20}$$

式中：Q_π 为佩尔捷热；Q_m 为热接头传导热；K_g 为温差发电器两个电偶臂的热导。

$I^2 R_i$ 为电路中电流流过导体时产生的焦耳热，若温差电偶臂两侧绝热，则可证明流向热端的焦耳热和流向冷端的焦耳热相等。即在系统中所产生的焦耳热中有一半传到热端，另一半由冷端放出，即 $I^2 R_i / 2$。

因此，热电转换效率可写为

$$\eta = \frac{P}{Q_H} = \frac{P}{Q_\pi + Q_m - \dfrac{1}{2} I^2 R_i} \tag{3-21}$$

将式（3-19）与式（3-20）代入式（3-21）得

$$\eta = \frac{I^2 R_L}{S_{pn} T_2 I + K_g \Delta T - I^2 R_i / 2} \tag{3-22}$$

用 $\Delta T / R_i I^2$ 乘以式（3-22）右侧的分子分母，则有

$$\eta = \frac{M \Delta T}{S_{pn} T_2 \Delta T / I R_i + K_g \Delta T^2 / I^2 R_i - \Delta T / 2} \tag{3-23}$$

式中：$M = R_L/R_i$ 为电阻匹配系数。转换器中的电流等于电路中所产生的总电压 V_t 除以总电阻 R_t，即

$$I = \frac{V_t}{R_t} = \frac{S_{pn}\Delta T}{R_i + R_L} = \frac{S_{pn}(T_2 - T_1)}{R_i(1 + M)} \tag{3-24}$$

将电流代入(3-23)式可得

$$\eta = \frac{M\Delta T}{(1+M)T_2 + (1+M)^2/Z - \Delta T/2} \tag{3-25}$$

式中：Z 称优值，下一节将介绍。

3.1.1.2.4　寿命和功率衰降率

温差发电器是一种长寿命的电源，其寿命一般可达数年到十几年。温差发电器的寿命规定为温差发电器从正常工作的初始功率下降到低于额定功率值时的时间[7]。温差发电器的功率衰降率指的是单位时间内温差发电器输出功率衰降的百分数。它定义为

$$\lambda = \frac{P_0 - P}{P_0} \frac{1}{t} \tag{3-26}$$

式中：P_0 是温差发电器的初期输出功率，也就是温差发电器开始正常工作时的输出功率；P 为某一时刻的输出功率；t 为温差发电器已工作的时间。功率衰降率的单位用％/月、％/a 或％/kh 等表示。

输出功率衰降是温差发电器性能衰降的外在表现，反映在温差发电器内部，主要是发电器内阻的增加。因此，温差发电器性能衰降也可以用温差发电器内阻增加率来描述。

3.1.1.2.5　质量比功率

温差发电器质量比功率定义为温差发电器的输出功率与温差发电器总质量之比值，单位为 W/kg。

对空间应用而言，发电器的质量比功率是非常重要的指标。因为每增加一千克质量，就要给火箭增加很大的负担，大大增加发射成本。

3.1.1.3　温差发电器电偶材料的特性参数

1) 温差电偶的优值 Z

温差电偶材料的优值 Z（figure of merit，也称为品质因子）与材料的塞贝克系数 S、热导率 k 和电阻率 ρ 有关：

$$Z = \frac{S^2}{k\rho}$$

以 P 型半导体和 N 型半导体材料组成的温差电转换器电偶的优值 Z 为

$$Z = \frac{S_{pn}^2}{K_g R_i} \tag{3-27}$$

式中：K_g 为温差电偶臂的热导；R_i 为温差电偶臂的电阻。温差电转换器单体的热导 K_g 为两个电偶臂热导之和：

$$K_g = K_p + K_n = \frac{k_p A_p}{L_p} + \frac{k_n A_n}{L_n} \tag{3-28}$$

温差电转换器单体的内阻 R_i 为两个电偶臂电阻之和：

$$R_i = R_p + R_n = \frac{\rho_p L_p}{A_p} + \frac{\rho_n L_n}{A_n} \tag{3-29}$$

式中：k_p、k_n 和 ρ_p、ρ_n 分别为两个电偶臂的热导率[W/(m·K)]和电阻率(m·Ω)；A_p、A_n 和 L_p、L_n 分别为两个电偶臂的横截面积(m^2)和电偶臂长度(m)。

为了提高转换器的转换效率，优值应尽可能大。转换器材料一经选择，可根据 $K_g R_i$ 的乘积最小值，得到最大的优值 Z_{max}。

$$
\begin{aligned}
K_g R_i &= \left(\frac{k_p A_p}{L_p} + \frac{k_n A_n}{L_n} \right) \left(\frac{\rho_p L_p}{A_p} + \frac{\rho_n L_n}{A_n} \right) \\
&= \left(k_p \rho_p + k_p \rho_n x + \frac{k_n \rho_p}{x} + k_n \rho_n \right)
\end{aligned} \tag{3-30}
$$

式中：$x = A_p L_n / A_n L_p$，合理地选择 x 值可得到 $K_g R_i$ 的最小值。如果令 $\mathrm{d}(K_g R_i)/\mathrm{d}x = 0$，可求出 x 值，得到 $K_g R_i$ 的最小值和 Z_{max}：

$$x = \frac{A_p L_n}{A_n L_p} = \sqrt{\frac{\rho_p k_n}{\rho_n k_p}}$$

$$K_g R_{i最小值} = \left(\sqrt{k_p \rho_p} + \sqrt{k_n \rho_n} \right)^2$$

$$Z_{max} = \frac{S_{pn}^2}{\left(\sqrt{k_p \rho_p} + \sqrt{k_n \rho_n} \right)^2} \tag{3-31}$$

这表明温差电偶材料优值与转换器构件尺寸(长度和面积)大小以及装置的几

何形状无关,仅仅取决于材料的电阻率 ρ 和热导率 k 的大小。

2)温差发电器的电阻匹配系数 M

从转换效率的公式(3-25)看出,能改进转换器效率的另一个变数是外部负载电阻 R_L 与发电器电阻 R_i 的比值 M。由 M 的最佳值可得最大热电转换效率,其求法如下。

由 $\mathrm{d}\eta/\mathrm{d}M=0$,可求出 M 的最佳值为

$$M_{最佳}=(R_L/R_i)_{最佳}=\sqrt{1+Z_{max}T_{ave}} \tag{3-32}$$

式中:$T_{ave}=(T_2+T_1)/2$。 根据式(3-32)可得

$$Z_{max}=\frac{M^2-1}{T_{ave}}=\frac{2(M^2-1)}{T_2+T_1} \tag{3-33}$$

$$\frac{(1+M_{最佳})^2}{Z_{max}}=\frac{(1+M_{最佳})(T_2+T_1)}{2(M_{最佳}-1)} \tag{3-34}$$

将式(3-34)代入式(3-25)可得

$$
\begin{aligned}
\eta_{max} &= \frac{M_{最佳}\,\Delta T}{T_2(1+M_{最佳})+(1+M_{最佳})^2/Z_{max}-\Delta T/2} \\
&= \frac{M_{最佳}(T_2-T_1)}{T_2(1+M_{最佳})+(1+M_{最佳})(T_2+T_1)/2(M_{最佳}-1)-(T_2-T_1)/2} \\
&= \frac{2M_{最佳}(M_{最佳}-1)(T_2-T_1)}{2M_{最佳}(M_{最佳}\,T_2+T_1)} \\
&= \frac{T_2-T_1}{T_2}\cdot\frac{M_{最佳}-1}{M_{最佳}+\dfrac{T_1}{T_2}}=\eta_C\cdot\frac{M_{最佳}-1}{M_{最佳}+\dfrac{T_1}{T_2}}
\end{aligned}
\tag{3-35}
$$

式中:最大效率时 $M>1$,表示负载电阻 R_L 应大于温差电偶的内阻 R_i。

在转换效率公式(3-35)中,热电转换效率由两项组成。第一项 $\dfrac{T_2-T_1}{T_2}$

表示可逆热机的热力学效率,即卡诺循环效率 η_C。第二项 $\dfrac{M_{最佳}-1}{M_{最佳}+\dfrac{T_1}{T_2}}$ 小于

1,表示由于温差电偶材料的热传导引起热量由热端向冷端传递,导致能量损失;电流流过温差电偶时由于电阻引起的焦耳发热,导致能量损失。这些能量

损失导致温差发电器效率低于理想卡诺循环效率。

从式(3-35)看出,温差发电器的效率取决于两个因素:① 热端温度 T_2 与冷端温度 T_1 间的温差,温差愈大,效率愈高;② 温差电偶材料的性质(优值 Z),温差电偶材料的优值 Z 愈大,效率愈高。Z 值与材料种类和热端温度有关,根据几种常用温差电偶半导体材料的特性可知,每种温差电偶半导体材料有一最佳工作温度。Z 值与效率关系如图 3-2 和图 3-3[6] 所示。

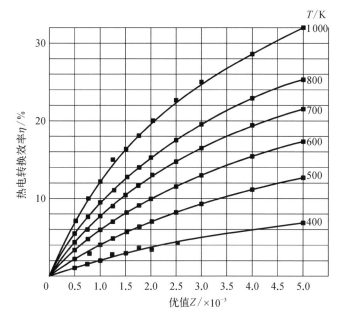

图 3-2　温差发电器的优值 Z 与效率

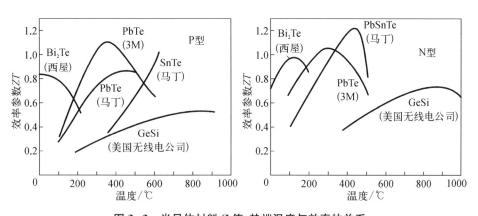

图 3-3　半导体材料 Z 值、热端温度与效率的关系

3.1.1.4 温差发电器设计应注意的几个问题

1) 温差电偶材料要求

温差电偶材料有如下要求:① 材料的优值 Z 大;② 材料的熔点高,蒸气压低,高温稳定性好;③ 有足够的机械强度,防止温差电偶材料在热端和冷端温度作用下,由于热应力导致材料开裂;④ 温差电偶材料与热端、冷端结构材料相容性好、接触电阻小,不发生互扩散,不损害温差电偶材料的优值 Z,不产生附加的热应力;⑤ 工艺性好,价格适中;⑥ 质量轻。

2) 温差发电器电偶臂的形状

由于温差发电器的性能与温差发电器电偶臂的几何尺寸有关,当构成两电偶臂的材料有不同的热导率和电导率时,通常两个臂的几何尺寸也会发生变化,当温差发电器的优值达到最佳时,其两个臂的几何尺寸、热导率、电导率之间应满足以下要求:

$$\frac{A_p}{L_p} = \sqrt{\frac{\rho_p k_n}{\rho_n k_p}} \cdot \frac{A_n}{L_n} \tag{3-36}$$

式中: A_p/L_p 与 A_n/L_n 分别为 P 型、N 型两个电偶臂的横截面积和长度比; ρ_n、k_n 分别为 N 型电偶臂的电阻率和热导率; ρ_p、k_p 分别为 P 型电偶臂的电阻率和热导率。

当温差发电器的两个电偶臂的电阻率、热导率不等,而且 $\rho_n k_n \neq \rho_p k_p$ 时,电偶的面积长度比将不同。为了采取等尺寸结构,减少制造中的困难,通常采用电阻率和热导率相近的材料构成温差发电器的电偶臂。

3) 优值材料的选择

在实际应用中,总是选择两种不同材料构成温差电偶。因此,必须适当选择两种材料,使它们满足温差发电器电偶组合优值 Z 最大的要求,以获得最好的温差电性能。根据优值定义,两种材料优值为 Z_a、Z_b,则有

$$Z_a = \frac{S_a^2}{\rho_a k_a}; \quad Z_b = \frac{S_b^2}{\rho_b k_b} \tag{3-37}$$

当用这两种材料构成温差电偶时,其温差发电器的电偶组合优值 Z 将为

$$Z = \frac{(S_a - S_b)^2}{(\sqrt{\rho_a k_a} + \sqrt{\rho_b k_b})^2} \tag{3-38}$$

式 (3-38) 中，若令 $\beta = \sqrt{\dfrac{\rho_b k_b}{\rho_a k_a}}$，可以得到温差发电器电偶的组合优值 Z 与构成温差电偶材料优值 Z_a 和 Z_b 的关系：

$$Z = \frac{(S_a - S_b)^2}{\left[\sqrt{\rho_a k_a}(1+\beta)\right]^2} = \left(\frac{Z_a^{1/2} - \beta Z_b^{1/2}}{1+\beta}\right)^2 \tag{3-39}$$

上述公式中的下标 a、b 分别代表温差发电器中两种电偶材料，它可以是金属材料（如工业生产或实验室测量温度的各种热电偶），也可以是半导体材料（如温差发电器中的电偶材料）。在温差发电器中，电偶材料常选用 P 型半导体和 N 型半导体材料，其塞贝克系数分别用 S_p 和 S_n 表示。因为温差发电必须由两种不同金属（或半导体）材料组成电回路才有电流通过，所以温差发电器电偶的塞贝克系数用 S_{pn}（当选择 P 型和 N 型半导体材料时）或 S_{ab}（当选择其他任何两种材料时）表示。

在 P 型和 N 型半导体材料电偶组合中，对于空穴性 P 型半导体，塞贝克系数为正，对于电子性 N 型半导体，塞贝克系数为负。如果温差发电器的电偶臂由 P 型半导体和 N 型半导体组成，则组合塞贝克系数为

$$S_{pn} = S_p - (-S_n) = S_p + S_n \tag{3-40}$$

若温差发电器的两个电偶臂选择同一种材料，通过不同掺杂元素可以获得 P 型和 N 型半导体。在特殊情况下，若有 $k_p \rho_p = k_n \rho_n$，则 $\beta = 1$。根据式 (3-39)，用 $\left[S_p - (-S_n)\right]$ 代替 $(S_a - S_b)$，可以得到：

$$Z = \frac{1}{4}(Z_p + Z_n) + \frac{1}{2}\sqrt{Z_p Z_n}$$

当材料的 $Z_p = Z_n$ 时，则温差发电器的电偶组合优值为 $Z = Z_p = Z_n$。

当两种材料优值 Z 不同时，电偶组合优值介于两种材料优值之间。由此可见，适用于制造高组合优值温差电偶的材料，不仅材料本身需要较高优值，而且还要求两种材料的优值相近。

4）发电元件的接触热阻与接触电阻

在实际的发电器中，温差电偶和导流片之间不可避免地存在接触电阻，因此，在实际应用中，往往在导流片上加一层导热较高和电绝缘较好的陶瓷片。很显然，陶瓷片和各接触点上将存在热阻，在这里将产生热损失，这使实际效率和最大温差低于理想状态，特别是半导体材料，如图 3-4 所示。接触电阻的

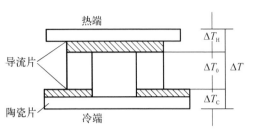

热端

导流片

陶瓷片

冷端

ΔT_H

ΔT_0 ΔT

ΔT_C

图 3-4 发电元件的接触热阻
与接触电阻

影响将随温差电偶的长度减少而增加,从而导致热电转换效率降低。

从图3-4看出,若发电元件两端存在一温差 ΔT,真正施加在温差电偶臂上的温差为 ΔT_0。

$$\Delta T_0 = \Delta T - \Delta T_H - \Delta T_C$$

以上表明,当温差发电器电极臂考虑接触热阻时,热端和冷端温差将降低,降低多少与电偶材料的热导率、电偶臂长度比有关;当考虑接触电阻时,电流回路中的电阻将增大,其变化大小与电偶臂材料的电阻率和电偶臂长度有关。因此,在设计温差发电器结构时,必须降低接触热阻与接触电阻,同时应注意某些材料由于高温氧化或化学反应导致接触热阻和电阻的增加。

5)机械应力

要想温差发电器获得较高效率,就要求发电组件冷端和热端形成较大的温差,这将在冷热连接片之间产生较大机械热应力。由于机械应力的存在使得刚性的接头或 P 型、N 型电偶臂很容易断裂,造成温差电偶损坏。因此,在温差发电器的结构设计中,应尽量避免电偶臂构件受到过大的机械应力。如在连接片的中间部分开一个缺口或弯曲成弧形;在 P 型、N 型电偶臂上加一层过渡层,这种过渡层要求有足够好的塑性和低的电阻,过渡层不超过 0.3 mm;改变基体材料,如金属化陶瓷片由于强度高,导热性好,价格低常被广泛采用,但陶瓷硬度大,极易造成 P 型、N 型电偶臂折断,如采用有一定柔性而又能起支承作用的新材料代替陶瓷片,通过基体的柔性来缓解机械应力,可解决电偶臂的断裂问题。

6)高温材料之间的扩散

在高温下两种接触材料的互扩散是必然出现的物理过程,温度越高,扩散越显著。材料间的互扩散不仅导致接触特性变坏,也可能由于扩散掺杂使得温差电材料性能下降,因此须选择扩散系数小的材料,如常选用铜作为电偶的导流片。为了防止铜与电偶材料之间的热扩散,可以用大于 1 μm 厚的镍层将它们隔开。

3.1.1.5 温差发电技术在空间的应用

1)同位素热源温差发电器

美国于 1959 年 1 月 16 日研制成功世界第一个放射性同位素温差发电器

(RTG)。从 1961 年起至 2011 年 11 月在 27 项空间飞行任务中使用了 46 个同位素温差发电器电源,输出电功率从 2.7 W 到 300 W,质量从 2 kg 到 34 kg,最高热电转换效率达到 6.7%,最高质量比功率达到 5.2 W/kg,设计寿命为 5年。截至 2015 年底,仍有 33 个 RTG 在空间运行,最早一个 RTG 已经工作 30 余年。

苏联于 1965 年发射的宇宙 84 号和宇宙 90 号卫星应用同位素温差发电器做电源。用同位素 ^{210}Po 作为热源,电功率为 20 W。20 世纪 60 年代后,苏联制成了 1 000 多个 RTG,广泛用于卫星、灯塔和导航标识电源。用同位素 ^{90}Sr 做热源,平均寿命为 10 年,可稳定提供电压 7~30 V,80 W 的电功率。

2) 反应堆热源温差发电

1965 年,美国研制了 SNAP-10A 空间核反应堆电源[2],采用 Si-Ge 半导体做温差发电器材料。21 世纪初,意大利罗马大学开发的热功率为 350 kW 的 SPOCK 空间电源[9],采用温差电转换,热端温度为 1 150~1 250 K,电功率为 30 kW,热电转换效率为 9%~11%。

苏联温差发电核反应堆电源主要有 ROMASHKA 和 BUK 两类[10-11]。前者于 1964 年 8 月研制成功,完成了 15 000 h 地面试验,电功率只有约 0.5 kW,但未发射。BUK 于 1966 年研制成功,其电功率达 3 kW。自 1967 年 12 月宇宙 198 号至 1988 年 8 月宇宙 1932 号,共发射 32 次,成功 31 次,卫星最长工作时间为 1 年,用于大功率雷达监视潜艇的水下活动(RORSAT)。

反应堆为热源、Si-Ge 半导体温差发电的热电转换效率与热端温度和结构有关,随热端温度的提高和结构的不断完善,转换效率不断提高。20 世纪 60 年代 SNAP-10A 电源反应堆以 NaK 合金为冷却剂,反应堆冷却剂出口温度为 827 K,热电转换效率约为 1.2%;20 世纪 70 年代初,反应堆冷却剂温度为 973 K 的 BUK 反应堆电源的热电转换效率为 3%;20 世纪 80 年代中,以锂为冷却剂、反应堆出口温度为 1 375 K、输出电功率为 100 kW 的 SP-100 的热电转换效率为 4.1%;21 世纪初,美国针对太空探索开发提出的 HP-STMC 空间反应堆电源[12],用 Mo-14%Re 为管壳的锂热管,将反应堆堆芯的热量引出加热 Si-Ge 电偶臂热端,热端温度为 1 300 K,热电转换效率为 6.7%。随新电偶臂材料的不断研发和转换器结构的完善,转换效率还将继续提高。

3) 两种热源比较

(1) 热电转换效率。同位素热源温差发电的效率明显高于反应堆热源,前者已实现 6.7%,后者已实现 3%(BUK 反应堆电源)。后者效率低的原因之一是反应堆的排热温度不能太低（主要考虑辐射冷却器的面积），因此电偶臂冷热端间的温差不能太大，而温差与转换效率成正比。此外，反应堆需要自耗电（如电磁泵，自动控制系统等需要电源）。

（2）电源寿命。同位素热源温差发电的寿命明显长于反应堆热源。前者已实现30年以上，后者实现2年（ROMASHKA反应堆电源）。后者寿命短的原因之一是反应堆热源结构复杂（包括反应堆本身和热电转换器结构），半导体电偶材料与热端材料之间的热扩散和残余射线辐照造成电偶材料性能改变，进而导致输出电性能下降。

3.1.2 热离子转换

利用金属高温下发射电子这一现象将热能直接转换为电能称为热离子转换。根据热离子发射原理制成的热电转换器件，称为热离子能量转换器（thermionic energy convertor，TEC）。根据热离子能量转换器的热源（太阳能、石化能、放射性同位素衰变能、核反应堆裂变能）不同，热离子转换器的电极可以是平板状，也可以是圆柱状。以核反应堆为热源的堆芯内热离子转换器都是圆柱状发射极，以核反应堆为热源的堆芯外热离子转换器发射极可以是圆柱状，也可以是平板状。与热电偶转换一样，热离子转换也是一种静态热电转换，但热电转换效率比热电偶转换要高。根据理论分析，热离子转换的热电转换效率可以达到35%，实验室获得的最高效率为25%，目前工程上实现的只有理论转换效率的30%～40%，如已经建成的TOPAZ型反应堆电源，热电转换效率低于7%，输出电功率在7 kW左右。随着新材料、新工艺的发展和热离子转换器结构的改进，热电转换效率在不断提高，如正在研制的第三代热离子转换器的热电转换效率可达到25%，热离子反应堆电源的电功率达到100 kW[13]。与其他转换方式相比，热离子转换的最大电功率在500 kW以下，仍有竞争能力[14]。

3.1.2.1 热离子能量转换的原理和理论基础

热离子发射：在非0 K温度下，当金属表面沉浸在稀有蒸气中时，带电粒子，如电子、离子，从金属表面向蒸气中发射的现象，称为热离子发射[15]。在真空下金属只有热电子发射，但真空热离子能量转换器热电转换效率低，无工程应用价值；在当前热离子转换器中，多加入铯蒸气，在高温下，既发射电子又发射离子，所以称为热离子发射。有时也将热电子发射和热离子发射统称为热发射。为了叙述方便，在本书中，统称为热离子发射。

3.1.2.1.1　热离子能量转换器的原理

热离子能量转换器由发射电子的发射极(E)(又称阴极)、接收电子的接收极(C)(又称阳极、收集极)和将两个电极隔开并绝缘密封的金属陶瓷封接件组成。因为它有两个电极,与电子管工业中进行整流的电子二极管相似,只不过它的外壳不是玻璃,而是金属和金属陶瓷封接件,所以热离子转换器又称热离子二极管。工作时将发射极加热到很高的温度(一般在 1 500 K 以上),金属表面的自由电子获取足够的能量,飞跃电极间隙,到达接收极,电子通过与两个电极相连的外电路在负载上做功,然后电子返回发射极,形成电回路,余热通过接收极排出,这就是热离子能量转换器完整的热电直接转换过程[16],如图 3-5 所示。

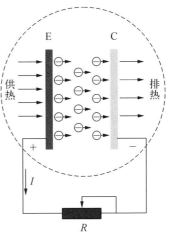

图 3-5　热离子能量转换器原理

3.1.2.1.2　热离子能量转换器的基础

任何热电转换都希望有最大的电功率输出,热离子转换也是如此。电功率的两个基本参数是电流和电压。电流与发射极饱和热电子发射有关,饱和热电子发射电流密度越大,输出电流越大;热离子转换器的输出电压与电极接触电势差有关,接触电势差越大,输出电压越高。因此,热离子能量转换器的两个基础是:热电子发射,发射极和接收极之间的接触电势差。

1) 热电子发射

(1)金属电子的势阱。热电子发射又称为爱迪生效应,是爱迪生 1883 年发现的,是指加热金属使其中的大量电子克服表面势垒而逸出的现象[17]。当无外加电场、温度不高时,金属中的自由电子由于正离子的吸引力相互抵消,电子受到的净合力为零,电子不能逃离金属,但金属表面电子由于有一部分离子的吸引力不能被抵消而存在吸引力,阻止其逸出表面,如同在金属表面形成势垒一样。因此,可以用一个简单模型来描述这一现象。金属中的电子就好像处在有一定深度的势阱中,如图 3-6 所示。能量 E_0 为势阱深度。从图可以看出,要使最低能级上的电子逃离金属,必须至少使

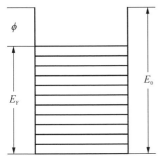

图 3-6　金属中电子的势阱

之获得 E_0 的能量。实际上有可能被激发而逸出金属的电子只是在费米能附近,因此,电子至少需要从外界获得能量:

$$\phi = E_0 - E_F \qquad (3-41)$$

式中:ϕ 为逸出功或功函数,又称脱出功;E_0 为真空能级,即电子移动到金属表面真空空间,完全不受原子核作用所具有的最小能量,可以看成势阱深度;E_F 为费米能级,是 $T = 0\text{ K}$ 时金属中电子具有的最高能量。

(2)金属中电子的能量分布。当金属被加热时,电子的能量随温度的提高而增大,其中有的电子就能够克服表面势垒而逸出金属。金属中电子的能量分布与表面势垒的关系[18]如图 3-7 所示。左边表示不同温度下金属内部电子的能量分布曲线,右边为金属的表面势垒。E_0 为真空能级,E_F 为费米能级。图中曲线 1 表示温度 $T = 0\text{ K}$ 时,金属中电子的能量在 E_F 以下,这时金属没有电子发射;图中曲线 2 表示温度 $T > 0\text{ K}$,但仍然低于热电子发射温度,金属内部能量最大的电子也不足以克服表面势垒,实际上也观察不到电子发射;图中曲线 3 表示温度进一步升高,金属中已有较多电子能量高于势垒 E_0,如图中阴影部分,这时将产生较大的热电子发射。

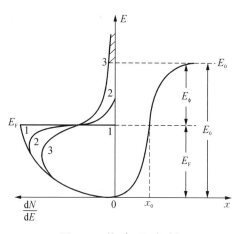

图 3-7 热电子发射

(3)热电子发射电流密度。O. W. 理查森和杜什曼研究热发射现象时,导出描述热发射的理查森-杜什曼发射方程,简称理查森发射方程。

$$J_s = A_0(1 - \overline{R}) \, T^2 \mathrm{e}^{-\phi/kT} \qquad (3-42)$$

式中:J_s 为零外电场发射电流密度(A/cm²);A_0 是理论发射常数,$A_0 = 4\pi mek^2/h^3 = 120.4(\text{A/cm}^2 \cdot \text{K}^2)$;$\overline{R}$ 是电子平均反射系数,它与势垒的形状有关,通常 $\overline{R} < 0.1$,所以 $A \approx A_0$;ϕ 为发射体的电子逸出功(eV);k 是玻尔兹曼常数;T 是发射体的绝对温度(K)。因此,理查森发射方程[18]可表示为

$$J_s = AT^2 \mathrm{e}^{-\phi/kT} \qquad (3-43)$$

理查森发射方程表明,饱和电流密度与热发射体的温度和电子逸出功有密切关系,逸出功 ϕ 越低、温度 T 越高,饱和电流密度 J_s 越大。

2) 功函数（work function）

（1）定义：功函数又称逸出功，定义为把一个电子从固体内部刚刚移到此物体表面所需的最少能量，或者为一个起始能量等于费米能级的电子，由金属内部逸出到真空中所需要的最小能量。功函数的大小标志着电子在金属中束缚的强弱，功函数越大，电子越不容易离开金属。金属的功函数约为几个电子伏特。

（2）功函数的性能：

① 不同金属功函数不同。

铯的功函数最低，为 1.93 eV（也有测量为 2.14 eV）；铂的功函数最高，为 5.65 eV（也有测量为 5.36 eV），几种金属的功函数如表 3-2 所示。

表 3-2　几种金属的功函数

元　　素	功函数/eV	元　　素	功函数/eV
Pt	5.65	Th	3.40
Ir	5.27	Cu	4.36
Rh	4.98	La	3.50
Ru	4.71	Rb	2.16
Se	4.90	Cs	2.14

② 功函数与晶体取向有关。

一般情况下晶体密排面具有最大的功函数，如钨多晶的功函数为 4.54 eV，而（110）晶面的功函数为 5.25 eV。几种难熔金属不同晶面的功函数如表 3-3 所示。

表 3-3　几种难熔金属不同晶面的功函数

晶面取向	功函数/eV			
	W	Mo	Ta	Re
多晶	4.54	4.27	4.10	4.95（多晶）
（110）	5.25	5.00	4.80	5.15（1010）
（112）	4.80	4.55	4.40	5.37（1011）
（100）	4.60	4.40	4.15	5.59（0001）

③ 功函数与金属表面状态有关。

金属表面缺陷、吸附其他元素的原子造成电子表面势垒不同，会引起功函数变化，如金属表面吸附铯后功函数降低。

④ 功函数与温度有关。

由于热膨胀,功函数是温度的函数。

$$\phi = \phi_0(1 + \alpha T) \qquad (3-44)$$

式中:ϕ_0 是 0 K 时的功函数;α 是功函数的温度系数,金属的 α 值为 $10^{-5} \sim 10^{-4}$ K^{-1} 数量级。将式(3-44)代入热电子发射电流密度式(3-43)得到:

$$J_s = (A e^{-\phi_0 \alpha / k}) T^2 e^{-\phi_0 / kT} = A_R T^2 e^{-\phi_0 / kT} \qquad (3-45)$$

式中:A_R 和 ϕ_0 与温度无关,可由试验确定。

⑤ 测量方法不同功函数略有差别,如光电功函数和热功函数。

在光电效应中,一个拥有能量比功函数大的光子照射到金属上,则会发生光电发射。任何超出的能量将以动能形式给予电子。

光电功函数为:

$$\phi = h f_0 \qquad (3-46)$$

3) 接触电势(contact potential)差

两块不同的金属Ⅰ和金属Ⅱ相接触,或者用导线连接起来,两块金属就会彼此带电,产生不同的电势 V_{I} 和 V_{II},这称为接触电势[19]。设两块金属的温度都是 T,当它们相接触时,参考两块金属的真空能级。若 $\phi_{\mathrm{II}} > \phi_{\mathrm{I}}$,则 $(E_F)_{\mathrm{II}} < (E_F)_{\mathrm{I}}$,从金属Ⅰ中逸出的电子就会流向金属Ⅱ,接触的金属Ⅰ带正电荷,金属Ⅱ带负电荷,于是在两块金属的界面附近产生一个静电场,阻止电子继续由金属Ⅰ流向金属Ⅱ。电子在金属Ⅰ中产生的静电势 $-eV_{\mathrm{I}} < 0$,使其能级下降,在金属Ⅱ中产生的静电势 $-eV_{\mathrm{II}} > 0$,使能级上升。当两块金属的费米能级相等时,电子停止流动,金属Ⅰ的能级下降 eV_{I},而金属Ⅱ的能级上升 $-eV_{\mathrm{II}}$,使得两块金属的化学势相等。平衡时,$\phi_{\mathrm{I}} + eV_{\mathrm{I}} = \phi_{\mathrm{II}} + eV_{\mathrm{II}}$,因此,接触电势差为

$$V_{\mathrm{I}} - V_{\mathrm{II}} = (\phi_{\mathrm{II}} - \phi_{\mathrm{I}})/e \qquad (3-47)$$

接触电势差来源于两块金属的费米能级不一样高。电子从费米能级高的金属Ⅰ流到较低的金属Ⅱ,接触电势差正好补偿了 $(E_F)_{\mathrm{I}} - (E_F)_{\mathrm{II}}$,达到平衡时,两块金属的费米能级就达到同一高度。

3.1.2.1.3 热离子能量转换中的电子效率

1) 热离子能量转换中的电子循环

凯贝舍夫 B3 将热离子能量转换看成是以电子气体为工质的高温热机,理想热离子能量转换器的结构和热力循环温度-熵(T-S)如图 3-8 所示[20]。

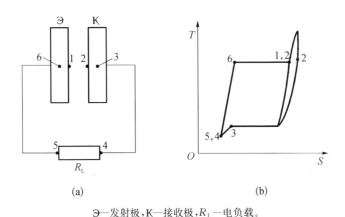

Э—发射极，K—接收极，R_L—电负载。

图 3-8 热离子能量转换器中的电子热力循环

(a) 能量转换器结构；(b) 热力循环温度-熵关系

从负载 R_L 上做完功出来的电子气体到达发射极，被加热到发射极温度 T_E，如图 3-8(b) 中 5—6，在恒温下从发射极上蒸发电子，电子气获得内能，熵增加，如图 3-8(b) 中等温线 6—1，蒸发电子的能量消耗靠输送给发射极的热能 Q_E 来补偿。在无外接电源的情况下，电子在电极间隙 1—2 之间迅速转移，根据热离子能量转换器的不同运行工况，电子的温度可能升高、降低或者保持不变。在实际情况下，间隙中会产生电能的部分损失。电子在接收极中降低温度和凝聚放出能量 Q_C，电子的温度和熵都降低(见图中 2—3)。电子在接收极与负载相连接的导线中温度继续降低(见图中 3—4)。电子在负载 R_L 上完成做功，释放热量，图 3-8(b) 中 4 和 5 基本重合，完成一个循环。导线中的热电转换过程与佩尔捷效应、汤姆逊效应有关，由于这些效应影响较小，在图中没有表示出来。

2) 电子效率

热离子能量转换器中的电子效率 η_e 可表示为

$$\eta_e = \frac{JV}{Q_e} \tag{3-48}$$

式中：J 为热离子能量转换器的输出电流密度(A/cm^2)；V 为电极输出电压(V)；Q_e 为发射极的电子冷却速率(W/cm^2)。

$$J = J_E - J_C$$

式中：J_E 为发射极的电子饱和电流密度(A/cm^2)；J_C 为接收极的电子饱和电流(或称接收极的反向发射电流)密度(A/cm^2)。

电子通过电极空间从发射极带给接收极的能量为

$$J_E(\phi_m + 2kT_E)/e \tag{3-49}$$

同样地,电子通过电极空间从接收极带给发射极的能量为

$$J_C(\phi_m + 2kT_C)/e \tag{3-50}$$

发射极的电子冷却速率为式(3-49)和式(3-50)之差:

$$
\begin{aligned}
Q_e &= J_E(\phi_m + 2kT_E)/e - J_C(\phi_m + 2kT_C)/e \\
&= [(J_E - J_C)\phi_m + (2kT_E)(J_E - J_C T_C/T_E)]/e \\
&= J\{\phi_m + (2kT_E)[(J_E/J) - J_C T_C/J T_E]\}/e \\
&= J\{\phi_m + (2kT_E)[(J_E T_E - J_C T_C)/J T_E]\}/e \\
&= J\{\phi_m + (2kT_E)[(J + J_C)T_E - J_C T_C]/J T_E\}/e \\
&= J\{\phi_m + (2kT_E)[1 + J_C(T_E - T_C)/J T_E]\}/e \\
&= J\{\phi_m + (2kT_E)[1 + \eta_C(J_C/J)]\}/e
\end{aligned}
\tag{3-51}
$$

式中:η_C 为卡诺循环效率,$\eta_C = \dfrac{T_E - T_C}{T_E} = 1 - \dfrac{T_C}{T_E}$。

热离子能量转换器的电子效率 η_e 为

$$\eta_e = \frac{JV}{Q_e} = \frac{eV}{\phi_m + (2kT_E)[1 + \eta_C(J_C/J)]} \tag{3-52}$$

在这里,当 $eV \leqslant \phi_E - \phi_C = eV_0$ 时,$\phi_m = \phi_E$,其中 V_0 为接触电势差。

热离子能量转换器的电子效率表达式表明,电子效率与转换器的输出电压成正比,与发射极的逸出功有关。热离子能量转换器的电子效率明显低于卡诺循环效率[21]。其原因是:热离子能量转换器在运行过程中,电极间隙间存在势垒,电子飞越电极间隙时有能量损失,最大输出电压低于接触电势差,即 $eV < \phi_E - \phi_C$;就发射极的热损失而言,还有从发射极到接收极之间的热辐射、与电极相连导线的热传导和欧姆热损失,这些损失在热力学中是不可避免的,但有些因素的影响可以通过热离子能量转换器材料的合理选择、结构的优化(最佳化)而降低。

3.1.2.2 热离子能量转换器的分类和特性

根据热离子能量转换器的工作状态,可将热离子能量转换器分为理想热离子能量转换器、真空热离子能量转换器、铯热离子能量转换器三类。

3.1.2.2.1　理想热离子能量转换器

理想热离子能量转换器由于有很多假设,在工程上很难实现,但相关数据可以作为工程热离子转换器试验中出现的技术问题分析的理论基础。

1) 理想热离子能量转换器的假定条件

(1) 发射极温度是均匀恒定的;

(2) 发射极的热损失只有热发射电子带走的能量和辐射散热;

(3) 发射电子无阻碍地到达接收极;

(4) 电子在电极和导线传输过程中无焦耳能量损失;

(5) 无来自接收极的反发射电子流。

2) 理想热离子能量转换器的伏安特性曲线

理想热离子能量转换器的伏安特性曲线[22]如图 3-9 所示。可以将特性曲线分为两个不同的区域,其中 AB 区域表示发射极的饱和电流发射区,转换器的电流密度等于饱和电流发射密度,在无外电场、温度一定时电流密度取决于发射极电子逸出功。

A 点电极短路时的输出电流密度为 J_{ES}:

$$J_{ES} = AT^2 e^{-\phi/kT} \qquad (3-53)$$

B 点对应的输出电压 V_0 称为发射极材料和接收极材料的接触电势差:

$$V_0 = (\phi_E - \phi_C) \qquad (3-54)$$

在 AB 这个区域电压随负载电阻 R 增加而增加,输出功率密度也增加,在 B 点达到最大值,如图 3-9 所示。

BC 区域表示延迟电流发射区。随着负载电阻 R 的增加,输出电流快速减小。当输出电压达到 1.6 V(开路电压)后,将为负电流输出。出现 ABC 这样曲线的原因可以从图 3-9 上方 V_m 所处三个工作点的电子势能在电极间隙空间的分布规律不同来分析,即各工作点的电子跨越电极间隙所需要克服的势垒高度是不同的。

3) 理想热离子能量转换器的输出电功率和热电转换效率

理想热离子能量转换器的最大输出功率就是图 3-10 中的最大功率。

(1) 转换器的输出电功率 P_e。

$$P_e = IV \qquad (3-55)$$

式中:I 为发射极的输出电流,为发射极的饱和电流密度 J_{ES} 与发射极面积 S

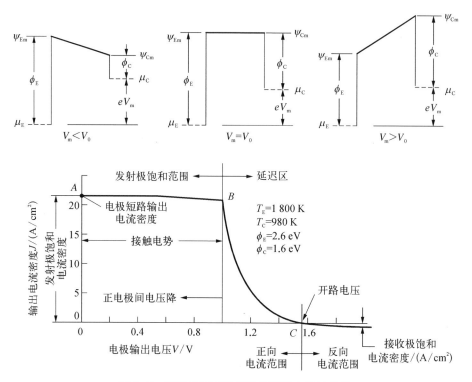

图 3-9　理想热离子能量转换器伏安特性曲线

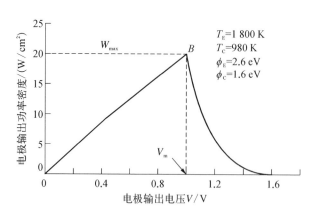

图 3-10　理想热离子能量转换器输出功率和电压

的乘积,即 $I = SJ_{ES}$,其中,I 为输出电流(A);S 为发射极面积(cm^2),J_{ES} 为输出电流密度(A/cm^2)。

V 为输出电压,当不考虑导线上的电压降时,$V_0 = \phi_E - \phi_C$,所以理想热离

子转换器的输出电功率 P_e 为

$$P_e = IV = SJ_{ES}(\phi_E - \phi_C) \tag{3-56}$$

（2）理想热离子能量转换器的热电转换效率 η。

理想热离子能量转换器的热电转换效率等于热离子转换器的输入热功率除发射极的输出电功率，在图 3-10 中 B 点的热电转换效率最大。

$$\eta = \frac{P_e}{Q_t} \tag{3-57}$$

式中：Q_t 为输入给发射极的总热功率（W）。

在理想热离子能量转换器中：

$$Q_t = Q_E + Q_r$$

式中：Q_E 为电子导走热功率（即电子冷却）（W）；Q_r 为电极之间的辐射热功率（W）。

3.1.2.2.2 真空热离子能量转换器

真空热离子能量转换器电极间的真空度通常为 $10^{-6} \sim 10^{-4}$ Pa，原理如图 3-11 所示[23]。电极在真空室内，与通过真空室绝缘的导线、负载相连。

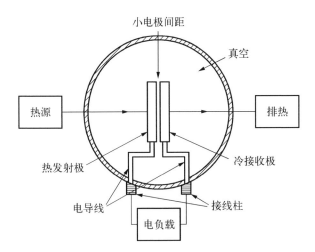

图 3-11 真空热离子能量转换器

当加热发射极时，从发射极表面发射的电子一部分不能到达接收极，停留在电极间隙空间内形成负电空间电荷，相当于一个附加的空间势垒，阻碍发射极发射的电子向接收极运动。电极间空间势垒的大小与电极间距 d 有关，d

越大势垒越高,克服空间势垒到达接收极的电子越少。当 $d = 0.1$ mm 以上时,发射电流密度很小,无工程应用价值。当 $d = 0.01$ mm 以下时,虽然空间负电荷的影响很小,但转换器在制造工艺和运行寿命方面都存在问题,因此,真空热离子能量转换器作为热电转换应用无工程价值,这里不详细讨论。

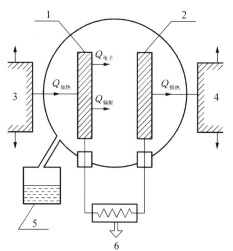

1—发射极;2—接收极;3—热源;4—余热排放;5—铯源;6—负载。

图 3-12　热离子能量转换器原理

3.1.2.2.3　铯热离子能量转换器

工程应用中在热离子能量转换器电极间隙中引入铯(Cs)蒸气,形成铯热离子能量转换器,如图 3-12 所示。铯的引入可以达到消除负电空间电荷、降低发射极电子逸出功、减小发射极材料蒸发损耗等多重目的,既提高了热离子能量转换器的输出电功率和热电转换效率,又延长了热离子能量转换器发射极部件的寿命。

1) 热离子能量转换器工作介质铯的选择

(1) 铯(^{133}Cs)是一种活泼的碱金属元素,在金属元素中铯有最小的电子逸出功(1.89 eV)和最小的第一电离能(3.89 eV),容易离子化。

(2) 铯的饱和蒸气压与液态铯温度有精确的关系式,通过控制液铯存储器的温度可精确控制铯压。铯压和铯温的关系如下[24]:

$$\lg p_{Cs} = 11.05 - 1.35\lg T_{Cs} - \frac{4\,041}{T_{Cs}} \tag{3-58}$$

式中:铯压 p_{Cs} 的单位为托(Torr)(1 Torr = 133 Pa)。

(3) 铯蒸气能被难熔金属电极表面良好地吸附。

2) 空间电荷的中和条件

如果热离子能量转换器电极空间充满气体,当中性原子与加热的发射极表面发生碰撞时,在大约 2 000 K,部分气体离子化。在被加热的固体表面上气体原子的电离称表面电离。

铯的电离[25]:单位时间内发射极表面的离子流 μ_i 与从电极空间中达到发射极表面的中性原子流 μ 之比 β 称表面电离系数,$\beta = \mu_i/\mu$。如果碰撞表面的原子全部电离，$\beta=1$；反之，不发生电离，$\beta=0$。β 与碰撞原子的电离势能 V_i 有关。当发射极的功函数 $\phi_E > V_i$，$(\phi_E - V_i)$ 差值增大时，β 接近 1；当 $\phi_E < V_i$，$(V_i - \phi_E)$ 差值增大时，β 接近 0。在热离子能量转换器中，发射极多晶钨的功函数 $\phi_E = 4.54$ eV，铯原子的电离势能 $V_i = 3.89$ eV，满足 $\phi_E > V_i$ 的条件。

中和空间电荷的条件是：$n_i = n_e$，n_e 和 n_i 分别为电极空间内电子的体浓度和正电荷的离子体浓度。如果 μ_i 和 μ_e 分别为发射极的离子流和电子流，那么存在：

$$n_i = \mu_i / (4\overline{v}_i), \ n_e = \mu_e / (4\overline{v}_e) \tag{3-59}$$

式中：$\overline{v}_i$ 和 $\overline{v}_e$ 分别为离子和电子的平均热速度。

$$\overline{v}_e = (8kT/\pi m)^{1/2}; \ \overline{v}_i = (8kT/\pi M)^{1/2} \tag{3-60}$$

式中：T 为表面温度（K）；m 和 M 分别为电子和离子的质量。当 $n_i = n_e$ 时，存在：

$$\frac{\mu_e}{\mu_i} = \left(\frac{M}{m}\right)^{1/2} = 492$$

根据电子发射饱和电流密度和理想气体方程可以获得完全中和空间电子电荷所需铯压：

$$p = [J_{SE}/(e\beta)](2\pi MkT_0)^{1/2} \tag{3-61}$$

式中：p 和 T_0 分别为电极之间铯蒸气压力（Torr）和温度（K）；M 为铯的原子质量。

3）发射极表面功函数改变

（1）表面覆盖因子 θ。吸附在发射极表面的铯粒子与发射极互相作用，导致发射极表面功函数发生改变。表面吸附状况可以用覆盖因子 θ 表征。在给定温度下，吸附粒子覆盖的固体表面积与总的固体表面积之比，称表面覆盖因子 θ[26]。表面覆盖因子 θ 与钨功函数的关系如图 3-13 所示。

多晶钨的真空功函数为 4.54 eV，当吸铯后表面的功函数随 θ 的增加而降低，当 $\theta = 0.67$ 时，达到最低值 1.68 eV。随后，功

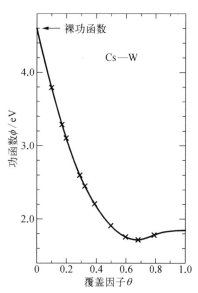

图 3-13　表面覆盖因子 θ 与功函数

函数随 θ 增加而增加；当 $\theta > 0.8$ 后，表面有许多单层铯，与液体铯有相同的功函数值，常常取为 $1.81\,\mathrm{eV}$。钨吸铯后最小功函数为 $1.68\,\mathrm{eV}$，低于现在已知的所有化学纯稳定金属。

（2）金属功函数的改变。铯蒸气在固体表面的吸附是铯原子和离子与固体表面相互作用的复杂过程，也有不同解释。人们认为：金属表面吸附带电的粒子后，在表面形成电偶极子，相当于一个等势面，使表面功函数降低。电偶极子的值和相邻粒子的电场与吸附粒子的极化有关。

研究发现[27]，如果金属的真空功函数超过某一临界值时，金属吸附气体后，有效功函数会降低；如果金属的真空功函数低于某一临界值时，金属吸附气体后，有效功函数会升高，这一临界值与气体的种类有关。对于铯蒸气来说，临界值为 $3.4\,\mathrm{eV}$。实践中铯热离子能量转换器的发射极材料通常选用难熔金属或合金材料，其真空功函数 $\phi_{E0} > 3.4\,\mathrm{eV}$，吸附铯后有效功函数 ϕ_E 会降低。

发射极真空功函数 ϕ_{E0} 越大，在给定的铯蒸气压中功函数变化也大，或者说在一定的发射极温度 T_E 下达到给定的功函数 ϕ_E 值所要求的铯压 p_{Cs} 越低。这是因为真空功函数越大，对铯的吸附性能越好，如表 3-4 所示。

表 3-4 不同材料 2 000 K 时有效功函数达到 3.0 eV 需要的铯压

不同材料的真空功函数/eV	4.0	4.5	5.0	5.5	6.0
2 000 K，ϕ_E 达到 3.0 eV 需要的 p_{Cs}/Torr	30	6.2	2.1	0.5	0.09

需要指出的是，接收极表面同样处在铯蒸气下，同样要吸附铯，而且接收极温度 T_C 较低，接收极有可能达到多层覆盖或最佳覆盖，取得最小的有效功函数，进而可以增加热离子能量转换器的有效电压，提高热电转换效率。但铯蒸气压 p_{Cs} 是由发射极的理想工况条件确定的，而不是由接收极取得 $(\phi_C)_{最小值}$ 的条件确定，同时 T_C 还与热离子能量转换器的结构和用途有关。因此，在热离子能量转换器中，接收极并不是在 $(\phi_C)_{最小值}$ 条件下运行。

4）降低蒸发速率

发射极材料的蒸发速率 μ_a 与材料的蒸发能 F_a 和温度 T_E 有关，$\mu_a = f(F_a, T_E)$。而发射极抵抗蒸发长期工作的能力可以用 F_a/ϕ_E 的比值来评价。

发射极材料的蒸发与电子发射一样，蒸发速率 μ_a 与温度呈指数关系，即

$$\mu_a = (a/\rho)(M/T_E)^{1/2}\mathrm{e}^{-F_a^*/kT_E} \tag{3-62}$$

式中：μ_a 为材料蒸发速率（mm/a）；a 为常数（值为 44.4）；ρ 为材料密度（g/cm³）；F_a 为材料的蒸发能（J）；M 为材料的相对分子质量；T_E 为发射极温度（K）。电子发射速率 J_{SE} 为

$$J_{SE}=AT_E^2 e^{-\phi_E/kT_E} \tag{3-63}$$

从式（3-62）和式（3-63）得：

$$\mu_a=(44.4/\rho)(M/T_E)^{1/2}\exp[-\ln(AT_E^2/J_{SE})(F_a/\phi_E)] \tag{3-64}$$

由式（3-64）可以看出，F_a/ϕ_E 对发射极的蒸发速率有明显影响。如用纯钨作为发射极的热离子能量转换器，当铯压很低时，$\phi_E=4.6\,eV$，$T_E=2\,000\,K$，饱和发射电流密度 $J_{SE}=10\,A/cm^2$，当 $F_a/\phi_E=1.0$ 时，蒸发速率 $\mu_a=5.0\,mm/a$；当增大铯压时，ϕ_E 降低，导致 F_a/ϕ_E 增大，蒸发速率 μ_a 进一步降低，如表 3-5 所示。

表 3-5　F_a/ϕ_E 值对蒸发速率的影响

F_a/ϕ_E	蒸发速率/(mm/a)	F_a/ϕ_E	蒸发速率/(mm/a)	F_a/ϕ_E	蒸发速率/(mm/a)
0.9	30	1.1	0.86	1.3	0.025
1.0	5.0	1.2	0.15	1.4	0.005

3.1.2.2.4　其他正电元素和负电元素的吸附

为了降低难熔金属发射极的有效功函数进而获得较大的饱和发射电流密度，通常要求足够高的铯蒸气压，而高的铯蒸气压对热离子能量转换器内的电子迁移有负面的散射效应，因而人们在研究电极对铯吸附的同时，也对其他元素的吸附有所研究。对于正电性元素的研究涉及钡、锡、钙、钍等，但是这些元素的电离能都比铯高得多，使得这些元素的气态原子电离化很困难，中和负空间电荷的能力很差，而且难熔金属吸附这些元素后的有效功在 3.0 eV 以上，所以这些元素中单独一种的蒸气作为热离子能量转换器的工作介质是不合适的，但可以将这些元素作为铯蒸气的添加剂来使用。在所研究的锡、钙、钍、钡等正电性元素中，只有钡较适合作为铯蒸气的添加剂来使用[28]。

钡具有较低的逸出功（2.05～2.15 eV），以及比铯更好的吸附性能，钡蒸气压比铯蒸气压低很多时，就可以使金属达到相同的有效逸出功，但是钡作为

热离子能量转换器工作介质的添加剂来应用还需进行细致的研究。

为了改进发射极对铯的吸附性能,人们也研究了采用负电性元素的气体作为铯蒸气的添加剂。该研究结果表明[28],氯和溴的吸附可以增加钨(100)晶面的逸出功,且随着覆盖度的增加,有效功函数单调增加,多层覆盖时氯钨(100)晶面有效功函数为 5.3 eV,溴钨(100)晶面有效功函数为 5.1 eV;但碘的吸附导致钨(100)晶面的功函数降低,只有在覆盖度 $\theta \geqslant 1$ 时,其有效功函数才略大于真空功函数;氧的吸附可以增加钨、铼、钼的有效功函数,明显提高有效功函数(0.5 eV)需要的氧压却很小($10^{-7} \sim 10^{-4}$ Pa)。当把氧加入铯蒸气中,一般以氧化铯(Cs_2O)的形式加入,可以提高难熔金属发射极的铯吸附能力,同时可以降低达到所期望的发射极有效功函数的铯蒸气压。因此,在 $Me + O_2 + Cs$ 系统中,热离子能量转换器的性能得到了改进。向铯蒸气中添加氢时,由于氢与铯形成具有高分解压的氢铯化合物 CsH,大致的规律是随着难熔金属真空功函数的增加,氢铯中金属有效功函数的减小也越发明显,但最终结果是引起输出功率的降低。

3.1.2.3 铯热离子能量转换器的电特性

热离子转换器的输出电特性包括输出电功率和热电转换效率。热离子转换器的输出电功率与发射极材料、发电元件结构形式(是否串联、电极间离)、运行工况等因素有关。当发射极材料与结构形式一定时,主要影响是电极参数。输出电功率随发射极温度的增加而迅速增加,每一个发射极温度,有一个输出功率最大的最佳铯蒸气压。随着热离子转换器输出电压、电流的改变,即测量伏安特性曲线,可以得到一个最大输出功率。

3.1.2.3.1 伏安特性曲线

伏安特性曲线是热离子能量转换器的重要电特性。通过伏安特性曲线,可以确定热离子能量转换器的输出电功率,测定不同参数(铯蒸气压、电极温度等)下热离子能量转换器伏安特性曲线的变化,确定不同参数对热离子能量转换器电特性的影响。

伏安特性曲线分两类[29],即等温伏安特性曲线和等热功率伏安特性曲线。

1) 等温伏安特性曲线

为了得到更多的热离子转换器信息,希望测量恒定发射极温度(T_E=常数)的伏安特性曲线,需要采用动态法,它对热离子转换器的工作状态影响小。测量时通常是给转换器电极一个电压脉冲,持续时间为 $2 \sim 5$ ms。由于作用时间短,对发射极温度影响小,同时可以测量零电阻时的电流。动态法有时又称补偿法,即补偿了电极和导线上的电压降,如图 3-14 所示。

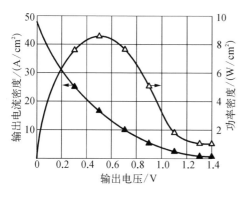

图 3-14　等温伏安特性曲线

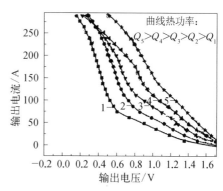

图 3-15　等功率的伏安特性曲线

2) 等热功率伏安特性曲线

在工程上,绘制伏安特性曲线时,通过改变负载电阻,提高输出电压,获得的伏安特性曲线,称为等热功率伏安特性曲线,这种方法也称静态法。测量曲线时随着电压的增大,电流密度迅速降低,发射极电子冷却热减少,发射极温度也迅速升高,整条曲线发射极不等温,所以又称为等热功率伏安特性曲线,不同热功率条件下的等热功率伏安特性曲线如图 3-15 所示。工程中多用等热功率伏安特性曲线。输出功率-电压曲线表明,在相同运行条件下,某一电压下有一最大输出功率,希望热离子转换器在此电压下工作,以获得最高效率。因为热离子转换器的电极和输电导线存在电阻,所以静态法不能测转换器低电压下的电特性。

3.1.2.3.2　热离子转换器输出电功率

热离子转换器输出功率

$$P_e = I V_{out}$$

式中:I 为电回路中的输出电流(A);V_{out} 为热离子转换器接线柱上的电压(V)。V_{out} 可表达为

$$V_{out} = \frac{1}{e}(\varphi_E - \varphi_C - eV_d) - V_\Omega \tag{3-65}$$

式中:φ_E、φ_C 为发射极材料和接收极材料吸附铯后的有效功函数(eV);eV_d 为电子在电极空间等离子体中的能量损失(eV);V_Ω 为发射极、接收极和线路电阻的电压降(V)。

3.1.2.3.3 热离子能量转换器的热电转换效率

热离子能量转换器的效率：

$$\eta = \frac{P_e}{Q_t} = \frac{IV}{Q_t} \tag{3-66}$$

式中：Q_t 为给热离子能量转换器发射极输入的总热功率(W)。当热离子能量转换器稳定运行时，输给发射极的总热功率 Q_t 等于从发射极上导走的热量。从发射极上导走的热量包括下面几个部分。

(1) 发射极发射电子导走的热量(即电子冷却)Q_E。

$$Q_E = SJ_{ES}[(\varphi_E + 2kT_E)/e] \tag{3-67}$$

式中：φ_E 为发射极的功函数(eV)；T_E 为发射极的温度(K)；S 为发射面积(cm^2)；J_{ES} 为发射极的发射电流密度(A/cm^2)。

(2) 电极之间的辐射热 Q_R。

发射极吸收的大部分热量通过热辐射传递给接收极：

$$Q_R = S\varepsilon\sigma(T_E^4 - T_C^4) \tag{3-68}$$

式中：ε 为有效黑度因子。对于圆筒电极，ε 可如下获得：

$$\varepsilon = \left[\frac{1}{\varepsilon_E} + \frac{r_E}{r_C}\left(\frac{1}{\varepsilon_C} - 1\right) \right]^{-1} \tag{3-69}$$

式中：σ 为斯坦福-玻尔兹曼常数(5.67×10^{-8} W·m^{-2}·K^{-4})，S 为发射极表面积(m^2)；ε_E 和 ε_C 分别表示发射极材料和接收极材料的黑度因子；r_E 和 r_C 分别表示发射极和接收极的半径(m)。

(3) 通过与发射极连接导线的热传导，由导线传热和焦耳热两部分组成，即

$$Q_l - \left(\frac{1}{2}Q_d\right)$$

其中，导线传热为

$$Q_l = k_l \frac{S_l}{L_l}(T_E - T_C) \tag{3-70}$$

式中，k_l、S_l、L_l 分别为导线的热导率[W/(m·K)]、横截面面积(m^2)和长度(m)。Q_d 为焦耳热，其中一半返回发射极：

$$-\frac{1}{2}Q_d = -\frac{1}{2}SJV_L = -\frac{1}{2}S^2J^2\rho_L\frac{L_l}{S_l} \tag{3-71}$$

式中：V_L 为导线的电压降(V)；ρ_L 为导线的电阻率($\Omega \cdot$ m)。

（4）通过电极空间介质铯蒸气导走热量 Q_v。

$$Q_v = k_v(T_E - T_C) \cdot S$$

其中，铯蒸气热导 k_v 根据文献[30]与文献[31]分别为

$$k_v = \frac{\lambda_m(T_E - T_C)}{d + 1.15 \times 10^{-5}[(T_E + T_C)/p_{Cs}]} \tag{3-72}$$

$$k_v = \frac{2.42 \times 10^{-6}\sqrt{(T_E + T_C)/2}}{d + 3 \times 10^{-5}(T_E + T_C)/2p_{Cs}} \tag{3-73}$$

式中：p_{Cs} 为铯蒸气压(Torr)；d 为电极间距(cm)；k_v 为铯蒸气热导率[W/(K·cm^2)]。

铯热离子转换器的效率为

$$\eta = \frac{SJ_{ES}V_{out}}{Q_t} = \frac{SJ_{ES}V_{out}}{Q_E + Q_R + Q_l - (Q_d/2) + Q_v} \tag{3-74}$$

3.1.2.3.4　热离子能量转换器的结构和应用

热离子转换技术空间应用曾研究过三种热源，即太阳能、放射性同位素衰变能和反应堆裂变能。通过聚光镜聚集太阳能加热发射极的太阳能热离子能量转换器，由于技术问题和经济成本没有得到发展。后两种热源的热离子能量转换器将在下面介绍。

1）放射性同位素热源的热离子转换

苏联 20 世纪 70 年代对以放射性同位素为热源的热离子转换进行过详细研究[32]。曾用放射性同位素 ^{227}Ac(半衰期为 21.2 年)的氧化物 Ac_2O_3(熔点为 2 600 K)为热源，选用 W-26%Re 为发射极材料、钼为接收极材料、电极间距为 0.11 mm，发射面积约为 4 cm^2 的热离子转换器。在发射极温度为 1 800 K，接收极温度为 1 000 K 的条件下，输出有效电功率为 28 W，电极最高热电转换效率达 15.3%。

与温差发电器相比，热离子转换虽然热电转换效率高，但因发射极温度高（>1 600 K），要求高真空(约 10^{-5} Pa)，铯存储器和接收极温度都要严格控制，因此结构复杂，技术要求高，没有得到进一步发展。

2）以反应堆裂变能为热源的热离子转换

根据核反应堆电源要求，由热离子能量转换器组成热离子发电元件(不带核燃料)或热离子燃料元件(带核燃料)。根据热离子发电元件与反应堆的相互位

置,可以将热离子发电元件分为三类[33]:将热离子能量转换器置于堆芯外部的称堆外热离子发电元件;将热离子转换器置于堆芯内部的称堆内热离子燃料元件;将核燃料置于热离子能量转换器发射极外的称燃料外置的热离子发电元件。三类元件各有自己的优缺点,目前正在研究的是堆芯内热离子转换器。其特点是发射极通常做成圆管状,核燃料芯块装载在发射极的内腔,发射极既是燃料元件燃料的包壳,又是热离子能量转换器的电子发射层,即既是核反应堆的释热元件,又是热电转换元件。根据热离子发电元件的结构将堆内热离子燃料元件分成以下三种:① 堆内单节全长热离子燃料元件,热离子燃料元件电极长度等于核反应堆的堆芯长度,即一根热离子燃料元件包含一个热离子发电元件;② 堆内多节热离子燃料元件,由多个(5~10 个)相对较短的热离子发电元件串联而成,串联后发电元件活性段的总长与核反应堆堆芯长度相等;③ 单通道多节热离子燃料元件,它集中了多节热离子燃料元件和单节热离子燃料元件的所有优点,适用于大功率(100 kW)的热中子反应堆和快中子反应堆,每根热离子燃料元件最大输出电功率可达 1 kW,这类热离子发电元件正处于试验阶段。

3) 热离子核反应堆的堆型

根据堆芯中子能量的大小,可以将热离子核反应堆分为超热中子热离子核反应堆和快中子热离子核反应堆[34]。

热离子核反应堆电源系统的电功率、质量和反应堆类型如图 3-16 所示。

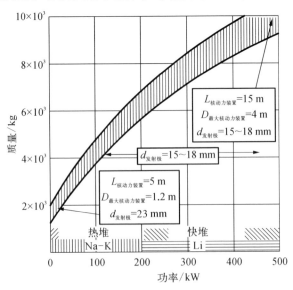

图 3-16 热离子核动力装置质量与输出电功率

曲线的发展趋势表明,大电功率(100 kW 以上)要采用锂为冷却剂的快中子反应堆。图中 L 和 D 分别表示核动力装置的长度和最大直径,d 为热离子燃料元件发射极的直径。横坐标为输出电功率,纵坐标为电源系统质量。

4) 热离子转换在空间的应用

热离子转换在空间有三个方面应用。

(1) 作为空间飞行器电源。

已建成的空间热离子反应堆电源为 TOPAZ 型。其热电转换效率与发射极温度、转换器结构有关。单节热离子发电元件 TOPAZ - 2 在发射极温度为 1 923 K 时的热电转换效率约 5%;SPACE - R 在发射极温度为 1 880 K 时,热电转换效率约 7.2%[35];20 世纪 90 年代美国通用公司提出的 STAR - C 堆外多节热离子转换器反应堆电源[36],当间距为 0.1 mm 的板状发射极的温度为 1 823 K 时转换效率达 12%。

(2) 作为核电推进的电源。

20 世纪 90 年代俄罗斯专家[37]提出新一代热离子转换概念,采用堆外热离子转换,用温度为 1 600~1 670 K 的 Mo - Li 热管,将热量传递给发射极,发射极温度为 1 595 K、反应堆热功率为 1 200 kW 时,输出电功率为 120 kW。发电工况寿命不低于 7 年。

(3) 作为星表反应堆电源。

20 世纪 90 年代俄罗斯开发了用于月球和火星表面电站的高温热离子反应堆概念[38]。堆芯采用多节热离子发电元件,锂为冷却剂,当输出电功率为 15~20 kW 时,总质量为 8 t;当输出电功率为 200 kW 时,总质量为 25 t。

3.1.2.4　提高热离子转换性能的途径

热离子能量转换器的第一阶段研究主要是外部参数,如热离子能量转换器发射极的温度、电极间距、铯蒸气压、电极材料对伏安特性曲线的影响。提高发射极的温度,减少电极间距,选择好的电极材料,可以明显提高其电功率密度和热电转换效率。研究结果表明,在大间距下,发射极选用钨、铼、钌、铱材料的电输出特性最好,而选用钽、铌电输出特性最差。目前,试验中的热离子能量转换器的发射极温度高,热电转换效率低,成为广泛应用的阻碍。因此,降低发射极温度、提高热电转换效率,以及在稳定电输出工况下延长转换器的寿命是今后研究的主要方向。可以考虑从以下几个方面入手。

3.1.2.4.1　降低发射极温度

根据理查森电子发射方程表明,饱和电流密度与热发射体的温度和电子逸出功密切相关,逸出功 ϕ 越低,发射极温度 T_E 越高,饱和电流密度越高。曾有报道[20],美国演示了满足空间核动力参数,用小间距的平板发射极试验:当发射极温度 $T_E = 2\,150$ K 时,输出电功率密度达 20 W/cm^2,热电转换效率达 20%;当发射极温度下降到 1\,900 K 时,输出电功率密度下降到 11 W/cm^2,热电转换效率下降到 16%。显然地,发射极温度 T_E 升高,饱和电流密度和热电转换效率都升高,但发射极温度越高,材料的高温蠕变强度越低,蠕性变形越大,发射极材料的蒸发速率越快。由于蒸发物的质量迁移、沉积,很快造成电极短路,或输出电特性迅速下降。如果能将发射极温度下降到 1\,600 K 以下,不仅可以延长热离子转换器的寿命,而且可以选用堆芯外热离子转换方案。由于堆芯外热离子转换器中没有中子、γ 辐照,可以选择高中子吸收截面、高功函数的发射极材料(如铼、铱等),可以避免材料的辐照肿胀和裂变气体产物对电极的污染。降低发射极温度会导致输出电功率下降,要在低发射极温度下获得高的电输出特性的方法是重新选择发射极电子发射层材料(如高功函数材料、纳米材料)、改进制备工艺(如制备多边形发射极表面)等。

3.1.2.4.2　提高热电转换效率

根据热离子能量转换器的效率公式,要提高热离子转换器的效率,必须提高输出电流和输出电压,或者减少发射极的传热损失。

1) 提高热离子能量转换器的输出电流密度

根据里查森发射方程:

$$J_s = AT^2 e^{-\phi/kT} \tag{3-75}$$

式(3-75)表明,饱和电流密度与热发射体的电子逸出功有关。

(1) 提高发射极真空功函数。

早期的试验结果表明,发射极真空功函数越高,吸附铯的性能越好,材料的铯功函数越低。因此,除选择高真空功函数的发射极材料外,还发现在电极空间存在很低的氧分压(如 $T_E = 1\,800$ K,氧压 $\geqslant 10^{-7}$ Pa)时,可以提高材料的功函数,将氧添加到铯蒸气中,类似提高发射极吸附能力,进而可以降低所要求的铯蒸气压。

(2) 降低电子反射系数 R。

在里查森发射方程中,$A = A_0(1-R)\exp(-\phi_0\alpha/k)$,其中 A_0 称索末菲常数,理论值为 120.4 A/(cm$^2 \cdot$ K^2)。R 为电子反射系数,用来描述金属表面

电子的反射概率[39],它取决于电子能量和电极之间的势垒形式。势垒形式不仅取决于金属自然属性,更大程度上还由吸附表面外来原子所决定。对于纯净表面,电子反射系数$R < 0.1$,在热离子能量转换器中,带有能量为kT/e的电子反射系数的实验数据较少,对真空纯净表面,$R \approx 0$,但对表面有外来原子或化合物时,如有吸附膜加氧时,R会显著增大,单原子表面电子反射系数达到0.3。同时,还与电极之间的铯蒸气压和电极间隙有关。随铯蒸气压的增加,发射极发射的电子通过电极空间时散射也增加,到达接收极的电子减少,输出功率下降。

(3) 降低铯蒸气压。

在保证中和空间电荷和发射极最佳工况下降低铯蒸气压。方法之一是在铯蒸气中加入比铯有更大吸附能力的气体添加物。添加物在较低压力下的吸附使发射极达到最佳功函数。经研究表明,在铯蒸气中加入钡蒸气,在比只有纯铯蒸气压低很多的压力下可以保证发射极达到最佳功函数。如在0.1～0.5 mm的电极间隙空间加入13.3 Pa的钡蒸气压(这样低的钡蒸气压引起的电子散射对热离子能量转换器输出电特性的影响非常小),可以将铯蒸气压降低到原来值的1/50。曾在发射极温度$T_E = 2\,000$ K的热离子能量转换器中采用钡-铯混合蒸气,热电转换效率达27%。但用混合蒸气的缺点是需要提供两个温差相当大的储存器(钡储存器温度为1 000～1 100 K,铯储存器温度为400～600 K);同时,钡蒸气容易泄漏入铯储存器中,造成钡在铯储存器中凝结;另外,钡功函数为2.2～2.3 eV,比铯的功函数高,会引起有效电压降低,影响输出电功率。

2) 提高输出电压

热离子能量转换器的输出电压:

$$V = \frac{1}{e}(\phi_E - \phi_C - eV_b) - V_d \qquad (3-76)$$

式中:ϕ_E和ϕ_C分别为发射极和接收极的功函数;V_b为电极间的势垒指数;V_d为在理想工作状态下引入电极间隙的附加电压。

(1) 降低接收极的功函数ϕ_C。

在热离子能量转换器运行中,电极表面吸附铯原子后明显降低了表面功函数。在较冷的接收极上,由于吸收铯原子数量多,从而电子功函数更低。国外对接收极材料进行过详细研究[40],资料显示,在镍、钼、铌三种材料中,镍作为接收极材料比钼好,钼又比铌好。但镍的一些固有缺点决定了很少用镍做接收极材料。

虽然通过调整接收极温度 T_C 可以改进接收极的功函数,但如果 T_C 过低发射极的热辐射损失过大,如果 T_C 过高会出现电子反发射,适宜的接收极温度应兼顾两方面的影响,同时在铯蒸气下获得较小或最小值的接收极有效功函数 ϕ_C。在实际的热离子转换器中,T_C 是兼顾各种因素综合确定的,但是接收极在适宜的温度下,能够维持尽可能低的有效功函数,是增大热离子能量转换器热电转换效率的有效途径之一。

(2)降低电极间的势垒指数 V_b。

有报道认为[41],热离子能量转换器效率的标准是电极间的势垒指数,势垒指数越低,热离子能量转换器的效率越高,有效电压 V 由势垒高度确定。

电极间的势垒指数是指:在理想的热离子转换器中,接收极在零度和零功函数下,在相同的发射极温度和电流密度时、理想的热离子转换器和实际的热离子转换器两者的有效电压差。其可表示为

$$V_b = [(kT_E)/e]\ln(AT_E^2/J) - V \qquad (3-77)$$

V_b 为势垒指数,是衡量一个热离子能量转换器工作特点的重要参数。对于在理想状态的热离子转换器,$V_b \approx 2.1 \text{ eV}$,一般为 2.2~2.3 eV。

势垒指数对评价热离子能量转换器绝对效率很实用,与热离子能量转换器的比功率不同,势垒指数在相应的铯和电极间距下,对电流密度和发射极温度 T_E 依赖很小。降低势垒指数,就是降低等离子体中和接收极上电子聚集时的损耗来降低有效电压的损失。

俄联邦科学中心物理动力工程研究院(SCC RF IPPE)Yarygin VI 的实验研究结果表明[13]:采用铂作为发射极,Ni-C 作为接收极,接收极温度约为 700 K,电极间势垒指数为 $V_b \approx 1.6 \text{ eV}$,当发射极温度为 1 600 K 时,热电转换效率可达 20%,当发射极温度为 1 800 K 时,热电转换效率可达 25%。

3.1.2.4.3 改进热离子能量转换器的结构

在热离子能量转换器的热电转换效率中,当降低分母的热损失项时也能提高热电转换效率。核动力的效率与热离子能量转换器的效率有明显差别:除通过电极连接线损失部分热量、连接线的电压降外,还有沿电极轴向电势和温度分布不均匀,因此不能保证整个电极处于合适的工作点上,可能导致功率和效率的额外损失。这部分损失可以通过优化热离子能量转换器的结构得到

补偿。单节全长、多节串联、单通道多节三种不同结构和尺寸的热离子转换器获得的功率-电压曲线如图 3-17 所示。由于热离子发电元件结构改变,引起元件运行时工作点改变,输出功率密度明显升高。热离子燃料元件采用单通道多节结构比采用单节全长结构输出功率密度高 4 倍。

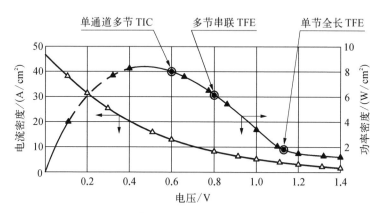

图 3-17　三类热离子发电元件的伏安特性曲线

3.1.2.4.4　将直流电转换成交流电输送

热离子反应堆产生的电能特点为低电压($100\sim150$ V)、大电流。如 50 kW 的电源,电流可达到 500 A 以上。电功率需要传递给远离电源的用户(为了减少放射性的辐射屏蔽质量)。由于电流大,为了减少电功率的明显损失和调节与用户相匹配的电压,需要更大的电流母线截面和质量。为了减少电功率损失,需要在邻近电源装置的地方用电源变换器将低压直流电转换为高压交流电。电源变换器的关键部件是周期性地转换电流开关元件。它可以在电极上轮流转换给出触发电压脉冲和闭锁电压脉冲[42]。在航天器中,也使用电源变换器,有直流-直流变换器和直流-交流变换器两类[43]。在普通电源变换器设计中,元器件壳温不超过 65 ℃,耐辐照能力低于 10^2 Gy,根据使用温度和辐照要求,多选用半导体元器件。但是,在空间热离子反应堆电源中,常用于航天器的电源变换器不管温度还是耐辐照能力都不能满足热离子反应堆电源对电源变换器的要求。俄罗斯专家曾研究过以下几种用于电源变换器的关键元件[20]。

1) 气体闸流管

气体放电闸流管在开放状态下最小电压降约为 10 V,在热离子反应堆电源中,输出电压为 100 V,变换效率会很低,而且一般的闸流管不是完全可控的,大闸流管寿命在 1 000 h 以下。

完全可控的气体放电氢噪声闸流管,由于氢分子质量小,保持等离子体快速衰变,并有很高的频率特性,但电压降很高,达 100～300 V,噪声闸流管的寿命只有几百小时。因此,现实的气体闸流管不能作为空间核动力装置电源变换器的开关元件使用。

2) 半导体可控硅闸流管

半导体设备经济性能好,频率特性高,使用寿命长,电压直接下降 1.5～2 V的半导体可控硅整流器其控制电流可达到 200 A。可控硅闸流管不仅可以控制接收极电流的导通,还可以控制它的切断。主要缺点是对温度升高和电离辐射线敏感。温度高于 550 K 时会引起热击穿,导致频率特性变坏,电压下降增加。因此,在空间核动力电源变换器电路中使用半导体时,需要增加防辐射(主要是中子)屏蔽。半导体对中子最敏感。虽然半导体的释热不大,但要屏蔽反应堆的辐射热,需要的散热面积还是相当大的。

3) 带栅极电流控制的开关元件

以铯、钡混合蒸气做填充气体的发电装置,其参数为:开放状态中的电压降为 2～2.5 V,电流密度为 5～15 A/cm^2,发射极寿命实际不受限制。主要部件温度不低于 1 050 K,在没有额外散热部件和辐射屏蔽的情况下,能长期、可靠地工作。在电流调节过程中,通过给栅极控制脉冲产生间隙式起弧与灭弧,以 10 kHz 频率调节接收极电流和电压随时间的变化。但这种开关元件正处于研制阶段。

3.1.3　碱金属热电转换

碱金属热电转换(Alkali Metal Thermal to Electric Converter,AMTEC)是可能用于空间的五大热电直接转换方式之一。它是以 $\beta''-Al_2O_3$ 固体电解质离子导电独特性能为基础的回热式的电化学装置。与其他热电直接转换相比,它有高的热电转换效率,实验室已证实[44],最高热电转换效率达 19%,功率密度达 1 W/cm^2。通过最佳设计,转换效率可达 25%～30%。当高温区运行温度为 1 180 K,低温区运行温度为 711 K 时,热电转换效率只能达 16%。以反应堆为热源,输出电功率为 100 kW 的 AMTEC 虽然有设计,但由于固体电解质的高温强度和多孔电极高温烧结引起输出电特性的迅速衰减等方面的许多技术问题没有得到解决,因此进展较慢,正处于研制阶段,还没有建成大功率反应堆电源。

3.1.3.1　碱金属热电转换器转换原理与运行参数

1）碱金属热电转换器转换原理

碱金属热电转换是以 $\beta''- Al_2O_3$ 固体电解质（$\beta''-$ Alumina solid electrolyte，BASE)特有的导电特性、用碱金属作为工质，将热能直接转换为电能的技术。碱金属热电转换器是一种面积型发电器件，它无运动部件、无噪声、无须维护，可以和温度在 $600\sim900$ ℃ 范围内任何形式的热源相结合，构成模块组合式发电装置，满足不同容量负载的要求。

碱金属热电转换器的工作原理[1, 44]如图 3-18 所示。碱金属热电转换器是一个充有少量钠的密闭容器，由厚度约为 1 mm 的 $\beta''- Al_2O_3$ 固体电解质和电磁泵将其分隔成压力不同的两部分：高温、高压区和低温、低压区。在高压侧，工质钠被热源加热，温度为 T_2，其范围一般为 $900\sim1\,300$ K，此时钠的蒸气压在 1 个大气压左右；低温、低压区连接散热器，空腔内大部分为钠蒸气和少量冷凝后的液态钠，温度为 T_1，其范围为 $400\sim800$ K。在 BASE 的低压侧覆盖着多孔薄膜电极。外电路接在高压液态钠和多孔薄膜电极之间。

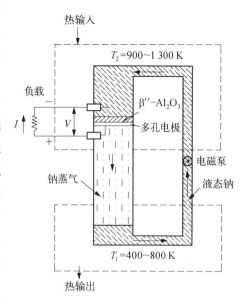

图 3-18　碱金属热电转换器转换原理

当温度为 T_1 的液态钠进入高温区，从热源处吸收热量，温度升高到 T_2，在液态钠与 $\beta''- Al_2O_3$ 的交界面处产生了如下反应：

$$Na \rightarrow Na^+ + e$$

由于 $\beta''- Al_2O_3$ 是一种离子导电陶瓷，它对钠离子的导电率远高于对电子的导电率。在 $\beta''- Al_2O_3$ 两侧钠的压力差决定的化学势梯度驱使下，迫使钠离子穿过 $\beta''- Al_2O_3$ 固体电解质向低压表面移动。$\beta''- Al_2O_3$ 几乎对电子不导电，电子留在高压侧。Na^+ 在 $\beta''- Al_2O_3$ 的低压表面累积净正电荷，在 BASE 基体两侧建立了电势梯度，在其厚度截面上的电场达到足够强度时，才迫使 Na^+ 离子停止流动。负载开路时，在 $\beta''- Al_2O_3$ 固体电解质两侧便形成电动势，这一过程与浓度差电池类似。

负载接通后,电子从高压侧经外电路到达多孔电极处,与从通过 BASE 来的钠离子复合成钠原子。钠原子吸收汽化热而蒸发,然后,钠以蒸气相穿过低压空间到达温度为 T_1 的冷凝器表面,释放出凝结热,凝结的液钠则由电磁泵送回高压侧循环使用。实质上,$\beta''\text{-}Al_2O_3$ 固体电解质在能量转换过程中起着选择性渗透膜的作用,而 AMTEC 是工质钠通过固体电解质等温膨胀做功的热机。在 AMTEC 中温度降几乎全部发生在低压蒸气空间。

2) 碱金属热电转换器的开路电压

在理想情况下,单个碱金属热电转换器的开路电压由下式表示[45]。

$$V_{OC} = RT_2[\ln(p_2/p_1)]/F \tag{3-78}$$

式中:V_{OC} 为开路电压(V);R 为气体常数;T_2 为转换器高温区温度(K);p_2、p_1 分别为高温区、低温区钠蒸气压(Pa);F 为法拉第常数(96 484.56 C/mol),它表示 1 mol 质量的电荷,即 1 mol 电子电荷的绝对值,其数值为阿伏伽德罗常数(6.023×10^{23} mol^{-1})与 1 个电子电量(1.602×10^{-19} C)的乘积。

3) 碱金属热电转换器电流与电压的关系

碱金属热电转换器循环的特点是钠蒸气从高压侧经过 $\beta''\text{-}Al_2O_3$ 到低压侧接近等温膨胀,引起钠原子分离成钠离子和电子。它直接转换钠蒸气等温膨胀功为电功。其单节输出电压与输出电流的关系[46]如下式所示。

$$V = A - B\ln(I + \delta) - IR_0 \tag{3-79}$$

式中:V 为 AMTEC 输出电压(V);A、B 和 δ 为与温度(T_1,T_2)有关的计算参数;I 为转换器电流密度(A/cm^2);R_0 为 $\beta''\text{-}Al_2O_3$ 体离子电阻率,与 BASE 的厚度和温度 T_2 有关。

$A = 2.441 \times 10^{-3} T_2 - 8.617 \times 10^{-5} T_2 \ln T_2 - 1.104$(V);

$B = 8.617 \times 10^{-5} T_2$(V);

$\delta = 2.00 \times 10^{12} T_1^{-1} \exp(-12\ 818/T_1)$(A/cm^2);

$R_0 = h T_2 [4.03 \times 10^{-4} \exp(1\ 420/T_2) + 3.24 \times 10^{-7} \exp(4\ 725/T_2)]$

式中:R_0 的单位为 $\Omega \cdot$ cm^2;h 为 $\beta''\text{-}Al_2O_3$ 的厚度(cm);T_2 与 T_1 分别为转换器高温区和低温区的温度(K)。

4）碱金属热电转换器的转换效率

碱金属热电转换器的转换效率[47]定义为单位面积的电极净输出功率 P_1 与单位面积的电极所需要的总热输入功率 Q_1 之比。热输入包括以下四项：

（1）液态钠温度从 T_1 升高到 T_2 吸收的热量。

$$Ic_p(T_2-T_1)/F \tag{3-80}$$

式中：I 为电极电流密度（A/cm^2）；c_p 为液态钠在 $T_1 \sim T_2$ 范围的平均摩尔热容[J/(mol·K)]；F 为法拉第常数（96 845.6 C/mol）。

（2）钠在 BASE 中进行等温膨胀过程的吸热（等于输出电功率 $P=IV$）。

（3）钠在 BASE/多孔电极界面蒸发所吸收的热量：IL/F，L 是钠在 T_2 温度的汽化热（J/mol）。

（4）寄生热损失。

$$Q_{Loss}=Q_C+Q_r$$

式中：Q_C 为通过电输出引线和支撑 BASE 构件的热传导损失；Q_r 为单位多孔电极表面通过蒸气空间向冷凝器表面的辐射热损失。

AMTEC 的净输出电功率 P_1 为

$$P_1=IV-\Delta W-\Delta W' \tag{3-81}$$

式中：ΔW 是电磁泵消耗的功率；$\Delta W'$ 是引线欧姆损失的电功率，其中 $\Delta W' = I^2 R_1$（R_1 为引出电线的电阻）。

因此，单节碱金属热电转换器的转换效率表示为

$$\eta=\frac{P_1}{Q_1}=\frac{IV-\Delta W-\Delta W'}{I\{V+[c_p(T_2-T_1)+L]/F\}+Q_C+Q_r-\dfrac{1}{2}\Delta W'} \tag{3-82}$$

式中：$\Delta W'$ 表示引线欧姆损失，有一半返回热区工质中。通常，ΔW 只占输出功率的千分之几，可以忽略不计。构件的热传导损失为 $Q_C=K_g(T_2-T_1)/S$。其中：K_g 为输出引线热导（W/K）；S 为输出引线面积（cm^2）。

根据辐射传热方程[46]，辐射热损失为

$$Q_r = A_\beta \sigma (T_2^4 - T_1^4)/Z$$

$$Z = \frac{1}{\Im} + \left(\frac{1}{\varepsilon_\beta} - 1\right) + \frac{A_\beta}{A_{rs}}\left(\frac{1}{\varepsilon_{rs}} - 1\right) \tag{3-83}$$

式中：A_β 和 A_{rs} 分别为 BASE 管和辐射屏的辐射面积(cm^2)；ε_β 和 ε_{rs} 分别为 BASE 管和辐射屏的辐射系数；σ 为黑体辐射常数(5.67×10^{-12} W/cm^2 · K^4)；$\Im$ 为辐射几何因子，无限长的同心圆柱体的 $\Im = 1$；Z 为考虑冷凝器表面的反射而引起的辐射衰减因子；T_1 为辐射屏的温度(K)。

由于 $\dfrac{A_\beta}{A_{rs}} = \dfrac{R_\beta}{R_{rs}}$，则：

$$Z = \frac{R_\beta}{R_{rs}}\left(\frac{1}{\varepsilon_{rs}} - 1\right) + \frac{1}{\varepsilon_\beta} \tag{3-84}$$

式中：R_β 为 BASE 管的半径(cm)；R_{rs} 为辐射屏的半径(cm)。

从转换效率表示式看出，当热源温度和冷源温度一定时，提高效率的途径如下：一是减少寄生损失；二是采用蒸发潜热和液态比热容较小、饱和蒸气压较高的碱金属材料。当工质确定后，减少寄生损失就成为获得高转换效率的关键。减小输出引线的面积，可以减少热损失，但引线的电阻将增加，引线上的欧姆损耗也增加。

冷凝器表面覆盖有液态钠膜，它在红外区的反射率超过 98%，因此 Z 值可以达到 20~50。也就是当 $T_2 = 1\,300$ K，$T_1 = 500$ K 时，Q_r 可以限制在 0.79~0.32 W/cm^2 的水平。

$Q = 0$ 时，效率随电流密度增加而单调下降；$Q \neq 0$ 时，效率在一定电流密度时具有最大值。在适当条件下，AMTEC 的转换效率可达到 40%。

在忽略电磁泵耗电、引线欧姆损失和通过电输出引线及支撑 BASE 的结构件的热传导损失情况下，AMTEC 的效率可用下式表示：

$$\eta = \frac{IV}{IV + \dfrac{I(L + c_p \Delta T)}{F} + Q_{Loss}} \tag{3-85}$$

式中：Q_{Loss} 为寄生热传导和辐射热损失(W/cm^2)。

增加 T_2，碱金属热电转换器的输出比功率及转换效率都相应增大。不同的 T_2 下电流密度与输出功率关系计算曲线如图 3-19 所示[45]。碱金属热电转换器的工作温度限制在 1 350 K，这是出于 β″-Al$_2$O$_3$ 强度考虑。为了获得最好的性能,要求 $\beta''\text{-}Al_2O_3$ 要薄。但随着温度的增加,$\beta''\text{-}Al_2O_3$ 的强度降低,钠的压力也增加。当热边温度升高时,从电极到冷凝器的热损失也增加。

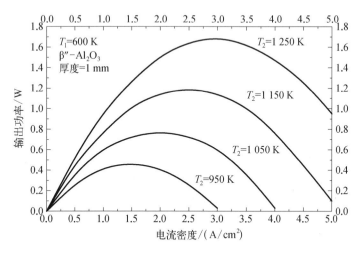

图 3-19　电流密度与输出功率的关系

迄今用于 AMTEC 的 $\beta''\text{-}Al_2O_3$ 都是管材,外径从 7 mm 至 30 mm 不等,壁厚最薄的做到 0.7 mm(考虑不可逆损失时的效率)。AMTEC 是低电压器件,单管器件的空载电压约为 1.5 V,按电极表面积计算的功率密度达 $0.5\sim 1.0\ W/cm^2$。在实际使用时,靠多管单元的适当组合来满足负载的要求。每个单元由多根 $\beta''\text{-}Al_2O_3$ 管构成,在电气上串联连接。

3.1.3.2　AMTEC 的工作方式和工质

3.1.3.2.1　AMTEC 的工作方式

AMTEC 有两种工作方式[48],液馈式(高温区为液态钠)和气馈式(高温区为气态钠)。

在液馈式 AMTEC 中,液态钠与 BASE 接触而成为阳极,不需另设阳极。由于单根管 AMTEC 输出电压低,为了获得高的输出电压,电源必须串联起来使用。液馈式的绝缘比较困难。对于气馈式,阳极和阴极都需要另外设置,转换器间的绝缘比较容易。当在外层空间使用时,由于是在低引力下运行,气馈式的 AMTEC 工质钠的循环比液馈式容易实现。气馈式高温区气态钠的蒸气压>20 kPa,主要由蒸发器和 BASE 组成;低压区钠的蒸气压<100 Pa,主要由回流芯或电磁泵和冷凝器组成。两种工作方式的原理如图 3-20 所示[48]。

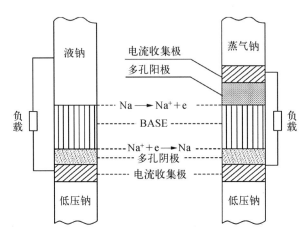

图 3-20　液馈式和气馈式工作原理

在液馈式 AMTEC 中,液体钠作为阳极,因此阳极与 BASE 之间的接触电阻小。在气馈式 AMTEC 中,它以多孔金属做阳极,阳极与 BASE 界面之间的接触电阻比液馈式 AMTEC 中阳极与 BASE 界面之间的接触电阻大得多,甚至比阴极与 BASE 界面之间的接触电阻还要大。这样,在阳极上的电压过高,对提高 AMTEC 的功率密度不利。因此,在设计时需要优化阳极与 BASE 界面之间的接触条件和多孔阳极的结构,如阳极的厚度、孔隙率、粉末冶金时原料的粒度、制备工艺等。

3.1.3.2.2　AMTEC 的工质

目前,可以作为碱金属热电转换器的工质材料有钠、钾和钠钾合金三种。由于工质要与所选固体电解质匹配,所以研究最多的是钠碱金属转换器。

1) 工质金属钠

在碱金属热电转换中,研究最多的是金属钠为工质,即 Na-BASE 的碱金属热电转换器。这是因为金属钠除有中等运行温度和合适的蒸气压外,还由于钠离子 BASE 的制备技术已经成熟,而且已经在钠硫电池中获得应用。因此,迄今为止,AMTEC 的发展多采用钠作为工质,称之为 Na-AMTEC。

2) 工质金属钾

如果能制备出高品质的 K-BASE,工质用金属钾也是可行的[49],不仅如此,采用钾还可能提高器件的性能。

AMTEC 转换效率公式表明,当热端温度(T_2)和冷端温度(T_1)一定时,热电转换效率与工质的蒸发潜热 L、比热容 c_p、饱和蒸气压 p 等因素有关。温度在 800 ℃时钾的饱和蒸气压 p 约为 160 kPa,钠约为 46 kPa,钾的饱和蒸气压明显高于钠。而在 AMTEC 中开路电压与 BASE 两侧压力比的自然对数成正比。因此,可以认为 K-BASE 的碱金属热电转换器可以获得更高的开路电压和输出电功率。钾的表面张力为钠表面张力的一半,在 AMTEC 蒸发器的设计中,液体工质的表面张力是促进工质循环的主要驱动力,蒸发器的毛细作用必须提供足够的压力以克服工质穿过 BASE 管壁、工质从 BASE 管到冷凝器及工质穿过吸液芯的压力降。由于钾的表面张力比钠表面张力低,因此,要求 K-BASE 的 AMTEC 蒸发器的孔隙尺寸更小。经分析表明,K-BASE 的 AMTEC 蒸发器的孔隙尺寸比 Na-BASE 的 AMTEC 蒸发器的孔隙尺寸要小 1 个数量级。在 800 ℃时,钾的汽化潜热约为钠的汽化潜热的 1/2,液态钾的比热容为钠的 2/3。钾的这些性能,有可能使 K-AMTEC 比 Na-AMTEC 获得更高的热电转换效率。但是,在 800 ℃时 K-BASE 的离子电阻率是 Na-BASE 的离子电阻率的 4 倍,这对热电转换效率将有明显影响。为了弥补这一不足,要求 K-BASE 管更薄或者增大离子导电面积,这可能引起机械强度不够。

计算结果表明,在相同工作温度的情况下,仅从空载电动势的大小上看,K-AMTEC 与 Na-AMTEC 相比并不存在优越性。但是,从负载时的输出电压、电极功率密度和热电转换效率特性看,在工作温度、BASE 面电阻和单位电极面积的辐射热都相同的情况下,当电极电流密度大于一定值后,无论是输出电压、电极功率密度还是热电转换效率,K-AMTEC 都明显好于 Na-AMTEC。在热力学循环的工作温度分别为 $T_1 = 473.15$ K,$T_2 = 1\,123.15$ K 的场合,K-AMTEC 的最大电极功率密度可达 2.01 W/cm²,对应的热电转换效率可达 30%,最大热电转换效率可达 39%。显然地,在负载情况下的结果更重要。

3) 工质钠钾合金

根据钠钾合金相图[50]看出,钠含量(质量分数)在 15~50% 范围内,当温度高于 10 ℃时合金为液体。钠钾合金有一共晶点,其组成为 24%-Na 和 76%-K,合金熔点为 -12.6 ℃。钠钾合金的饱和蒸气压比液钠的饱和蒸气压高,比热容和蒸发热比液钠低。钠钾合金作为 AMTEC 工质的优点是室温下合金为液体,循环时不需要加热,冷凝器一侧和循环路径上都是液体,热工设计可以简化。但 NaK-BASE 材料制备工艺还存在一定困难。

3.1.3.3 碱金属能量转换在空间的应用

1）放射性同位素为热源

以放射性同位素为热源的小功率电源热电转换方式的选择中,如果能用碱金属热电转换代替硅-锗半导体温差电转换,不仅可以节省大量同位素^{238}Pu,还可以减轻电源的质量[48]。两种转换方式参数的比较如表3-6所示。

表3-6 两种转换方式的参数

转换方式	热源功率/W	热端温度/K	冷端温度/K	能量转换效率/%	发电器热效率/%	任务初期热功率/W	任务初期电功率/W	老化系数(6年)	任务末期电功率/W	任务末期比功率/(W·kg^{-1})
半导体	2 250	1 273	573	7.7	87.0	2 070	139	0.86	119	3.81
AMTEC	1 000	1 123	655	15.4	94.2	973	141	0.79	112	4.52

2）反应堆为热源

美国曾报道输出电功率为100 kW的AMTEC热管反应堆电源系统的概念设计:将碱金属热电转换器放在电源系统的辐射冷却器内壁,用锂热管加热,计算的几种方案参数如表3-7所示[45]。

表3-7 电功率100 kW反应堆热源的AMTEC的参数

项目	反应堆温度/K	转换器热端温度/K	辐射器温度/K	反应堆功率/kW	热电转换效率/%	总质量/kg	辐射器的面积/m²	电流密度/(A·cm^{-2})	功率密度/(W·cm^{-2})	冷凝器辐射系数	BASE的厚度/mm
近期	1 200	1 080	711	1 190	8.5	3 050	96	1.00	0.30	0.080	0.65
改进A	1 100	1 000	700	900	11.0	2 445	70	1.00	0.25	0.050	0.65
改进B	1 200	1 080	711	825	12.0	2 218	60	1.10	0.36	0.050	0.65
先进	1 300	1 180	711	615	16.0	1 770	43	1.75	0.82	0.035	0.50

21世纪初,美国新墨西哥大学针对美国太空探测计划提出电功率为111 kW的碱金属热电转换器的空间反应堆电源系统(SAIRS)[51],采用UN为燃料,铼为燃料包壳的快中子反应堆,用Mo-14%Re为管壳的钠热管。SAIR系统有6个辐射板,每个辐射板有6根钾热管从AMTEC模块排除热量。每个AMTEC模块包括3～4个钠AMTEC装置,冷端温度为700 K,反应堆出口温度为1 133～1 202 K。热功率为407.3～487.7 kW,热电转换效率达22.7%～27.3%。

3.1.4 磁流体发电

磁流体发电有功率密度大、启动快、废热排放温度高等特点,在地面与蒸

气发电配合,可以大大提高系统的效率。在空间只能单独使用,效率可以达到
20%。它是靠导电流体通过磁场发电。普通气体只有在很高的温度下才能导
电。当在气体中加入碱金属钾、铯作为种子时,气体导电率可大大提高,同时
也可以降低气体工质的温度。由于磁流体发电的发电通道和反应堆燃料元件
都受到高温高速含铯蒸气体的冲刷、剥蚀,要长期(3～5 年)连续运行技术难度
比较大。但磁流体发电可以获得大电功率(万千瓦级),作为脉冲式空间电推
进或者武器电源是有前途的。

3.1.4.1　磁流体发电的基本原理和循环系统

3.1.4.1.1　磁流体发电的基本原理

磁流体发电就是导电流体(气体或液体)以一定的速度垂直通过磁场,产生
感应电动势而产生电功率,把内能直接转换成电能的一种发电方式[52-53]。从发
电的基本原理上看,磁流体发电与普通发电一样,都是根据法拉第电磁感应定律
获得电能。所不同的是,磁流体发电是导电流体在几千摄氏度的高温下,物质中
的原子和电子都在做剧烈运动,有些电子脱离原子核的束缚,变成自由电子。这
时,流体由自由电子、失去电子的离子和原子的混合物组成,这就是等离子体。
将等离子体以超声速的速度喷射到一个加有强磁场的管道里,等离子体中带有
正、负电荷的高速粒子,在磁场中受到洛伦兹力的作用,分别向两极偏移,于是在
两极之间产生电压,用导线将电压接入电路中将有电流通过。它是以导电的流
体切割磁力线产生电动势,而不是普通发电机中的金属导体。这时,导电的流体
起到了金属导线的作用。因为它是将热能直接转换成电流,无须经过机械转换
环节,所以也称为"直接发电",这种技术也称为"等离子体发电技术"。

磁流体发电中所采用的导电流体一般是导电的气体,也可以是液态金属。
众所周知,常温下的气体是绝缘体,只有在很高的温度下,例如 6 000 K 以上,
才能电离,才有较大的导电率。而磁流体发电一般是采用煤、石油或天然气做
燃料,燃料在空气中燃烧时,即使把空气预热到 1 400 K,也只能使空气达到
3 000 K 的温度,这时气体的导电率还不能达到所需值,而且即使再提高温度,
导电率也提高不了多少,却给工程带来很大困难。实际中采用的办法是在高
温燃烧的气体中添加一定比例的、容易电离的低电离电位的物质,如钾、铯等
碱金属化合物。这种碱金属化合物被称为"种子"。在气体中加入这种低电离
电位物质的量一般以气体质量的 1% 为佳。这样气体温度在 3 000 K 左右时,
就能达到所要求的导电率。当这种气体以约 1 000 m/s 的速度通过磁场时,就
可以实现具有工业应用价值的磁流体发电。

磁流体发电与普通发电两者的差别如图 3-21 所示,图 3-21(a)为涡轮发电机,图 3-21(b)为磁流体发电机。

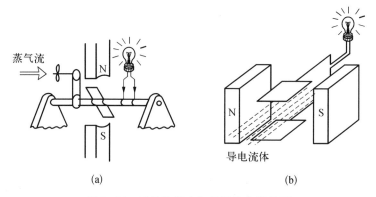

图 3-21　磁流体发电与普通发电的差别

3.1.4.1.2　磁流体发电机的循环系统

1) 开式循环系统

它用矿物性燃料,以纯氧为氧化剂,硫酸钾粉末作为种子添加剂,燃烧后的高温燃气作为磁流体发电的工作气体。高温燃气加入种子后,经喷管加速,产生高温高速气体,通过发电通道的强磁场时输出电能。发电后的尾气直接排入大气中。这种循环的优点是结构和系统都很简单,启动快、投资少,但效率低、运行费用高(要用纯氧,尾气余热未回收)。适于短时运行的特殊电源和备用、高峰负荷供电。

种子添加剂具有较高的挥发性,它在高温熔渣中溶解度较低,90%的种子添加剂都可以得到回收。它附在灰渣上,形成飞灰,在除尘器中被收集后重新送入燃烧室内作为种子继续使用。

2) 闭式循环系统

闭式循环一般以核反应堆的裂变热为热源,用惰性气体(氦)做工质,碱金属铯做种子添加剂。工作气体在核反应堆内被加热后,流经发电通道,输出电能后,通过冷却器冷却,压缩机加压后回到核反应堆内重新加热。这种简单闭式循环系统可以用于宇宙空间。

闭式循环的优点是在闭式循环中,可以用电离电位很低、价格很高的碱金属铯做种子添加剂,惰性气体为工质,对材料腐蚀比燃气小。在达到相同电导率的情况下,惰性气体与铯的混合物的热电离温度比燃气温度低,且无大气污染。

3) 液态金属循环系统

液态金属循环系统实际上也是一种闭式循环。它用液态金属或液态金与气体,液体金属与蒸气的混合物为工质,并通过核反应堆获得高温。这种循环的优点是在所有温度下,液态金属都具有很高的电导率。运行时,系统使用两种不同沸点的液态金属,高沸点的液态金属通过核反应堆被加热,然后与沸点低的液态金属混合,低沸点的液态金属气化,产生一定的蒸气压;低沸点金属气体液体混合物通过喷管,气体金属膨胀并加速,使气液混合物获得很高的速度;用分离器使气液混合物分离,分离出来的高速气态金属流过磁流体发电机的发电通道,输出电能,最后通过扩压器冷却,重新循环;分离出来的液态金属,经回热器和冷却器放出热量,冷却后再循环使用。

3.1.4.1.3　磁流体发电的输出功率 P

若磁流体通过发电通道的感应电动势为 E_s,外负载的电势为 E_i,两极之间的距离为 d,从负极到正极通过等离子体的电流密度 j (A/m^2)为

$$j = \sigma(E_s - E_i) \tag{3-86}$$

设电极的表面积为 S,总电流 $I = jS = \sigma S(E_s - E_i)$,磁流体发电机的总输出功率 P 为

$$P = I E_i d = \sigma S(E_s - E_i) E_i d \tag{3-87}$$

若令负载系数 $k = E_i/E_s = E_i/Bv$,即定义为外负载的电势 E_i 与感应电动势 E_s 的比值;式(3-87)可表示为

$$P = \sigma v^2 B^2 k(1-k) V \tag{3-88}$$

式中:σ 为导电流体的电导率(S/m);B 为磁场的磁通密度(T);v 为流体的运动速度(m/s);V 为两磁极间的总体积 $(V = S \times d, \text{m}^3)$。 式(3-88)还可以表示为

$$\frac{P}{\sigma v^2 B^2 V} = k(1-k) \tag{3-89}$$

表示功率输出与负载系数(k)的关系具有抛物线特性,在 $k = \dfrac{1}{2}$ 时,功率输出达最大值。因此,磁流体发电机的最大输出功率 P_{max} 为

$$P_{max} = \frac{1}{4} \sigma v^2 B^2 V \tag{3-90}$$

只有当 $k < 1$ 时才有电流输出。

典型的数据是 $\sigma = 10 \sim 20$ S/m,$B = 5 \sim 6$ T,$v = 600 \sim 1\,000$ m/s,$k =$

$0.7\sim0.8$,输出电功率 P 为 $25\sim150$ MW/m³。

3.1.4.1.4 磁流体发电的转换效率

磁流体发电效率高是对磁流体-蒸气联合发电而言的。磁流体发电机本身的热电转换效率不高。目前世界上磁流体发电机研制效率最高达到15%(美国夫柯7号)。效率低的原因是运行时初温尽管高,但为了保证气流中有一定的电导率,排气温度也很高。否则,会因高温气流的电导率太低而失去发电价值。

磁流体-蒸气联合循环系统的效率大致可用下式计算:

$$\eta = \eta_火 + \eta_磁(1 - \eta_火) \tag{3-91}$$

若 $\eta_火 = 40\%$,$\eta_磁 = 20\%$,则联合循环系统总效率为52%,必须指出 $\eta_磁$ 要达到20%,磁感应强度需达 $5\sim6$ T,这就必须用超导磁场才能做到。

3.1.4.2 磁流体发电机的组成与应用

3.1.4.2.1 磁流体发电机的组成

磁流体发电机由燃烧系统、通道和磁体三大部分组成。

1) 燃烧系统

燃烧系统包括燃烧室、喷管和空气预热系统等。燃烧室是将燃料、氧化剂、碱金属(种子)燃烧而获得导电气体——等离子体。燃烧室性能的好坏,非常明显地影响整个机组的性能。根据磁流体发电分析,燃烧效率每降低1%,输出功率可能降低10%左右。

2) 发电通道

发电通道是磁流体发电机的核心部分。产生的高温高压电离气体以高速流过发电通道,然后由电极输出电功率。发电通道的类型、磁场强度、压力、温度和流动状况以及发电通道的参数是发电机的重要参数。因此,它的性能好坏在很大程度上决定了磁流体发电机能否实用。通道的主要要求是在具有一定的热电转换效率(要求20%以上)的基础上,保证可靠的长时间运行(要求3 000 h以上)。要求通道材料能耐高温、耐冲刷、抗氧化、耐腐蚀,适当的热传导和抗热冲击能力,绝缘壁材料有较好的电绝缘性能。

3) 磁体

磁体是磁流体发电机不可缺少的重要部件,它的作用和普通发电机磁极的作用相同。它由铁芯电磁铁、空心线圈或超导线圈组成。根据功率密度公式 $(P \propto \sigma v^2 B^2)$ 可知,功率密度与 B^2 成正比;由于导电气流的电导率较低,仅为金属电导率的 $\dfrac{1}{10^5}$,因而对磁场的要求更高。同时,要求磁体比发电通道的净尺寸大 15%～40%。这种大体积、强磁场的磁感应强度比普通发电机的 1 T 大得多。由于常规磁体一般在 $B < 2$ T 时,励磁功率 $P_H \propto B^2$,随着磁感应强度的增加,励磁功率超过了与 B^2 的正比关系而更快地增长,而大型磁流体发电机装置的磁体 B 要求在 6～8 T。因此,大型磁流体发电机的磁体必须采用超导磁体才能满足要求。同时,磁场还受电因素的限制。

此外,磁流体发电装置还有辅助系统,如高温空气预热器(回热器),蒸气发生器,种子回收装置,逆变换装置等。

3.1.4.2.2　磁流体发电在空间的应用

1) 磁流体发电作为电源

磁流体发电机要求长期(数万小时)、稳定运行是困难的。由于它启动快、单位功率大、运行时间短等特点,可以做脉冲电源,如激光武器电源,电推进电源。俄罗斯曾设计兆瓦级空间电源,设计参数如表 3-8 所示[54],外形如图 3-22 所示。

表 3-8　磁流体发电机的设计参数

热功率/MW	电功率/MW	反应堆燃料	氢气质量流量/(kg·s⁻¹)	氢气出口温度/K	反应堆长度/m	反应堆直径/m	反应堆质量/t
201	20.1	UC_2(ZrC-NbC)	4.1	3 070	3	1.2	7.8

MHD工质	输出电压/V	MHD通道长度/m	转换效率/%	电源总长/m	电源直径/m	电源质量/t	比质量/(t/MW)
H_2+0.2Cs	915	1.4	10.2	6.5	1.6	14.1	0.7

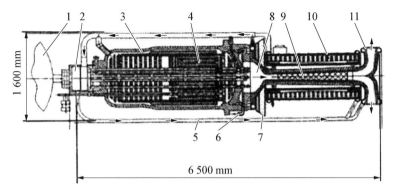

1—液氢箱;2—涡轮泵;3—反应堆容器;4—堆芯;5—氢气管线;6—铯供应管线;
7—影子屏蔽;8—喷嘴;9—MHD通道;10—磁铁;11—无力矩旋转排气装置。

图 3-22　空间反应堆磁流体发电机

2) 磁流体发电与等离子体火箭推进系统结合

美国 NASA 和日本长冈大学联合提出将先进高温气冷反应堆磁流体发电系统与高功率多级等离子体火箭(VASIMR)推进系统结合,就可以组成一种很有前途的系统[55],可以完成载人火星探测任务。根据热力学模型给出的磁流体发电反应堆系统的参数如表 3-9 所示,等离子体火箭推进系统参数如表 3-10 所示。

表 3-9　磁流体发电反应堆系统的参数

反应堆功率/MW			冷却剂温度/K		冷却剂压力/MPa		冷却剂材料	推进器电功率/MW	净效率/%	反应堆质量/kg
输出	加热	输入	出口	入口	出口	入口				
12.89	5.0	7.894	1 800	1 102	0.4	0.41	He-Xe	2.76	21.4	1 000

表 3-10　等离子体火箭推进系统参数

推进器电功率/MW	推进剂材料	推进器效率/%	推力脉冲持续时间/s	系统质量/kg
0.2~2.0	Ar	70~72	2 000~5 000	1 000

3.1.4.3　空间电源几种静态转换的比较

空间电源系统不同于地面核电厂,地面核电厂成本是最主要的,因此要求得到最高的转换效率。而空间电源系统最重要的参数是比功率,希望有最低的质量而获得最高的电功率,也就是电源的体积和面积要受到限制。因为整个系统要用运载火箭发射到空间去。因此,对于大的空间电源系统辐射器的体积必须尽可能小,这样就要求废热排放温度要高,同时还要求系统的寿命尽可能长,可靠性尽可能高。

当输出电功率为 100 kW 时,上述三种转换每一种转换要求的辐射器面积如图 3-23[1]所示,图中给出了单位辐射器面积上电功率与辐射器温度的关系。结果表明,热离子转换需要的辐射器面积最小,碱金属和温差电转换有相同的辐射器面积,50 m² 辐射器可满足 100 kW 的电功率要求;图中还列出了系统质量的比较。系统包括七部分:核反应堆、辐射屏蔽、传热、热电转换子系统、主辐射冷却器、功率调节与控制、调节辐射器。结果表明,热离子转换有最小的辐射冷却器和最轻的质量。但长寿命(7~10 年)的热离子转换还需要继续研发;碱金属转换在空间应用方面也表现出相当大的可能性,热边温度在1 100~1 200 K范围内可获得好的性能。碱金属转换与热离子转换相比,需要进行更多的研究以证明寿期中转换器的可靠性;温差电转换虽然效率低,但已证明有长寿命运行的可靠工艺。

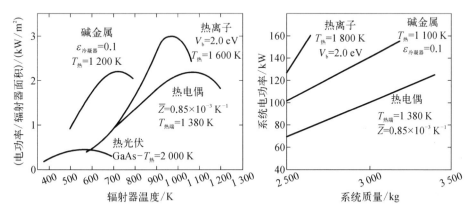

图 3-23　三种转换要求的辐射器面积和系统质量

3.2　动态转换

能用于空间反应堆电源的动态转换有三种,即朗肯循环、布雷顿循环和斯特林发动机。与静态转换相比,由于它们的转换效率高(>20%)而得到重视。这三种转换各有特点。朗肯循环采用液气两相循环;布雷顿循环通常采用以He-Xe混合气体为冷却剂的闭式循环;斯特林转换是活塞往返运动带动直线发电机发电。它们的热电转换效率与运行温度密切相关。这几种转换还没有得到空间条件考验,正处于研制阶段。

3.2.1　朗肯循环

3.2.1.1　工作原理

朗肯(Rankine)循环采用两相(液相和蒸气)工质,循环的热力过程为等熵压缩、等压加热、等熵膨胀和等压排热四个过程。最简单的朗肯动力循环由循环泵(水泵或电磁泵)、锅炉(或者蒸气发生器)、汽轮机和冷凝器(凝汽器)4个主要装置组成。图 3-24 为该系统的示意图[56]。

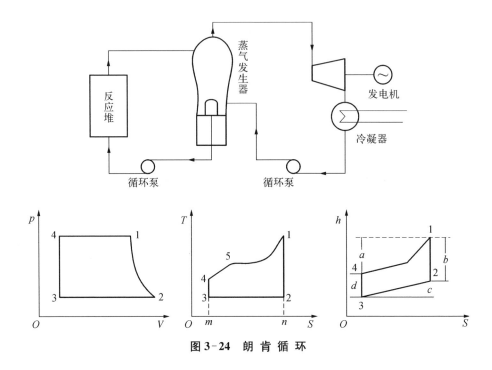

图3-24 朗肯循环

3.2.1.2 循环过程和效率

1) 4—1定压吸热过程

工质(液体)在锅炉(或与反应堆一回路相连的蒸发器)中被加热,工质变成蒸气。该过程由于热源与工质之间有较大温差,不可避免地工质会有压力损失,这是一个不可逆加热过程。如果将这一过程理想化为不计工质压力变化,并将过程想象为无数个与工质温度相同的热源与工质可逆传热,也就是把传热不可逆因素放在系统之外,只着眼于工质一侧。这样,将加热过程理想化为定压可逆吸热过程[57]。

工质吸收的热量;$q_1 = h_1 - h_4$,在h-S图中以线段长度a表示,在T-S图中以面积m—4—1—n—m表示。

2) 1—2等熵膨胀过程

工质蒸气在汽轮机中膨胀做功,推动发电机发电。该过程因其流量大、散热量相对较小,当不考虑摩擦等不可逆因素时,简化为可逆绝热膨胀过程。

汽轮机中工质做的功为$W_T = h_1 - h_2$,在h-S图中以线段长度b表示。

3) 2—3定压放热过程

做功后的低压蒸气在冷凝器中冷却,进行等压放热,排除废热后,乏蒸气冷凝成液体工质。

工质放出的热量为 $q_2 = h_2 - h_3$，在 $h\text{-}S$ 图中以线段长度 c 表示，在 $T\text{-}S$ 图中以面积 m—3—2—n—m 表示。

4）3—4 等熵压缩过程

液体工质在循环泵（可以是电磁泵，也可以是水泵）内被压缩升压，该过程由于流经泵的流量较大，泵向周围的散热量折合到单位质量工质，可以忽略，因而 3—4 过程可简化为可逆绝热压缩过程，即工质在泵内的等熵压缩过程。

循环泵对工质加压做的功为 $W_p = h_4 - h_3$，在 $h\text{-}S$ 图中以线段长度 d 表示。

在整个朗肯循环工质所做的净功为 $W_0 = W_T - W_p = (h_1 - h_2) - (h_4 - h_3)$，在 $T\text{-}S$ 图中以面积 1—2—3—4—5—1 表示。

循环的热量为 $q_0 = q_1 - q_2 = (h_1 - h_4) - (h_2 - h_3) = (h_1 - h_2) - (h_4 - h_3)$。因此，$W_0 = q_0$。

朗肯循环的转换效率为

$$\eta_t = \frac{W_0}{q_1} = \frac{q_1 - q_2}{q_1} = \frac{(h_1 - h_2) - (h_4 - h_3)}{h_1 - h_4} \tag{3-92}$$

若忽略循环泵消耗的轴功，则 $h_3 \approx h_4$，朗肯循环的转换效率表示为

$$\eta_t = \frac{W_T}{q_1} = \frac{h_1 - h_2}{h_1 - h_3} \tag{3-93}$$

式中：h_1 为过热蒸气的比焓；h_2 为排气的比焓；h_3 为冷凝液体工质的比焓。

3.2.1.3　朗肯循环在空间核电源中的应用

由于朗肯循环有高的转换效率，低的废热辐射器面积，从而获得低的质量比功率（kg/kW）。因此，在大功率（>100 kW）空间电源中成为候选方案之一。

1）低功率朗肯循环

20 世纪 80 年代，美国 NASA 曾研究过以放射性同位素为热源，以有机流体（联二苯和联苯基醚低熔点混合物）为工质的朗肯循环动态发电系统，并进行过地面示范装置开发[2]。电功率为 1～2 kW，最大可达到 5 kW。该系统的核心是涡轮机-交流发电机-泵三个部件同一根轴，轴承靠有机物润滑。放射性同位素热源朗肯循环动态发电系统的参数如表 3-11 所示，发电系统的外貌如图 3-25 所示[2]。

表 3-11   放射性同位素热源朗肯循环动态发电系统的参数

电源功率/W		工质参数		输出电压/V	转换效率[①]/%	设计寿命/年	电源质量/kg	电源尺寸(直径×长)/cm
热功率	电功率	温度/K	压力/MPa					
7 200	1 300	630	0.39	28	18.1	7	215	132×24

注：① 电功率可调节范围：500～2 000 W,最高转换效率可达 22.1%。

2）高温朗肯循环的工质

工质选择的要求：有合适的沸点,由于朗肯循环是两相工质,在蒸发器内液体汽化为蒸气,在汽轮机中膨胀做功后的乏气冷凝成液体,冷凝液体温度不能太低,以保证获得更小的辐射器面积;要求密度低,以减少整个工质的质量;热导率高;在运行温度下有低的饱和蒸气压;低的成本等。根据以上要求,早期研究中采用水银或芳香族碳氢化合物(即有机溶剂)为工质。采用水银的原因是在第二次世界大战中,火箭使用水银作为推进剂,有一定的使用经验。后来因为水银蒸气的化学毒性和水银蒸气容易与大多数金属结构材料反应产生汞齐而改用碱金属钾、钠、锂。三种碱金属的热物理性能如表 3-12 所示[58]。

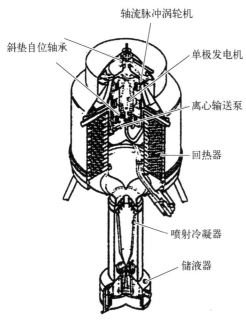

图 3-25   放射性同位素热源朗肯
循环发电系统的外貌

轴流脉冲涡轮机
斜垫自位轴承
单极发电机
离心输送泵
回热器
喷射冷凝器
储液器

表 3-12   三种碱金属的热物理性能

元素	熔点/K	沸点温度/K	液体密度/(g·cm^{-3})	液体比热容/[J·(g·K)$^{-1}$]	液体汽化热/(kJ·g^{-1})	液体热导率/[W·(m·K)$^{-1}$]	0.1 MPa 蒸气压温度/K
Li	453.5	1 620	0.512	4.07	22.08	71.1	1 610
Na	371.0	1 156	0.929	1.38	4.20	93.0	1 153
K	336.5	1 033	0.850	0.84	2.55	102.4	1 010

3）朗肯循环核反应堆的设计

20 世纪 90 年代日本提出用于月球表面的 RAPID 反应堆电源[59]，是以锂为冷却剂的快中子反应堆，UN 为燃料，^{235}U 富集度为 97% 和 80% 两种，燃料包壳材料选用 Mo-Re 合金，10 年换燃料 1 次，冷却剂入口温度为 1 307 K，出口温度为 1 373 K，反应堆热功率为 5 MW，热电转换采用朗肯循环，输出电功率为 0.8 MW，系统转换效率为 16%。

美国在用于火星探测空间核动力的概念设计中[60]，以 UN 为燃料，堆芯燃料分两区，即 ^{235}U 富集度为 97% 和 70% 两种。燃料包壳材料选用 Nb-1Zr 合金，以钠为冷却剂，BeO 为反射层材料，采用堆芯外控制的快中子反应堆，热电转换采用沸腾钠的朗肯循环。三个设计方案：低温（1 300 K），反应堆的热功率为 10 MW，输出电功率为 1.0 MW；高温（1 500 K），反应堆的热功率为 10 MW 和 27 MW，相应反应堆输出电功率为 1.2 MW 和 2.6 MW，设计寿命为满功率 9 个月，完全满足地球到火星的一次往返。

4）空间应用朗肯循环的效率

根据效率公式，朗肯循环的效率与 h_1、h_2 和 h_3 有关。过热蒸气的比焓 h_1 取决于过热蒸气的压力和温度，当压力和温度增加时效率提高。这与选择的结构材料的性能（高温强度、与碱金属的相容性）有关，提高蒸气温度，效率将增加，如表 3-13 所示。排气的比焓 h_2 和冷凝液体工质的比焓 h_3 取决于冷凝器上的压力，当压力降低时效率增加。对于空间应用液体工质温度不能太低，否则辐射冷却器的质量将大大增加（空间靠热辐射排热）；改进热力循环方式，提高蒸发器、汽轮机内的效率。目前，朗肯循环的效率在 20% 左右。

美国在 SP-100 空间反应堆计划中，设想用在月球表面，以钾为工质的朗肯循环电力转换的运行参数如表 3-13 所示[61]。

表 3-13　朗肯循环运行温度与效率（反应堆热功率为 2.5 MW）

系统材料	净电功率/kW	转换效率/%	堆出口温度/K	涡轮机入口温度/K	涡轮机入口压力/kPa	主辐射温度/K	涡轮机转速/(r/min)	质量比功率/(kg/kW)
不锈钢	360	15.0	1 190	1 100	186	860	18 000	21.6
难熔金属	480	20.0	1 350	1 260	579	856	26 000	15.0
先进堆材料	550	22.3	1 590	1 500	1 965	981	47 000	12.1

3.2.2 布雷顿循环

布雷顿循环是美、俄发展大功率空间核动力的主要研究方向。一是这种转换的功率范围宽,功率可以从数十千瓦(如法国 20 kW 的空间核电源)到兆瓦级(如俄罗斯热功率为 3 MW,电功率为 0.8 MW 的电推进电源)。二是它可以采用高温气冷反应堆,反应堆一回路也可以采用液态金属冷却,二回路采用气体布雷顿循环。三是它适于双模式(核热推进和发电两用)反应堆。但它的轴速达到 3 万~6 万 r/min ,如何防止转轴磨损,以及在空间条件下保持系统的正常运行等技术需要突破。

3.2.2.1 布雷顿循环简述

布雷顿循环(Brayton cycle)是一种以气体为工质的热力循环,是吸气式喷气发动机,与燃气轮机的工作原理相同[62]。其命名是按 en:Geroge Brayton 来进行的,但实际上最早使用的是 en:John Barber。因此,布雷顿循环有时也称为焦耳循环。理想的布雷顿循环包括四个工作过程,其 p-V 和 T-S 关系如图 3-26 所示。图中:1—2 为工质在压气机中被可逆绝热(等熵)压缩($S = S_{min}$);2—3 为工质在换热器中可逆定压($p = p_{max}$)加热;3—4 为热的工质在汽轮机中做可逆绝热膨胀(等熵,$S = S_{max}$);4—1 为工质通过可逆等压($p = p_{min}$)放热,完成一个循环。

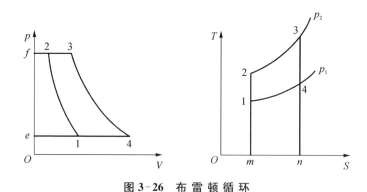

图 3-26 布 雷 顿 循 环

3.2.2.2 布雷顿循环的效率

1—2 为工质在压气机中绝热压缩,所消耗的功为

$$W_C = f21ef \text{ 的“面积”} = h_2 - h_1 \tag{3-94}$$

3—4 为热工质在汽轮机中绝热膨胀,输出功为

$$W_T = f34ef \text{ 的"面积"} = h_3 - h_4 \tag{3-95}$$

装置的净循环功为

$$W_T - W_C = 12341 \text{ 的"面积"} = (h_3 - h_4) - (h_2 - h_1)$$

循环吸收热量为

$$Q_1 = 23nm2 \text{ 的"面积"} = h_3 - h_2 = c_{pm} \Big|_{t_2}^{t_3} (T_3 - T_2) \tag{3-96}$$

循环放出热量为

$$Q_2 = 14nm1 \text{ 的"面积"} = h_4 - h_1 = c_{pm} \Big|_{t_1}^{t_4} (T_4 - T_1) \tag{3-97}$$

根据热力学第一定律,有

$$W_{\text{net}} = Q_{\text{net}} = Q_1 - Q_2 = 12341 \text{ 的"面积"} \tag{3-98}$$

热效率为

$$\eta_t = \frac{W_{\text{net}}}{Q_1} = 1 - \frac{Q_2}{Q_1} = 1 - \frac{h_4 - h_1}{h_3 - h_2} \tag{3-99}$$

设比热容为定值,则循环效率为

$$\eta_t = 1 - \frac{h_4 - h_1}{h_3 - h_2} = 1 - \frac{(T_4 - T_1)}{(T_3 - T_2)} = 1 - \frac{T_1(T_4/T_1 - 1)}{T_2(T_3/T_2 - 1)} \tag{3-100}$$

过程 1—2 和 3—4 为等熵绝热过程:

$$\frac{T_1}{T_2} = \left(\frac{p_1}{p_2}\right)^{(k-1)/k}, \quad \frac{T_4}{T_3} = \left(\frac{p_4}{p_3}\right)^{(k-1)/k}$$

3—2 和 4—1 为定压过程:

$$p_2 = p_3, \quad p_4 = p_1, \quad \frac{p_4}{p_3} = \frac{p_1}{p_2}$$

因此,有:$\dfrac{T_2}{T_1} = \left(\dfrac{p_2}{p_1}\right)^{(k-1)/k} = \left(\dfrac{p_3}{p_4}\right)^{(k-1)/k} = \dfrac{T_3}{T_4}$

根据式(3-100),有 $\eta_t = 1 - \dfrac{T_1}{T_2}$,如果设 $\gamma_p = \dfrac{p_2}{p_1}$

则

$$\eta_t = 1 - \frac{1}{\gamma_p^{(k-1)/k}} = 1 - \gamma_p^{(1-k)/k} \tag{3-101}$$

简单的布雷顿循环发动机的一个重要循环参数是压气机的压缩比 γ_p,它是发动机的最大压力与最低压力之比,k 为比热容比。改变 γ_p 和 k 任一个参数都可以改变简单布雷顿循环的热效率。单原子气体,如氦、氩等惰性气体做工质,有最高的比热容比 k,这类气体 k 为 5/3;双原子气体 k 为 7/5;三原子气体 k 为 8/6。

3.2.2.3 布雷顿循环在空间电源中的应用

布雷顿循环可以是开式循环,也可以是闭式循环。在核反应堆热源中只能采用闭式循环。有两种结构形式。一类是气体工质通过核反应堆的一回路换热器进行热交换,一般用锂作为核反应堆的冷却剂。这样的反应堆结构紧凑,运行温度在 1 600 K 以下(锂的沸点约为 1 620 K),但有两条主回路。第二类是气体工质直接通过核反应堆堆芯,由燃料元件加热气体工质。

1) 高温液态金属冷却反应堆布雷顿循环

法国于 1986 年提出以 NaK 为冷却剂、UO_2 为燃料的快中子反应堆,热电转换采用双布雷顿循环,热管辐射冷却器散热。输出电功率为 20 kW,热电转换效率达 21%,设计寿命为 7 年。其设计参数如表 3-14 所示[63]。由于余热排放温度低(509 K),因此,辐射冷却器面积大,循环如图 3-27 所示。

美国在 SP-100 空间反应堆计划中,设计用于月球和火星表面、气体工质通过反应堆的一回路换热器的布雷顿循环系统如图 3-28 所示[64],其设计参数如表 3-15 所示[64]。

表 3-14　法国设计电功率 20 kW 空间核电源(布雷顿循环)反应堆参数

热功率/kW	核燃料	燃料装载/kg	冷却剂	冷却剂出/入口温度/K	涡轮机效率/%	压缩机效率/%	热电转换效率/%	辐射器面积/m²	比功率/[kg/(kW)]
110	UO_2	70	Na-K	953/850	86.6	83.8	21	86	115

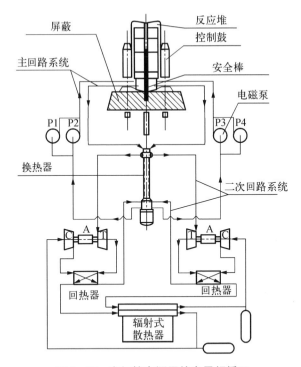

图 3-27 空间核电源用的布雷顿循环

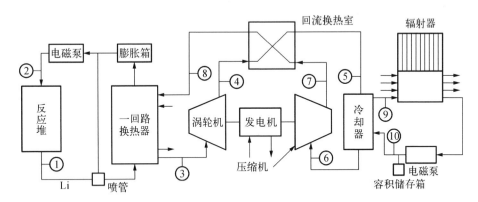

图 3-28 SP-100 空间反应堆的布雷顿循环系统

表 3-15 输出电功率为 100 kW 的布雷顿循环设计参数

反应堆热功率/kW	反应堆冷却剂	反应堆出口温度/K	反应堆温降/ΔK	涡轮机入口温度 T_H/K	冷凝器入口 T_C/K	温度比 T_H/T_C	热电转换总效率/%	热电转换净效率/%	辐射器面积/m²
464	Li	1 350	158	1 340	440	3.0	25.3	21.6	93

2）高温气体冷却反应堆布雷顿循环

气体工质直接通过反应堆堆芯，被加热到 1 123 K 以上，这一高温高压气体，直接推动氦气涡轮机带动发电机发电，同时也带动压气机压缩氦气。涡轮机的尾气经回热器低压侧后将余热传输给高压侧氦气，然后进入预冷器，降至低温。低温氦气进入有中间冷却器的（氦气）机组后被压缩成高压氦气，然后进入回热器高压侧被加热至接近涡轮机的排气温度，最后进入反应堆堆芯，重复循环过程[65]。

3.2.3 斯特林循环

将闭式循环往复活塞式斯特林发动机和线性交流发电机耦合，可以组成先进斯特林转换系统，斯特林发动机可以采用各种热源（太阳能，放射性同位素衰变能，核反应堆裂变能），输出电功率可以在很大范围内变化（从数十瓦到百千瓦），热电转换效率分别可达到约28%（放射性同位素热源）和约25%（反应堆热源）。因此，已成为目前低功率（从数十瓦到千瓦级）空间核电源的研究重点。

斯特林热电转换是利用工质加热膨胀，推动活塞往复运动，带动线性交流发电机发电的一种热电转换。

3.2.3.1 斯特林(Stirling)发动机的工作原理

这种发动机是伦敦的牧师罗巴特斯特林（Robert Stirling）于 1816 年发明的，所以命名为"斯特林发动机"。

斯特林发动机是一种外燃的、闭式循环往复活塞式热力发动机[66]。通过气体在冷热环境转换时的热胀冷缩做功。可用氢、氮、氦或空气等作为工质，按斯特林循环工作。

以配气活塞式热气机为例，如图 3-29 所示。在一个气缸内有两个活塞（工作活塞和排气活塞），由同心活塞杆与菱形驱动机构不同点相连，菱形驱动机构使两个活塞保持适当的相对位置，两个活塞做规律的相对运动。上部为热腔（见图 3-29 中的 1），下部为冷腔。冷腔与热腔之间用冷却器、回热器和加热器连接。

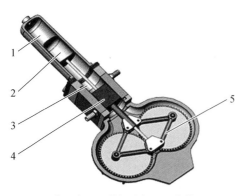

1—高温腔；2—排气活塞（压迫气体进入上方，气体被冷却收缩，排气活塞上升）；3—低温腔（注入和排出冷却工质）；4—工作活塞；5—曲柄和齿轮。

图 3-29　斯特林发动机工作原理

排气活塞(见图 3-29 中的 2)推动工质在冷热腔之间往返流动,组成一个动力单元。工质在低温冷腔中压缩,然后流到高温热腔中迅速加热,膨胀做功。燃料在气缸外的燃烧室内连续燃烧,通过加热器传给工质。热气机的燃烧、冷却过程完全连续,1 个气缸加热、1 个气缸冷却,工质在 2 个气缸中密闭循环,反复被加热冷却,工质不直接参与燃烧,也不更换。活塞在热气驱动下上下运动,驱动曲轴旋转[67]。

3.2.3.2　斯特林发动机的效率

斯特林循环的压力-容积(p-V)图和温度-熵(T-S)的关系如图 3-30 所示。

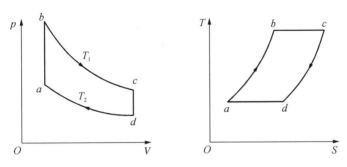

图 3-30　斯特林循环的 p-V 与 T-S 关系

图 3-30 中,d—a 为等温压缩过程;a—b 为定容吸热过程;b—c 为等温膨胀过程;c—d 为定容排热(冷却)过程。

斯特林发动机的效率:

$$\eta_t = \frac{W}{Q} = 1 - \frac{T_2}{T_1} \qquad (3\text{-}102)$$

式中:T_1 为高温,T_2 为低温。斯特林发动机是独特的热机,它的理论效率几乎等于卡诺循环效率,即在一定的高温热源和低温热源之间工作的热机的最高效率。

3.2.3.3　斯特林发动机在空间电源中的应用

1) 以太阳能为热源

碟式太阳能斯特林发电系统由于工作温度较高,太阳能转为电能效率达 33%,高于光伏电池的 18%~20% 水平。

2) 以放射性同位素为热源

美国能源部(DOE)提出,将采用先进斯特林放射性同位素发电器(ASRG)。它由高效自由活塞斯特林发动机和线性交流发电机耦合,组成先进斯特林转换器(ASC),然后由两个放射性同位素通用热源模块(GPHS)组成热功率约为 500 W,任务开始时电功率约为 130 W;PuO_2 含量约为 1.2 kg;系统转换效率约为 28%。

3) 以反应堆为热源

(1) 千瓦级小功率。美国洛斯·阿拉莫斯国家实验室和美国 NASA 研究人员共同提出千瓦级微型反应堆核电源[68]。热管-斯特林发电机系统采用高富集度合金铀(^{235}U 为 93%,U-7%Mo)为燃料。以钠为工质的热管将热量从反应堆芯导出,蒸发段温度为 1 050 K。当钠热管插入反应堆芯边缘时可提供 3.5～4 kW 的热功率(输出电功率为 1 kW);当钠热管插入反应堆燃料时可提供 40 kW 的热功率(输出电功率为 10 kW,热电转换效率可达 25%～28%)。

热管-斯特林发电机系统正进行的验证试验包括单个组件试验、一体化试验、电加热试验、核验证试验。

(2) 数十千瓦中等功率。NASA 目前正考虑重点研究星球表面的反应堆电源系统(FPS)[69]。FPS 用 UO_2 作为燃料,NaK 合金作为冷却剂的快中子反应堆。一对电磁泵将热量传输给 4 个 12 kW 的斯特林热电转换单元。废热靠 4 个水回路传输给钛热管辐射器。采用单面翅片辐射器,直接用环氧树脂与热管连接,因此质量轻。12 kW 的斯特林热电转换单元由两个功率为 6 kW 对置的斯特林发动机组成。以氦气为工质,装置直径为 0.3 m,长为 1.2 m,运行频率为 60 Hz,热电转换效率为 27%。

(3) 百千瓦级大功率反应堆电源。电功率为 100 kW,可用于月球表面的斯特林发电系统参数和结构线路,如表 3-16 和图 3-31 所示[64]。

因此,太空中航天器的电力供应,斯特林发动机有着其独特的竞争力。

表 3-16　斯特林循环的运行参数(输出电功率为 100 kW)

运行参数	反应堆出口温度/K	反应堆温降/K	反应堆热功率/kW	涡轮机入口温度 T_H/K	冷凝器入口 T_C/K	温度比 T_H/T_C	总效率/%	净效率/%	辐射器面积/m^2
斯特林循环	1 350	40	456	1 315	657	2.0	27.0	22.0	41

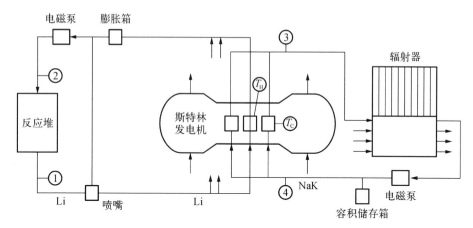

图 3-31　电功率为 100 kW 的斯特林发电系统

参考文献

[1]　Ewell R，Mondt J．Static conversion systems[G]．Space Nuclear Power Systems，1984；Malabar：Orbit Book Company，1985，Fl：385-390.

[2]　吕延晓,蔡善钰.空间核电源研究[R].北京：核工业信息研究所,1997：21.

[3]　Culp A W.能量转换原理：电能生产[M].北京：机械工业出版社,1987：261-266.

[4]　佩尔捷效应[R/OL].http//WenkU baidu Com/view/92a9c9...08e.html-V百度文库.

[5]　汤姆逊热电效应[R/OL].http//baike haosou.com-快照.好搜百科.2015.

[6]　李文琰.核材料导论：空间核电源[M].北京：化学工业出版社,2007：472.

[7]　汪继强.化学和物理电源：温差发电器[M].北京：国防工业出版社,2008.

[8]　乌沙考夫 Б А.热离子转换器的理论基础(内部资料)[M].李耀鑫,译.北京：中国原子能研究院,1999：114-115.

[9]　中国核科技信息与经济研究院.世界反应堆大全：SPOCK 空间电源反应堆[G].北京：原子能出版社,2015：72.

[10]　Ponomarev-Stepnoi N N,Kukharkin N E,Usov V A. Russian space nuclear power and nuclear thermal propulsion systems[J]. Nuclear News，2000,76(13)：37-42.

[11]　斯特普洛依 N N P,库哈尔金 H E,乌索夫 B A.核动力装置和原子能飞行器[M].李耀鑫,译.北京：原子能出版社,2015：14-16.

[12]　中国核科技信息与经济研究院.世界反应堆大全：HP-STMC 空间反应堆电源[G].北京：原子能出版社,2015：115.

[13]　Yarygin V I. Experimental studies of properties of excited states of cesium in the interelectrode plasma of a low-temperature thermal to electric energy thermionic converter[J]. Journal of Chemical Sciences，2012，23：77-93.

[14]　许春阳.近期俄罗斯核电推进概念的可行性[J].研究堆与核动力,2011,6：7-8.

[15]　Hatsopouios G N,Gyftopoulos E P. Thermionic Energy Conversion (Volume I：Processes and Devices)[M]. Ambridge,England：The MIT Press，1973：32.

[16]　杨继材,柯国土,郑剑平,等.热电直接转换(内部资料)[R].北京：核工业研究生院,2014.

[17] 金属的热电子发射与接触电势[R/OL]. http//www. docin com/p-31404308. html. 快照. Ⅴ豆丁网. 2015.

[18] 薛增泉, 吴全德. 电子发射与电子能谱: 金属的热电子发射[M]. 北京: 北京大学出版社, 1993.

[19] 乌沙考夫 Б А. 热离子转换器的理论基础(内部资料)[M]. 李耀鑫, 译. 北京: 中国原子能研究院, 1999: 2-10.

[20] 凯贝舍夫 В З. 核动力的物理问题: 空间核动力的热离子发射[M]. 郑颖等, 译. 北京: 原子能出版社, 2015: 1-4.

[21] Hatsopouios G N, Gyftopoulos E P. Thermionic energy conversion[M]. Volume Ⅰ: Processes and Devices. Ambridge, England: The MIT Press, 1973: 73-74.

[22] Hatsopouios G N, Gyftopoulos E P. Thermionic energy conversion[M]. Volume Ⅰ: Processes and Devices. Ambridge, England: The MIT Press, 1973: 55-57.

[23] Hatsopouios G N, Gyftopoulos E P. Thermionic energy conversion[M]. Volume Ⅰ: Processes and Devices. Ambridge, England: The MIT Press, 1973: 94.

[24] 罗皮考娃 С В. 热离子燃料元件材料性能及工艺手册(内部资料)[G]. 李耀鑫, 译. 北京: 中国原子能研究院, 1999: 78-79.

[25] 乌沙考夫 Б А. 热离子转换器的理论基础(内部资料)[M]. 李耀鑫, 译. 北京: 中国原子能研究院, 1999: 11-13.

[26] Hatsopouios G N, Gyftopoulos E P. Thermionic energy conversion[M]. Volume I: Processes and Devices. Ambridge, England: The MIT Press, 1973: 127.

[27] 乌沙考夫 Б А. 热离子转换器的理论基础(内部资料)[M]. 李耀鑫, 译. 北京: 中国原子能研究院, 1999: 19-21.

[28] 科瓦斯尼科夫 A. 热离子转换器内铯蒸气压调节与供应方法(内部资料)[G]. 李耀鑫, 译. 北京: 中国原子能研究院, 2006: 196-199.

[29] Roujnikov V. TOPAZ 空间堆热离子燃料元件热电特性研究和计算分析(内部资料)[R]. 北京: 中国原子能研究院, 1996: 83-84.

[30] Hatsopoulos G N, Gyftopoulos E P. Thermionic energy conversion[M]. Volume I: Processes and Devices. Ambridge, England: The MIT Press, 1973: 199.

[31] Roujnikov V. TOPAZ 空间热离子燃料元件热电特性研究和计算分析(内部资料)[R]. 北京: 中国原子能研究院, 1996: 92.

[32] 乌沙考夫 Б А. 热离子转换器的理论基础(内部资料)[M]. 李耀鑫, 译. 北京: 中国原子能研究院, 1999: 124-125.

[33] 西尼亚夫斯基 В В. 热离子燃料元件堆内考验和实验研究的方法和手段(内部资料)[M]. 李耀鑫, 译. 北京: 中国原子能研究院, 2005: 11-16.

[34] 杨继材. TOPAZ-2 材料及应用(内部资料)[G]. 北京: 中国原子能研究院, 1999: 38.

[35] Hyop S R. 采用堆内单节热离子燃料元件 SPACE-R 热离子空间核电源系统[R]. 苏著亭, 译. 研究堆与核动力, 2003(1): 13-24.

[36] 中国核科技信息与经济研究院. 世界反应堆大全: STAR-C 热离子反应堆电源[G]. 北京: 原子能出版社, 2015: 101.

[37] Yargin Y I. New-generation space thermionic nuclear power systems with out-of-core electricity generation systems[J]. Atomic Energy, 2000, 89(1): 75-78.

[38] 中国核科技信息与经济研究院. 世界反应堆大全: 热离子星表反应堆电源[G]. 北京: 原子能出版社, 2015: 136.

[39] 凯贝舍夫 В З. 核动力的物理问题: 空间核动力的热离子发射[M]. 郑颖等, 译. 北京: 原子能出版社, 2015: 108-109.

［40］　乌沙考夫 Б А. 热离子转换器的理论基础(内部资料)［M］. 李耀鑫,译. 北京:中国原子能研究院,1999:81-82.

［41］　Roujnikov V. TOPAZ 空间热离子燃料元件热电特性研究和计算分析(内部资料)［R］. 北京:中国原子能研究院,1999:92.

［42］　凯贝舍夫 В З. 核动力的物理问题:空间核动力的热离子发射［M］. 郑颖等,译. 北京:原子能出版社,2015:28-29.

［43］　陈尚达. 电源变换器:卫星电源技术［M］. 北京:宇航出版社,2001:346-347.

［44］　Bankston C P, Cole T. Alkali metal thermoelectric conversion (AMTEC) for nuclear power systems［G］. Space Nuclear Power Systems;1984; Malabar: Orbit Book Company, 1985, Fl: 393-398.

［45］　Bankston C P, Cole T. The alkali metal thermoelectric converter (AMTEC):A new direct energy conversion technology for aerospace power［J］. Journal of Energy Resources Technology-Transactions of the ASME, 1982,7(5):442-446.

［46］　Bankston C P, Cole T. Experimental and systems studies of the AMTEC for aerospace power［J］. Journal of Energy Resources Technology-Transactions of the ASME, 1983, 7(5):442.

［47］　张来福,童建忠,倪秋芽. 碱金属热电转换器的电极效率［J］. 太阳能学报,2002,23(5):599-600.

［48］　罗志福,彭慧. 空间用同位素电池 AMTEC 进展［C］. 北京:中国宇航学会深空探测技术专业委员会第七届学术年会论文集,2010:236-238.

［49］　张来福,倪秋芽,童建忠. 钾工质碱金属热电直接发电器件特性评价［J］. 中国电机工程学报,2003(10):175-179.

［50］　罗皮考娃 С В. 热离子燃料元件材料性能及工艺手册(内部资料)［M］. 李耀鑫,译. 北京:中国原子能研究院,1999:85.

［51］　中国核科技信息与经济研究院. 世界反应堆大全:SAIRS 空间反应堆电源［G］. 北京:原子能出版社,2015:52.

［52］　王吉萍. 磁流体发电应用与发展［R/OL］. (2010-12-03)http/wenku baidu. com/view/b0280d35fhtml-v 百度文库.

［53］　金永君,艾延宝. 磁流体发电［J］. 现代物理知识,2011,10(3):19-20.

［54］　Pavshook V A, Panchenko V P. Open-cycle multi-megawatt MHD space nuclear power facility［J］. Atomic Energy, 2008, 105(3):175-188.

［55］　许春阳. 先进空间核动力系统(内部资料)［R］. 北京:中国核科技信息与经济研究院,2014.

［56］　理想朗肯循环［R/OL］. http/wenku baidu com/view/d66514-58a html-V 百度文库. 2015.

［57］　Culp A W. 能量转换原理:机械能的生产［M］. 北京:机械工业出版社,1987:229-230.

［58］　杨继材,郑剑平. 反应堆材料:高温冷却剂材料(内部资料)［M］. 北京:中国原子能研究院,2015:85.

［59］　中国核科技信息与经济研究院. 世界反应堆大全:RAPID 星表反应堆电源［M］. 北京:原子能出版社,2015:152.

［60］　许春阳. 俄罗斯兆瓦级空间核动力装置研发进展［J］. 研究堆与核动力,2012(6):1-4.

［61］　Holcomb R S. Potassium rankine cycle power conversion systems for Lunar-Marr surface power［C］. Boston:Proc, 26th Intersociety Energy Conversion Engineering Conf. , 1991.

［62］　Culp A W. 能量转换原理:机械能的生产［M］. 北京:机械工业出版社,1987:224-225.

［63］　吕延晓,蔡善钰. 空间核电源研究［R］. 北京:中国核工业信息研究所,1997:57-58.

［64］　Harty R B, Mason L S. 100 kW Lunar/Marr Surface Power Utilizing the Sp-100 Reactor with

Dynamic Conversion[C]. Boston：Proc，26th Intersociety Energy Conversion Engineering Conf.，1991.

[65] 陈林根,孙丰瑞,陈文振.航空航天用闭式布雷顿循环的热力学优化[J]. 推进技术,1995,2：48.

[66] Culp A W. 能量转换原理：机械能的生产[M].北京：机械工业出版社,1987：211-212.

[67] 斯特林发动机[R/OL]. www tech-domain com/thread-11613-1-1. html-快照.

[68] 许春阳.千瓦级空间堆的核验证试验设计(内部资料)[R]. 北京：中国核科技信息与经济研究院,2015.

[69] 夏芸,王新燕.美国 DOE 空间和国防动力系统十年战略计划[J]. 核科技动态,2014,2：2-10.

第 4 章

空间核动力中的材料

空间核动力中的材料包括反应堆堆芯材料(核燃料、燃料包壳材料、慢化剂和反射层材料、冷却剂材料、控制材料和堆芯结构材料),屏蔽材料,辐射器材料,工作介质材料(铯、氢、氦),静态转换中的功能材料和其他结构材料。由于核动力中常用的材料如不锈钢、锆合金、铍、石墨等已有很多专著介绍过,本书只重点介绍与空间核动力密切相关的 6 种材料。

4.1 空间核动力中的核燃料

核燃料是空间核动力的主要材料之一,空间核动力对燃料的要求也不同于地面核电厂。例如,做电源用的空间反应堆,用于核热推进的热源反应堆,既可做电源又可做热源的双模式反应堆。由于反应堆的运行条件不同,其选择核燃料的原则也不同。

作为电源的空间核反应堆要求燃料元件能长期(7~10 年)稳定运行,可以根据选择的热电转换方式、运行温度,选择合适的核燃料类型。如热电转换方式选温差发电、布雷顿循环,由于反应堆的运行温度低(1 375 K 以下),常选用不锈钢或铌合金作为包壳材料,核燃料常选用导热系数好的碳化铀、氮化铀(如 SP-100 电源选用 UN;罗玛什卡电源选用 UC_2;BUK 电源选用 U-Mo 合金);而在热离子反应堆中,燃料元件运行温度高(燃料包壳温度达到 1 700 K 以上),通常选用钨基、钼基合金作为燃料包壳(或称发射极)材料。由于核燃料与钨、钼包壳的相容性问题,只能选用 UO_2 为燃料(如 TOPAZ-1、TOPAZ-2 和 SPACE-R 电源)。

核热推进的反应堆要求有尽可能小的尺寸和质量,堆芯产生的功率密度高(试验时达到 20~30 kW/cm^3,比其他反应堆堆芯功率密度高几个数量级),

高的热中子注量率(约 10^{15} cm^{-2} · s^{-1}),启动快(从物理功率到百万千瓦的额定功率时间不超过 1 min)。同时,核燃料和结构材料选择都要满足最高工作介质温度(约 3 000 K)和快速升温(1 000～1 500 K/s)的要求。但这种反应堆满功率运行总时间短(不超过 5～6 h),而且是脉冲式运行(燃料元件考验时的脉冲时间为 5～100s)。根据这些要求,俄罗斯核热推进的燃料元件为"直径 2 mm、像钻头形状的螺旋条形燃料棒"。

俄罗斯正研制新一代双模式反应堆,其做核热推进时推力为 68 kN,发电时采用布雷顿循环,输出电功率为 25 kW,发电工况下的寿命不低于 10 年。这种反应堆的燃料元件选用碳氮化铀(U-Zr-C-N)多组元燃料。根据空间核动力的应用情况,选择不同形式的燃料。本章将介绍氧化铀、碳化铀、氮化铀及碳氮多组元铀燃料的基本性能。

4.1.1　二氧化铀

二氧化铀作为核动力反应堆的燃料材料已得到广泛应用,二氧化铀燃料芯块的制备工艺技术很成熟,堆外、堆内性能数据(包括燃料在反应堆内的辐照性能数据)都比较齐全,国内外相关资料也比较多[1]。作为空间核动力应用,二氧化铀用于 1～3 年寿命的空间热离子反应堆技术问题不大,但由于二氧化铀的热导率低、蒸发速率高和中子辐照引起燃料肿胀等问题,用于 7～10 年寿命的空间热离子反应堆,在制备工艺、堆内辐照性能方面,还需要进一步研究。热离子反应堆的燃料燃耗低,运行温度高,因此,这里只介绍与空间热离子燃料元件密切相关的二氧化铀高温性能。

4.1.1.1　热离子燃料元件芯块工作状况和对燃料芯块的要求

1) 热离子反应堆燃料芯块工作状况

空间核动力热离子燃料元件与压水堆燃料元件运行工况对比如表 4-1 所示[2]。

表 4-1　两种燃料元件典型的运行工况

燃料元件类型	运行温度/℃		温度梯度/(K·cm^{-1})	燃耗/cm^{-3}	燃耗率/[(cm^3·s)$^{-1}$]
	燃料元件中心	燃料元件表面			
热离子燃料元件	1 500～2 000	1 400～1 800	可达 500	低于 3×10^{20}	3×10^{12}
压水堆燃料元件	可达熔点	300	可达 3×10^3	低于 1.5×10^{21}	1×10^{13}

2) 空间反应堆热离子燃料元件对燃料的要求

(1) 高富集度[235]U。为了保证空间反应堆有小体积的堆芯,减少辐射屏蔽质量,一般采用[235]U富集度大于90％的二氧化铀。

(2) 亚化学计量的二氧化铀。使用亚化学计量的二氧化铀是为了降低燃料芯块腔内用钨制成的排气装置的蒸发。试验数据表明,选用亚化学计量$UO_{1.9995}$作为燃料时,在2 000 ℃温度不会提高钨的蒸发速率。在相同条件下,在$UO_{2.005}$燃料的气体环境中,钨的蒸发速率几乎增加6个数量级,这可能导致排气系统很快失效。因此,燃料元件内二氧化铀选亚化学计量,以利于排气系统的长期运行。

(3) 低杂质的核燃料。核燃料中的杂质,特别要关注氢和碳的含量。氢、氧将影响杂质和发射极材料往接收极的迁移和沉积,从而引起接收极特性的明显改变。如果接收极上的沉积层有一定厚度,可能形成一个附加电阻,并联到电路中,使转换器参数变坏;当UO_2中有大量碳存在时,碳将以气态形式(如CO、CO_2)存在。当碳沉积在绝缘体上时,它可能引起电泄漏,甚至短路。因此,燃料中必须限制氢、碳杂质含量。

(4) 核燃料芯块要求稳定的开口孔率,以利于裂变气体的释放。

4.1.1.2 二氧化铀芯块的高温性能

1) 二氧化铀的蠕变

燃料的蠕变速率将影响燃料肿胀从而影响施加在发射极上的压力,因此在相当大程度上决定热离子燃料元件的寿命及发射极材料的选择。

热离子燃料元件有相对低的热功率密度($q_1 \leqslant 300 \ \mathrm{W/cm^3}$)并在高温($T \geqslant$ 1 700 K)下工作,在这种条件下(即$T > 0.5T_{熔}$和燃耗率$\leqslant 1 \times 10^{13} \ \mathrm{cm^{-3} \cdot s^{-1}}$),由于辐照效应小,二氧化铀堆内蠕变主要为热蠕变(蠕变速率由热蠕变控制)。因此,在本节中,除专门注明外,核燃料所有数据都是非辐照数据。国外的研究指出[3]:二氧化铀的蠕变主要受结构和成分的影响,如晶粒尺寸、密度、O/U值等。高温辐照,可能使燃料内部结构发生变化,实质上高温辐照所得数据可能与制造状态二氧化铀的蠕变参数不同。

(1) 二氧化铀密度对蠕变影响。81％～99％TD的三种密度ρ(不同孔隙率)、粗晶粒(柱状晶粒直径为150～250 μm,长度为500～3 500 μm)的二氧化铀典型的蠕变曲线如图4-1所示[4]。结果表明,样品密度对蠕变速率有相当大的影响,在1 650 ℃、10 MPa下,随密度的增加(孔隙率降低),蠕变速率降低。在上述试验条件下,二氧化铀的稳态蠕变速率$\dot{\varepsilon}$取决于孔隙率(用P表示),它们之间的关系可表示为 $\dot{\varepsilon}\sim P^{1.9}$。

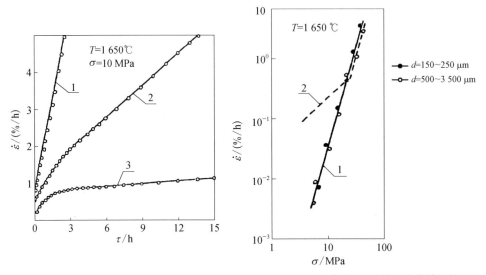

曲线 1：$\rho=81\%\sim87\%$TD；曲线 2：$\rho=91\%\sim92\%$TD；曲线 3：$\rho=94\%\sim99\%$TD。

**图 4-1 三种密度、粗晶粒的二氧化铀
典型蠕变曲线**

曲线 1 为 UO_2 粗晶粒；曲线 2 为烧结细晶粒
$UO_2(d=5\sim10\ \mu m)$。

**图 4-2 二氧化铀稳态蠕变速率
与应力的关系**

(2) 应力和晶粒尺寸对稳态蠕变速率的影响。二氧化铀稳态蠕变速率 $\dot{\varepsilon}$ 与应力 σ 的关系如图 4-2 所示[4]。图中曲线表明，试验应力在 5～40 MPa，温度在 1 500～1 900 ℃范围内，稳态蠕变速率遵从 $\dot{\varepsilon}\sim\sigma^{4.2}$ 的规律，此时蠕变为位错扩散机制。晶粒尺寸在 150～3 500 μm 范围内对蠕变速率没有影响。拉长的柱状晶的二氧化铀稳态蠕变速率，如图 4-2 中曲线 1，可表示为

$$\dot{\varepsilon}=A\sigma^{4.2}\exp(-41\,000/RT)$$

式中，$\dot{\varepsilon}$ 为稳态蠕变速率(%/h)；A 为系数；σ 为应力(MPa)；R 为气体常数 [J/(mol·K)]；T 为试验温度(K)。

对于烧结的细晶粒(5～10 μm)的二氧化铀，当应力低于线性蠕变极限 (20 MPa)时，稳态蠕变速率 $\dot{\varepsilon}$ 和应力 σ 呈线性关系，即 $\dot{\varepsilon}\sim\sigma^{1.0}$，如图 4-2 中曲线 2 所示，蠕变为空位扩散机制。通过两条曲线的比较可以看出，二氧化铀由初始细晶粒结构转变为柱状晶结构时线性蠕变极限要降低。对 5～10 μm 的等轴细晶，稳态蠕变速率 $\dot{\varepsilon}$ 与应力 σ 呈线性关系的限值应力为 20 MPa，而粗

的柱状晶(宽度～$200\ \mu m$)的线性关系限值应力降为 2.6 MPa。在低应力下,等轴细晶的二氧化铀的蠕变速率比粗的柱状晶的蠕变速率显著降低(在 2 个数量级以上);当应力 $\sigma >$ 20 MPa 时,晶粒尺寸的影响将消失。

(3) 化学计量的影响。选用亚化学计量 $UO_{1.965}$ 和超化学计量 $UO_{2.004}$ 的样品在 1 700 ℃温度下,进行蠕变试验,结果如图 4-3 所示[5]。图中曲线表明:在相同应力下,亚化学计量

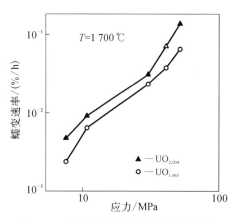

图 4-3　亚化学计量和超化学计量二氧化铀蠕变速率与应力的关系

$UO_{1.965}$ 的蠕变速率略低于超化学计量 $UO_{2.004}$ 的蠕变速率,差值不超过 1 倍。

2) 亚化学计量二氧化铀的相结构

A. S. Gontar 等[5]研究了亚化学计量($UO_{1.983}$)、等轴晶、孔隙率均匀分布二氧化铀的相结构,发现其在室温下将以金属铀和二氧化铀两相形式存在,在制备的初始状态样品中发现金属铀夹杂物的尺寸不超过 $1\ \mu m$;在 1 650 ℃蠕变试验后的二氧化铀样品内发现铀沿晶界网络状沉淀,在细孔附近存在铀点状夹杂物。在室温下,二氧化铀的晶格(点阵)间距为 546.95 pm,另一相的点阵间距为 494.0 pm,随温度增加,点阵间距将增大。加热到 1 000 ℃时,二氧化铀点阵间距为 553.3 pm,另一相点阵间距为 499.8 pm;当二氧化铀样品被加热到 $T \geqslant 1\ 100$ ℃时,二氧化铀转变为单相,也就是第二相消失。继续加温,一直加热到 1 800 ℃,此时二氧化铀的点阵间距为 555.72 pm,仍保持单相。当将样品冷却到室温(25 ℃)时,又出现两相,二氧化铀相的点阵间距回复到 546.97 pm,第二相恢复到 494.0 pm。

3) 二氧化铀燃料芯块的同位素成分

表 4-2 给出了二氧化铀芯块的同位素成分。

表 4-2　热离子燃料元件二氧化铀芯块的同位素成分

元　素	^{234}U	^{235}U	^{236}U	^{238}U
含量(原子数分数)/%(测量值)	1.11 ± 0.02	95.86 ± 0.05	0.025 ± 0.03	3.0 ± 0.03

4.1.1.3　二氧化铀芯块中的气体

核反应堆中用的 UO_2 芯块采用粉末冶金工艺制备,芯块密度一般为理论

密度的 94%～96%(即 94%～96%TD),还有～4%体积的孔隙率,这些孔隙率中,至少有小部分(15%以下)为开口孔。在空气中,开口孔要吸收空气中的 H_2O、CO_2、N_2 等气体,即使闭口孔,也会由于 UO_2 芯块在制备过程中在氢气中高温烧结而有残余氢气。反应堆在运行过程中,由于高温和辐照引起燃料重结构,这些气体将释放出来,造成包壳内压增加,这是热离子燃料元件不允许的。因此,用于热离子燃料元件的二氧化铀芯块必须在高温真空中除气,以降低二氧化铀芯块中的残余气体含量。下面介绍 UO_2 芯块真空除气时芯块中残余气体的组成、释放温度与时间之间的关系。

1) 二氧化铀芯块中气体成分

用常规粉末冶金工艺制造的密度为 97%～98%TD 的圆柱状芯块,在 10^{-4} Pa 真空装置中加热,用气体质谱仪测出 UO_2 芯块释放气体的成分。样品氧/铀的比为 $UO_{2.005}$,样品均匀加热到 2 200 K,气体释放率与温度的关系如图 4-4 所示[6]。纵坐标表示每克 UO_2 芯块每分钟释放的气体在标准状态下所占体积[$cm^3/(g·min)$],横坐标为时间,单位为分。

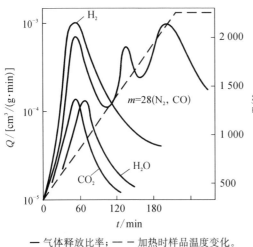

——气体释放比率;———加热时样品温度变化。

图 4-4 UO_2 芯块中释放气体的成分

从图中曲线看出,温度较低时氢气就开始释放,大约加热 60 min,温度达到 750 K 时释放速率达到最大值,当温度进一步升高时氢释放急剧减少。因此,在 1 250 K 以下,$UO_{2.005}$ 芯块放出的气体主要是氢。在 1 200 K 时,CO_2、水蒸气释放全部结束,在更高温度下放出的主要是相对分子质量为 28 的气体,包括一氧化碳和氮气的混合气体。

气体释放随温度非单调的特性可以用燃料中气体生成的杂质在芯块中不同位置来解释。在 670 K 有第一个最大值与芯块表面气体解吸有关;在 1 550 K 处的最大值可以用溶解在芯块中的气体释放来解释;在高温(1 700～2 300 K)下气体释放速率增加是由于铀的氧碳氮化合物分解产生的气体释放引起。在高温(2 300 K)保持 3～5 h 退火后氮和碳总量将减少到 10^{-4}%～10^{-3}% 质量。

二氧化铀芯块中氮、碳释放与温度的关系如图 4-5 所示[6]。图中纵坐标表示每克二氧化铀芯块释放出的气体在标准状况下所占体积（表示为 cm^3/g）；横坐标为加热绝对温度的倒数。每克二氧化铀芯块氢释放的总量不超过 $1\times10^{-3}\sim2\times10^{-3}$ cm^3/g（标准），加热到 750 K 时主要部分就释放出来。（$CO+N_2$）的释放受温度及二氧化铀中碳和氮含量的强烈影响，当这些杂质总量从 $2\times10^{-2}\%$ 变化为 $1.7\times10^{-1}\%$ 时，从燃料中释放的气体量大约增加 20 倍。因此，要排除燃料芯块中的氮和碳需要除气温度高达 $2\,200\sim2\,300$ K。在这样高温下除气不可避免地会由于蒸发引起二氧化铀损失。

2）二氧化铀芯块上各种气体分压

Rakitskaya 等[7] 在著作中有大量不同批次二氧化铀芯块的除气数据，测试的芯块密度为 $96\%\sim81\%$ TD，但每批杂质的含量几乎相同，含有约 2.0×10^{-5} 的碳和不超过 5.0×10^{-5} 的氮；他们分别对超化学计量的 $UO_{2.004}$ 和亚化学计量的 $UO_{1.995}$ 气体释放进行了研究，试验时无燃料的装置中残余气体压力为 $10^{-4}\sim10^{-5}$ Pa。

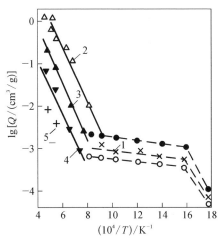

— —氢；—质量 $m=28$ 的气体（N_2，CO）；·—刚制备的 UO_2；○— 在空气中保持 8 h 和 46 h 的 UO_2；1—在空气中保持 360 h 后的 UO_2；2—$C+N=1.7\times10^{-1}\%$ 质量；3—$C+N=5\times10^{-2}\%$ 质量；4—$C+N=2\times10^{-2}\%$ 质量；5—$C+N=7\times10^{-3}\%$ 质量。

图 4-5　二氧化铀芯块中气体释放与温度的关系

图 4-6 为 $UO_{1.995}$ 芯块加热到 1 800 ℃后保温 10 h 装置内气体分压的变化[7]。这里将一氧化碳和氮气的组分分开，结果表明残余气体中包含有大量的一氧化碳，由此可以得出结论，关键是从氧化铀燃料中除去碳杂质，因为对于二氧化铀燃料而言，高温下对热离子转换器性能产生不利影响的重要气体是一氧化碳。

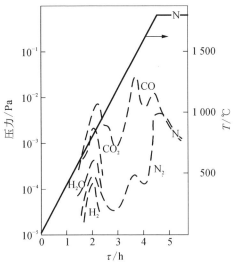

—加热时温度变化；——整个芯块上气体分压。

图 4-6　芯块上各种气体分压

3）除气后二氧化铀芯块的吸气

研究不同氮、碳含量的 $UO_{2.005}$ 芯块的放气情况和在 2 300 K 下除气后在空气中停留时间对放气的影响，在 500～2 300 K 温度范围内放出的气体是氢气和(N_2+CO)，氢气释放量取决于已除气的 $U_{2.005}$ 芯块在空气中停留的时间、大气湿度和芯块的开口孔率等。

在比较干燥的大气中，芯块能吸附几个单分子层的水，而在高湿度气氛中则可吸附 6 个单分子层的水[8]。芯块吸水速度很快，几秒钟内的吸水量就能测出，几分钟到几小时达到饱和，这与开口孔率有关。开口孔率决定二氧化铀芯块内表面吸附面积大小，当开口孔率＞5％时，吸附面积急剧增加，如烧结密度为 92％TD 的芯块，吸附面积可达 100 cm^2/g，吸水率可达 $1.0×10^{-4}$；当芯块密度≥93.5％TD(10.25 g/cm^3)时，在正常空气中储存时芯块吸水率为(3～10)×10^{-6}(0.3～1.1×10^{-6} 当量氢)。当芯块进行湿磨时大量吸水，此时水渗入到开口孔内，尤其对低密度或制造不良的芯块，吸水率可达到 $1.0×10^{-4}$，这些芯块很难干燥。

从芯块水分释放率随温度的变化可以看出，芯块经 150 ℃干燥后水分释放率显著降低，在 400 ℃以前水分释放量约为 50％，在 1 000 ℃时水分释放量接近 100％。

4.1.2 碳氮化铀

空间核动力发射成功，反应堆启动后就一直在空间运行直到寿期终止。因此，反应堆内的燃料元件寿命是决定空间核动力的主要因素。组成空间热离子反应堆芯的燃料元件是热离子燃料元件，影响热离子燃料元件寿命和效率的主要原因之一是发射极的径向变形造成发射极与接收极的短路和核燃料的质量迁移引起发电元件电性能的变化。核燃料的中子辐照肿胀施加给包壳(发射极)上的应力是造成发射极变形的主要原因。减少发射极变形可以从两方面入手：一是强化包壳材料，即选择高温强度高的包壳材料(将在 4.2 节介绍)，另一办法是选择导热系数高、蠕变强度低的燃料芯块，即所谓软芯块。国外研究表明[9]，除改进 UO_2 制备工艺(如制备有稳定开口孔率的 UO_2 芯块)外，就是寻求新的燃料组分，如碳化铀和氮化铀。与 UO_2 相比，碳化铀和氮化铀虽然有高的热导率、最高的铀密度和低的蒸发速率，但它们用于热离子燃料元件时与包壳材料的相容性还存在问题。如在发射极温度范围内，碳化铀容易与钨、钼发生反应，在 1 000 ℃时，UC 开始使钨渗碳，保持 1 300 h 后，可生成

W_2C 层达 0.5 μm 厚,随温度升高渗透强度急剧增加。在 2 000 ℃保持 30 h,W_2C 层厚度可增到 383 μm。钼渗透碳比钨还高,在 1 200 ℃保持 3 600 h 后,MoC 层厚度达到 150 μm。UC-Mo 和 UC-W 系统中,可形成包晶,熔点分别是 1 850 ℃和 2 150 ℃;对于氮化铀,当温度达到约 1 700 ℃时,$UN_{0.985}$ 可认为是均匀区的下边界。在这一组成时,氮的气压超过铀分压约 4 个数量级。这表明,当氮化铀的组分移到下边界时,氮化铀内液态铀的总量将增加。这说明用钨、钼做包壳的高温燃料元件不适于选用 UC、UN 的二组元燃料。

4.1.2.1　碳化铀和氮化铀

1) 碳化铀和氮化铀的物理性能

为了比较,将常用的三种陶瓷燃料的物理性能都列入表 4-3 中。由于测量样品原始状态和测量方法不同,性能有些差异,特别是二氧化铀,物理性能和力学性能都受材料密度、O/U 比等因素影响,同一个性能,如热导率、弹性模量等数据在较大范围内变化。表 4-3 的数据表明[10-12],碳化铀和氮化铀中铀密度、热导率都优于二氧化铀。

表 4-3　二元陶瓷燃料的物理性能

项　目	燃料名称		
	UC	UN	UO_2
相对分子质量	250	252	270
晶体结构	NaCl 型,面心立方	NaCl 型,面心立方	CaF_2 型,面心立方
点阵常数/pm	496.0	488.9	547.04
理论密度/(g·cm^{-3})	13.6	14.4	10.96
铀密度/(g·cm^{-3})	12.95	13.63	9.66
熔点/K	2 670~2 880	3 120	3 133±40
生成热(298 K)/(kJ·mol^{-1})	96.9(J/mol)[①]	294.8	1 084.5±2.5
比热容 c_p/[J/(kg·K)]	203(298 K)[②];258(2 000 K)[②]	190(298 K)[②];260(2 000 K)[②]	240(290 K)[②];242(1 773 K)[②]
热膨胀系数 α/(10^{-6} K^{-1})	12.8(298~2 000 K)[②];10.98[①](298~1 273 K)[②]	9.9(290~1 870 K)[②];8.61[①](290~1 273 K)[②]	7.8(373 K)[②];12.83(298~2 273 K)[②]
热导率 k/[W·(m·K)$^{-1}$];1 300 K	21~19(1 000~2 500 K)[②];25	26.04;23	7.8(373 K)[②];3.0

(续表)

项　目	燃料名称		
	UC	UN	UO$_2$
蒸气压 p/Torr (1 Torr=133 Pa) 1 600 K/Pa 1 800 K/Pa	$\lg p = 8.58 \sim 27\,800$ 约 10^{-9} 约 2×10^{-7}	$\lg p\,(N) = 9.849 \sim$ 3.198×10^4 2×10^{-5} 2×10^{-3}	$\lg p = 12.183 \sim$ 32 258 1.5×10^{-6} 2.0×10^{-4}
电阻率 ρ/($10^{-8}\,\Omega \cdot m$)	40.5(298 K)[②]; 147(1 000 K)[②]; 255(2 000 K)[②]	165(293 K)[②]; 200(1 000 K)[②]; 260(2 000 K)[②]	$1 \sim 18\,\Omega \cdot m$; $8 \times 10^{-3}\,\Omega \cdot m$

注：① 文献[10]数据；② 括号内的值表示测量温度。

2) 几种陶瓷燃料的力学性能

几种陶瓷的弹性模量差别不大,压缩强度明显受晶粒尺寸的影响,如二氧化铀,当晶粒尺寸在 5 μm 以下时,压缩强度为 980 MPa,当晶粒尺寸增大到 15～20 μm 时,压缩强度下降到 420 MPa。几种二元陶瓷燃料的力学性能如表 4-4 所示[10]。

表 4-4　几种二元陶瓷燃料的力学性能

材料	弹性模量 E/GPa	泊松比 μ	拉伸强度/MPa	压缩强度/MPa	弯曲强度/MPa	硬度 Hv/MPa
UO$_2$	226	0.325	80(290 K); 110(1 000 K)	420～980	100～170(293 K); 90(1 873 K)	6 550
UC	224.9	0.288	48(290 K); 110(1 500 K)	1 000	—	7 000(1 500 K)
UN	213～266	0.284	148	—	74(293); 136(1 473 K)	4 800

注：括号内的值表示测量温度。

4.1.2.2　几种复杂的碳氮铀化物

鉴于铀的单一组分不能满足高功率、长寿命热离子燃料元件燃料材料总体要求,于是提出在单一组分基础上加入其他元素形成复杂的铀化合物。研究有两个方向,一是以一碳化铀为基,加入难熔金属锆、铌、钽等元素,替代燃料中的铀成分,因为这些金属的碳化物晶胞尺寸相近,差值不超过 5%～10%,

在高温下,铀、铌、锆、钽混合的碳化物可形成一组连续固溶体;另一个方向是将 UC 和 UN 混合,因两者有相近的点阵尺寸和相似的晶格,它们混合后也可形成一组连续固溶体。在上述复杂铀化合物中,最有希望的是 $U_{1-y}Me_yC_{1-x}N_x$ 碳氮化合物,其中 Me 为难熔金属。

1) 几种复杂碳氮铀化物的物理性能

可用于空间核动力的几种多组元陶瓷燃料的性能如表 4-5 所示[9]。为了比较,将两组元陶瓷燃料同时列入表中。由于数据来源于不同作者,数据略有差别。其中以 $U_xZr_{1-x}CN$ 的热导率最高,而且有高的铀密度和熔点,因此被选做核热推进反应堆的燃料。

表 4-5　可用于空间核动力的几种燃料性能

燃　料	铀含量/ $(g \cdot cm^{-3})$	熔点/K	在 2 770 K 时热导率/[W/(m·K)]	300～1 500 K 热胀系数/(10^{-6} K^{-1})
UC	12.95	2 670～2 880	21.7(1 273 K) 33(317 K)	～10
UC$_2$	9.67	2 770	21.6	13.0
$U_xZr_{1-x}C$	9.5～11.7	3 170～3 370	17～18	11.8～13
$U_xTa_{1-x}C$	10～11	3 170～3 270	25～27	9.8～10
$U_xZr_{1-x}CN$	9.7～12.2	3 070～3 170	30～37	10.8～11.2
UC$_x$S$_{1-x}$	10.3～10.5	2 810	20 16①	—
UN	13.63	3 120	20② 24.5(1 000 ℃)	—
UO$_2$	9.66	3 138	2.8(1 000 ℃)	10.8

注: ① 表示在 1 970 K;② 表示在 2 170 K。

2) 蠕变速率

核燃料的蠕变性能是高温燃料的基本性能。蠕变速率高,表示燃料蠕变极限低,也就是所谓软芯块,燃料芯块施加给包壳上的压力小,包壳不容易变形。

几种陶瓷燃料的蠕变速率(相对值)如图 4-7 所示。数据表明碳硫化铀具有最高的蠕变速率,在 1 650 ℃、5 MPa 下,稳态蠕变速率 $\dot{\varepsilon}=20\%/h$。 稳定开口孔隙度的二氧化铀次之,碳化物固溶体的蠕变速率最低[9],在相同温度和相同应力下,$\dot{\varepsilon}=(3.6\sim8)\times10^{-2}\%/h$。

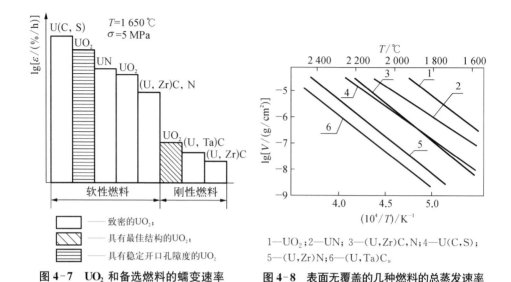

图 4-7　UO₂ 和备选燃料的蠕变速率　　图 4-8　表面无覆盖的几种燃料的总蒸发速率

3）陶瓷燃料的蒸发速率

燃料蒸发速率越高，燃料质量迁移越快，燃料芯块柱的形状和组分可能发生变化，引起燃料元件的工作状态改变。在图 4-8[9] 所研究的 6 种燃料中，(U,Ta)C 碳化物燃料（图中曲线 6）的蒸发速率最低，同时它的热导率也高，燃料芯块柱中心温度将降低，燃料芯块柱在整个寿期中可以保持本身的结构形状，这样，燃料元件就可以利用燃料芯块的自由中心孔道排除裂变气体。但碳化物燃料另一个特点是蒸发时铀先蒸发，结果燃料表面的金属将富集，而蒸气冷凝物中铀含量增加，U/Me 的比值将比初始值高，性能可能发生变化。

4.1.2.3　陶瓷燃料的辐照性能

在空间核动力中，由于燃料的工作温度高，辐照条件下主要考虑燃料的辐照肿胀和裂变气体释放，以便确定燃料柱的热稳定性。

1）辐照肿胀

UO₂、UC、UN 三种二元陶瓷燃料在相同辐照温度（1 200～1 800 ℃）和相同燃耗（1×10^{20} cm⁻³）条件下，UC 辐照肿胀最大，UN 最小，UO₂ 介于两者之间；在燃耗比例为 4%，燃料平均温度从 1 300 K 升高到 1 800 K 时，UC 裂变气体释放从 20% 上升到 90%，UO₂ 裂变气体释放从 50% 上升到 80%，而 UN 的裂变气体释放从 15% 上升到 45%[12,13]。

几种多组元铀/锆碳氮化合物燃料当燃料包壳温度为（1 650±50）℃，功率

密度为 (180 ± 10) W/cm^3 时,在惰性气体中进行试验,燃耗达到 0.3% 每个初始金属原子裂变(表示为 0.3% FIMA),结果表明样品物相稳定,晶粒长大 1.5~2 倍。然而,由于不一致的蒸发,所以铀/锆碳氮化合物燃料在真空中的热稳定性温度限制在约 1 500 ℃。UC-TaC 样品试验温度为 1 600~1 730 ℃,功率密度为 200~250 W/cm^3,燃耗达到 0.68% FIMA,辐照后 X 射线检测证明,样品物相稳定,晶格间距变化不超过 0.08 pm。几种有前途组分的燃料在高温下辐照肿胀比较如图 4-9 所示,表明碳化物燃料的辐照肿胀最高。针对碳化物燃料最高的肿胀率,还进行了燃料孔隙度(燃料密度)对辐照肿胀影响的研究。当燃料存在 10%~20% 孔隙度时,辐照肿胀将降低至原来的 $\frac{1}{2}$—$\frac{2}{5}$,如图 4-10 所示[9]。

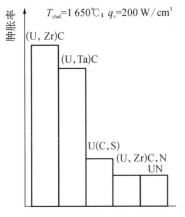

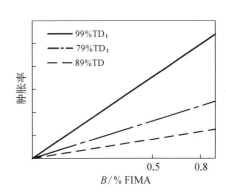

图 4-9　备选燃料的辐照肿胀速率　图 4-10　碳化物燃料的肿胀速率与燃耗的关系

2)结构的热稳定性

UC-ZrC 和 UC-TaC 固溶体有很高的热稳定性和高的铀含量(9.5~11 g/cm^3),高的导热率,主要缺点是辐照肿胀高,这是各种碳化物所固有的。铀/锆碳氮化物可以在高温下应用,但由于铀/锆碳氮化物不一致的蒸发,需要将燃料元件内保持几托的氮压。

4.2　空间核动力中的结构材料

在空间核动力中,反应堆运行时燃料元件温度最高,常选用难熔金属做包壳材料。在布雷顿循环中,以 UN 为燃料,选择铌合金做燃料包壳材料;在热离子燃料元件中，以 UO_2 为燃料，包壳（也是发射极）工作温度最高（>1 700 K），只能选择钨、钼、铼等材料[14]。在热离子转换中，发射极材料的性能不仅影响热离子燃料元件的寿命，而且还影响发电元件的电输出功率，从而影响核动力的热电转换效率。热离子发射饱和电流密度 J_s 为

$$J_s = AT^2 \exp[-\phi/(kT)]$$

式中：T 为发射极的绝对温度（K）；ϕ 为发射极的电子功函数（eV）。

从上式看出，饱和电流密度 J_s 与发射极温度和电子发射层材料的功函数密切相关。发射极温度越高，饱和电流密度越大。但发射极的使用温度受材料高温强度和饱和蒸气压的限制。国外试验数据表明[15]，当发射极选用多晶钼合金（如俄罗斯的 BM-1，类似于 Mo-Ti-Zr 合金）时，热离子燃料元件寿命只有一年；当选用单晶钼和表面气相沉积钨双层金属时，热离子燃料元件寿命可达 2~2.5 年；当选用合金化钼单晶时，不仅显著提高了高温强度，配合亚化学计量的氧化铀燃料，在 1 500~1 800 ℃温度下，热离子燃料元件寿命可达 5~7 年。因此，第三代热离子燃料元件都选用 Mo-Nb 合金单晶作为发射极材料。

材料的热电子功函数与金属材料的费米能级和晶面取向有关。真空功函数越高，吸附铯的能力越强，降低到最佳功函数所需铯蒸气压越低。因此，在热离子燃料元件中，常选择高真空功函数的材料。在可用于发射极电子发射层的材料中，铼的（0001）和钨的（110）面功函数最高，前者真空功函数为 5.59 eV，后者为 5.25 eV。但铼的热中子吸收截面最大（86 b，1 b=1×10^{-28} m^2），不宜作为热中子反应堆堆芯材料。钨虽然有较大热中子吸收截面（19.2 b），但钨由多种稳定同位素组成，其中[184]W（占总质量的 30.64%）的热中子吸收截面只有 2.0 b，比多晶钼的热中子吸收截面（2.7 b）还低。另外，单晶的特点之一是可以根据需要选择不同晶轴取向。当钼单晶选（111）晶轴取向时，在其表面化学气相沉积钨时，可以获得择优取向的 W（110）晶面。于是选择以 Mo-Nb 单晶为基体，[184]W 涂层为电子发射层的复合发射极，不仅有很高的高温强度，同时很好的热电子发射性能。

热离子燃料元件中的另一个重要结构材料是接收极材料，对接收极材料的要求与对发射极材料要求差不多，但它的工作温度低，不超过 1 000 K。已成功用于热离子燃料元件接收极的材料有铌合金（如 TOPAZ-1 热离子燃料元件的接收极）、钼合金（如 TOPAZ-2 热离子燃料元件的接收极），甚至选择钼单晶（如 SPACE-R 的热离子燃料元件的接收极）。由于铌合金已是成熟合

金材料,常规(物理、力学)性能本书不进行介绍。铌合金不管是作为燃料包壳还是作为接收极材料,都要承受强中子辐照,因此,在本节中,将介绍多晶钼、铌合金的中子辐照性能。

4.2.1　难熔金属单晶

难熔金属的单晶材料包括钨单晶、钼单晶和铌单晶。钨单晶可以作为大功率热离子燃料元件的发射极材料,但有关钨单晶性能的资料较少;由于铌合金有很好的塑性,中子辐照性能好(辐照后仍有塑性),与熔融碱金属(如锂)相容性好,在空间核动力中,没有发现使用铌单晶的优越性,因此未见在空间核动力中使用铌单晶的报道。

1) 金属单晶的特点

(1) 单晶无晶界,不存在再结晶。

单晶直到熔点温度性能和结构都稳定,不会像多晶由于再结晶而降低塑性。

(2) 单晶有低的扩散渗透性能。

以铀在多晶和单晶钼中的扩散为例,在 1 650 ℃时,3 年内铀在单晶钼中扩散速率为 3×10^{-8} mol/cm^2,10 年为 1×10^{-7} mol/cm^2;在相同条件下,多晶钼的扩散速率分别为 6×10^{-6} mol/cm^2 和 2×10^{-5} mol/cm^2。

(3) 单晶有最小蒸发速率。

在 2 073 K、7×10^{-6} Pa 的真空中,单晶钼的蒸发速率比多晶钼低,约为多晶钼的 $\dfrac{1}{2}$。单晶钼和多晶钼的热辐射系数几乎相同。

(4) 单晶存在性能各向异性。

① 电子功函数值。单晶钼(110)面功函数等于 4.9 eV,比多晶钼高 0.5 eV,即比多晶钼高约 11%。而单晶钨(110)面功函数为 5.25 eV。几种金属的电子功函数值如表 4-6 所示。

表 4-6　不同晶面的功函数(eV)

材　料	晶　格	功函数/eV				
		[110]	[112]	[100]	[111]	多　晶
W	bcc	5.27	—	—	4.37	4.55
Mo	bcc	4.90	4.55	4.40	4.10	4.40
Nb	bcc	4.80	4.47	4.00	3.88	

② 力学性能。单晶钼力学性能存在各向异性。力学性能的各向异性是体心立方、面心立方、密集六方结构难熔金属单晶和合金化单晶的共同特点。具有[110]取向的钨、钼单晶具有很高的塑性,钨的延伸率为15%,钼的延伸率可达20%以上,都有100%的颈缩变形。沿[100]结晶方向强度最高,但存在较低的塑性,断裂时断口是解理断。钨和钼单晶不同取向在室温下的机械性能如表4-7所示[16]。

表4-7 不同晶轴取向室温下的机械性能

材料	拉伸轴取向	拉伸强度 σ_b/MPa	屈服强度 $\sigma_{0.2}$/MPa	延伸率 δ/%	断面收缩 ψ/%	临界切应力 τ/MPa
Mo	[100]	461	157	17	70	64
	[110]	314	176	22	100	71
	[111]	314	196	20	100	54
W	[100]	1 079	—	2	0	
	[110]	961		15	100	

(5) 单晶的导热系数及加工性能。

室温下单晶的导热系数比多晶高[单晶钼在20 ℃时导热系数为160~170 W/(m·K)],高温下,单晶和多晶的导热系数、电阻率基本一致。

单晶钼有相当高的纯度、低的杂质含量和位错密度,有高的塑性,利于机械加工。

(6) 单晶钼的塑性-脆性转变温度低。

单晶钼的塑性-脆性转变温度比多晶钼低。单晶钼从573 K到77 K的温度范围内断裂仍呈现出塑性特征,而多晶钼试验温度从573 K到200 K时就从塑性断裂转变为脆性断裂。

(7) 单晶在熔融的碱金属中稳定。

2) 提高单晶高温强度的措施

单晶有很多优点,但是单晶钼的拉伸强度比多晶钼低,特别是高温强度很低,单晶钼的蠕变速率比多晶钼高1个数量级,如图4-11和图4-12所示[15],因此,纯单晶并不是理想的高温结构材料。提高单晶强度的办法是在单晶中加入合金元素铌,即制成合金化钼铌(或钨铌)单晶,或者在钼单晶表面涂钨制成钼-钨双金属,强度可大大提高,如图4-13所示[17]。

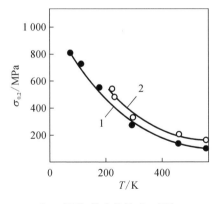

1—<111>取向单晶；2—多晶。

图 4-11 单晶和多晶钼的 $\sigma_{0.2}$
与温度的关系

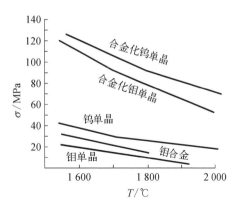

图 4-12 单晶材料强度随试验温度的变化

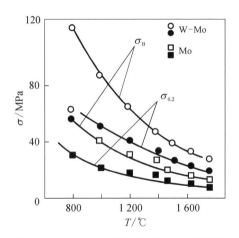

图 4-13 $Mo_单$-$W_单$双金属管和 $Mo_单$ 管环状
样品强度随温度的变化

4.2.2 难熔金属合金单晶

目前,已经得到应用的难熔金属合金单晶就是在钼基体中加入 3％Nb 和 6％Nb,构成 Mo-3％Nb 和 Mo-6％Nb 单晶,或者在钨基体中加入 0.5％到 1％Nb,构成 W-Nb 单晶。铌的加入,可明显改善材料的高温强度,提高高温蠕变性能,但随铌含量的增加,强度增加,机械加工难度增大。

4.2.2.1 几种合金单晶的性能

几种合金单晶的性能如表 4-8 所示[18-19],合金元素的加入对导热系数影响不大,但电阻率、强度(屈服强度、拉伸强度、蠕变强度)明显增加。

表 4-8 几种单晶的性能

材料	温度/℃	导热系数 λ/[W·(m·K)⁻¹]	电阻率 ρ/(10⁻⁸ Ω·m)	弹性模量 E/GPa	屈服强度/MPa	强度极限/MPa	断后伸长率[1]/%	蠕变速率/(10⁻⁴%·h⁻¹)	塑性-脆性转变温度/℃
Mo 单晶	20	160~170	5.0~5.5	176	275	360			<-100
Mo-3%Nb	20	160	6.6	290	420~450	550~600	4~6.7		<-100
	1 500	105	55		~60	75		4.0	
Mo-6%Nb	20				415	480~510	5.0		
	1 600				113	139	4~4.5	2.0	
W-Nb	20	100~120	7.5~8.0		800	1 000			<20
	1 500	90	50	—	80	120		<10[2]	

注：① 试验温度 1 500 ℃,应力 10 MPa;② 试验温度 1 500 ℃,应力 40 MPa。

4.2.2.2 Mo-Nb 单晶

1) 铌含量和单晶取向对钼合金性能的影响

不同晶轴取向、铌含量从 3%Nb 到 12%Nb 范围内,试验温度在 1 600 ℃下合金单晶的屈服强度 $\sigma_{0.2}$ 随铌含量的增加几乎呈线性增加,如图 4-14 所示。Mo-Nb 合金单晶<111>取向屈服强度最高,<100>取向屈服强度最低。试验时样品的活动夹具的移动速度约为 2 mm/min。在 500~2 000 ℃范围内,屈服强度随试验温度升高而降低,如图 4-15 所示[20]。Mo-3%Nb,Mo-6%Nb 合金化单晶和钨单晶从 1 500~2 000 ℃试验后的强度极限值如表 4-9 所示。结果表明,Mo-Nb 合金单晶比钨单晶有更高的高温强度[20]。

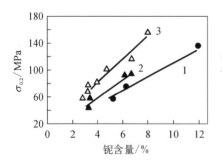

1—Mo-Nb<100>;2—Mo-Nb<110>;3—Mo-Nb<111>。

图 4-14 在 1 600 ℃,$\sigma_{0.2}$ 与铌含量的关系

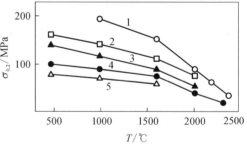

1—Mo-7.8Nb<111>;2—Mo-6.5Mo<111>;3—Mo-6.5Nb<110>;4—Mo-3Nb<111>;5—Mo-3Nb<110>。

图 4-15 Mo-Nb 单晶 $\sigma_{0.2}$ 与温度的关系

注：合金 Mo-7.8Nb 中元素符号前的数字 7.8 表示质量百分含量,其余表示同此含义。

表 4‑9　几种单晶材料高温强度的比较

$T/℃$	强度 σ_b/MPa		
	Mo‑3Nb	Mo‑6Nb	W
1 500	75	140	50
1 800	60	—	37
2 000	40	90	25

2）蠕变性能

核动力中的燃料包壳材料（如锆合金）的蠕变性能测试有两种方法：一是加工成圆柱状样品，进行拉应力（单轴应力）下的蠕变试验，可以测量材料不同晶轴取向的蠕变速率；另一方法是加工成管状样品，管内充以不同压力的惰性气体（双轴应力）进行蠕变试验。对于有织构的材料，两种试验方法获得的稳态蠕变速率有差别。但后者试验的应力状态更符合燃料元件包壳使用时的受力状态。在 1 650 ℃下，不同应力和不同晶轴取向获得的稳态蠕变速率与应力的关系，如图 4‑16 所示[21]。在 2～10 MPa 应力范围内，钼单晶中加入 3%Nb 后在相同拉伸应力下的稳态蠕变速率降低 3～3.5 个数量级。同时还表明，Mo‑3%Nb 在相同应力下，<111>晶轴取向的稳态蠕变速率略低于<110>晶轴取向的稳态蠕变速率。

俄罗斯 Nikolaev Yu V 等[22]将 Mo‑3Nb 合金单晶棒加工成管状样品充以不同内压，在 1 650 ℃温度下进行蠕变试验，5 MPa 和 10 MPa 两个双轴应力下的蠕变应变-时间曲线如图 4‑17 所示。

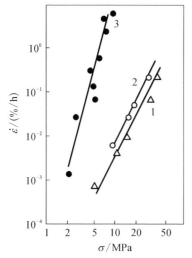

1—Mo‑3Nb<111>；2—Mo‑3Nb<110>；3—Mo<111>。

图 4‑16　1 650 ℃下，单晶钼和 Mo‑3%Nb 合金的稳态蠕变速率与应力的关系

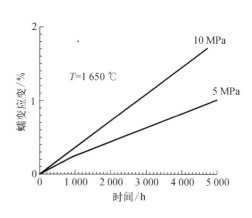

图 4‑17　Mo‑3%Nb 单晶管内压蠕变应变曲线

张华峰等[23]采用内压对管状样品加载,对两种 Mo-Nb 合金单晶在 1 600 ℃、三个周向应力(5 MPa,10 MPa 和 15 MPa)下进行蠕变试验,获得的稳态(二阶)蠕变速率如表 4-10 所示。

表 4-10 在 1 600 ℃温度下不同应力的稳态蠕变速率

材　料	应力/MPa	蠕变速率%/h
Mo-3Nb	5	1.8×10^{-4}
	10	2.8×10^{-3}
	15	6.4×10^{-2}
Mo-6Nb	5	6.5×10^{-5}
	10	5.8×10^{-4}
	15	4.6×10^{-3}

在相同周向应力下 Mo-6Nb 的稳态蠕变速率比 Mo-3Nb 的稳态蠕变速率低 0.5~1.5 个数量级,随着周向应力的增加,差别增大。

Mo-Nb 的稳态蠕变速率与温度及应力的关系可以用以下公式表示:

$$\dot{\varepsilon} = A\sigma^n \exp(Q/RT)$$

式中:$\dot{\varepsilon}$ 为稳态蠕变速率(%/h);A 为蠕变常数,随材料不同而不同;σ 为应力(MPa);n 为应力指数,反映材料高温变形对应力的敏感程度;Q 为蠕变激活能(J/mol);R 为气体常数(8.314 J/mol·K);T 为试验温度(K)。两种单晶稳态蠕变速率参数如表 4-11 所示。

表 4-11 Mo-3Nb 和 Mo-6Nb 的稳态蠕变速率参数①

材　料	应力指数 n	蠕变激活能 Q/(J/mol)	蠕变常数 A
Mo-3Nb	3.2	4.04×10^5	$1.989\ 1 \times 10^4$
Mo-6Nb	3.0	4.18×10^5	$1.464\ 5 \times 10^3$

注:① 试验温度 1 600 ℃,应力 5 MPa,试验时间 4 000 h。

4.2.2.3　钨及钨合金单晶

1) 铌含量对钨合金单晶强度的影响

铌对钨合金单晶强度的影响比铌对钼合金单晶的影响更加明显,钼单晶中加入 6% 的铌,强度提高 2 个数量级,而钨单晶中加入 6% 的铌后,强度将提高 3 个数量级以上,定性结果如图 4-18 所示[24]。

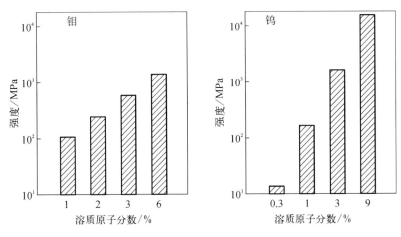

图 4-18 铌含量对钼、钨合金单晶强度的影响

2) 高温强度

高温下单晶钨合金比时效强化的多晶钨合金有更高的强度。在 1 650 ℃，1 000 h，变形 1‰下，多晶钨合金和单晶钨合金的蠕变强度如图 4-19 所示[22]。图中曲线表明，单晶钨的蠕变强度超过 40 MPa，而化学气相沉积的钨蠕变强度不到 18 MPa。

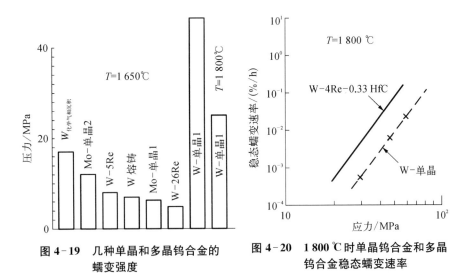

图 4-19 几种单晶和多晶钨合金的蠕变强度

图 4-20 1 800 ℃时单晶钨合金和多晶钨合金稳态蠕变速率

单晶钨合金的优点在于在更高温度(1 800 ℃)下结构稳定。在 1 800 ℃温度下，单晶钨与 W-Re-HfC 多晶合金稳态蠕变速率随试验应力的变化如图 4-20 所示[22]。曲线表明，在相同应力下，单晶钨的稳态蠕变速率比多晶钨合金的稳态蠕变速率几乎低 1 个数量级。

3）塑性-脆性转变温度

难熔金属钼的塑性-脆性转变温度与试验方法有关,用冲击试验方法测得的脆性转变温度高,所以一般不采用。如 TZM 和 Mo-5Re 合金,当用 U 形缺口样品进行冲击试验时获得的塑性-脆性转变温度（DBTT）分别为 420 ℃ 和 260 ℃,而且,下平台的冲击功非常低,分别为 0.5～0.7 J 和 2 J[25];当改用三点弯曲的试验方法时测得的塑性-脆性转变温度分别下降到 −80 ℃ 和 −150 ℃。因此,钼、钨单晶和各种多晶合金塑性-脆性转变温度都采用弯曲的试验方法测得。

用三点弯曲的方法测得钼、钨单晶和各种多晶合金塑性-脆性转变温度,结果如图 4-21 所示[22]。可以看出单晶钨合金的塑性-脆性转变温度比多晶钨合金低很多。单晶钼的塑性-脆性转换温度低于室温。图中同时包含了已在高温（1 650 ℃）下做过蠕变试验、变形累积达 12% 的单晶钼合金样品的 DBTT 值。单晶合金的塑性变形和高温保持（晶粒没有长大）都没有提高单晶钼合金的塑性-脆性转变温度。

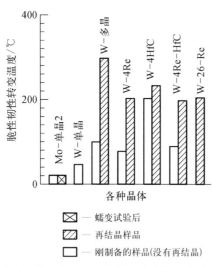

图 4-21　各种单晶和多晶合金塑性-脆性转变温度比较

4.2.3　难熔金属的中子辐照

空间核动力中的燃料元件都承受中子辐照,在空间核电源中,燃料元件包壳上的中子注量率为 $10^{13} \sim 10^{14}$ cm^{-2}·s^{-1},10 年寿命,中子注量达到 $10^{21} \sim 10^{22}$ cm^{-2}。核热推进的反应堆燃料元件虽然中子注量率高,达到 10^{15} cm^{-2}·s^{-1},由于运行时间短（几小时）,中子注量只有 ～10^{19} cm^{-2}。结构材料经中子辐照后性能将发生变化。在高的辐照温度下,中子照射产生的微观缺陷将得到恢复,力学性能变化主要是由辐照肿胀引起的。

4.2.3.1　钼和钼合金的中子辐照效应

1）中子辐照肿胀

钼和钼合金的辐照肿胀与中子注量和辐照温度有关。钼在 650 ℃ 辐照到

中子注量为 5.4×10^{22} cm^{-2} 和 8.4×10^{22} cm^{-2} 后肿胀率分别达到 3.0% 和 2.3%；这被认为是钼辐照肿胀上限值。在辐照温度为 1 300 ℃、较低中子注量下，辐照肿胀率为 0.23%，而 1 500 ℃ 时辐照肿胀率<0.05%，因此研究者提出钼的肿胀上限温度为 1 500 ℃。

对 Mo、Mo-0.5Ti 和 TZM(Mo-Ti-Zr)三种材料的中子辐照研究[26]发现，三种材料的中子辐照肿胀与辐照温度的关系有相同的趋势。辐照温度在 600～800 ℃ 出现肿胀峰值；在相同辐照条件下，TZM 的辐照肿胀比非合金化的钼略高。在 1 000 ℃ 辐照后 Mo-0.5Ti 与 TZM 合金的肿胀率达到 1.0%，在相同辐照条件下钼的辐照达到 0.6%；在 650 ℃ 经 5.4×10^{22} cm^{-2}($E >$ 0.1 MeV)辐照后 TZM 肿胀率达到 4%，而钼的肿胀率只有 3.0%，中子注量接近 2×10^{23} cm^{-2} 时最大肿胀率仍低于 4%。

2) 塑性-脆性转变温度

Mo、Mo-0.5 Ti 和 TZM 三种材料在 425 ℃、585 ℃、790 ℃、1 000 ℃ 四个温度下辐照到 2.5×10^{22} cm^{-2}($E >$0.1 MeV)，弯曲试验结果表明：辐照前三种材料室温下都是塑性，但四个温度辐照后塑性-脆性转变温度(DBTT)都高于室温；在 585 ℃ 辐照后 DBTT 最高，Mo 达到 650 ℃，而 Mo-0.5Ti 和 TZM 达到 550 ℃。随着辐照温度的升高，转变温度又下降；用光滑的拉伸样品进行拉伸试验，也证明 DBTT 升高。

Mo 经 5×10^{20} cm^{-2}($E >$0.1 MeV)中子辐照后塑性-脆性转变温度由辐照前的 -30 ℃ 上升到 70 ℃；Mo-0.5Ti，经 1×10^{20} cm^{-2}($E >$0.1 MeV)中子辐照后塑性-脆性转变温度由辐照前的 19 ℃ 上升到 138 ℃[27]。

Watarabe K 等测量了多晶钼和单晶钼中子辐照对 DBTT 的影响[28]。多晶钼原始样品中氧、氮、碳含量(×10^{-6})分别为 15、<3、30；单晶钼分别为 10、<3、30。辐照温度为 673 K、873 K 和 1 073 K，快中子注量为(7.9～9.8)× 10^{19} cm^{-2}($E >$1.0 MeV)辐照后，在 133～513 K 温度下进行弯曲试验，得到的弯曲角随试验温度的变化如图 4-22 所示。结果表明，辐照前多晶钼的 DBTT 比单晶钼高，中子辐照后两种材料的 DBTT 都明显升高，但单晶钼比多晶钼升高更明显，如图 4-22(a)所示，随辐照温度的升高，DBTT 上升幅度降低，如图 4-22(b)所示。从负荷-挠度曲线获得的屈服强度与试验温度关系曲线如图 4-23 所示[28]。

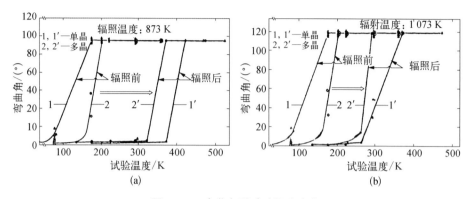

图 4-22　弯曲角随试验温度变化

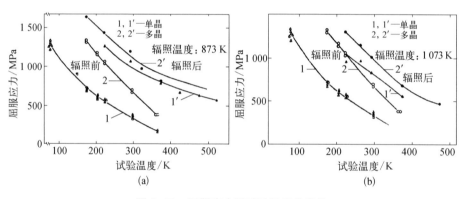

图 4-23　屈服应力随试验温度的变化

3）辐照后拉伸性能

（1）金属钼。钼等难熔金属的力学性能影响主要取决于辐照温度。消除应力的钼在 800 ℃下辐照到 11 dpa（dpa 的全称为 displacement per atom，表示每个原子的位移，用来反映材料的辐照损伤程度）后，发现晶粒长大，室温下延伸率达到 8%，表现为脆性断裂，而再结晶钼辐照后未表示出拉伸延性；在高于 450 ℃辐照后消除应力的钼和再结晶钼都出现空洞。在 300 ℃下辐照消除应力的钼和再结晶钼都出现脆性破坏，在 250 ℃经 1.3×10^{20} cm^{-2} 中子注量辐照后，在室温下钼的均匀延伸率从 22% 下降到 0.3%。因此，人们认为，700 ℃以上辐照后才可以达到可接受的力学性能水平。

（2）钼钛锆（TZM）合金。辐照温度影响：TZM 合金辐照温度为 550 ℃，中子注量为 1.6×10^{21} cm^{-2} 和辐照温度为 950 ℃，中子注量为 1.2×10^{21} cm^{-2} 辐照后，在 20～800 ℃温度下试验。结果表明，低温（550 ℃）辐照对合金的拉伸性能影响大,在室温下试验,屈服强度几乎增加 1 倍,而延伸率从 18％下降到 2％,材料已变脆;在 950 ℃高温辐照后,对材料的拉伸性能影响小,室温下试验,屈服强度增加 10％左右,而延伸率仍有 13％,材料保持塑性,如图 4-24 所示[25]。

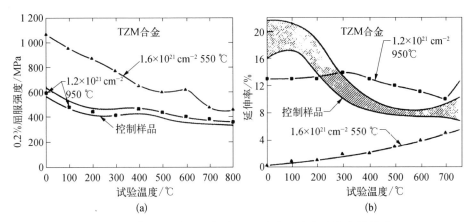

图 4-24　辐照和试验温度对 TZM 合金强度和延伸率的影响

(a) 辐照和试验温度对 TZM 屈服强度的影响;(b) 辐照和试验温度对 TZM 延伸率的影响

(3) Mo-Re 合金。消除应力的 Mo-5Re 合金在 800 ℃辐照到 11 dpa 后,虽然辐照硬化明显,但其延伸率几乎与未辐照相同。在相同条件下辐照的再结晶 Mo-5Re 合金在室温下也显示出延性而无晶界断裂。但 TZM 和 Mo-5Re 合金在辐照温度 100 ℃以下经约 10^{20} cm^{-2} 中子注量辐照前后的拉伸性能如表 4-12 所示[26]。辐照后拉伸强度几乎增加 1 倍,而延伸率则大大下降。

表 4-12　TZM 和 Mo-5Re 辐照前后的力学性能

材料	状态	辐照温度/K	试验温度/K	屈服强度 $\sigma_{0.2}$ /MPa	拉伸强度 σ_b /MPa	均匀延伸率 δ_b/％	总延伸率 δ_k/％
TZM	未辐照	—	295	439	504	11.00	17.00
	辐照	320	295	—	1 227	0.32	0.35
	未辐照	—	373	490	640	3.45	4.22
	辐照	373	373	—	950	0.35	0.65
Mo-5Re	未辐照	—	295	575	706	6.00	7.00
	辐照	320	295	—	1 425	0.28	0.29
	未辐照	—	373	920	934	0.70	1.02
	辐照	373	373	—	1 239	0.30	0.32

4.2.3.2　铌合金的中子辐照效应

铌有很高的熔点(2 750 K),很高的塑性(室温下延伸率＞45％),低的热中子吸收截面(1.17 b),是高温反应堆理想的结构材料。但纯铌的强度比较低,黏性大,加工困难。当在铌中加入 1%Zr(即 Nb-1Zr)后,材料的强度和加工性能都得到改善。因此,在核动力中多用 Nb-1Zr 而不用纯铌。

1) 中子辐照肿胀

Nb-1Zr 合金辐照肿胀数据比较分散。数据分散的原因可能是原始材料中杂质含量(特别是氧和氮)和肿胀的测量方法(如测量样品辐照后随机分布的小空洞的数量和空洞直径的精度)的差异。因为 Nb-Zr 中杂质氧和氮的存在,对相的转变起重要作用。在辐照期间,氧和氮的吸入影响空洞的肿胀行为;杂质氧还导致空洞尺寸的减小和空洞密度的增加[26]。研究发现 Nb-1Zr 的中子辐照肿胀与辐照温度成双峰关系。辐照温度在 693～744 K 和 918～1 003 K 范围内,经 11～50 dpa 辐照后,在样品中都观察到空洞肿胀,而在 744～842 K 范围内没有观察到空洞。在 400～600 ℃,经 $(1\sim2)\times10^{23}$ cm^{-2}($E>0.1$ MeV)辐照后辐照肿胀率在 0.18%～0.71%。

2) 拉伸性能

铌在 55 ℃ 和 460 ℃ 两个辐照温度,中子注量为 3×10^{22} cm^{-2} 辐照后在室温下试验,结果表明,辐照温度对均匀延伸率有明显影响。高温(460 ℃)辐照后均匀延伸率可达到 10%,而低温(55 ℃)辐照后均匀延伸率接近于零。在 460 ℃,铌辐照前后的拉伸性能如图 4-25(a)所示[25]。

Nb-1Zr 在 450 ℃ 温度下经 3.7×10^{22} cm^{-2} 辐照后拉伸试验结果如图 4-25(b),室温下拉伸试验,屈服强度有明显增加(约 4 倍),而均匀延伸率大大减小(约 0.2%)。

当 Nb-1Zr 中注入 130×10^{-6} 原子的 ^{10}B,在 450～950 ℃ 温度范围内辐照到 $(3\sim6)\times10^{22}$ cm^{-2}($E>0.1$ MeV)后,在与辐照相同温度下进行试验,结果表明:450 ℃ 辐照后强化很明显,但随试验温度和辐照温度的增加而降低;在 800 ℃ 时辐照与未辐照材料的拉伸强度相比仅仅有很小的增加,而屈服强度仍有相当大的增加。在所有试验温度下均匀伸长和总伸长都大于零。在 450 ℃ 时仍有约 1.0% 的均匀延伸率。在 800 ℃ 和 950 ℃ 辐照后,在 800 ℃ 试验时仍保存良好的塑性。说明这种合金用于较高温度是有希望的。

3) 塑性-脆性转变温度

用光滑样品慢拉伸试验结果表明,Nb-1Zr 经中子辐照后在室温下试验没有发生脆性断裂,说明塑性-脆性转变温度仍低于室温。在 Nb-1Zr 中,中子辐照时,虽然存在(n,α)反应产生的氦对脆性有影响,但氦在铌中产生的比率

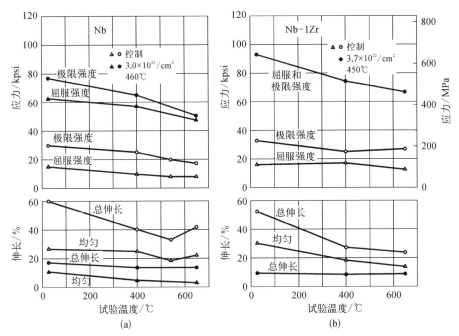

图 4-25　Nb 和 Nb-1Zr 辐照前后的拉伸性能（1 kpsi＝6.895 MPa）

(a) Nb；(b) Nb-1Zr

注：Nb 和 Nb-1Zr 辐照前后的拉伸性能，拉伸在应变率为 0.02 min 下进行。

比较低，氦量低于 2×10^{-6} 原子，因此在 800 ℃辐照时不用考虑氦对脆性的影响。用加速器在铌中注入氦试验结果表明：当铌中氦含量超过 200×10^{-6} 原子时才考虑氦对塑性-脆性转变温度的影响。

4.3　空间核动力中的绝缘材料

在空间核动力的静态热电转换中，陶瓷电绝缘材料是重要的材料，根据在核动力中所处位置不同，有不同的性能要求，可以选择不同品牌的陶瓷。这些陶瓷可能受中子和 γ 射线辐照，也可能受碱金属铯、钠的腐蚀（如热离子燃料元件中的定位件）。有的陶瓷件不仅是绝缘材料，同时也是结构材料，如热离子燃料元件上和碱金属热电转换器上的金属陶瓷密封件，这时绝缘材料最好的选择是氧化铝单晶。在热离子燃料元件活性段的陶瓷隔离件，由于工作在铯蒸气的等离子体中，即使高纯氧化铝陶瓷（Al_2O_3 含量＞99.9%），也只能工作数千小时，但选择氧化钪却能保持数十万小时。高纯多晶细晶粒（10 μm 以下）氧化铝陶瓷，既耐铯蒸气腐蚀，又能承受高直流电压和抗中子辐照，可作为热离子燃料元件内的定位件（细晶陶瓷能承受高压应力）。BeO 陶瓷在中子辐照下,肿胀很大,在高中子注量（10^{22} cm^{-2}）下甚至不能保持陶瓷形状的完整性,但它却是热离子燃料元件端部反射层材料。

4.3.1 陶瓷单晶的性能

在热离子和碱金属热电转换中,为了电极之间的电绝缘与转换器的密封,需要使用陶瓷金属密封件。该构件能够在碱金属铯、直流电场和中子辐照下长期工作,并保持高气密性,单晶 Al_2O_3 是最理想的陶瓷件。

4.3.1.1 单晶 Al_2O_3 的特点

单晶 Al_2O_3 有如下特点:

（1）有很好的抗中子辐照性能。在相同辐照条件下辐照肿胀量为多晶的 1/3;辐照后的弯曲强度比多晶高30%。

（2）没有晶界,真空性能好,温度低于 1 273 K,没有气体放出。

（3）机械强度高,高温蠕变性能好。

（4）化学稳定性好,气体扩散系数低,温度低于 1 900 K 时,O、N、CO、CO_2 等气体对单晶 Al_2O_3 几乎不渗透。

（5）可以制备整根接收极电绝缘层管,保证电绝缘层的稳定性。

4.3.1.2 几种绝缘陶瓷的物理性能

郑凤琴等[30-33]全面测量了 Al_2O_3 单晶、钇铝石榴石（YAG）单晶、Al_2O_3 多晶和 Sc_2O_3 多晶的物理性能和力学性能。几种绝缘材料的熔点、密度,在室温下的导热系数、膨胀系数、电阻率、电击穿强度等如表 4-13 所示。

表 4-13　几种绝缘陶瓷的物理性能

材　料	纯度/%	熔点/K	密度/(g·cm^{-3})	导热系数/[W·(m·K)$^{-1}$]	膨胀系数/(10^{-6}℃$^{-1}$)	电阻率/(m·Ω)	电击穿强度/(kV·mm^{-1})
Al_2O_3 多晶	≥99.9	2 323	3.98	29.1	约 6.0	约 10^{12}	48～62
Al_2O_3 单晶	≥99.9	2 323	3.99	29～31	约 8.0	约 10^{14}	50～52
Sc_2O_3	≥99.5		3.84	3.84	约 6.4	约 10^{13}	39～49
YAG 单晶[①]		2 223	4.56	4.56	约 6.9	约 10^{13}	～60

注: ① YAG 成分为 $Y_3Al_5O_{12}$。

1) 不同取向 Al_2O_3 单晶的热膨胀系数

Al_2O_3 单晶平行于 C 轴和垂直于 C 轴两个方向的热膨胀系数[30]如表 4-14

所示。热膨胀系数平行方向明显大于垂直方向,在 150 ℃ 以下温度影响明显,随温度的增加,温度对热膨胀系数的影响减小。表中的管轴方向就是生长 Al_2O_3 单晶管的方向,其热膨胀系数与 Sc_2O_3 多晶热膨胀系数相近。

表 4-14　热 膨 胀 系 数

材料样品取向		$\alpha/(10^{-6}℃^{-1})$						
		373 K	473 K	573 K	673 K	773 K	873 K	973 K	1 073 K
Al_2O_3 多晶		5.51	6.08	6.50	6.81	7.12	7.34	7.56	7.76
Al_2O_3 单晶	平行于 C 轴	—	8.20	8.40	8.40	8.60	8.70	8.70	8.80
	垂直于 C 轴	—	7.40	7.50	7.60	7.80	7.80	7.80	8.00
	管轴方向	—	6.70	7.21	7.44	7.72	7.88	—	—
Sc_2O_3		6.34	6.72	7.02	7.24	7.52	7.74	7.92	8.07
YAG 单晶		—	5.95	6.36	6.60	6.92	7.18	7.41	7.62

2)导热系数

在不同温度下 Al_2O_3 单晶和 Al_2O_3 多晶的导热系数(也称热导率)没有本质的差别,不过 Al_2O_3 单晶的导热系数随温度变化比较缓慢,温度在 1 873 K 两种陶瓷导热系数略有升高[33],如表 4-15 所示。

表 4-15　导 热 系 数

材料	样品取向	$\lambda/[W \cdot (m \cdot K)^{-1}]$						
		293 K	373 K	473 K	573 K	873 K	1 273 K	1 873 K
Al_2O_3 多晶		29.1	—	—	12.6	9.8	6.4	7.56
Al_2O_3 单晶	平行于 C 轴	26.0	22.4	17.5	—	—	—	—
	垂直于 C 轴	23.1	20.1	18.0	16.5	10.5	6.5	7.0

3)体电阻率

郑剑平等用直径为 20 mm,1.5 mm 厚的样品测量了四种陶瓷材料的体电阻率[30-33],在 373~973 K 温度范围内,Al_2O_3 单晶的体电阻率明显高于其他三种陶瓷,如表 4-16 所示。

表 4-16　几种陶瓷的体电阻率

材料	$\rho/(\Omega \cdot m)$						
	373 K	473 K	573 K	673 K	773 K	873 K	973 K
Al_2O_3 多晶	—	1.1×10^{13}	8.0×10^{10}	1.8×10^{9}	1.3×10^{8}	2.3×10^{7}	—
Al_2O_3 单晶	2.0×10^{14}	2.9×10^{13}	2.2×10^{11}	5.1×10^{9}	6.9×10^{8}	1.6×10^{8}	2.5×10^{7}

（续表）

材　料	$\rho/(\Omega \cdot m)$						
	373 K	473 K	573 K	673 K	773 K	873 K	973 K
Sc_2O_3	9.8×10^{13}	—	3.1×10^{12}	—	2.8×10^8	1.6×10^7	2.8×10^6
YAG 单晶	2.5×10^{13}	1.8×10^{11}	4.2×10^{11}	1.8×10^8	5.7×10^6	3.8×10^5	—

4.3.1.3　单晶陶瓷材料的力学性能

1）高温拉伸性能

单晶 Al_2O_3 从 900 ℃ 开始出现塑性行为。高温下出现屈服现象，随温度的升高，屈服强度明显降低。与金属相似，应变速率对屈服强度有明显影响，随应变速率的增加，屈服强度明显上升[34]。

Al_2O_3 单晶的拉伸强度随温度变化如图 4-26 所示[35]。试验温度高于 473 K 后与 <0001> 轴成 45°方向样品的拉伸强度（见图 4-26 中曲线 2）明显高于沿 <0001> 轴方向样品的拉伸强度[35]。

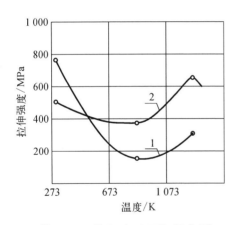

1—沿 <0001> 轴；2—与 <0001> 轴成 45°。

图 4-26　抛光单晶氧化铝拉伸强度随温度变化

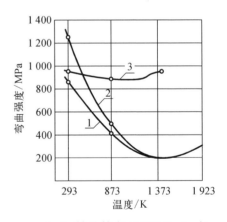

1，2—样品轴向 <0001>；3—与 <0001> 成 60°（1—表面研磨；2—表面抛光）。

图 4-27　样品表面状态和温度与弯曲强度

2）弯曲强度

Al_2O_3 单晶的弯曲强度与试验样品表面状态有关，抛光表面比研磨表面具有更高的弯曲强度，这种差异当温度高于 1 373 K 后消失，如图 4-27 所示。这种现象说明脆性材料样品表面研磨后可能存在微裂纹,加热到 1 373 K 后,材料呈现塑性,应力对缺口不敏感。同时,晶轴与 <0001> 成 60°的样品的弯曲强度不随试验温度变化。

多晶 Al_2O_3 和 Sc_2O_3 的弯曲试验表明,在室温下,高纯多晶 Al_2O_3 的弯曲强度比 Sc_2O_3 的弯曲强度高,但随试验温度的增加,多晶 Al_2O_3 的弯曲强度明显下降,而 Sc_2O_3 的强度几乎不随试验温度变化,如图 4-28 所示[35]。

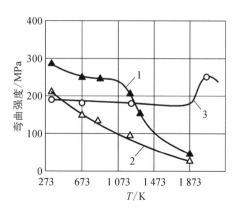

1—99.7% Al_2O_3;2—98.7% Al_2O_3;3— Sc_2O_3。

图 4-28　多晶 Al_2O_3 和 Sc_2O_3 弯曲强度

4.3.1.4　陶瓷在铯等离子体中的抗力

根据热力学分析,直到 2 000 K,Al_2O_3 在真空和铯蒸气中都是稳定的,但在热离子燃料元件铯等离子体中,氧化铝的上限温度不超过 1 550 K。在真空、扩散和电弧三种工况下氧化铝的质量损失相差很大。在扩散工况下,在铯蒸气中高纯氧化铝(密度为 3.989 g/cm^3,晶粒尺寸为 3～5 μm)的质量损失速率比在真空中低大约 1 个数量级。在三种工况下,Al_2O_3 质量损失如图 4-29 所示。铯蒸气中质量损失低的原因可以用铯蒸气对被蒸发的氧化铝粒子形成扩散势垒来解释。在发电工况下,在铯等离子体中氧化铝的质量损失速率与铯蒸气中相比要增加 1.5～2 个数量级,而且样品的结构和表面形貌有显著变化,但 Sc_2O_3 质量不受铯等离子体的影响[35]。氧化铝和 Sc_2O_3 的质量损失速率与热离子燃料元件运行工况的关系如图 4-30 所示[35]。

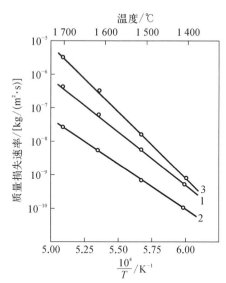

1—在真空中($p_{Cs}<1\times10^{-3}$ Pa);2—在铯蒸气中($p_{Cs}=2.5$ gPa);3—铯等离子体中($p_{Cs}=2.5$ gPa,$j=3$ A/cm^2)。

图 4-29　Al_2O_3 质量损失速率与温度的关系

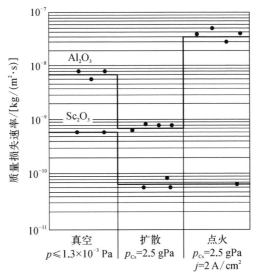

图 4-30　在 1 770 K 时 Al₂O₃ 和 Sc₂O₃ 的质量损失
速率与热离子转换器运行工况

4.3.2　中子辐照性能

陶瓷材料在空间核动力中使用的最大问题是在中子辐照下电绝缘性能下降、辐照肿胀,力学性能和物理性能发生变化,这可能直接影响热电转换元件的性能与寿命,因此在本节中将详细介绍几种陶瓷的中子辐照性能。

4.3.2.1　陶瓷结构的变化

1）晶格点阵参数的变化

几种绝缘材料辐照后点阵参数的变化如表 4-17 所示[35]。在 540～723 K,经 $3\times10^{21}\sim4\times10^{21}$ cm^{-2} 中子注量辐照后点阵参数变化最大的是 Al₂O₃ 和 BeO。试验结果表明:在辐照稳定性中晶格点阵类型起到重要作用,具有更加对称的立方晶格的氧化物倾向于具有更低的辐照肿胀。有六方晶格的陶瓷(Al₂O₃ 和 BeO)在相同的辐照温度和中子注量下,其肿胀量明显超过其他氧化物的肿胀。

表 4-17　辐照后点阵参数的变化

材　料	中子注量/ $(10^{21}$ cm$^{-2})$ $(E>0.1$ MeV)	辐照温度/ K	点阵类型	晶格点阵参数变化率/%	
				$\Delta a/a$	$\Delta c/c$
单晶 Al₂O₃	2.2	540	六方晶系	0.32±0.02	0.42±0.04
多晶 Al₂O₃	3.0	540	六方晶系	0.53±0.17	0.34±0.05

（续表）

材　　料	中子注量/ $(10^{21}\ \text{cm}^{-2})$ $(E > 0.1\ \text{MeV})$	辐照温度/ K	点阵类型	晶格点阵参数变化率/%	
				$\Delta a/a$	$\Delta c/c$
多晶 Al_2O_3	18.7	723	六方晶系	0.02 ± 0.08	0.08 ± 0.06
BeO	3.2	600	六方晶系	0.14 ± 0.03	3.08 ± 0.22
Sc_2O_3	3.0	583	立方晶系	0.19 ± 0.01	—
Sc_2O_3	19.1	723	立方晶系	0.18 ± 0.02	—

2）陶瓷材料的中子辐照肿胀

中子辐照引起陶瓷材料的肿胀率如图 4-31 所示[36]。

从图中可见，氧化钇、氧化钪和以它们为基的陶瓷材料肿胀率最小，在 $1.89 \times 10^{22}\ \text{cm}^{-2}$ 和 $6 \times 10^{22}\ \text{cm}^{-2}$ 中子注量辐照后保持肿胀水平不变。氧化钪的特征在于肿胀率比氧化钇高 2 倍。经 4.6×10^{21} 和 $2.1 \times 10^{22}\ \text{cm}^{-2}$ 中子注量辐照后这些氧化物的肿胀值保持不变。BeO 的辐照肿胀最大，经 $4.7 \times 10^{21}\ \text{cm}^{-2}$ 中子注量辐照后，肿胀率达到 (9.2 ± 0.5)%。$6.6 \times 10^{22}\ \text{cm}^{-2}$ 中子注量辐照后，BeO 样品失去了结构的完整性。Sc_2O_3、$MgAl_2O_4$ 辐照肿胀与剂量关系不明显。

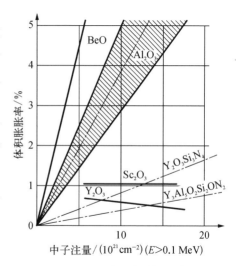

图 4-31　几种陶瓷的辐照肿胀

多晶钇铝石榴石（$Y_3Al_5O_{12}$，简称 YAG），多晶和单晶 Al_2O_3 在不同温度辐照后体积肿胀率如表 4-18 所示[37]。结果表明，辐照温度为 815 K，中子注量为 $1.7 \times 10^{22}\ \text{cm}^{-2}$（$\gamma$ 剂量 $381 \times 10^9\ \text{Gy}$）时，多晶 YAG 辐照后体积变化小于 1%，透射电镜（TEM）检查表明中子辐照与未辐照的样品无差别。多晶 Al_2O_3 经 $1.7 \times 10^{22}\ \text{cm}^{-2}$ 中子注量辐照后体积增大 4.2%，单晶 Al_2O_3 经 $2.2 \times 10^{22}\ \text{cm}^{-2}$ 中子注量辐照后体积增大 3.37%。在 $0.46 \times 10^{22}\ \text{cm}^{-2}$ 和 $1.7 \times 10^{22}\ \text{cm}^{-2}$ 两个中子注量下 Al_2O_3 样品透射电镜检查发现中子辐照后在晶粒内有致密的位错网络，在未辐照的样品中未观察到。在辐照 Al_2O_3 的 TEM 样品中只看见少量晶界，在未辐照的 Al_2O_3 TEM 样品中看见很多晶界。

表4-18　多晶与单晶陶瓷材料的中子辐照肿胀率

陶瓷材料	辐照温度/K	中子注量/(10^{22} cm^{-2})	样品数	肿胀率($\Delta V/V$)/%
$Y_3Al_5O_{12}$	815	0.46	5	$+(0.54\pm0.26)$
		1.7	5	$+(0.44\pm0.2)$
多晶 Al_2O_3	815	0.46	5	$+(1.9\pm0.27)$
		1.7	5	$+(4.2\pm0.27)$
单晶 Al_2O_3	680	2.2 ± 0.4	4	$+3.54$
	815	2.2 ± 0.4	4	$+3.37$

辐照温度对多晶 Al_2O_3 和 $MgAl_2O_4$ 陶瓷肿胀的影响如图4-32所示[38]，在 925～1 100 K 辐照温度范围内随辐照温度的升高肿胀量增加。

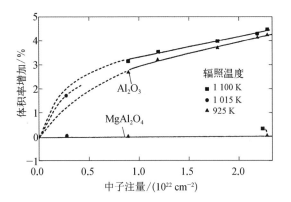

图4-32　不同温度辐照陶瓷的辐照肿胀

陈胜杰、郑剑平、张征等研究了多晶 Al_2O_3、单晶 Al_2O_3、YAG 单晶三种陶瓷材料在 600 ℃、中子注量为 1×10^{20} cm^{-2}（$E>1.0$ MeV）辐照后的肿胀，用排水法测量了样品辐照前后体积的变化，结果如表4-19所示[39]。从表中数据看出，三种陶瓷中 YAG 单晶样品辐照肿胀率最小，多晶 Al_2O_3 最大。

表4-19　三种绝缘陶瓷的中子辐照肿胀率

材　　料	辐照前密度/(g/cm^3)	辐照后密度/(g/cm^3)	辐照前后密度比	($\Delta V/V$)/%
单晶 Al_2O_3	3.986	3.965	1.005 3	$+0.53$
多晶 Al_2O_3	3.981	3.953	1.007 1	$+0.71$
YAG 单晶	4.544	4.529	1.003 3	$+0.33$

4.3.2.2 辐照对绝缘陶瓷材料电性能的影响

1) 陶瓷材料电导率

陶瓷材料在中子、离子和 γ 射线辐照下，会产生复杂的变化，使陶瓷材料的绝缘电阻降低，电导率增加。辐照时，陶瓷材料禁带上的电子激发到导带上，导致电导率增加，称为辐照诱发导电（radiation induced conductivity, RIC）。当辐照停止时，电阻恢复。美国橡树岭国家实验室在高通量同位素反应堆上 723 K 温度下对 Al_2O_3 单晶边辐照（辐照剂量约为 10 kGy/s，约相当于 $2.4×10^{-7}$ dpa/s，电场强度为 200 kV/m）边测量，结果如图 4-33 所示。曲线表明：当反应堆启动（开堆）时，通过样品的电流快速增加，并很快达到最大值（约 2 个数量级），然后逐渐降低。当反应堆停堆后，电流下降到开堆前的值。因此电流的增加是辐照诱发导电，而不是辐照诱发电阻下降（degradation）。当辐照到 2 500 h 时，相当于辐照剂量达到约 2.2 dpa 后电阻降低 1 个数量级。当辐照剂量率增加时，电导率增加几个数量级[40]。

辐照时电导率的变化，与作用的电场大小、电场频率有关。例如，Al_2O_3 单晶在温度为 450 ℃时用 1.8 MeV 电子辐照，辐照剂量率为 10^6 Gy/h（相应于 $2×10^{-6}$ dpa/h），直流电场引起的电导率变化比交流电场迅速。电场强度增加时，电导率急剧增加。电场强度超过一定值以后，电导率增加趋势变慢。

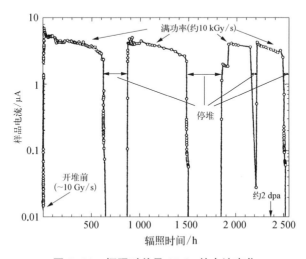

图 4-33 辐照时单晶 Al_2O_3 的电流变化

对致密的（密度为 3.9 g/cm³）和多孔的（密度为 3.6 g/cm³）Al_2O_3 陶瓷中子辐照引起电导率变化进行的研究发现：RIC 增加是由于反应堆功率增加引

起电激发增加。当电离剂量率为 2.3 kGy/s 和快中子注量率为 $(1\sim1.6)\times10^{15}$ cm^{-2} · s^{-1}[热中子注量率为 $(1.1\sim1.3)\times10^{16}$ cm^{-2} · s^{-1}]时比反应堆功率为 0 时高 2 个数量级。在快中子注量为 2.9×10^{19} cm^{-2} 范围内有一恒定值，而多孔的 Al_2O_3 比致密的 Al_2O_3 高 3.3 倍，认为这是由于多孔的 Al_2O_3 样品没有保护引起表面漏电，多孔 Al_2O_3 比致密 Al_2O_3 对表面电流损失更敏感[41]。

2）陶瓷电强度

电强度又称电击穿电压，表示样品所能承受的最大电场强度。辐照导致电击穿电压降低。如单晶 Al_2O_3，无辐照时，1 000 ℃时击穿电压为 1 kV/mm。辐照时，击穿电压降低 2 个数量级；对具有原始组织的 Al_2O_3，电击穿电压为 (32 ± 1)kV/mm，在 523～723 K 温度下，经 3.5×10^{21} cm^{-2} 辐照后电击穿电压下降到 17 kV/mm；在相同辐照条件下，BeO 的电击穿电压由辐照前的 (25 ± 1)kV/mm 下降到 3 kV/mm。

3）陶瓷的电阻

陈胜杰、郑剑平等[39]测得三种陶瓷在 600 ℃，经 1×10^{20} cm^{-2}（$E>$ 1.0 MeV）中子注量辐照后的电阻（Ω）变化明显，辐照前后不同温度下的电阻如表 4-20 所示。辐照前三种陶瓷的电阻随温度的变化基本一致，但中子辐照后电阻明显降低，其中以多晶 Al_2O_3 降低最明显，试验温度在 200 ℃时达到 5 个数量级。中子辐照对 YAG 电阻的影响最小，单晶 Al_2O_3 比多晶 Al_2O_3 有更好的抗中子辐照性能。

表 4-20　辐照前后陶瓷电阻变化

材料	状　态	电阻/Ω					
		100 ℃	200 ℃	300 ℃	400 ℃	500 ℃	600 ℃
单晶 Al_2O_3	辐照前	—	7.8×10^{16}	8.5×10^{14}	2.4×10^{13}	1.4×10^{12}	2.4×10^{11}
	辐照后	7.8×10^{14}	2.1×10^{12}	2.1×10^{11}	1.2×10^{10}	3.5×10^{9}	1.0×10^{9}
	变化,量级	—	～4.5	～3.4	～3.5	～2.3	～2.4
多晶 Al_2O_3	辐照前	—	1.1×10^{17}	8.5×10^{14}	1.8×10^{13}	1.3×10^{12}	2.3×10^{11}
	辐照后	1.0×10^{13}	7.6×10^{11}	3.4×10^{10}	7.2×10^{9}	2.8×10^{9}	4.8×10^{8}
	变化,量级	—	～5.5	～4.5	～3.5	～2.5	～2.5
YAG 单晶	辐照前	—	1.1×10^{17}	8.5×10^{14}	1.8×10^{13}	1.3×10^{12}	2.3×10^{11}
	辐照后	9.3×10^{16}	4.5×10^{14}	5.4×10^{12}	3.4×10^{11}	3.7×10^{10}	1.2×10^{10}
	变化,量级	—	～2.5	～2	～1.5	～1.5	～1.5

4.3.2.3   中子辐照对陶瓷材料导热系数的影响

辐照使陶瓷材料的导热系数降低。几种陶瓷在 1 100 ℃辐照后,导热系数变化最大的是 BeO,达到 98%,变化最小的是氧化锆和氧化钪。经 1.34×10^{22} cm^{-2} 中子注量辐照后发现氧化铝样品导热系数有最高的绝对值。而且 Al_2O_3 单晶辐照后比 Al_2O_3 多晶导热系数高。

L. L. Snead 研究了蓝宝石晶体[Al_2O_3:100%;密度:3.98 g/cm^3;导热系数:40~42 $W/(m \cdot K)$],高纯陶瓷[Al_2O_3:99.8%;密度:3.90 g/cm^3;导热系数:29.3~32 $W/(m \cdot K)$],AD94 陶瓷[Al_2O_3:90.7%;密度:3.61 g/cm^3;导热系数:18.0 $W/(m \cdot K)$]中子辐照对陶瓷材料导热系数的影响[42]。结果表明:蓝宝石晶体辐照温度影响明显,60 ℃辐照比 300 ℃辐照具有更大的导热系数损失。在两个温度下,导热系数随中子剂量的增加而降低。有高导热系数的蓝宝石晶体比多晶 Al_2O_3 有更大的导热系数损失。低纯度和低密度的 AD94 陶瓷导热系数下降绝对值比高纯陶瓷小,原因可能是这种材料辐照前后热扩散系数差别小,在热扩散系数测量中由于较大的杂散热损失,这就构成较大实验误差,结果计算的缺陷阻力综合误差增大,如图 4-34 所示[42]。

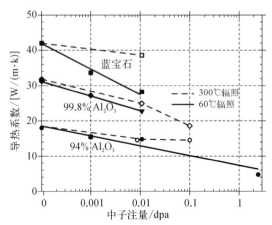

图 4-34   不同纯度 Al_2O_3 在 60 ℃和 300 ℃辐照后导热系数随中子注量的变化

Al_2O_3 单晶(sc)和 Al_2O_3 多晶(pc)在 925 K、1 100 K 辐照温度下,导热系数随中子注量的相对变化如图 4-35 所示[31]。结果表明,辐照温度越高,导热系数损失越小,中子注量达到 0.5×10^{22} cm^{-2}($E > 0.1$ MeV)后导热系数变为稳定值。

4.3.2.4   中子辐照对陶瓷力学性能的影响

1) 陶瓷材料的弯曲强度

尖晶石($MgAl_2O_4$)、多晶(牌号 BIO-99.9% Al_2O_3 与牌号 A123-99.5%

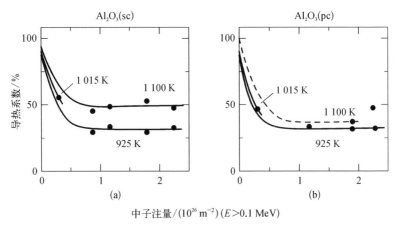

图 4-35 Al₂O₃ 单晶、多晶在不同温度下中子辐照时导热系数的变化

(a) Al₂O₃ 单晶;(b) Al₂O₃ 多晶

Al₂O₃)和单晶 Al₂O₃(sc)中子辐照后的弯曲强度随中子注量的变化如图 4-36 所示[44]。从图中曲线可见,当中子注量积累到一定值后,材料的弯曲强度突然降低。

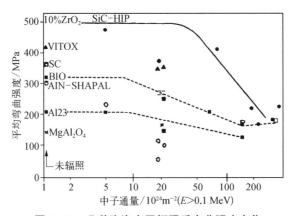

图 4-36 几种陶瓷中子辐照后弯曲强度变化

Al₂O₃ 单晶、尖晶石多晶和单晶在 680 K 和 815 K 经 $(2.2\pm0.4)\times10^{22}\ \text{cm}^{-2}$ ($E>1.0\ \text{MeV}$)中子注量辐照后,用四点弯曲方法测得的弯曲强度如表 4-21[45] 和表 4-22 所示[39],在三个温度下辐照后,三类单晶(Al₂O₃、YAG、尖晶石)和多晶,弯曲强度都增加,不过尖晶石增加得更加明显。

2) 陶瓷材料的压缩强度

多晶和单晶 Al₂O₃、YAG 三种陶瓷材料在 600 ℃、经 $1\times10^{20}\ \text{cm}^{-2}$ ($E>1.0\ \text{MeV}$)中子注量辐照后的弯曲强度、压缩强度如表 4-22 所示。试验结果表明:两种陶瓷单晶辐照后压缩强度降低,Al₂O₃ 多晶压缩强度升高。

表 4-21　中子辐照对弯曲强度的影响

辐照温度/K	1 号 Al_2O_3 单晶		2 号 Al_2O_3 单晶		$MgAl_2O_4$ 多晶		$MgAl_2O_4$ 单晶	
	弯曲强度/MPa	相对变化/%	弯曲强度/MPa	相对变化/%	弯曲强度/MPa	相对变化/%	弯曲强度/MPa	相对变化/%
控制	273	—	302	—	129	—	145	—
680	290	+6	330	+9	178	+38	279	+92
815	333	+22	286	−5	173	+34	254	+75

表 4-22　中子辐照对强度的影响

材　料	弯曲强度			压缩强度		
	辐照前/MPa	辐照后/MPa	相对变化/%	辐照前/MPa	辐照后/MPa	相对变化/%
单晶 Al_2O_3	666.1	814.3	+22.2	1 733.4	1 542.2	−11.0
多晶 Al_2O_3	312.6	342.4	+9.5	1 292.7	1 393.6	+7.8
单晶 YAG	287.0	368.4	+28.4	1 544.0	1 410.6	−8.6

3) 中子辐照后陶瓷材料的断裂韧性

陶瓷材料由于预制裂纹困难,断裂韧性 K_{1c} 的测量方法也比较多[46],其中使用较多的是压痕法。利用维氏硬度测量压痕四角引发的裂纹,由裂纹长度 $2C$,弹性模量 E 及维氏硬度 H 求得断裂韧性 K_{1c}。

半圆形裂纹: $K_{1c}=2.109H^{0.6}E^{0.4}a^2C^{-1.5}$　$(C/a\geqslant2.5)$

巴氏裂纹: $K_{1c}=0.5727H^{0.6}E^{0.4}aC^{-1.5}$　$(0.25\leqslant L/a\leqslant2.5)$

式中: $2a$ 为压痕对角线长度; L 为 $(C-a)$ 长度。

单晶钇铝石榴石($Y_3Al_5O_{12}$,YAG)和单晶 Al_2O_3 在辐照温度为 1 015 K,中子注量为 0.3×10^{22} cm^{-2};辐射温度为 925 K 和 1 100 K,中子注量为 $(1\sim2)\times10^{22}$ cm^{-2} 辐照后,分别在室温下用压痕法测得了辐照样品和控制样品(与辐照温度相同的温度下退火的样品)的断裂韧性[47]。样品尺寸为 10 mm× 10 mm×50 mm,维氏硬度计的负荷从 50~1 000 g。试验结果指出,YAG 在所有条件下断裂韧性无明显变化。TEM 检查表明,在 1 015 K 和 925 K 辐照后未发现不溶解缺陷聚集,在 1 100 K 辐照后仅仅有少量{110}位错环断层。测得的热扩散系数证明在 1 015 K 和 1 100 K 辐照后热扩散系数下降60%,而在 925 K 下辐照后热扩散系数下降80%。如果高浓度小缺陷能阻碍裂纹扩展的话,那么就能发现断裂韧性增加,YAG 断裂韧性变化不明显,至少意味着在 YAG 中这些缺陷不明显。

单晶 Al_2O_3 在 1 100 K 下经 1.8×10^{22} cm^{-2}($E>0.1$ MeV)和 0.9×10^{22} cm^{-2}($E>0.1$ MeV)中子辐照后断裂韧性有明显增加,但在相同中子注量、925 K 辐照后断裂韧性有较低的增加。未辐照、在 1 100 K 和 925 K 两个温度下退火后断裂韧性没有差别,如图 4-37 所示[47]。

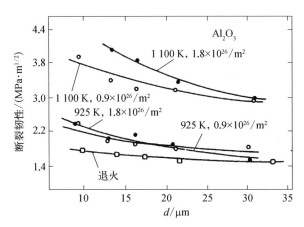

图 4-37 单晶 Al_2O_3 的断裂韧性与压痕对角线长度 d 的关系

Al_2O_3 单晶和多晶样品在 373 K,经 2.1×10^{22} cm^{-2}($E>0.1$ MeV)中子辐照后两个样品断裂韧性变化如表 4-23 所示[48]。数据表明:低温辐照 Al_2O_3 单晶,其断裂韧性和强度都会降低。

表 4-23 Al_2O_3 单晶和多晶断裂韧性

样品	1号 Al_2O_3 断裂韧性 K_{1c}				2号 Al_2O_3 断裂韧性 K_{1c}			
	辐照前/(MPa·m$^{1/2}$)	辐照后/(MPa·m$^{1/2}$)	变化率/%	强度变化率/%	辐照前/(MPa·m$^{1/2}$)	辐照后/(MPa·m$^{1/2}$)	变化率/%	强度变化率/%
单晶‖[①]	2.44	1.91	−22	−27	2.44	2.01	−18	−27
+22.5°	2.38	1.43	−40		2.38	1.93	−19	
−22.5°	2.42	1.53	−37		2.42	1.71	−29	
多晶[②]	3.01	2.81	−7	−28	3.12	4.30	+38	−22

注:① 单晶样品取向平行于 C 轴(单晶‖)或与 C 轴成 22.5°;② 多晶 $Al_2O_3>99.9\%$。

4.4 空间核动力的慢化剂材料

在核动力中,对慢化剂材料的基本要求是:慢化能力大而对中子吸收截面小。如果慢化能力大,可以保证中子在慢化剂内的行程短,因此装入堆芯的慢化剂体积就可以小,对于相同燃料装载而言,反应堆堆芯体积也小。对于形状和体积相同的堆芯,慢化能力越大,慢化过程中中子泄漏也越少。在所有元素中,氢的原子质量最小,中子吸收截面低,因此,含氢原子多的物质(如水、碳氢化合物、氢化锆等)具有特别优良的慢化能力。由于在空间应用中慢化剂的工作温度高(如 SPACE-R 可达到 900 K),水、碳氢化合物都不适用,因此,常选用金属氢化物慢化剂。对金属氢化物慢化剂的要求是:单位体积的氢含量大,热中子吸收截面要小,受到射线照射性能稳定、影响小,热导率高,加工性能好,与包壳材料和其他结构材料相容性好,在慢化剂中氢浓度分布均匀。根据上述要求,在已建成和正在研制的空间核反应堆电源中,氢化锆和氢化钇成为理想的慢化剂材料。

4.4.1 氢化锆

氢化锆具有高温稳定性,高氢密度,低中子吸收截面,优良的导热性能,与不锈钢相容性好,采用氢化锆做慢化剂的反应堆在较高温度下工作无须高压容器。因此,氢化锆尤其适用于小型反应堆,如空间核反应堆。

4.4.1.1 氢化锆的结构

氢溶解在锆中形成不同氢含量的氢化物。在常温下,金属锆为密排六方 α 相,当加热到 862 ℃后转变为体心立方的 β 相。由于氢的溶入,α 锆向 β 锆的转变温度显著降低。随氢含量的增加,氢化锆相结构会依次从 α 相→β 相→δ 相→ε 相转变。其中:α 相是氢在锆点阵中的固溶体;β 相是氢溶解在高温体心立方锆中的固溶体;δ 相是面心立方氢化锆;ε 相氢化锆是面心四方晶体。随氢含量的增加,晶格类型发生变化,氢化锆体积产生膨胀,当氢含量从锆到 $ZrH_{1.7}$ 时,线膨胀率约为 5%,体积将增大约 16%。膨胀会在氢化锆内产生很大的内应力。随氢含量的增加,材料逐渐失去塑性,因此,δ 相和 ε 相氢化锆都为脆性相[49]。

在室温下,氢化锆有三个相:δ 相、γ 相和 ε 相。面心立方结构的 δ 相氢化锆,氢与锆原子数之比为 1.5～1.6,晶格常数 $a=476.5$ pm;面心四方结构的 γ 相氢化锆,氢含量为 H/Zr$=1.61～1.70$,晶格常数 $a=337.5$ pm,$c=545.3$ pm,$c/a=1.62$;面心四方结构的 ε 相氢化锆,氢含量为 H/Zr$=1.70～2.0$,晶格常数 $a=496.4$ pm,$c=443.8$ pm,$c/a=0.89$。其中只有氢与锆原子数之比为 1.59～1.65 的 δ 相是稳定的。δ 相氢化锆不仅不因温度的变化而变化,而且密度变化小,蠕变强度高,氢在热梯度下的迁移不明显,是各向同性组织,辐照肿胀小。

4.4.1.2 氢化锆的物理性能

1)密度

氢化锆的密度与氢含量有关,随氢含量的升高而降低,如表4-24所示。

表 4-24 氢化锆的密度

H 与 Zr 原子数比	0	1.54	1.81	1.87	1.90	1.94
密度/(g·cm^{-3})	6.49	5.66	5.62	5.61	5.59	5.46

2)热膨胀系数 λ

氢化锆的热膨胀系数随氢含量的增加而降低,如 $ZrH_{1.54}$ 为 $14.2 \times 10^{-6} \, K^{-1}$,$ZrH_{1.83}$ 为 $9.15 \times 10^{-6} \, K^{-1}$;氢化锆相对热膨胀随温度的升高而增加,如表4-25所示。

表 4-25 氢化锆的相对热膨胀量($\Delta L/L$)/%

材　　料	相对热膨胀量/%					
	366 K	473 K	588 K	700 K	810 K	922 K
锆　棒	0.012	0.085	0.170	0.252	0.340	0.445
氢化锆(H/Zr=1.70)	0.033	0.117	0.230	0.359	0.511	0.688

4.4.1.3 氢化锆的力学性能

弹性模量:62 GPa(室温,H 与 Zr 原子数比为1.6,随温度升高而降低)。

拉伸强度:54~68 MPa(室温,H/Zr 比为 1.7~1.8);

137 MPa(426 ℃,H/Zr 比为 1.7~1.8)。

压缩强度:127 MPa(室温,H/Zr 比为 1.75,若为细晶粒,强度可提高 2~3 倍)。

由于氢化锆很脆,强度低,为防止因热应力引起开裂,使用时应尽可能减小氢化锆中的温度梯度。

4.4.1.4 氢化锆的核性能

1)核数据[50]

宏观吸收截面 Σa:0.030 cm^{-1}（$ZrH_{1.94}$）;

慢化能力 $\xi \Sigma s$:1.54 cm^{-1}（$ZrH_{1.94}$）;

慢化比 $\xi \Sigma s / \Sigma a$:51（$ZrH_{1.94}$）。

2)氢化锆中氢原子数

氢化锆中氢原子数随氢含量增加而增加。对于 $ZrH_{1.7}$,氢原子数密度为

6.2×10^{22} cm^{-3}；对于 ZrH$_2$，氢原子数密度为 7.2×10^{22} cm^{-3}。室温下水的氢原子数密度为 6.4×10^{22} cm^{-3}，所以氢化锆 ZrH$_{1.7}$ 的慢化能力与水相当。氢化锆 ZrH$_2$ 的慢化能力比水好。几种氢慢化剂中的氢原子含量如表 4-26 所示。

表 4-26　氢慢化剂材料氢原子数密度

材　料	液氢（-253 ℃）	水（20 ℃）	水（280 ℃）	ZrH$_{1.8}$（600 ℃）	ZrH$_2$
氢原子数密度/cm^{-3}	4.2×10^{22}	6.4×10^{22}	4.8×10^{22}	6.5×10^{22}	7.2×10^{22}

4.4.1.5　氢化锆的中子辐照性能

中子辐照将引起氢化物体积变化。Volkov 等[51] 研究了快中子注量在 $2 \times 10^{20} \sim 1.5 \times 10^{21}$ cm^{-2} 范围内 ZrH$_{1.8}$ 辐照后的肿胀，如图 4-38 所示[51]。结果表明，氢化锆的肿胀与辐照温度并不呈线性关系，在 500 ℃时有一个最大值。在相同辐照温度下，随中子注量的增加呈线性增加。如果 SPACE-R 选用 ZrH$_{1.8}$ 做慢化剂，10 年寿命，氢化锆肿胀率大约为 1%，如图 4-38 中曲线 3 所示。同时，辐照会加速 ZrH 的分解，影响氢化锆的稳定性。δ 相氢化锆辐照时体积无明显变化。ε 相和 δ 相混合物辐照后体积增加，体积增加量与 ε 相含量呈线性关系增加。

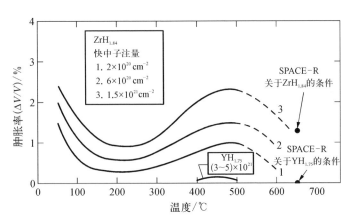

图 4-38　氢化锆和氢化钇的中子辐照肿胀

4.4.1.6　氢化锆高温下的分解与制备

1）在高温下氢化锆的分解

在一定温度下，在一个密闭容器中，含有一定氢的氢化锆与一定的氢气处于一个平衡状态中，这种平衡的氢气压又叫分解压或平衡氢压。因此，温度、压力、氢含量三者之间的关系是一定的。这三个因素中的一个发生变化，另外一个或两个因素就会单独或同时改变。三个因素的相互定量关系表示如图4-39所示[49]。在 δ 相,锆氢两元素,温度、成分、压力之间的关系可表示为

$$\lg p = K_1 + (K_2 \times 10^3)/T$$

$$K_1 = -3.8415 + 38.6433X - 34.2638X^2 + 9.2821X^3$$

$$K_2 = -31.2982 + 23.5741X - 6.0280X^2$$

式中:p 为压力(标准大气压);T 为温度(K);X 为 H/Zr 原子数比。

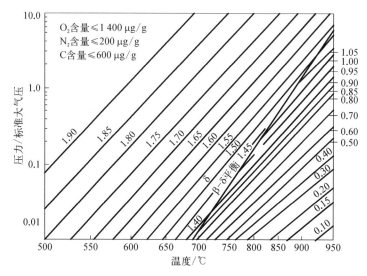

图 4-39　Zr-H 分解压等容线(以 H/Zr 原子数比表示)

氢锆结合是放热反应。在 δ 氢化物向 ε 氢化物转变中,氢的溶解热随溶解浓度的增加而减小,从 δ 成分(H/Zr 原子数比 1.4)的 −193.7 kJ/mol,下降到 ε 成分(H/Zr 原子数比 1.9)的 −156.1 kJ/mol。根据参考文献[49]中的 Zr-H 相图,当 H/Zr 原子数比 1.5 时,在较大的温度范围内是单相的(δ 相或 ε 相),温度变化时不会发生相变,但用高温 X 射线衍射、电阻法、膨胀计和显微镜研究发现,在 24 ℃时,H/Zr 在 1.64～1.74 范围有一个 δ+ε 的两相区(有人也把这个区域称为 γ 相区)。这个两相区随温度的增加而减小,并在 455 ℃和 H/Zr 原子数比 1.74 处闭合。从这一点开始,有一个单一的边界倾斜向上至 H/Zr 原子数比等于 2,将 δ 和 ε 两个单相区分开。

氢化锆的氢分解压随温度的升高而升高,随氢含量的增加而增加(见图 4-39)。氢化锆作为高温反应堆慢化剂时,必须选择合适的 H/Zr 原子数比。H/Zr 原子数比大,慢化能力好,但使用温度低。为减少氢化锆分解时氢的泄漏,

保证氢化锆有足够的慢化能力,氢化锆应放在密封的容器中,而且在氢化锆表面采取防氢渗透措施。

2) 氢化锆的制备

在空间核动力中,氢化锆慢化剂的形状为多孔圆饼状,直径大于 300 mm,高为 80 mm 左右,径向有 37 个孔(如 TOPAZ - 2)或者 150 个孔(如 SPACE-R),因此有两种方法可以制备:

早期氢化锆慢化剂制件采用氢化锆粉末冶金方法。粉末冶金制备的氢化锆制件热导率低,力学性能差,常常产生微裂纹。使用时由于振动、温度变化、辐照等原因,容易碎裂。另一种制备方法是采用整体氢化,将锆加工成所要求的形状和尺寸,放入氢化炉中,通入氢气,控制温度和氢气压力,使锆中氢含量缓慢增加,控制裂纹生成,提高成品率[49]。

3) 防氢渗透涂层材料

空间热离子反应堆用氢化锆做慢化剂,在 $500 \sim 600$ ℃高温下,由于氢化物分解,导致氢泄漏,因此必须采取防氢泄漏措施。

在热离子反应堆电源中,防止氢泄漏,采取三种方法:在装氢化锆慢化剂的容器内壁涂防氢泄漏涂层;在氢化锆慢化剂表面涂防氢泄漏涂层;安装防氢泄漏涂层的修补系统。

装氢化锆慢化剂的容器一般用不锈钢制成。氢对不同金属材料的渗透率相差很大,其中以铝、钨、钼最低。氢渗透率与温度、材料表面状态有关。金属表面涂 Al_2O_3、$TiN+TiC$、SiO_2、Cr_2O_3 等氧化物或碳化物,能提高防氢渗透能力。例如,在 316 不锈钢表面涂 $20 \sim 30 \ \mu m$ 厚的 Al_2O_3 膜,在 500 ℃下,氢渗透率可降低 $2 \sim 3$ 个数量级[52]。

对氢化锆慢化剂表面防氢泄漏涂层的要求[53]:涂层应有自愈合功能。由于氢化锆很脆,在反应堆内受到中子辐照,慢化剂本身温度不均匀及受开堆、停堆的热冲击,使氢化锆容易产生裂纹。氢化锆一旦开裂,氢化锆慢化剂表面防氢泄漏涂层就失去作用,即要求一旦出现裂纹新膜能很快形成;由于氢化锆慢化剂用于反应堆芯,因此要求涂层的中子吸收截面要小;要求涂层稳定性好,与氢化锆结合牢固。氢化锆为强还原剂,在空气中受热时容易分解,首先失去表面的氢,因此存在金属锆层,金属锆是一种活泼金属,在氢化锆表面容易形成氧化膜。

张华峰等[54]将 H/Zr 原子数比为 1.8 的氢化锆样品放在有磷的真空炉内,通入 CO_2 加热到 $600 \sim 650$ ℃,得到厚度为 $7 \ \mu m$ 的致密涂层,涂层气孔率小于 5%,经分析,涂层的组分为锆、碳、氧、磷,相结构分析主要为四方结构的 ZrO_2,由

100 nm 等轴晶组成。在真空环境下试验,涂层能降低氢的渗透 40 倍以上,这可能是由于涂层内的碳,氧,磷与氢形成不同形式的键,对氢的间隙扩散造成阻碍,降低了氢的渗透。

4.4.2　氢化钇

氢化钇是针对氢化锆高温分解压高的缺点而选用的[55]。但氢化钇作为高温反应堆慢化剂正处于技术论证阶段,还缺乏在反应堆上的使用经验,技术上还存在一些需要解决的问题。

4.4.2.1　氢化锆和氢化钇做慢化剂的比较

1) 氢化锆慢化剂的优缺点

氢化锆的技术成熟,已成功地用于空间核动力的反应堆做慢化剂,寿命已超过 1.5 年;有良好的慢化能力;有正的反应性温度系数,允许反应堆采用低的过剩反应性。但氢化锆在运行温度下有高的氢分解压,为 $(2.6 \sim 6.7) \times 10^4$ Pa,在长寿命系统中氢的包容很困难。如果每年有 1% 的氢泄漏损失,将损失 0.5% 的反应性;要制备大块均匀的氢化锆工艺还有较大困难;氢化锆正的反应性温度系数对于短寿命的慢化剂系统可能是优选方案,对于长寿命(如 10 年),要求反应堆在运行中有能动的反应堆控制[55]。

2) 氢化钇慢化剂的特点

当选择氢化钇和铍组合作为慢化剂时,可以提供与氢化锆接近的慢化能力。氢化钇有低的氢分解压,在慢化剂的运行温度下,氢化钇的氢分解压为 $1.3 \sim 4.0$ Pa,比氢化锆低 4 个数量级,氢损失的问题实际上可以避免;当氢化钇选用铍或钼,甚至用不锈钢(表面有氧化)做包容材料,预计在 10 年中氢损失将低于 0.1%。氢化钇可以通过调节堆芯中氢化物的份额,调节慢化剂的温度系数为正,也可以接近零,这为反应堆控制设计提供了灵活性;可以借助于改变 Be/YH_2 在堆芯不同位置的份额来展平径向功率分布。

氢化钇有低的中子辐照肿胀。在中子辐照下氢化钇的辐照肿胀比氢化锆小。如 $YH_{1.75}$ 在 $400 \sim 500$ ℃ 经 $(3 \sim 5) \times 10^{21}$ cm^{-2} 中子注量辐照后没有明显肿胀,如图 4-38 所示。

4.4.2.2　铍-氢化钇组合慢化剂存在的问题

铍的焊接比不锈钢困难。当用铍做氢化钇慢化剂的包容层材料时存在铍的焊接问题。

当冷却剂 NaK 中氧含量高于 5×10^{-6} 时,为了与 NaK 相容,需要在铍表面涂上一层钼,如果 NaK 中氧含量低于 5×10^{-6},铍表面不需要涂层;由于 $YH_{1.75}$ 表面氢气的压力低,需要在氢化物和铍包容层之间充氦($7 \sim 14$ kPa),以便热控制。

4.4.2.3　几种慢化剂材料的中子特性

铍、氢化钇和氢化锆三种慢化剂材料的中子特性如表 4-27 所示[55]。与氢化钇相比,氢化锆有较低的宏观热中子截面,这是由于钇的微观热中子吸收截面(1.38 b)比锆的微观热中子吸收截面(0.18 b)高。从临界质量考虑,氢化锆做慢化剂材料比氢化钇好,但氢化锆的氢分解压比氢化钇高,由于氢包容是在反应堆长寿命内保持反应性的主要准则,氢化锆的高氢分解压与氢化钇比处于劣势。

表 4-27　铍、氢化钇和氢化锆三种慢化剂材料的中子特性

材　料	慢化能力 $\xi \Sigma s / cm^{-1}$	吸收截面 $\Sigma a / cm^{-1}$	慢化份额 $(\xi \Sigma s / \Sigma a)$	临界质量 $(1 b^{235}U)$
Be	0.16	0.001 1	150	39.82
$YH_{1.85}$	1.22	0.054	23	15.43
$ZrH_{1.85}$	1.54	0.030	62	12.77

4.5　屏蔽材料

空间核动力辐射屏蔽的目的是防止结构材料和仪器设备受照射后发热、活化及性能劣化等。为了降低电源的质量,通常采用阴影屏蔽。空间核动力的辐射屏蔽主要是考虑中子和 γ 的屏蔽。一般要求屏蔽后的剂量平面上中子注量限值为 10^{12} cm^{-2}($E > 0.1$ MeV);γ 射线吸收剂量为 10^4 Gy。在空间核动力辐射屏蔽设计中,选择屏蔽材料是非常重要的课题。这是因为在屏蔽体中,屏蔽材料在质量和体积方面都占有很大比重,它直接影响电源的质量。对于中子而言,通常选用原子序数小的元素,如固体材料 LiH 等。对于 γ 射线,选用原子序数高的材料,如铁、铅、钨、贫铀等。

4.5.1　轻屏蔽材料

LiH 在高温下虽然脆,但推荐 LiH 作为空间核动力的屏蔽材料是因为 LiH 有低的密度,高的熔点和沸点,LiH 的分解温度高于熔点,在液态状况下没有其他两相的氢化物,有高的有效中子衰减系数和高的氢密度,大的中子散

射截面,俘获中子后不释放 γ 射线,是优良的中子屏蔽材料和慢化材料[56]。

4.5.1.1 LiH 的物理性能

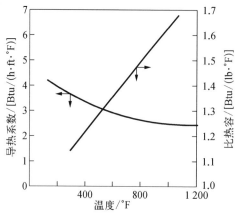

图 4-40 冷压氢化锂的导热系数和比热容

1 Btu/(1b·℉)=4.18 kJ/(kg·K)

1 Btu/(h·ft·℉)=1.73 W/(m·K)

LiH 的物理性能如下:密度为 0.764 g/cm³;氢原子密度为 5.8× 10²² cm⁻³;熔点为 688 ℃;沸点为 856 ℃;熔化热为 22.59 kJ/mol。导热系数随温度的升高而下降,在 400 K 时为 10～5 W/(m·K),随材料组成和测试方法不同相差很大,冷压氢化锂的导热系数和比热容随温度的变化如图 4-40 所示[57]。

LiH 的热力学性能(生成热、自由能、熵)如表 4-28 所示,比热容为 34.73 J/mol·K。

表 4-28 氢化锂的热力学性能(25 ℃)

物理状态	标准生成热 $\Delta H_f/(\text{kJ} \cdot \text{mol}^{-1})$	标准生成自由能/$(\text{kJ} \cdot \text{mol}^{-1})$	绝对熵 $S/[\text{J} \cdot (\text{mol} \cdot \text{K})^{-1}]$	分子热容 $C/[\text{J} \cdot (\text{mol} \cdot \text{K})^{-1}]$
LiH(固体)	−90.56±0.11	−61.89	24.7	34.7
LiH(气体)	128	105	170	29.5

氢化锂的比热容与温度的关系曲线如图 4-41 所示,在熔点处有一个转折点;低温下氢化锂热焓与温度的关系如图 4-42 所示[57],图中的峰有两个解

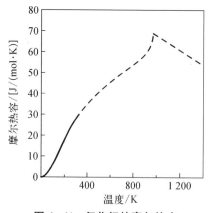

图 4-41 氢化锂的摩尔热容与温度关系

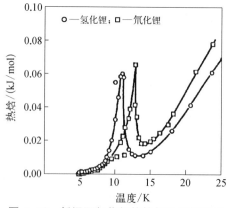

图 4-42 低温下氢化锂热焓与温度的关系

释：一种解释是低于峰值温度时氢化锂由
NaCl 晶型变为一个低温相；另一种解释是
存在居里点。

氢化锂在高温下可发生热分解，如图 4-43
所示。分解压力为：93 Pa(500 ℃)；$3.5 \times$
10^3 Pa(700 ℃)；1.01×10^5 Pa(894 ℃)。

液体氢化锂的压力-组分等温线如
图 4-44 所示[57]，从曲线看出有一平坦区，
该区即为液体 α 和液体 β 双相区。氢压
p_{H2} 和平坦区温度 T 的关系由下式确定：

$$\ln p_{H2} = 21.128 - 171.86 T^{-1}$$

偏晶以下，锂在氢化锂中的溶解度可
用下式表示：

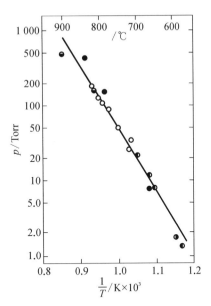

**图 4-43　氢化锂的平衡分解压
与温度的关系**

$$\lg \frac{n}{1+n} = 2.835 - 3\,381 T^{-1}$$

式中：n 为 H/Li 原子数比；T 为温度(K)。

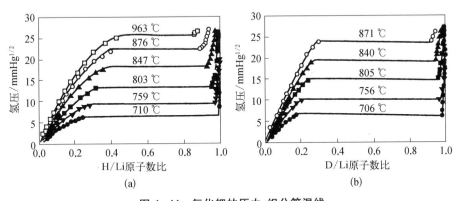

图 4-44　氢化锂的压力-组分等温线

(a) 氢化锂；(b) 氘化锂

线膨胀系数 $\alpha = 42.6 \times 10^{-6}$ K^{-1}(25～100 ℃)；40×10^{-6} K^{-1}(100 ℃)；
50×10^{-6} K^{-1}(400 ℃)。

不同的研究者结果有差别，室温以下的热膨胀系数如图 4-45 所示，室温
以上如图 4-46 所示[57]。图 4-46 内两条曲线是由两个研究者用 X 射线衍射

法测得的结果。

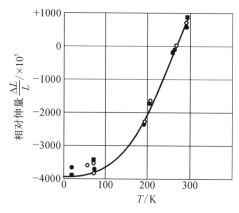

图 4-45　低温下氢化锂热膨胀系数

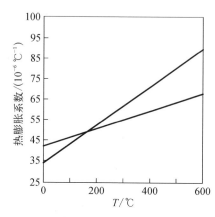

图 4-46　氢化锂热膨胀系数

核性能如下[50]:

有效中子衰减系数为 2×10^{-4};中子散射微观截面为 1.87 b;中子宏观吸收截面 Σa 为 4.22 cm^{-1};中子慢化能力 $\xi\Sigma s$ 为 1.20 cm^{-1};慢化比 $\xi\Sigma s/\Sigma a$ 为 0.284。

4.5.1.2　氢化锂的力学性能

氢化锂的压缩强度和弹性模量与制备工艺有关[58]。弹性模量 E 为 48 GPa(室温,207 MPa 冷压样品)、109 GPa(室温,冷压后 593 ℃烧结);压缩强度为 100.67 MPa±3.34 MPa(室温,207 MPa 冷压样品)、135.62 MPa±34.61 MPa(室温,冷压后 593 ℃烧结);拉伸强度为 26.5～41.2 MPa;热压多晶氢化锂疲劳裂纹生长速率为:每循环一次 7.56×10^{-11} m(应力强度因子 $K_1=$ 1.04 MPa·m$^{1/2}$);2.35×10^{-8} m(应力强度因子 $K_1=$1.49 MPa·m$^{1/2}$)。

蠕变性能如下:

LiH 铸态和冷压两种工艺的应力-稳态应变速率关系如图 4-47 所示[56]。其中试验温度为 1 000 °F(538 ℃)的样品为铸态,试验时间为 165 h;其余试验温度为冷压样品,试验时间为 100 h。

4.5.1.3　氢化锂的辐照

1) 中子辐照

中子辐照引起 LiH 的体积肿胀,其肿胀大小与中子注量和辐照温度有关。LiH 的中子辐照肿胀如图 4-48[58]所示。LiH 的主要缺点是低的热导率和需要将 LiH 保持在 600～680 K 温度下运行(图中为限制肿胀的最小屏蔽温度)。在这个温度范围内经 $10^{16}\sim10^{20}$ cm^{-2} 的中子注量辐照后引起的辐照肿胀

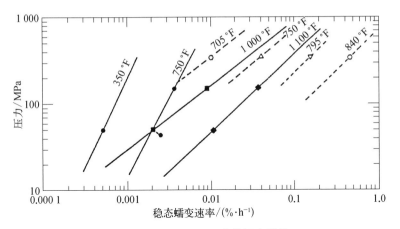

图 4-47　LiH 不同工艺的蠕变性能

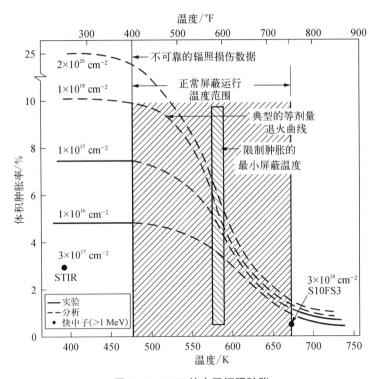

图 4-48　LiH 的中子辐照肿胀

小于 6.0%。而浇铸在不锈钢壳内的 LiH 的密度一般都低于 94% 的理论密度。因此,中子辐照造成的肿胀不会使屏蔽的结构变形或者损坏。即使有陨石击穿了 LiH 外不锈钢保护壳(保护壳厚度一般为 1.5～2.5 mm),也不会因为氢的漏失造成剂量平面上剂量率的变化。当温度在 680 K 以上时,虽然有小的辐照肿胀,但是由于 LiH 分解,会因陨石击穿保护壳后造成氢大量漏失而影响屏蔽剂量水平。

在 LiH 中的锂可以采用天然锂(^{7}Li 约占 92.6%,^{6}Li 约占 7.4%),^{6}Li 有大的中子吸收截面,但^{6}Li 吸收热中子后生成氚核和放出 α 粒子,即^{6}Li(n,α)T 反应,将产生内热容易造成 LiH 开裂,因此需要很好散热。虽然^{7}Li 的热中子吸收截面小,但可以与快中子发生反应。如 SNAP-8 中的中子屏蔽材料就选用丰度为 99.99% 的^{7}Li 制成 LiH。

2) 氢化锂的 γ 辐照

用^{60}Co 的 γ 射线辐照氢化锂,会造成 LiH 分解和体积肿胀。肿胀大小与辐照温度和吸收剂量有关。它们之间的关系如图 4-49 和表 4-29[56] 所示。从曲线看出:在同一温度下随辐照剂量的增加肿胀增大;在同一剂量下,辐照肿胀随温度的增加不是单调增加,在 160 ℃ 以前,随辐照温度的增加辐照肿胀增大。在 160～200 ℃ 时,肿胀达到最大值,最高达到 25%;温度升高到 300 ℃ 时,辐照肿胀几乎消失。

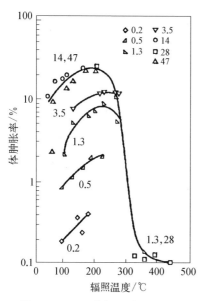

图 4-49 LiH 的辐照肿胀与辐照温度的关系

注:图中曲线上标的数字是以 10^7 Gy 为单位的剂量。

表 4-29 γ 射线辐照 LiH 的肿胀量

辐照温度/K	辐照剂量 10^6 Gy 和肿胀(%)							
	2	5	13	35	70	140	280	470
363	—	0.8	1.9	—	8.2	11.5	—	17.0
423	0.28	1.5	5.6	8.9	11.5	20	—	22.0
473	0.34	1.9	7.2	11.5	15.2	21.2	25	—

用脉冲核磁共振测量辐照后的氢化锂,结果证明,氢化锂内存在氢气。可以肯定,氢气是在氢化锂辐照过程中产生的。随辐照剂量的增加,分解的氢气和辐照肿胀也增加,但温度也可能使氢气与锂发生反应生成氢化锂。在 160～200 ℃ 之间 LiH 的分解和化合达到平衡,温度升高到 300 ℃ 后化合超过了分解。

3）氢化锂辐照后的微观结构

对 γ 辐照后的单晶氢化锂进行了电镜分析,发现存在方形或长方形的氢气泡,辐照产生的氢气就存在其中。气泡的边长随辐照条件不同而不同。辐照温度为 120～265 ℃时平均边长为 $75 \times 10^{-10} \sim 1\,500 \times 10^{-10}$ m。当辐照温度为 220 ℃,辐照剂量为 1.30×10^7 Gy 后,平均气泡尺寸为 675×10^{-10} m。

4.5.2 重屏蔽材料

1）屏蔽材料选择

美国在对电功率为 5 kW 的热离子反应堆电源系统的 γ 射线的屏蔽材料进行选择时,对可以用作重屏蔽的材料进行了评论,结果如表 4-30 所示[56]。

表 4-30 空间反应堆电源 γ 屏蔽材料的选择

材 料	评 论
铅	由于熔点低(600 K)而排除
Ta-W 合金(~10% W)	由于钽产生二次 γ 射线不适用
U-Mo(10%U 与 80%Mo)和贫铀	尽管有小的屏蔽质量,而且贫铀是核燃料富集厂的尾料,价格便宜,但铀靠近反应堆是不希望的,因为铀的剩余裂变可能引起屏蔽体内热明显增加,导致铀屏蔽层过度肿胀和温度不稳定
钨合金(95%)	钨虽然价格昂贵,若以屏蔽质量小为标准,钨是 γ 射线衰减最有效的材料
不锈钢	经程序计算可选用
天然的和富集的 B_4C	经程序计算可选用
加硼不锈钢	经程序计算可选用

钨和铀对不同能量的 γ 射线的屏蔽效果如表 4-31 所示[59]。表中数据分别表示剂量降低一半和降低到初始值的 1/10 时要求屏蔽层的厚度。

表 4-31 γ 射线剂量降低到初始值的 1/2 和 1/10 屏蔽层厚度

衰减系数	屏蔽材料	γ 射线能量/keV						
		20	50	100	200	500	1 000	10 000
半值	W/mm	0.006	0.035	0.14	0.65	3.2	7.8	12
	U/mm	—	0.012	0.065	0.38	2.3	6.1	9.0

(续表)

衰减系数	屏蔽材料	γ 射线能量/keV						
		20	50	100	200	500	1 000	10 000
1/10 值	W/mm	0.018	0.11	0.45	2.2	11	28	42
	U/mm	—	0.04	0.22	1.3	8	22	30

2）空间反应堆电源屏蔽的实例

20 世纪美国对准备用于空间的几座反应堆电源的屏蔽材料选择进行过仔细研究,结果如表 4-32 所示[56]。

表 4-32　几座空间反应堆电源的屏蔽参数

反应堆	功率水平	建造时间	γ 屏蔽	中子屏蔽	剂量要求	状　态	备　注
SNAP-10A	0.5 kW	20 世纪 60 年代初	无	LiH	γ: 10^5 Gy 中子: 10^{12} cm^{-2} 超过 1 年	建成并飞行	由于屏蔽周围散射,快中子注量高于预期值
SNAP-8	30 kW	20 世纪 70 年代初	W	LiH	无记载	建成试验性屏蔽	功率水平高,LiH 中用富集 ^{7}Li 减少内热
先进氢化物/5 kW	5 kW	20 世纪 70 年代初	含 B 不锈钢	LiH	γ: 10^4 Gy 中子: 10^{12} cm^{-2} 超过 5 年	书面研究	需要增加热分析资料
40 kW 热离子	40 kW	20 世纪 70 年代初	W	LiH	侧屏蔽,100 R/h	书面研究	为载人飞行器设计的反应堆最小重量的夹层屏蔽
SP-100 反应堆	100 kW	20 世纪 80 年代初	W	LiH	γ: 10^4 Gy 中子: 10^{12} cm^{-2} 超过 7 年	书面研究	需要考虑屏蔽的主动冷却

4.6　热电直接转换中的功能材料

空间核动力的静态转换,如第 3 章所述,包括热电偶(温差电)转换、碱金属转换、热离子转换和磁流体发电四种转换。后两种热电转换部件在高温下工作,多使用难熔金属。前两种转换的热电转换部件工作温度低,不超过1 273 K。

对于热电偶转换和碱金属转换,除常规材料(不锈钢、铌合金等)外,就是有特殊要求的功能材料。如热电偶转换中的温差电偶材料和碱金属转换中的 $\beta - Al_2O_3$ 固体电解质材料。这两种材料性能的好坏、工艺成熟程度直接影响热电转换效率和转换器的寿命。另外,$\beta - Al_2O_3$ 固体电解质材料的制备工艺技术不成熟,缺乏必不可少的实验数据。在静态转换中,还有介质材料,如钠、钾和铯等,虽然非常重要,但它们工艺成熟,性能数据都比较齐全,这里不进行介绍。

4.6.1　温差电偶材料

4.6.1.1　温差电偶材料的基本要求[60]

温差电偶材料性能的重要指标是优值 Z,优值(Figure of Merit)Z 也称为品质因子。$Z = S^2\sigma/k$ 表明,高性能的热电转换材料应有高的塞贝克系数 S 和电导率 σ,低的热导率 k。对于塞贝克系数 S 高的半导体材料,决定 Z 性能的三个因素不可兼得。首先,电导率 σ 和塞贝克系数 S 是载流子(空穴或电子)浓度的函数,随载流子浓度的提高,电导率 σ 呈上升趋势,而塞贝克系数 S 却会随电导率 σ 的提高而大幅度下降。在优值 Z 的表达式中,分子项 $S^2\sigma$ 只能是在一个载流子浓度下达到最大,Z 值的调节范围有限,因此,调节 Z 值只能靠降低热导率 k。材料的热导率由两部分组成:一是载流子(假定为电子)的定向运动引起的电子热导率(k_e);另一部分是由晶格振动波(声子)引起的,称为声子热导率(k_p)。由于热电转换材料要求较高的电导率,根据 Wiedeman-Franze 定律,电子热导率与电导率成正比,因此,随电导率的提高热导率也提高,使热导率调节受到限制。但是,多数半导体材料的声子热导率高于电子热导率,所以提高热电转换材料优值 Z 的办法主要集中在降低声子的热导率。目前,Bi-Te 基热电转换材料 Bi_2Te_3 的室温优值 Z 与温度 T 的乘积约为 1,而热电转换效率仍低于 10%。为了与其他热电转换相竞争,必须使优值 Z 与温度 T 的乘积提高到 2～3。由于同一种材料的热导率与电导率的互相关联,必须从根本上解决高电导率和低热导率的矛盾。目前改进热电转换材料优值 Z 的途径有两种:一是选择新材料,二是改进材料工艺。

4.6.1.2　新温差电偶材料

1) 钴基氧化物热电转换材料

$NaCo_2O_4$ 单晶材料在室温下有较高的塞贝克系数(100 $\mu V/K$),较低的电阻率(200 m$\Omega \cdot$ cm)和较低的热导率。但 $NaCo_2O_4$ 在空气中易潮解,温度超过 1 073 K 时易挥发。因此,人们把眼光转向另一钴基氧化物,Ca-Co-O 系。根据研究预测:$NaCo_2O_5$ 在 $T \geqslant 873$ K 时,Z 与 T 乘积为 1.2~2.7。

2) 准晶体热电转换材料

近几年引起注意的准晶体热电转换材料,热力学稳定性好,电阻率低,故导电性能好;有负的导热系数,有研究预测室温下 ZT 可达到 1.6。

3) 超晶格薄膜热电转换材料

超晶格薄膜是由两种半导体单晶薄膜周期性交替生长形成的多层异质结构,每层薄膜含有几个到几十个原子层。由于这种特殊结构,半导体超晶格中的电子(或空穴)能量将出现量子化,进而引起态密度提高。因此,超晶格材料具有许多新的特点。采用金属有机化合物气相沉积(MOCVE)法将 Bi-Te 基合金制成超晶格薄膜,300 K 时 ZT 达到 2.4。通过超晶格量子限制效应可得到 ZT 大于 3 的材料。

4) 结构纳米化材料

从改进材料微观结构出发,如结构纳米化,在热电转换材料中掺入纳米尺寸的杂质相,制备纳米粉复合结构纳米热电材料(杂质相可为绝缘体、半导体、金属,也可为纳米尺寸的空洞)。根据试验结果表明,纳米技术应用于温差电材料,可提高 ZT,其原因是:纳米粉的加入提高了费米能级附近的密度,从而提高了塞贝克系数;由于量子约束,调制掺杂和 δ 掺杂效应,提高了载流子的迁移率;能更好地利用多能谷半导体量子面的各向异性,增加了势阱壁表面的声子边缘散射,降低了晶格热导率。

5) 功能梯度材料

功能梯度材料有两种,即载流子浓度梯度材料和分段复合梯度热电材料。前者沿温差发电器电极臂长度方向载流子浓度被优化,使热电材料每一部分在各自的工作区达到最大优值;后者分段复合梯度热电材料是由不同材料连接构成。每段材料工作在最佳温度区,可在较大温度范围内工作,从而达到最高的热电转换效率。当用 $SiGe/PbTe/Bi_2Te_3$ 三段层状热电元件,工作温度从室温到 1 070 K,最大热电转换效率达到 17%。用四层不同掺杂梯度的 $FeSi_2$,制备出的传感器在 $-50 \sim 500$ ℃范围内塞贝克系数保持在 270 $\mu V/K$,波动小于 $\pm 2\%$。

4.6.1.3 高温温差电偶材料

温差电偶材料根据热端工作温度可分为:低温(300 ℃以下)材料,以 BiTe-SbTe 半导体材料为代表;中温(300~700 ℃)材料,以 PbTe 半导体材料为代表;高温(700 ℃以上)材料,以富硅的 SiGe 合金为代表。

目前,已用于空间核电源热电偶转换的高温电极臂材料为 SiGe 合金半导体材料。合金组分为 $80\%\sim60\%$ 的原子硅和 $20\%\sim40\%$ 的原子锗,在合金中掺杂 B,形成 P 型半导体,在合金中掺杂磷,形成 N 型半导体。电极臂热端最高温度为 1 273 K。以同位素衰变能为热源的热电偶转换,热电转换效率达 6.7%(如 GPHS-RGT),以反应堆裂变能为热源的热电偶转换,热电转换效率达 3%(已实现,如 BUK 反应堆电源)和 4.1%(如 SP-100 核反应堆电源)。热电偶转换电偶材料选择 SiGe 合金的原因有以下几个方面[61]。

1) 抗氧化

SiGe 合金在空气中,高温时合金表面形成 SiO_2 膜,可自动保护材料本身不受氧化破坏。此外,SiGe 合金表面也可用 Si_3N_4 做保护膜。因此,SiGe 温差发电器不需要在密封的惰性气体下工作,可大大减轻温差发电器质量,提高可靠性。

2) 密度低

$Si_{0.8}Ge_{0.2}$ 合金密度为 3 g/cm^3,远远低于 PbTe 合金($8.2\ g/cm^3$),选择 Si-Ge 半导体可以降低热电转换系统的质量。

3) 单体电压高

在一定工作温度下,一对 SiGe 单体的电压是 PbTe 的 2 倍。因此,设计发电器时,可减少温差电单体总数,提高系统可靠性。

4.6.2　固体电解质材料

在碱金属热电转换器中,固体电解质材料选用 β''-Al_2O_3,它有两种结构形式,即 β''-Al_2O_3 和 β-Al_2O_3,在一定条件下,它们可以互相转换,但前者有更好的离子导电能力。

4.6.2.1　β''-Al_2O_3 结构[62]

β-Al_2O_3 是性能优良的钠离子导体。它是一种非化学计量化合物,其通式为 $M_2O \cdot xAl_2O_3(M^+ = Na^+, K^+, Rb^+, Ag^+, Tl^+$ 等),当 x 不同时有不同结构。目前,研究最多的是钠铝酸盐的两种变体 β-Al_2O_3 和 β''-Al_2O_3。β-Al_2O_3 理想的结构式是 $Na_2O \cdot 11Al_2O_3$;β''-Al_2O_3 理想的结构式是 $Na_2O \cdot 5.33Al_2O_3$。

β-Al_2O_3 属六方晶系,Al^{3+} 和 O^{2-} 离子在晶格中的排列与在镁铝尖晶石($MgAl_2O_4$)中相同,氧离子成立方密堆积,氧层为尖晶石的(111)面;Al^{3+} 离子占据其中的八面体和四面体间隙位置。由四层密堆积氧离子和铝离子构成的基块常被称为尖晶石基块,尖晶石基块之间是由 Na^+ 和 O^{2-} 构成的疏松堆积的钠氧层。每个单位晶胞含有两个尖晶石基块和两个钠氧层。这样,通过基块中的铝原子和钠氧层中的氧原子构成的铝氧桥(O_3—Al—O—Al—O_3)将尖晶石基块彼此联系起来。由于尖晶石基块中氧是密堆积的,钠离子只能在疏松的钠氧层内迁移,故 β 氧化铝是各向异性的。

理想式的 $\beta''\text{-}Al_2O_3$ 是透明结晶体,属三方晶系。常因它的氧化钠含量不足,需加入少量的氧化锂(Li_2O)或氧化镁(MgO)使其结构稳定。其结构也是由尖晶石基块沿 C 轴成层状排列。每个单位晶胞含有三个尖晶石基块和三个钠氧层。钠氧层不是上下对称的而是错开的。$\beta\text{-}Al_2O_3$ 和 $\beta''\text{-}Al_2O_3$ 都有较高的钠离子电导率,在 300~350 ℃ 可达到 10 S/m,但 $\beta''\text{-}Al_2O_3$ 对钠离子的电导率比 $\beta\text{-}Al_2O_3$ 更高。

$\beta\text{-}Al_2O_3$ 和 $\beta''\text{-}Al_2O_3$ 也可以共存。一般说来,在较高的温度下生成 $\beta\text{-}Al_2O_3$;在低温下固相合成的主要是 $\beta''\text{-}Al_2O_3$ 晶体;在 1 500 ℃ 下 $\beta''\text{-}Al_2O_3$ 转变为 $\beta\text{-}Al_2O_3$,当有氧化镁存在时 $\beta''\text{-}Al_2O_3$ 可以稳定到 1 700 ℃。

两种氧化铝的结构如图 4-50 所示[62]。

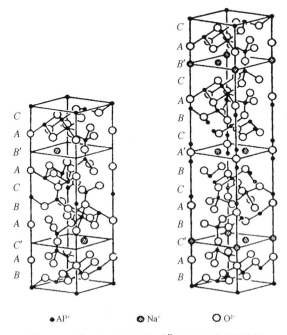

●Al^{3+}　　　◎Na^+　　　○O^{2-}

图 4-50　$\boldsymbol{\beta}\text{-}\mathbf{Al_2O_3}$(左)和 $\boldsymbol{\beta''}\text{-}\mathbf{Al_2O_3}$(右)的结构

4.6.2.2 β″-Al₂O₃ 的性能

1) 强度和电阻率

致密度（>98%）的 β''-Al_2O_3 的强度≥206 MPa，电阻率≈0.04 Ω·m。高强度有利于减小 β''-Al_2O_3 的壁厚。研究表明，在碱金属热电转换器中，β''-Al_2O_3 基体材料壁厚减少 0.4 mm 时，在 800～900 ℃ 工作温度范围内，电输出比功率可增加 20%～30%。但 β''-Al_2O_3 管的壁厚过薄，给陶瓷–金属封接工艺带来困难和结构件缺乏足够的机械强度。目前，采用的 β''-Al_2O_3 管壁厚为 0.7～1.1 mm。

2) β''-Al_2O_3 吸水性

β''-Al_2O_3 导电层易吸水，水侵蚀晶粒边界，水溶相会被分解。在导电平面的水分能增大电阻和点阵参数。测量数据表明：β''-Al_2O_3 管暴露在空气中 1 h，可吸收其质量 0.03%～0.05% 的水分。在空气中暴露一天吸水饱和，水分质量约占管材质量的 1%。因此，制成的 β''-Al_2O_3 管在组装使用前需化学清洗其表面，并在适当的温度下除水。

参考文献

[1] 李冠兴,武胜. 核燃料：陶瓷核燃料[M]. 北京：化学工业出版社,2007：317-380.

[2] Gontar A S, Nelidov M V, Nikolaev Yu V. 热离子转换器的燃料元件(内部资料)[M]. 苏著亭,译. 北京：中国原子能科学研究院,2009：1.

[3] Degaltsev Yu G, Ponomarev-Stepnoy N N, Kuznetsov V F. Behaviour high-temperature nuclear fuel under irradiaction[M]. Moscow：Energoatomizdat, 1987：208.

[4] Fink J K, Chasanov M G. Thermophysical properties of uranium dioxide[J]. Journal of Nuclear Materials, 1981, 102(1-2)：17-25.

[5] Gontar A S, Gutink V S, Kucherov R Ya. Possibilities of using understoichiometric uranium dioxide in thermionic fuel elements[G]. Proc. 27th Intersociety Energy Conversion Engineering Conference. San Diego, 1993.

[6] Galkin E M, Gagarin A S, Mokeev A V. Outgasing of uranium dioxide under vacuum heating[R]. Podolsk：Report at the 4th Branch Conference. Nuclear power in the Space. Materials. Fuel, 1993.

[7] Rakitskaya E M, Galkin E A, Gontar A S. Advanced uranium dioxide thermionic fuel[R]. Report No RDD：93；62411-001；01, 1993.

[8] 谢家明. 二氧化铀燃料及性能(内部资料)[R]. 北京：中国核科技信息研究所,1980：12-13.

[9] Gontar A S, Nelidov M V, Nikolaev Yu V. 热离子转换器的燃料元件(内部资料)[M]. 苏著亭,译. 北京：中国原子能科学研究院,2009：179-188.

[10] 长谷川正义, 三岛良绩. 核反应堆材料手册：核燃料[M]. 北京：原子能出版社, 1985：183-187.

[11] 乌沙考夫 Б А. 热离子能量转换器的理论基础(内部资料)[M]. 李跃鑫,译. 北京：中国原子能科学研究院,1999：179-184.

[12] Cox C M, Dutt D S. Fuel systems for compact fast space reactors[R]. Malabar：Space Nuclear Power Systems, 1984. Orbit Book Company，1985，Fl：301-305.

[13] August W C, William C M. Irradiation effects on fuels for space reactors[M]. Space Nuclear Power Systems, 1984. Orbit Book Company，Malabar，Fl, 1985：307-315.

[14] 杨继材,姬世平,杨从松.燃料元件材料及工艺研究(内部资料)[M].北京：中国核工业标准化研究所,2004：43-48.

[15] Almambetov A K.热离子燃料元件的结构与工艺(内部资料)[R].北京：中国原子能科学研究院,1996：10-11.

[16] Savitsky E M, Gennady S B. Single crystals of refractory and rare metals, alloys, and compounds[M]. Moscow：A. A. Baikov Institute of Metallurgy, USSR, 1982：136-141.

[17] Evstyukhin A I, Gavrilov L L, Levin S V. Production single crystal deposits of tungsten from chlorides using transport reactions[R]. Moscow，Nauka：Single Crystals of Refractory and Rare Metals，Alloys and Compounds, 1977：27-32.

[18] 李中奎,杨启法,张青,等.Mo-3Nb合金化单晶研制(内部资料)[R].西安：西北有色金属研究院,2004.

[19] 李中奎,郑剑平,杨启法.Mo-6Nb合金单晶制备技术(内部资料)[R].西安：西北有色金属研究院,2008.

[20] Yastrebkov A A, Afanasiev N G, Repiy S V. Niobium/Rutenium impact on high temperature strength parameters of single crystal Mo[R]. Single Crystal Refractory Metals, Alloys and Compounds. Moscow, Nauka，1984：201-207.

[21] Tachkowa N G, Zubarev P V. A study of high-temperature creep of Mo-3%Nb single crystal alloy under long-time loading[R]. Moscow, Nauka：Single Crystal Refractory Metals, Alloys and Compounds，1984：196-201.

[22] Nikolaev Y V, Kolesov V S. Mo and W single crystal alloys with abnormally high creep strength for space nuclear power and propulsion systems[R]. Podosk, Russia：CONF 930103 1993. American Institute of Physics, 1993.

[23] 张华峰,张征,郑剑平,等.难熔金属材料高温内压蠕变研究(内部资料)[R].北京：中国原子能科学研究院,2008.

[24] 杨继材.TOPAZ-2的应用及材料(内部资料)[G].北京：中国原子能科学研究院, 1999：50.

[25] Wiffen F W. Effects of irradiation on properties of refractory alloys with emphasis on space power reactor applications[R] Moscow, Nauka：Single Crystal Refractory Metals, Alloys and Compounds，1984：252-275.

[26] 郝嘉琨.聚变堆材料[M].北京：化学工业出版社,2007：104-108.

[27] 长谷川正义,三岛良绩.核反应堆材料手册：高熔点金属和合金[M].北京：原子能出版社,1985：580-581.

[28] Watanabe K. Neutron irradiation embrittlement of poly and single crystalline Mo[J]. Journal of Nuclear Materials, 1998(258-263)：848-852.

[29] 杨继材,姬世平,杨从松.燃料元件材料及工艺研究(内部资料) [M].北京：中国核工业标准化研究所,2004：49-50.

[30] 郑凤琴,倪红,郑剑平,等.Al_2O_3单晶研制(内部资料)[R].南京：南京工业大学,2004.

[31] 郭露村,郑剑平,杨继材,等.高纯多晶Al_2O_3陶瓷制备(内部资料)[R].南京：南京工业大学,2008.

[32] 黄永章,郑剑平.高纯Sc_2O_3陶瓷制备(内部资料)[R].北京：北京有色金属研究总院,2008.

[33] 郑凤琴,倪红,郑剑平,等.YAG单晶性能测试(内部资料)[R].南京：南京工业大学,2008.

[34] 金志浩,高积强,乔冠军.工程陶瓷材料：陶瓷材料的力学性能[M].西安：西安交通大学出版

社,2000:189.

[35] Gontar A S, Nelidov M V, Nikolaev Yu V. 热离子转换器的燃料元件(内部资料)[M]. 苏著亭, 译. 北京:中国原子能科学研究院,2009:46-55.

[36] Almambetov A K. 热离子燃料元件的结构与工艺(内部资料)[R]. 北京:中国原子能科学研究院,1996:13.

[37] Neeft E A C. Neutron irradiation of polycrystalline yttrium aluminate garnet, magnesium aluminate spinel and α-almina[J]. Journal of Nuclear Materials,1999,274:78-83.

[38] Clinard F W, Hurley G F. Neutron Irradiation Damage in MgO, Al_2O_3, $MgAl_2O_4$ Ceramics[J]. Journal of Nuclear Materials,1982,108-109:655-670.

[39] 陈胜杰,郑剑平,张征,等. 几种绝缘材料的中子辐照研究(内部资料)[R]. 北京:中国原子能科学研究院,2010.

[40] Shiiyama K, Howlader M M R. Electrical conductivity and current-voltage characteristics of alumina with or without neutron and electron irradiation[J]. Journal of Nuclear Materials, 1998 (258-263):1848-1855.

[41] Tsuchiya B, Shikama T, Nagata S. Electrical conductivities of dense and porous alumina under reactor irradiation[J]. Journal of Nuclear Materials,2004,329-333:1511-1514.

[42] Snead L L, Ziakle S J. Thermal conductivity degradation of ceramic materials due to low temperature,low dose neutron irradiation[J]. Journal of Nuclear Materials,2005,340:187-202.

[43] 卢浩琳. 核材料导论:空间核电源[M]. 北京:化学工业出版社,2007:484.

[44] Dienst W. Reduction of the mechanical strength of Al_2O_3, AlN and SiC[J]. Journal of Nuclear Materials, 1992,191-194:555-559.

[45] Clinard F W, Hurley Jr G F. Structural performance of ceramics in a high-fluence fusion environment[J]. Journal of Nuclear Materials,1984,122-123:1386-1392.

[46] 金志浩,高积强,乔冠军. 工程陶瓷材料:陶瓷材料的力学性能[M]. 西安:西安交通大学出版社,2000:200-202.

[47] Clinard F W, Hurley Jr G F. The efect of elevated-temterture neutron irradiation on fracture toughbess of ceramics[J]. Journal of Nuclear Materials,1985,133-134:701-704.

[48] Dienst W. Mechanical properties of neutron-irradiated ceramic materials[J]. Journal of Nuclear Materials,1994,211:186-193.

[49] 北京有色金属研究总院. 氢化锆慢化剂部件制备(内部资料)[R]. 北京:北京有色金属研究总院,2008.

[50] 长谷川正义,三岛良绩. 核反应堆材料手册:氢化物[M]. 孙守仁,译. 北京:原子能出版社,1985:359-360.

[51] Volkov S P. Effect of reactor irradiation on zirconium hydride moderator[R]. obinisk: Thermionics Specialists Conference,1990.

[52] 李冠兴,武胜. 核燃料:陶瓷核燃料[M]. 北京:化学工业出版社,2007:438-439.

[53] 许迎仙,宋秀芹,刘立明. 氢化锆制备和防氢涂层研究(内部资料)[R]. 北京:中国原子能科学研究院,1998.

[54] 张华峰,杨启法,王振东,等. 氢化锆高温抗氢渗透涂层研究(内部资料)[R]. 北京:中国原子能科学研究院,2010.

[55] 卢浩琳. 核材料导论:空间核电源[M]. 北京:化学工业出版社,2007:463.

[56] William J B. Review of previous shield analysis for space reactor[M]. Space Nuclear Power Systems. 1984:Orbit Book Company, Malabar, Fl,1985:329-336.

[57] 李冠兴,武胜. 核燃料:氘氚和氘氚化锂[M]. 北京:化学工业出版社,2007:453-458.

[58] 北京有色金属研究总院. LiH 中子屏蔽部件制备技术(内部资料)[R]. 北京：北京有色金属研究总院,2008.

[59] 李德平,潘自强. 辐射防护手册：辐射安全[M]. 北京：原子能出版社,1990：29-30.

[60] 杨继材,柯国土,郑剑平,等. 核工业研究生院教材：热电直接转换[M]. 北京：核工业研究生院,2013：61-63.

[61] 卢浩琳. 核材料导论：空间核电源[M].北京：化学工业出版社,2007：472.

[62] 金志浩,高积强,乔冠军. 工程陶瓷材料：陶瓷材料力学性能与功能陶瓷[M].西安：西安交通大学出版社,2000：241-243.

第5章

空间核动力的关键部件和实验设施

与常规动力不同,与地面、海上和水下的核动力也不一样,空间核动力系统有不少独特的关键部件和实验设施。

5.1 放射性同位素电源的关键部件

放射性同位素电源有两个关键部件,一个是放射性同位素热源,另一个是热电能量转换器。放射性同位素电源的基本结构如图5-1所示。第3章已经对热电能量转换问题进行了专门论述,在这里我们只介绍放射性同位素热源。

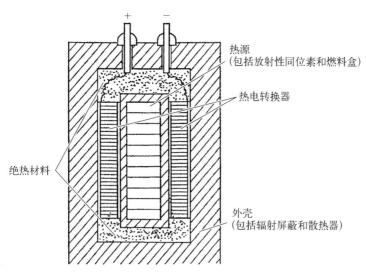

图5-1 放射性同位素电池基本结构

作为一个关键部件,放射性同位素热源决定着放射性同位素电源的性能、结构特点和经济成本。放射性同位素热源由两部分组成:内部是放射性同位素热源燃料,外部是一个极其坚固的外壳——燃料盒。放射性同位素热源除了要满足放射性同位素电源的热功率要求外,更重要的是要确保放射性同位素电源的辐射安全要求。现在空间使用最多也最为合适的是^{238}Pu 放射性同位素热源。一个中等功率水平(电功率为数十瓦)的放射性同位素电源,其热源燃料的放射性高达几十万居里(居里符号为 Ci,与法定单位 Bq 的换算关系为:1 Ci=3.7×10^{10} Bq)。因此,绝对要保证放射性物质不向周围环境扩散。

改善和提高放射性同位素电源的安全性,主要从改进热源燃料(^{238}Pu)的综合性能(如熔点、高温耐受性、导热性、可加工性等)和研制安全可靠的燃料盒入手。

早期的热源燃料使用的是金属钚,后来逐步发展到使用氧化钚微球、氧化钚-钼陶瓷、氧化钚燃料球,现今使用的热压氧化钚等。氧化钚-钼陶瓷、热压氧化钚热源燃料的物理化学性能和安全性能都很好。

为了设计制造出安全可靠的燃料盒,必须防范各种可能作用于其上的应力。例如,以^{238}Pu 为燃料的放射性同位素电源,其燃料盒至少会受到高温(600~800 ℃)、^{238}Pu 材料的化学腐蚀、很高的内部气体压力(因^{238}Pu 在 α 衰变时产生氦气的积累),以及由于外部环境变化引起的热冲击和运输过程中受到的各种机械冲击等作用。此外,放射性同位素电源还会受到火箭发射时巨大的冲击振动和极高的加速度的作用。如果发射失败,火箭爆炸,情况将更为严重,这时可能出现 3 000 ℃左右的局部高温,产生每秒数百公尺的对地面的撞击速度以及强烈的腐蚀性气体。早期使用的空间放射性同位素电源,功率较小,为了避开空气动力加热这个难题,曾考虑在重返大气层时,使放射性同位素燃料在地球高空完全烧毁并广泛分散,从而使放射性粉尘不降落到地面上或在充分稀释后再缓缓沉降下来。但这不是一种理想的解决办法,特别是对于功率较大、半衰期较长的放射性同位素热源,必须考虑使燃料盒能够克服空气动力加热等作用,完整返回地面。为此,燃料盒必须能经受重返大气层时极为强烈的热冲击和机械冲击作用。还应指出由于电池内的放射性同位素的半衰期一般都很长,燃料盒必须"经久耐用",要求在 10 个半衰期内(约 900 年)不发生泄漏一类的问题,这时燃料的放射性强度已衰减至原来的 1/1 000 左右。例如,如果燃料盒重返大气层克服了空气动力加热作用后落入海洋中,还须保证其在海水静压力和海水腐蚀的条件下,继续保持密封,直到燃料基本衰变完毕。

除了保证安全之外,燃料盒的材料、尺寸结构质量还直接影响热源的热学性能,因此不能片面考虑强度。

现在的燃料盒由内外两部分组成。外部是石墨套,主要用来在空气动力加热时起热保护作用;内部是多层金属密封壳结构,其中内层主要考虑与燃料的化学相容性(不相互腐蚀),一般由钽合金制成。外层的作用主要是抵抗外部的各种作用力,由耐高温超强合金制成。为了解决氦气积累引起的高压问题,每层密封壳都留有泄漏孔,它只允许氦气能逸出,而燃料却不会泄漏出去。因此,燃料盒内部就不必预留空腔,从而缩小了热源的体积。新近研制的百瓦级放射性同位钚电池(MHW)与通用热源放射性同位素电池(GPHS)更进一步改进了燃料与燃料盒的设计结构,其性能可确保完成更为艰巨的航天使命,并满足更严格的安全要求[1]。

5.2　空间核反应堆电源的关键部件

空间核反应堆电源的关键部件可分为两类。一类是某种堆型独有的关键部件,例如热离子空间核反应堆电源的热离子燃料元件,铯供应系统等。另一类是空间核反应堆电源一般都可能有的关键部件,例如影子屏蔽、转动控制鼓、热管(式)辐射散热器、液滴(式)散热器等。

5.2.1　热离子燃料元件(TFE)

热离子燃料元件是热离子空间核反应堆电源最关键的部件。作为核反应堆堆芯的基本组成部分,它既是核热源又是热离子能量转换器(TEC)。热离子燃料元件质量的优劣对热离子空间核反应堆电源的功率、效率、寿命等整体性能有着决定性影响[2]。

5.2.1.1　热离子燃料元件的结构

热离子燃料元件由发射极组件(包括发射极与核燃料)、接收极组件(包括接收极、绝缘层、外包壳管)、定位块以及电连接线组成,如图 5-2 所示。

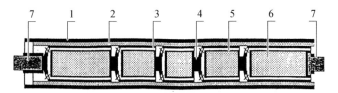

1—外包壳管;2—绝缘层;3—接收极;4—定位块;5—发射极;6—核燃料;
7—电连接线。

图 5-2　热离子燃料元件结构(多节)

5.2.1.2 热离子燃料元件的工作条件

(1) 工作温度：发射极温度为 1 500～2 000 ℃，接收极温度为 500～1 000 ℃。

(2) 热离子燃料元件结构中温度梯度大。

(3) 在工作寿期内受强中子辐照和燃料裂变碎片的作用。中子辐照注量达 10^{22} cm^{-2}($E > 0.1$ MeV)。

(4) 受 Na、K、Li、Cs 的腐蚀作用。

(5) 发射时承受振动负荷。

(6) 在热循环工况下工作。

(7) 在接收极组件的绝缘层要承受 30～150 V 直流电压作用。

(8) 燃料肿胀和裂变气体使发射极包壳承受应力。

(9) 小的电极间距(0.2～0.5 mm)和低电压、大电流负荷。

在这样的条件下，能引起燃料辐照肿胀、发射极变形，材料机械、电性能变化，电极性能恶化，电绝缘性能下降和电击穿，以及造成空腔漏气。在空间核反应堆电源加强工况运行下，热离子燃料元件的工作条件会变得更为苛刻。

5.2.1.3 对热离子燃料元件的基本要求

根据热离子燃料元件的工作条件及其可能引起的性能变化，我们对热离子燃料元件有如下的基本要求：

(1) 发射极包壳尺寸稳定，确保电极间距基本不变。

(2) 在工作寿命期内，TFE 伏安特性稳定性和重复性好。

(3) 电绝缘性能可靠。

(4) 热离子能量转换效率高。

为了获得最佳的热离子燃料元件性能，我们常希望缩小热离子燃料元件的尺寸，减小发射极和接收极之间的间距，减小多节热离子燃料元件相邻转换器(TEC)之间的间距。但是，在辐照过程中燃料元件发生肿胀将使电极间距缩小，而热离子燃料元件的寿命主要取决于电极间距；电极间必须有定位块，转换器间必须有电连接线；由于高温热膨胀，能量转换器间要有一定尺寸的间距；热离子空间核反应堆电源的输出电压一般在 30 V 左右，为防止电击穿，绝缘层须有一定厚度；热离子燃料元件外套管受到高温 NaK 的腐蚀，也要有一定厚度。从结构上来看，这些尺寸是相互制约的。因此，在方案设计时要进行合理优化；在制备时要寻求新的适合的工艺。

5.2.1.4 改进热离子燃料元件的关键技术

(1) 确保发射极尺寸的稳定性。采用单晶材料和强化工艺，提高发射极耐辐照肿胀能力和高温强度;从燃料中排出裂变气体,减少裂变气体累积,降低对发射极的压力。

(2)提高热离子燃料元件伏安特性的重复性和稳定性。

(3)提高电绝缘的稳定性和可靠性。

(4)提高热离子能量转换器的转换效率。

5.2.1.5　三种具有代表性的热离子燃料元件

在美国和俄罗斯研发热离子型空间核反应堆电源过程中,曾有内热式(燃料在发射极内)和外热式(燃料和发射极在接收极外)热离子燃料元件。而就热离子燃料元件所处的位置而言,又有堆(芯)内热离子布置方案和堆(芯)外热离子布置方案。内热式和外热式热离子燃料元件、堆内热离子方案和堆外热离子方案,各有优缺点。但成功研发和应用的却是内热式堆内热离子方案。现在所说的热离子型空间核反应堆电源,都是指由内热式热离子燃料元件按照堆内热离子方案构成的空间核反应堆电源。这里列举的三种热离子燃料元件都是指内热式热离子燃料元件[3]。

1) 单节全长热离子燃料元件

TOPAZ-2 型空间核反应堆电源的燃料元件就是单节全长热离子燃料元件,它的结构、电流流向和具体尺寸如图 5-3 和图 5-4 所示。

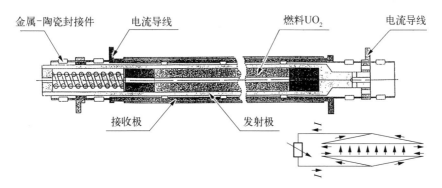

图 5-3　TOPAZ-2 燃料元件结构

单节全长热离子燃料元件的优点:

(1)由于发射极内腔敞开,整根燃料元件可用电加热器代替核燃料进行全尺寸的发电试验和寿命考验。

(2)铯通道和裂变气体排放通道分开,气体引出结构简单。

(3)结构与工艺简单,可靠性高。

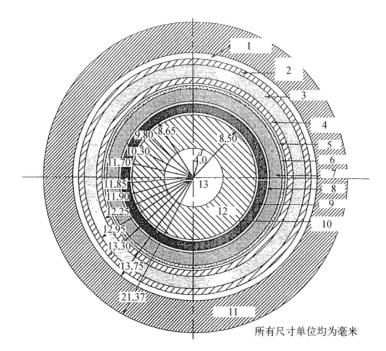

所有尺寸单位均为毫米

1—二氧化碳和氦气的混合体;2—冷却剂通道外壁;3—钠钾合金冷却剂;4—不锈钢包壳;5—氦气腔;6—氧化铝绝缘体;7—钼接收极;8—铯气腔;9—钼-钨发射极;10—燃料与发射极之间的空隙;11—氢化锆慢化剂;12—二氧化铀燃料;13—中心孔道。

图 5-4 TOPAZ-2 TFE 径向断面图

(4) 组成反应堆临界装料量调整简单容易。

(5) 热离子燃料元件在整个制造、运输过程中,可以保证核安全和辐射安全,因为可以在发射场将发射工作一切准备完毕后再装入核燃料。

单节全长热离子燃料元件的缺点:

(1) 电压低,工作电压低于 1 V。

(2) 由于是大电流,欧姆损失大。

(3) 比功率和转换效率受到限制。

(4) ^{235}U 装载量大。

单节全长热离子燃料元件构成的 TOPAZ-2 型空间核反应堆电源的主要参数:

输出电功率为 5～6 kW;热离子燃料元件数为 37 根;输出电压为 29.5 V;电源系统尺寸(长/直径)为 3.9 m/1.4 m;质量约为 1 000 kg;使用寿命为 3～5 年。

2）多节串联热离子燃料元件

TOPAZ-1 型空间核反应堆电源的燃料元件就是由 5 节热离子转换器串联而成的热离子燃料元件，它的基本结构和电流流向如图 5-5 所示。

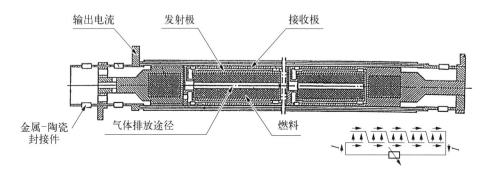

图 5-5　多节串联热离子燃料元件

多节串联热离子燃料元件经历了三个研发阶段，综合性能得到了逐步提高（见表 5-1）。现在已研发了裂变气体通过发射极中央孔道排出的热离子燃料元件结构，发展了由 10～14 节串联的热离子燃料元件，组成的堆芯高度达 700 mm，核电源输出电压可达 110 V。

表 5-1　三代多节串联热离子能量转换器的基本材料选择

年　代	发射极	接收极	绝缘层	燃　料	外包壳	使用寿命/年
20 世纪 60 年代	钼合金	铌合金	BeO	UO_2	不锈钢	1
20 世纪 70 年代	钼单晶 +CVD-W	铌合金	BeO	UO_2	不锈钢	2～2.5
20 世纪 80 年代	合金化钼或钨单晶	铌合金	Al_2O_3，Sc_2O_3（单晶）	$UO_{1.97}$	不锈钢 Nb-1Zr	5～7

与单节全长型热离子燃料元件相比，多节串联型结构和工艺都比较复杂，难于进行堆外电加热模拟试验，但输出电压高，欧姆损失也较小。

3）单通道多节热离子燃料元件

这是一种新型热离子燃料元件，它既可以用电加热器替代核燃料进行电加热模拟试验，又可输出较高的电压。图 5-6 给出了单通道多节热离子燃料元件的外形图和结构简图。

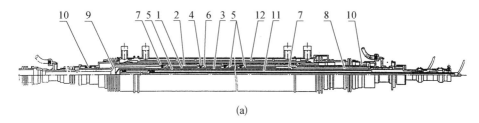

(a)

1—发射极;2—接收极;3—发射极支承管;4—接收极支承管;5—陶瓷层;6—电极间连线;7—对中销钉;8—接收极导线;9—发射极导线;10—金属-陶瓷封接件输入端;11—电加热器;12—水冷却管。

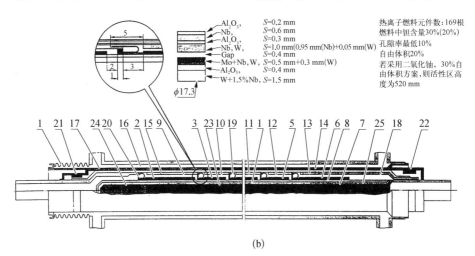

(b)

1—补偿元件;2,3,4,5,6—发射极;7—电极加热器;8—陶瓷涂层;9,10,11,12,13—接收极;14—支承外套管;15—陶瓷涂层;16—冷却剂通道;17—发射极输出端;18—接收极输出;19—配线件;20—绝缘定位销钉;21,22—金属-陶瓷封接件;23—燃料芯块柱;24,25—端部反射层。

图 5-6 单通道多节热离子燃料元件

(a) 外形图;(b) 结构简图

在单通道多节热离子燃料元件的最中心有直径为 17.3 mm、壁厚为 1.5 mm 的支承管,采用 W-1.5Nb 合金,外有厚为 0.4 mm 的 Al_2O_3 绝缘层,内孔两端为反射层。中心放核燃料,支承管有通孔,直接通大气。当将反射层与芯块抽走后可放入电加热器进行模拟试验。

发射极用 Mo+Nb,厚为 0.5 mm。钨涂层厚为 0.3 mm,电极间距为 0.4 mm。接收极用铌,内壁涂钨,接收极总厚度为 1.0 mm(0.95 mm Nb+0.05 mm W)。外层为 0.3 mm Al_2O_3,用 0.6 mm 厚的铌管做支承管。最外层 Al_2O_3 厚为 0.2 mm,多节元件发射极和接收极之间用软的辫子线连结,可以用钎焊或熔焊焊接电极之间的连线,如图 5-6 所示。

用 169 根这样的热离子燃料元件可以建造输出电功率为 100 kW 的空间

核反应堆(快堆)电源。燃料可用(UC＋TaC),钽(Ta)含量可达 30％;燃料采用 UO_2 时气孔率可达 30％,其中闭孔率可为 20％,堆芯高度为 520 mm。单通道多节热离子燃料元件也可以用于低功率的热堆中。

　　热离子燃料元件是俄罗斯(含苏联)研制出的创新性重大成果。图 5-7 和图 5-8 分别给出了三种热离子燃料元件的结构简图和伏安特性曲线。

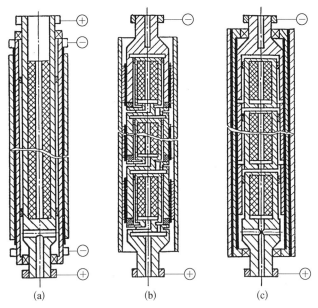

图 5-7　三种热离子燃料元件结构

(a) 带燃料的单节全长热离子燃料元件;(b) 带燃料的多节热离子燃料元件;(c) 单通道多节热离子燃料元件

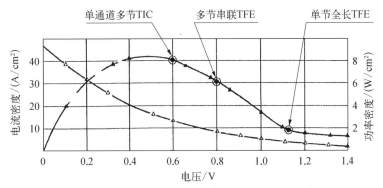

图 5-8　三种热离子燃料元件等温伏安特性曲线

　　注:发射极采用钨,接收极采用钼;发射极温度为 1 870 K;接收极温度为 900 K;伏安特性的每个点铯压都是在最佳状态。

5.2.2 铯蒸气供给系统

铯蒸气供给系统是热离子空间核反应堆电源的关键部件,因为热离子燃料元件电极之间都充有铯蒸气。热离子燃料元件电极间隙中引入的铯蒸气有三种功能。第一,当铯蒸气原子电离时,所形成的离子可以中和发射极表面或电极间隙中的空间电子电荷;第二,电极表面上所吸附的铯蒸气能使电极的功函数降低到最佳值或接近最佳值;第三,铯蒸气可以带走包括裂变气体在内的杂质气体,使热离子燃料元件保持在良好的工作状态。可以说,离开铯蒸气供给系统,热离子燃料元件就不能很好地工作[4]。

1) 一次性铯蒸气供给系统

TOPAZ-1型热离子空间核反应堆电源的铯供给系统是一次性的,即用过的铯向空间排放不循环使用。它由铯蒸气发生器、电磁阀、测量铯蒸气消耗量的节流阀和热解石墨铯阱组成(见图5-9)。供给热离子燃料元件电极空间的铯蒸气压力为200~800 Pa,通过控制铯蒸气发生器中"冷"区温度来保证。铯蒸气流过电极空间并带走裂变气体和杂质气体。在流经热解石墨的铯阱时,部分铯蒸气被吸收,其余铯蒸气和其他气体一起被排放到宇宙空间。铯蒸气发生器可以保证无液相铯进入电极空间。TOPAZ-1热离子型空间核反应堆电源铯的消耗量为7~10 g/24 h,铯的总储量是2.5 kg。

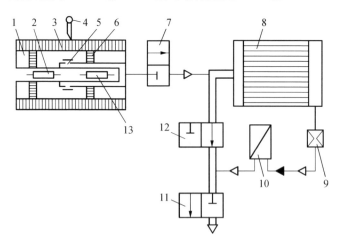

1—铯湖;2—加热器;3—金属毛细管;4—热电偶;5—液体铯挡板;
6—金属毛细管;7—电磁阀;8—反应堆;9—节流阀;10—铯蒸气捕集器;
11—截止阀;12—真空阀;13—电加热器。

图 5-9 TOPAZ-1 铯蒸气供应系统

2）循环铯蒸气供给系统

新一代的热离子核反应堆采用了循环铯蒸气供给系统（见图 5-10）。该系统包括 3 个起动阀、铯蒸气发生器（由铯湖、铯蒸气冷凝器、金属毛细管网、电加热器和热电偶组成）、真空阀、截止阀、氧化物沉积器、热解石墨-铯阱和节流阀。反应堆启动时，打开真空阀，消除铯系统管道和反应堆中的气体。与此同时，利用反应堆提供的热量加热各部件和铯通道，达到一定温度后自动控制系统给截止阀信号，重新关闭连接铯系统与宇宙空间的截止阀，同时关闭真空阀并打开启动阀。铯蒸气发生器中的铯蒸气在压力作用下，进入核反应堆热离子燃料元件的电极空间并将杂质气体带走，沿管道通过节流阀，流向铯蒸气冷凝器。铯在冷凝器中凝结，在表面张力作用下，沿毛细管流回铯湖中，剩下的部分铯蒸气和杂质气体进入氧化物沉积器。沉积器中装满的锆可以吸收部分杂质气体。余下的杂质气体和剩余的铯蒸气进入热解石墨铯阱，铯蒸气被吸收，杂质气体则经截止阀排放到宇宙空间。

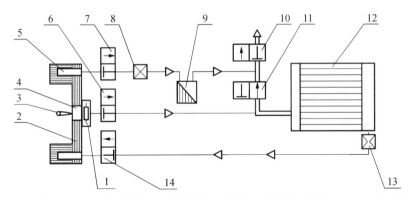

1—电加热器；2—金属毛细管网；3—热电偶；4—铯湖；5—铯蒸气冷凝器；6,7,14—起动阀（开，关）；8—氧化物沉积器；9—热解石墨-铯阱；10—截止阀；11—真空阀；12—反应堆；13—节流阀。

图 5-10　循环铯蒸气供给系统

循环铯蒸气供给系统结构比一次性铯蒸气供给系统的结构要复杂，但节省了铯的用量并延长了铯蒸气供给系统的使用寿命。

3）具有芯体型铯蒸气发生器的铯蒸气供给系统

TOPAZ-2 型热离子空间核反应堆电源的铯蒸气供给系统（见图 5-11）选择了芯体型的铯蒸气发生器（见图 5-12）。通过对芯体型铯蒸气发生器进行地面演练的简单介绍，我们会对作为 TOPAZ-2 空间核反应堆电源组成部分的铯蒸气供给系统有一个比较全面的认识。

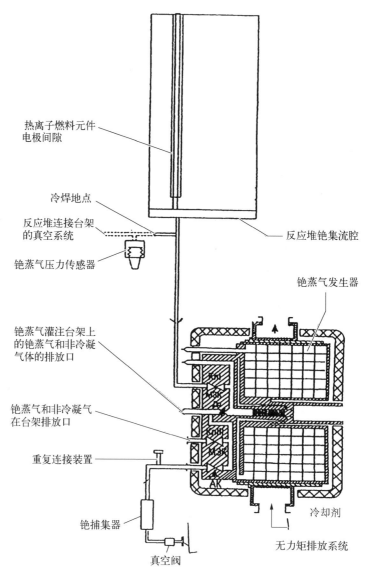

热离子燃料元件
电极间隙

冷焊地点

反应堆连接台架
的真空系统

铯蒸气压力传感器

反应堆铯集流腔

铯蒸气发生器

铯蒸气灌注台架上
的铯蒸气和非冷凝
气体的排放口

铯蒸气和非冷凝气
在台架排放口

重复连接装置

铯捕集器

真空阀

冷却剂

无力矩排放系统

图 5-11 TOPAZ-2 的铯蒸气供给系统原理

演练对象为芯体型的铯蒸气发生器,它是核动力装置铯系统的核心组成部分。

铯系统包括铯集流腔(由它实施向热离子燃料元件电极间隙供铯)、铯蒸气发生器(它的功能是在电极间隙内建立和在给定的工作寿命期间内维持恒定的铯蒸气压,同时通过节流阀和无力矩排放系统于在役工作过程中从铯系统中排出释放的残留气体产物)[8]。

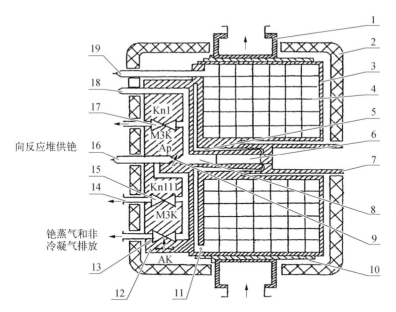

1—装卸台;2—屏蔽-真空热绝缘;3—铯蒸气发生器壳体;4—网络;5—环状缝隙;
6—芯体;7—辐射器;8—供铯的通道(压力的);9—节流阀;10—铜壳体;11—经过热区
向芯体供铯的通道;12—控制部分;13—自动阀(排气的);14—排气管(台架的);
15—排气阀(台架的);16—灌注台架上的排气管;17—压力阀(手动的);18—灌注台架
上的压力气管;19—灌注铯的进气管。

图 5-12　铯蒸气发生器原理

在灌注台架上检查完铯蒸气发生器的功能后,以灌注好的形式把它安装在空间核动力装置上。灌注过程包括在灌注台架上对铯蒸气发生器进行除气,热真空试验,灌注铯。铯的灌注是把台架容器中的铯蒸馏到铯蒸气发生器中去,然后切断灌注的管路。在灌注的台架上对铯蒸气发生器要进行流量特性和调节特性的检查。

鉴定核动力装置的在役系统非常复杂,并且为保障进行地面试验所必要的大量综合性的台架系统,在铯系统内预先规定有重复连接台架系统的可能性。重复连接装置做成可装配式,其上有可穿孔薄膜的阀门,它可以保证在大气中在役铯系统与台架连接时系统不漏气。在必要的一些工作检查后穿孔阀门可以脱开。

为了使台架系统能在在役情况下脱开,在核动力装置铯系统内预先规定两个工艺点。第一个脱开点预先规定在反应堆抽真空的管路上,通过它对准备在役运行的热离子燃料元件进行电极间隙的除气。第二个脱开点预先规定在排放管路上,它连接在役铯系统与台架铯冷凝器。当监督试验完成后进行第一次脱开;当启动工况检查后,在装置从台架上拆卸下来之前进行第二次脱开。铯系统的准备包括除气,净化,充氦气以及与真空管路脱开。

图5-12展示了芯体铯蒸气发生器的原理。

在铯蒸气发生器结构内包括以下部件:铯容器,供铯的毛细管设施,输出节流阀,连接电极间隙空腔与铯蒸气发生器的阀门,自动排放阀,台架排气阀(通过它当核动力装置准备投入在役运行时把铯排放到台架冷凝器中去)。与台架系统脱开的工艺地点为灌注铯的进气管、灌注台架上的排气管、灌注台架上的压力气管,所有这些部件都可以保障核动力装置的装配性,台架检查的可能性以及在在役运行过程中排放系统的打开。其中,包括铯容器以及铯蒸气发生器的毛细管设施部分可起到恒定的铯蒸气源的功能。供铯的毛细管设施位于铯容器中央,称为芯体。它由套管、芯块和直径为0.2 mm的绕在芯块线圈上的细线之间的间隙形成芯体的毛细通道。

5.2.3 辐射屏蔽

辐射屏蔽是空间核反应电源的关键部件之一。空间核反应堆电源的辐射屏蔽是所谓的"影子"屏蔽,不像地面上的核反应堆电站那样是全方位的屏蔽。空间核反应堆电源是最具代表性的空间核动力装置。在考虑辐射防护时,常根据空间核动力装置各主要部件对周围辐射场的影响以及辐射屏蔽对整个系统质量尺寸的贡献,把空间核动力装置的主要部件进行分级[5-6]。一般分为七级,例如:

(1) 核反应堆——强中子和γ光子辐射的主要源项。

(2) 屏蔽对象——对辐射敏感而需要屏蔽的设备。

(3) 辐射屏蔽——专用来减弱辐射场的部件。

(4) 附加源——核反应堆及屏蔽层范围以外的且具有辐射源的部件,例如核反应堆一回路的冷却剂。

(5) 设备——保证空间核动力装置的功能,并起一定辐射屏蔽作用的设备,例如核火箭的燃料储箱、电动机以及其他安置在辐射源与被屏蔽对象之间的部件。

(6) 散射器——在辐射屏蔽影子范围之外的、空间核动力装置上的结构部件,特别是中子在其上的散射在一定程度上能决定被屏蔽对象辐射情况的那些部件。例如,天线、太阳能电池帆板、辐射冷却器,以及大尺寸部件的突出部分等。因此,尽管散射器本身并不是辐射敏感的物体,但为了降低反应堆辐射对屏蔽对象散射的贡献,要把大部分属于散射器的构件尽量安放在辐射屏蔽阴影之内。

(7) 输配管线——在选择核反应堆和被屏蔽对象之间最佳距离时,应该考虑其质量的设备部件,如展开系统、管道和电力输配线等(见图 5-13)。

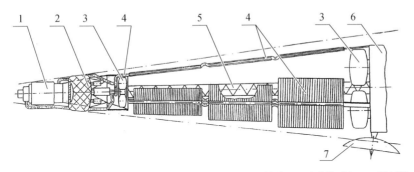

1—核反应堆;2—辐射屏蔽层;3—设备;4—附加的源项;5—管道;6—屏蔽的对象;7—散射器。

图 5-13 带有核动力装置的典型航天器结构布置

在这里,我们主要介绍辐射屏蔽。辐射屏蔽是专门用于减弱辐照敏感装置周围辐射场的部件。

由空间核动力装置反应堆辐射出来的中子和 γ 光子的注量,将超过安置在航天器上仪表许可水平数个数量级。在反应堆和屏蔽对象之间布置能减弱中子和 γ 光子通量的材料——辐射屏蔽,可降低反应堆辐射场。因为宇宙介质实际上不散射中子和 γ 光子,在无人居住的航天器上仅采用影子屏蔽就可以。这样的屏蔽仅仅在有限的空间里造成低辐射水平的区域,这个区域具有半截头圆锥体的形状。屏蔽层同样采用半截头圆锥体的形式。

长寿命的空间核动力装置辐射屏蔽层是一个由各种不同功能的材料组成的多层结构(见图 5-14)。可以把屏蔽材料分为三种类型:首先是减弱中子通量的轻组分屏蔽层;再就是减弱 γ 辐射的重组分屏蔽层;还有就是用于减少屏蔽层内辐射释热的热屏蔽。这种热屏蔽用于工作在辐射场很强和热负荷很大的反应堆高辐射场辐射屏蔽中。当反应堆中产生很高的辐射发热水平和热通量时(例如在核火箭发动机中),需要专用的冷却回路,使得屏蔽层冷却。

必须对屏蔽材料提出一定的要求。对于将来有发展前途的长寿命的空间核动力装置,其辐射屏蔽材料应具有:

(1) 最大的中子和 γ 光子减弱比截面(单位质量)。

(2) 最小的 γ 射线俘获发热截面。

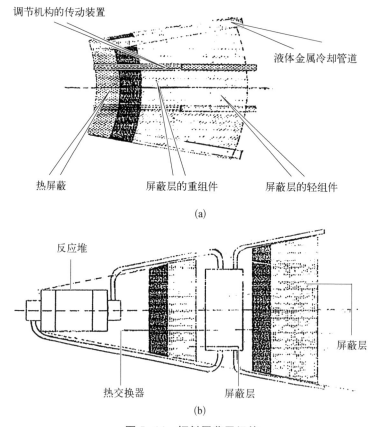

图 5-14　辐射屏蔽层组件

（a）单回路系统；（b）双回路系统

（3）高的辐照稳定性（中子注量不低于 $10^{21}\ \mathrm{cm^{-2}}$ 和 γ 光子吸收剂量不低于 $10^8\ \mathrm{Gy}$）。

（4）高的热稳定性和导热系数。

（5）良好的工艺制备性能。

（6）屏蔽与结构材料相容性好。

单位质量材料的中子、γ 光子以及材料中产生的二次 γ 光子通量的减弱，都是表征屏蔽材料的基本参数。除了这些性能以外，辐照释热和材料的导热系数等也经常会产生一定的影响。

把这些参数归纳起来，$^{238}\mathrm{U}$ 和钨被认为是屏蔽层重组分的最佳材料。

氢化锂是屏蔽层轻组分的最佳材料。 高的辐射发热，低的导热率和工作温度是它的主要缺点，辐照肿胀同样是氢化锂不好的性能体现。为此，要在这些材料中降低中子引起的发热,必须引进热屏蔽。

　　能满足减弱中子和 γ 光子的许多其他材料,无疑同样是有意义的。渗有硼的氢化锆,含铅的锂合金和氢化锂都属于这些材料。与氢化锂一样不耐高温,是它们的通病。除了上面所指出的材料以外,在设计空间核动力装置屏蔽层时,也考虑钢、氧化铅。

　　人们对作为热屏蔽的铍、含硼材料进行了详细研究,如碳化硼和氮化硼、钛的二硼化物等。

　　应该指出,许多工艺管要穿过辐射屏蔽层,如反应堆控制装置的传动机构、带有液态金属冷却剂的管道、安全棒等。上述引起的不均匀性,会导致辐射屏蔽层的性能降低。

　　另外,能够对屏蔽起附加作用的设备是特殊级别物体,它们对装置的质量有影响。有两种类型设备:非消耗的设备(核动力装置的部件,如电动机、力学结构、排热系统、热电发电机等)和消耗的设备(如推进剂储箱)。

　　在第一种情况下,设备仅仅可以对剂量平面上的部分进行屏蔽,可屏蔽来自设备造成的附加射线将其减弱至原来的 $\frac{1}{2} \sim \frac{1}{10}$。如果在辐射场中限定的是积分量类型如发热及进入所考虑物体的总粒子流等,那么可考虑用这类设备来减少屏蔽的质量。

　　从辐射屏蔽物理计算观点来看,包括核火箭推进剂储箱在内的航天器的内置方案是最为重要的。例如,兼具供电和推进功能的双模式空间核动力系统布置(见图 5-15)。

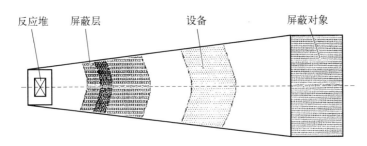

图 5-15　兼具供电和推进功能的双模式空间核动力系统的相互配置

　　在这些方案中,设备可以保证反应堆射线附加的减弱至几分之一或减少几个数量级。但是,一般来说,在这种情况下设备会受到核反应堆射线作用引起的辐照发热(导致温度升高、火箭燃料受辐照稳定性问题)。因此,在有核火箭推进装置的航天器中,燃料罐本身是一个危险的被屏蔽对象。在整个寿期内,火箭燃料质量的改变是装有燃料容器的特点。这些燃料消耗的周期,对于评价在有效负载上的辐射水平,以及评价火箭燃料辐照加热特性都是非常重要的。

5.2.4 转动控制鼓

转动控制鼓是空间核反应堆电源,特别是热离子型空间核反应堆电源的关键部件之一。大型空间核动力装置,例如核火箭发动机和核电推进反应堆的控制也常采用转动控制鼓方案。转动控制鼓系统的功能是在正常运行的工况下调节核反应堆热功率(或者说反应性),在事故工况下转动控制鼓的快速转动可以使核反应堆应急停堆。

地面上的核反应堆控制采用控制棒和安全棒,其运行方式是上下直线往复动。控制棒、安全棒的设计、制造和应用,都要考虑重力的作用。在空间,地球的引力作用很小。对于空间核动力装置而言,使用全部能动式的转动控制鼓更为合适。转动控制鼓布置在径向反射层中,在自身所在的位置处转动,不像控制棒那样还要占据其他空间位置;也不必在堆芯中进进出出,对堆芯造成较大的扰动[5-6]。

空间核反应堆电源的转动控制鼓一般是 12 个,均匀布置在侧铍反射层中。转动控制鼓由密封外套、铍圆柱鼓体和镶嵌在铍圆柱面上的 B_4C 吸收体组成。B_4C 吸收体的覆盖面积占铍圆柱面的三分之一左右,扇面角约为 120°。图 5-16 给出了 SPACE-R 空间核反应堆电源 12 个转动控制鼓的布置和分组

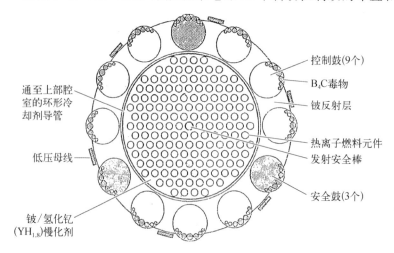

图 5-16　SPACE-R 空间核反应堆电源转动控制鼓的布置和分组情况

情况。TOPAZ-2 热离子空间核反应堆电源转动控制鼓的情况与此相类似。

TOPAZ-1 热离子空间核反应堆电源的 12 个转动控制鼓分成四组,两组用于调节反应堆的热功率,叫调节鼓,其余两组用于安全,叫安全鼓。每组调节机构的传动装置带动 3 个转动控制鼓同时转动,转动控制鼓的调节机构位于反应堆上端,每组调节机构有自己的传动装置。

调节鼓的传动装置由波动式步进马达、终端开关和密封罩组成。按自动控制系统信号调节,一个传动装置同时带动 3 个调节鼓转动。

终端开关机构用来控制传动装置的最终位置和中间位置。它由上、下和两个中间微型开关、位置传感器、凸轮机构和转动信息传感器等组成。

调节鼓的传动装置是密封的,空腔内充有混合惰性气体。

安全鼓的传动装置由电动机、磁离合器、行星减速器和终端微型开关组成。它以给定速度同时带动 3 个安全鼓以相同方向转动,并在断电时能保持它们所在的位置。安全鼓传动装置是密封的,内部空腔充满惰性气体,防止转动时自焊。

TOPAZ-1 热离子空间核反应堆电源 12 个转动控制鼓的调节机构传动装置如图 5-17 所示。

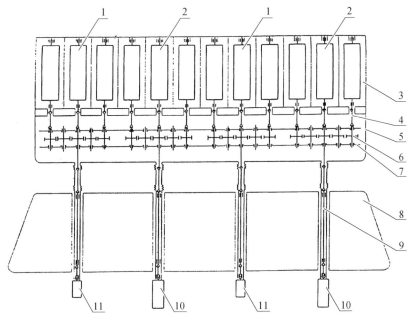

1—调节鼓;2—安全鼓;3—铍反射层;4,5,6,7,9—传动机构;8—辐射屏蔽;10,11—马达。

图 5-17 调节机构传动装置

转动控制鼓系统关系到空间核反应堆电源的功率调节、运行控制、辐射安全与核安全等诸多重大问题,因此转动控制鼓的执行机构必须能够保证:

(1)输出轴的转动角为180°。

(2)输出轴的最大转速为1(°)/s左右。

(3)转动控制鼓从任一位置转到最大次临界位置的时间为1 s。

(4)转动控制鼓的转矩为10~20 N·m。

(5)转动控制鼓在200 ℃条件下能长期工作。

美国和俄罗斯空间核动力的研发经验证实了这些技术要求的合理性。

5.2.5 热管(式)辐射冷却器

热管辐射冷却器(也称散热器)是空间核反应堆电源的关键部件。空间核反应堆电源的废热通过热管辐射冷却器排放到宇宙空间。星表核反应堆电站、核火箭发动机和核电推进的大型空间核反应堆的废热排放也常常使用热管辐射冷却器。热管是热管辐射冷却器的基础[5-6]。

1)热管的工作原理

热管是一种比较特殊的传热装置。图5-18展示了热管的基本结构。

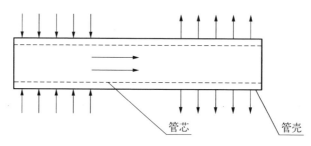

管芯 管壳

图5-18 热管基本结构

如图5-18所示,热管的一端为蒸发段,外热源的热量经过管壁,传至工作介质。工质在蒸发段蒸发。蒸气在从蒸发段流至冷凝段过程中,将热量带至冷凝段。蒸气在这里凝结,放出热量,并将热量传给外界。这一传热与流动过程不需要泵的帮助。热管内部有毛细结构材料,毛细结构材料内充满了工质,蒸气在冷凝段凝结后,靠毛细结构的毛细作用力,又重新回到蒸发段,完成工质的循环过程。

热管管芯中的毛细作用力一般采用下式计算:

$$\Delta p_c = \frac{2\sigma}{R} \tag{5-1}$$

式中：Δp_c 为毛细作用力；σ 为流体表面张力；R 为最小曲率半径。

对于矩形毛细孔液面，由于它具有两个主曲率半径 R_1 和 R_2，此时毛细作用力可由下式计算：

$$\Delta p_c = \sigma \left[\frac{1}{R_1} + \frac{1}{R_2} \right] \tag{5-2}$$

欲使热管工作，必须使毛细作用力大于或等于热管内工质流动的总压降。

热管内工质流动时的压降主要包括以下几下部分：

（1）液体从冷凝段回流到蒸发段的压降 Δp_1。

（2）蒸气由蒸发段流向冷凝段的压降 Δp_v。

（3）重力压差 Δp_g，它可能为 0，也可能为正值或负值。

热管内压降关系由下式表示：

$$\Delta p_c \geqslant \Delta p_1 + \Delta p_v + \Delta p_g \tag{5-3}$$

如果不满足上述关系式，没有足够的冷凝液体回流到蒸发段，蒸发段内的管芯将被烧干，热管就不能运行。

2）热管的特点

为什么热管会引起人们广泛的关注呢？这是因为热管具有许多优点：

（1）热管的传热靠工质在热管内的流动来实现，然而工质可以靠毛细作用力回流到蒸发段，不一定要靠重力使工质回流，因此这些热管可以在失重状态下运转，传递热量。正是由于这一特点，热管可以用于空间核反应堆电源和卫星系统。

（2）热管有非常高的导热率。一般金属都有较好的导热率，其中银的导热率特别高，而热管的导热率比银高几百倍。

（3）热管的传热能力可以通过自动调节传热面积来进行。热管的蒸发段可以很小，冷却面积可以很大。同样，冷却面积可以小一些，蒸发段面积可以较大。正确的热管设计，可以实现这一目标。

（4）热管的轴向传热量可以很高，能达到 15 kW/cm^2。

（5）热管中的载热剂在蒸发段蒸发，在冷凝段冷凝。蒸发段与冷凝段蒸气压相差很小。因此，蒸发段与冷凝段蒸气温度相差很小。根据这一原理，适当设计热管，使之可以广泛用于各种工业生产领域。热管还可以设计成只能单向传热的装置，热量只能从一端流向另一端，不能反向流动。

（6）热管用于空间辐射器，安全性能比较好。空间辐射器在宇宙空间可能受到陨石和宇宙垃圾的撞击并且遭到损坏。对空间堆而言，管道受到撞击损坏后，冷却剂从破口流出，空间堆不能运行。然而，采用热管作为空间核反应堆电源的辐射冷却器以后，其中一根或几根热管受到流星撞击而损坏后，不影响辐射器的整体结构，可以继续使用。

3）热管辐射冷却器的结构

辐射冷却器最基本的单元是由热管组成的排热平板。排热平板内含有成型后为弧状的冷却器集流管，热管的蒸发段放在集流管内，流道形式为单通道。在集流管内冷却剂向热管蒸发段传热。热管安装示意图如图 5-19 所示。空间核动力系统的辐射冷却器使用的是高温热管，高温热管的工质一般是钠、钾或锂，管壳材料为不锈钢，管芯结构为干道管芯。热管表面有石墨防护层，可以抗流星的撞击。为了增加热管向宇宙空间的排热效率，在热管的冷凝段加装了翅片。翅片采取铜套的形式，钎焊在热管上。热管与翅片的连接如图 5-20 所示。翅片表面涂有黑体材料，以增加其辐射能力，在工作温度下，热管翅片的表面黑度为 0.9。

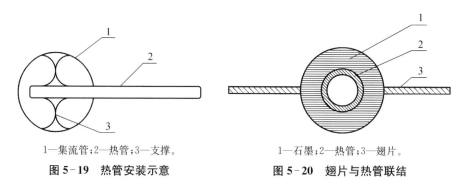

1—集流管；2—热管；3—支撑。

图 5-19　热管安装示意

1—石墨；2—热管；3—翅片。

图 5-20　翅片与热管联结

冷却剂进入排热平板和从中排出均通过主管道。

辐射冷却器是空间核动力系统尺寸最大的部件。可以有 2 种不同的布置方式：刚性结构布置方案和折叠展开式方案。刚性结构布置的辐射冷却器形状在发射过程和工作时是一样的。刚性结构布置在结构技术方面比较简单，单位辐射面积的质量较小，但发射状态时尺寸较大。折叠展开式方案从发射状态过渡到工作工况时辐射冷却器要从折叠形式展开为工作状态，因此结构较为复杂，单位辐射面积的比质量也大些。

在折叠展开式方案中，当辐射冷却器从发射状态转到轨道工作状态时，为了使翻板转动 180°，辐射冷却器的主管道上都安装有铰链或波纹管等柔性结构件,这些转构件可以转动。辐射冷却器一般包括三个相同的分支,每个分支都含有固定和转动的翻板。分支间冷却剂并行流动。

排热系统所有管道上都有防损石碰撞的保护层,辐射器的所有集流管也都有这种保护层。因为这些管道都有可能受到陨石的撞击。

俄罗斯研发的展开式热管辐射冷却器已成功进行了地面试验。其结构大致如下:一共分成三组,每组辐射器又分成三个区,可以折叠和展开。图 5-21 给出了一组辐射器的示意图。

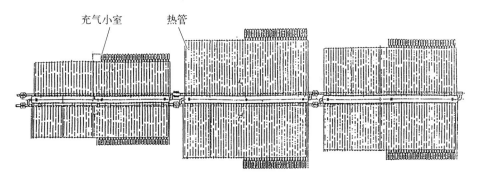

充气小室　　热管

图 5-21　热管辐射器冷却器

在辐射冷却的集流管内,载热剂将热量传给热管,再由冷凝段将热量排至宇宙空间。热管不能太长,主要是由于太长时启动比较困难。

用于 TOPAZ 的热管直径约为 20 mm,长度小于 1.5 m。三个区的热管长度不同。在每个区内,几乎有一半的热管,在它的尾部有不凝结气体小室,充有不凝结气体。它们可以用来调节辐射面积,从而调节冷却功率。若堆功率减少时,温度下降,压力降低,气体小室内的不凝结气体进入热管,缩小传热面积,减少传热量;堆功率增大时,温度上升,压力增高,使热管内不凝结气体占据的空间减小,增大传热面积,增大传热量。热管辐射冷却器部传热面积约为 12 m^2。

热管辐射冷却器的主要特点是:安全性较好,一根或几根热管遭受陨石和宇宙垃圾撞击损坏后,不影响辐射器的正常使用;同时,可以减少放射性钠冷却剂对仪器舱的辐射剂量、减轻辐射器的重量;热管沿长度方向温度分布均匀,比较方便布置,而布置问题对航天器是非常重要的。

5.2.6　液滴(式)辐射冷却器

2010 年,俄罗斯 Keldysh 中心主任 A. S. 科罗捷耶夫院士发表的题名为

"原子能空间应用的新阶段"文章中提到,俄罗斯研制的兆瓦级核动力飞船的辐射冷却器可依据管-肋结构的传统散热板制造,也可以采取全新的无壳液滴辐射冷却器。这一信息引起业内人士的极大兴趣。实际上俄罗斯研发液滴辐射冷却器已经多年,早在2000年5月就在"和平"号轨道空间站上进行过液滴辐射冷却器空间试验[7]。

1) 液滴辐射冷却器的工作原理

为了在闭式回路的空间电源中获得热电转换的可接受效率,必须从循环的低温部分将余热导出,借助辐射冷却器把热量排入宇宙空间。对辐射冷却器的重要要求之一是在陨石撞击危险的条件下能长期可靠地工作。利用单个分散的液滴流辐射排热的构想可以满足这一要求。在最简单情况下,液滴辐射冷却器由液滴流发生器和导流器组成。借助发生器形成热工质单个分散的液滴流。液滴从发生器向导流器运动过程中被冷却,冷却的工质汇集到集液箱中,然后输往工作回路。液滴辐射冷却器的优点是:不易受到陨石撞击的损害;冷却剂(工质)与辐射表面之间的热阻最低;系统的比质量低。计算证明,由于有展开良好的热交换表面,并且不需要铠装,因此能在很宽的温度范围(300～900 K)内工作。液滴辐射冷却器的比性能要高出标准工艺制作的传统换热器的几倍。可以说,有希望采用液滴辐射冷却器的航天发电装置,在质量和尺寸方面可能存在极大的潜在优势。下面介绍一下俄罗斯相关研发情况。

2) 液滴辐射冷却器的实验模型及地面演练

要建造液滴辐射冷却器实验模型,需要解决如下几个关键技术问题:

(1) 建立一种具有很小角度偏差(小于2′)的单个分散液滴流发生器结构。

(2) 在排除冷却剂损失条件下,将液滴汇集到集液器中去。

(3) 保证在微重力和高真空条件下液滴流的辐射散热。

(4) 根据在装置长时间运行时损失最少的要求,为滴式辐射散热器选择一种工质。

液滴流的质量在很大程度上取决于发生器的喷丝模板的质量。这是一块有许多孔的栅板,孔的尺寸与要求形成的液滴直径相近。孔的直径为200～350 μm。模拟液滴流发生器的喷丝模板是直径为36 mm、厚度为2～5 mm的一个圆盘,以此为基础可以在其上制成不同孔数、不同间距、不同栅格布置的模板。

液滴辐射冷却器实验模型包括带声振调制器的液滴流发生器;保证汇集液滴并将冷却剂输送至工作液体收集箱的非能动导流器以及工质供应系统。

俄罗斯 Keldysh 研究中心研发并制造了液滴流发生器和非能动导流器。

　　制成的液滴流发生器在实验台架上进行了考验,该台架的挤压系统可将工作液体输送到发生器。液滴流发生器是一个不锈钢圆筒,一侧有供应工作液体的接管,另一侧有发生器的喷丝模板。圆筒内发生器模板前的空腔放置振动源,由声音信号发生器向它发出信号。通过目视法和借助测量系统来观测及控制液流碎裂成液滴流的过程、液滴运动的轴向平行性。测量系统由数字摄像机 SONY DSR-VX 700 和视频变流器 Creative Video Blaster RT-300 以及专用电脑组成。

　　液滴流发生器的试验结果表明,当工作液体流受迫扰动频率与液流自发(自然)碎裂频率相同时,液流碎裂为单个分散液滴流就具有非常稳定的特征。图 5-22 给出了制成的一台液滴流发生器的试验结果。

　　非能动导流器的基础是非能动捕集液滴原理。按此原理可以形成液膜,它稳定地(不间断地)沿导流器内表面流动,并将汇集的液滴流输送给唧送泵。这种结构的集流器试验表明,对于原始液流散度很小的液滴流,它可以用在液滴式辐射冷却器的模型中。

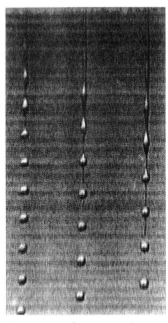

图 5-22　在 $v = 1$ m/s, $f = 800$ Hz, $d_{液流} = 0.25$ mm 条件下单液流碎裂成单个分散液滴流

图 5-23　带真空箱的滴式辐射冷却器实验台架

　　模型地面演练的最后阶段是在专用台架的真空箱内进行的(见图 5-23)。

立式真空箱容积约为 56 m³,其内部尺寸为: 高 5.7 m,直径 3.5 m。在真空箱侧壁两个高度上装有用于观察和拍摄过程的照明灯,上盖是可拆卸的,盖上安装着滴式辐射冷却器模型试验用的所有设备。试验时保持真空度 $10^{-5} \sim 10^{-6}$ mmHg。液滴飞行长度约 5 m。

Keldysh 研究中心研发了滴式辐射冷却器主要部件的结构:带声振调制器的液滴流发生器,保证捕集液滴并将其输送到冷却剂收集箱的非能动集液器(导流器)。

3) 液滴辐射冷却器实验模型的空间试验

液滴辐射冷却器的设计方案预定产生 $150 \sim 350$ μm 的液滴(在宇宙空间呈层状),液滴向导流器运动过程中由于热辐射而被冷却,然后汇集到集液器中,形成闭式循环。但是,因为重力加速度对上述这些过程都有重大影响,所以在地面条件下研究液滴辐射冷却器内的过程时,难以同时模拟微重力和高真空条件。

空间试验的目的就是研究在微重力和高真空条件下液滴辐射冷却器内的工作过程,验证液滴发生器和液滴捕集系统的效率。为此,研发了这样一种液滴导流器,为了有效捕集液滴并将其输送给唧送泵,在导流器的表面有一层正规工质(与形成单个分散液滴流的工质相同)的流动薄膜。

为了进行空间试验,Keldysh 中心等单位专门研制"烟幕-2"科学实验装置(见图 5-24),其中包括:① 液滴辐射冷却器模型;② 两台摄像机;③ 自动控制和保护系统;④ 电缆线路;⑤ 传感设备;⑥ 总装结构;⑦ 照明设施;⑧ 摄

图 5-24　科学实验装置"烟幕-2"号

像机固定架。液滴辐射冷却器模型的基础是在其中再现工作过程的真空箱（见图 5-25），它的不密封性（也即泄漏率）不高于 10^{-1} L·μm Hg/s。

图 5-25　空间实验用的滴式辐射冷却器模型的真空箱

真空箱包括：① 带有热稳定系统的液滴发生器组合件；② 带有热稳定系统和保证在导流器表面形成液膜的装置的液滴导流器部件；③ 带真空密封容器的总装结构；④ 照明灯；⑤ 液滴辐射冷却器模型的组成中的工质储存和供应系统。

一个实验循环的实施时间为 104 s。装置的热稳定时间约 10 h。

"烟幕-2"号科研装置由"Progress‐M"货运飞船送到"和平"号轨道空间站。

2000 年 5 月 28 日，"和平"号空间站宇航员按照"和平号专项实验"计划，完成了"烟幕-2"号装置的实验。为了创建空间核发电装置用的液滴辐射冷却器，他们研究了单个分散液滴流的产生过程、液滴的运动和捕集情况。在全世界范围内这样的实验首次进行。根据"和平"号空间站上空间实验的遥测数据，给出了"烟幕-2"号装置工作过程主要参数的变化，这些参数包括：$p_{泵出口}$（泵出口压力）；$p_{泵进口}$（泵进口压力）；$p_{发生器1}$、$p_{发生器2}$（液滴流发生器 1、2 的进口压力）；$p_{集液器}$（导流器液膜的集液器内的压力）；$T_{传感器1}$、$T_{传感器2}$（油容器 AK1、AK2 出口端的壁温）；$T_{传感器3}$（泵出口管道温度）；$T_{传感器7}$、$T_{传感器26}$（液滴流发生器 1、2 的容器温度）；$T_{传感器4}$、$T_{传感器5}$、$T_{传感器6}$、$T_{传感器25}$（分别为液膜加速器的集液器进口、导流器携带液膜、液滴流发生器 1、2 的油温度）。图 5-26 记录了试验过程中主要参数的变化。图中各个点为相应的参数值，连线只是形象地表

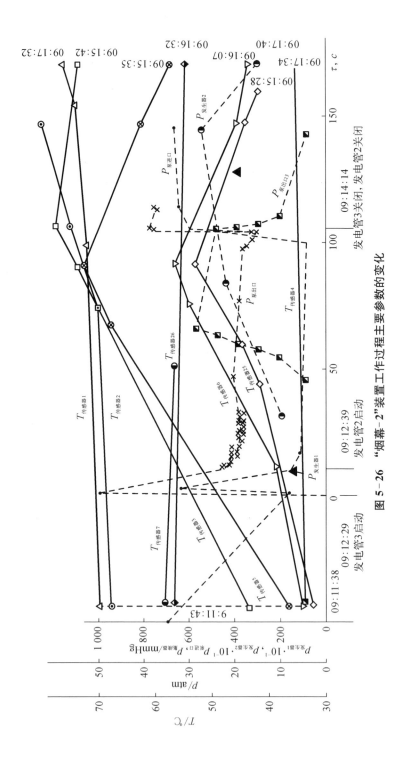

图 5 - 26 "烟幕 - 2"装置工作过程主要参数的变化

示该参数从一点到另一点的过渡。

4）主要研发成果

根据对滴式辐射冷却器模型所完成的研究、研发、地面演练以及在"和平"号空间站上的试验，可以得到下列主要结果：

（1）证明液滴发生器和非能动液滴导流器结构设计是正确的。发生器能产生单个分散液滴流（制成的喷丝模板孔的直径为 350 μm，受迫振动信号形状为方形波，频率为 1 200 Hz），导流器倾斜内表面上流动的液膜（与落下液滴为同一种液体）能捕集下落的液滴。同时，优化了材料、表面加工质量、导流器表面对液滴流的倾斜角、模板孔形状以及保证在导流器表面形成稳定液膜的液体流动条件。

（2）为研究在微重力和高真空条件下的工作过程，试制了滴式辐射冷却器模型，并带有相应的控制和保护系统，以保证实现预定的循环作业图和进行自动工况下的空间实验。

（3）在微重力条件下，未发现滴式辐射冷却器模型的导流器内表面上的液膜流动不稳定，也未发现当它与液滴相互作用时连续性遭到破坏。得到的数据实际上与地面研究和试验的数据相符，这一点证实了对于所研发的导流器结构来说，微重力条件对这个过程的影响甚微。

（4）在"和平"号空间站上的实验中，喷丝模板上只有一排孔（孔道分布在同一平面上）的液滴发生器产生的单个分散液滴流，与地面条件下获得的液滴流没有区别。

（5）对于喷丝模板具有多排孔（孔呈正方栅格分布）的液滴发生器，得到了设定尺寸的液滴流。但是，在这个实验启动时，由于未估计到发生器前的压力缓慢升高，液体从发生器的喷丝模板孔中流出的条件遭到严重破坏，这样在失重条件下导致在喷丝模板端头表面形成一层厚膜，阻碍液体流出来，而当厚膜破裂时形成大的液滴。

从液滴辐射冷却器的研发过程中我们可以看出，液滴辐射冷却器的原理很简单，但研制成可空间实际应用的液滴辐射冷却器是何等的复杂与艰难！"和平-2"空间站上的科学实验已经过去了近 20 年，俄罗斯的液滴辐射冷却技术的发展后来并未见过相关报道。兆瓦级核动力飞船是否采用液滴辐射冷却器方案至今仍不清楚。

5.3 核火箭发动机的最核心部件——燃料元件

我们知道,核火箭发动机由核反应堆、辐射屏蔽、涡轮泵系统、喷管系统和推进剂(液氢)储箱组成,核反应堆是最重要的部分[8]。可以说,核火箭发动机的反应堆是超高温气冷堆,它与其他类型反应堆的最大区别是,堆芯功率密度高、温度高、热中子通量高、功率变化过程极快。作为核火箭发动机反应堆核心部件的燃料元件必须首先适应和满足这些技术特性要求[9]。在美、俄等国发展核火箭发动机的历程中,都把核燃料元件放在研发的首位,并且几乎贯彻研发过程的始终。

在2.1.3节中,已经对NERVA型和PBR(球床堆)型核火箭发动机的燃料元件做了概括叙述。在本节中,我们介绍两种类型的燃料元件:到目前为止世界上公认性能最佳的俄罗斯核火箭发动机(NRE)的燃料元件,以及美国认为今后最有发展前途的CERMET金属陶瓷燃料元件。

5.3.1 俄罗斯核火箭发动机的燃料元件

能量是推进动力的源泉。核火箭发动机反应堆的高温和超高温是使推进剂达到高流速、核火箭达到高比冲的决定性因素之一。为了提高推进剂的出口温度,俄罗斯的核火箭专家对核燃料元件的成分和结构形式进行了大量的研究。表5-2和图5-27分别给出了苏联时期研究的各种燃料成分和燃料元件的不同结构形式[10]。

表5-2 苏联研究的不同燃料成分

燃料类别	燃料成分	U密度/(g/cm³)	最高运行温度/K
碳化物燃料	(U,Zr)C,C	≤2.5	2 500
	(U,Zr)C		3 300
	(U,Zr,Nb)C		3 500
	(U,Zr,Ta)C		3 700
碳氮化物	(U,Zr)C,N	6~8	3 100
金属陶瓷燃料	(U,Zr)C,N-W	≤6.5	2 900

类型	基本形式	截面及尺寸	布置方式及成分
棒状	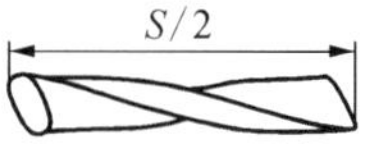	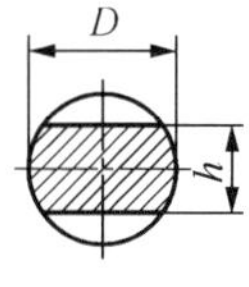 $h>1.0$ $D>1.6$ $S=30$	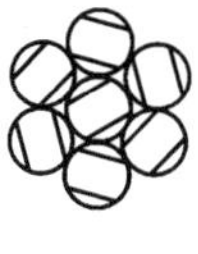 (Zr,U)C (Zr,Nb,U)C (Zr,U)C+C (Zr,U,N)C
	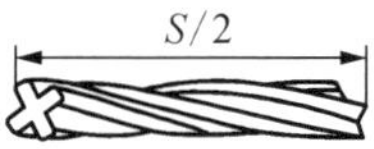	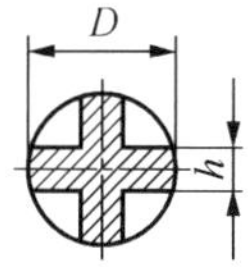 $h>0.4$ $D>1.8$ $S=60$	 (Nb,U)C (Zr,Nb,U)C (Zr,U)C+C (Zr,U,N)C
	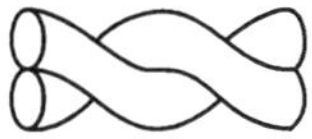	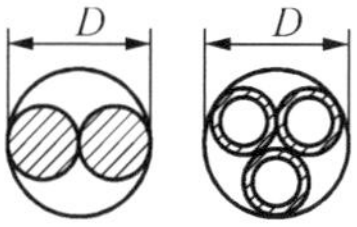 $D>1.0$	 (Zr,U)C (Zr,Nb,U)C (Zr,U)C+C (Zr,U,N)C
六棱柱		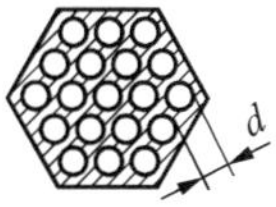 $d>1.0$	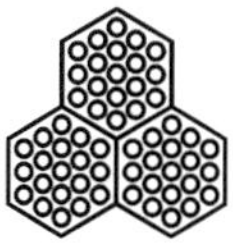 (Zr,U)C (Zr,Nb,U)C (Zr,U)C+C (Zr,U,N)C
板状	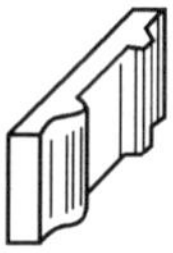	 $h>1.0$	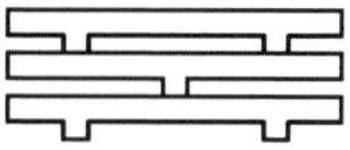 (Zr,U)C (Zr,Nb,U)C (Zr,U)C+C (Zr,U,N)C
球状	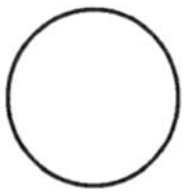	 $D=1\sim10$ mm	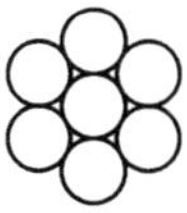 (Zr,U)C (Zr,U)N (Zr,U,N)C

图 5-27 苏联测试过的燃料元件几何结构

到 20 世纪 80 年代后期,苏联集中研究三种燃料形式:二元碳化物、三元碳化物以及碳氮化物燃料。燃料几何选择了扭带状(twist-ribbon)结构。这种结构能够在保证强换热能力的同时维持运行工况下的材料强度和结构完整性。研究表明,三元碳化物最具应用前景,但是该燃料具有很严重的脆性。苏联科学家采用一种"黏合剂(binder)"来使三元碳化物在高温下保持稳定。核试验表明,采用三元碳化物燃料能够使氢气出口温度达到 3 100 K,并能维持

1 h 的运行时间。若运行在 NERVA 燃料的运行温度下(2 500 K)下,预计该三元碳化物燃料的运行时间可以超过 25 h。苏联关于核热推进燃料的研究持续了 20 多年的时间,对多种燃料成分和几何结构进行了大量的研究和测试。从测试结果显示,俄罗斯扭带状的三元碳化物燃料元件所达到的性能目前在全世界范围内是最佳的。

美国曾经推荐三个载人火星探测的核火箭发动机方案,其中的"CIS"方案几乎照搬了俄罗斯的新一代核火箭发动机设计。方案中的燃料元件就是俄罗斯已经定型的类似于钻头的螺旋窄条形的三元碳化物燃料元件。图 5-28 给出了俄罗斯核火箭发动机燃料元件的示意图。

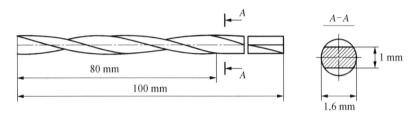

图 5-28 俄罗斯核火箭发动机的燃料元件

俄罗斯的核火箭发动机采用了非均匀堆芯的设计,以氢化锆(ZrH)为慢化剂,以三元碳化物为燃料。氢化锆慢化剂位于燃料组件之间,能够有效地慢化中子,减少了堆芯的燃料需求量。反应堆的燃料组件采用了冷却剂轴向流动设计。每根燃料元件类似于钻头的螺旋窄条,厚度约为 1 mm,宽度约为 2 mm,长度约为 100 mm。每个燃料组件在长度方向上由若干个直径约 45 mm 的燃料元件束组成。燃料组件的数目和燃料区的长度(由燃料元件束的个数所决定)由所需的推力水平和氢气排气温度(即比冲)决定。对于推力为 68 kN、比冲为 950 s 的俄罗斯新一代核火箭发动机,36 个燃料组件(每个由 6 个燃料元件束组成)组成的堆芯即可达到所需要的功率水平和氢气排放温度。

螺旋窄条式燃料元件的成分是由碳化铀(UC)、碳化锆(ZrC)和碳化铌(NbC)构成的三元碳化物固溶体。燃料成分沿组件长度方向变化。在入口处,工质温度低,可增加铀的浓度以提高功率输出水平;在出口处,工质温度高,可减小铀的浓度以降低功率输出水平。通过燃料成分的变化,可以降低出口处的燃料温度;提高氢气排出温度的设计限值,增大发动机的比冲。图 5-29 展示了俄罗斯 RD-0410 核火箭发动机反应堆中燃料元件和燃料组件。

在这里,我们想特别强调的是,**俄罗斯核火箭发动机的所有燃料组件部**

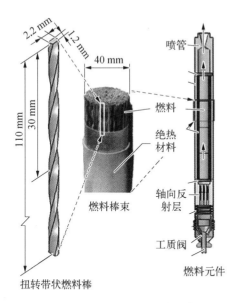

RD-0410 NRE

图 5-29　RD-0410 核火箭发动机的燃料元件和燃料组件

件,如燃料元件、热绝缘片、承载结构、喷嘴等,其基本材料都是成分为碳化物和氮碳化合物的陶瓷。所选择的陶瓷材料成分、结构和物理状态方面的改变,可以提供一个宽阔的性能范围,来满足全部核火箭发动机高温部件的要求。这为核火箭发动机相关材料的研究提供了极其宝贵的借鉴意义。

5.3.2　美国今后着重发展的金属陶瓷燃料元件

2015 年 2 月,在美国举办了"空间核与新兴技术会议"(NETS-2015: Nuclear and Emerging Technologies for Space)。据悉,美国已基本确定在 2029 年以前以 NERVA 型的复合燃料作为核火箭发动机的首选燃料;2029 年后将以更高性能的金属陶瓷(CERMET)燃料替代 NERVA 型复合燃料。美国的决策并不轻率,因为 ROVER/NERVA 计划的实施给出了核火箭发动机核燃料最全面的数据,为核火箭的飞行任务奠定了坚实的基础。NERVA 型核燃料技术已经日臻成熟,不过这种核燃料存在着一定缺点[10]。

实际上,在 ROVER/NERVA 计划开展相关燃料研究的同时,通用电气公司(GE)和阿贡国家实验室(ANL)也在同步开展金属陶瓷燃料(CERMET)元件的研发。CERMET 燃料元件的结构与 NERVA 型燃料元件相类似,也是六棱柱结构,其间含有许多轴向冷却剂孔道。两者的最大区别是,金属陶瓷燃料的基体材料采用的是钨、钼或者钨钼合金。其中,以钨做基体材料的研究更多,因为钨的熔点更高,而且与燃料的相容性更好。

通用电气公司研究的主要燃料型式为:将 UO_2 颗粒弥散在钨金属的基体里,以 ThO_2 作为 UO_2 的稳定剂,燃料元件包壳采用 W/30% Re/30% Mo 合金涂层。阿贡国家实验室的主要燃料形式为:将 UO_2 颗粒弥散在钨金属基体里,以 Gd_2O_3 作为 UO_2 的稳定剂,采用 W-25Re 涂层作为燃料元件的包壳。图 5-30 给出了 CERMET 金属陶瓷燃料元件的结构形式,从左至右依次是 GE-710,ANL200 和 ANL2000 金属陶瓷燃料元件。

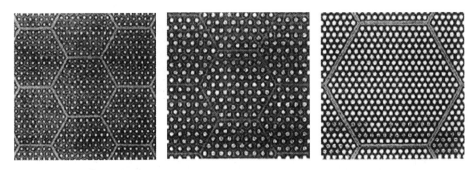

图 5-30　CERMET 金属陶瓷燃料元件的结构

金属陶瓷燃料的耐高温强度很好。非核测试表明该燃料可以在 3 000 K 的情况下坚持 50 h,并能承受多次热循环的冲击。在热循环过程中,与 NERVA 燃料容易发生包壳破损不同,金属陶瓷燃料的包壳在强应力的作用下更容易发生形变而不是破损。此外,由于钨不与氢气反应,这使得金属陶瓷燃料比 NERVA 型燃料具有更强的抗腐蚀能力和裂变产物包容能力。金属陶瓷燃料元件的核火箭发动机也是美国载人火星探测的三个推荐方案之一。

通用电气公司和阿贡国家实验室分别对 CERMET 金属陶瓷燃料进行了大量的研究和测试。非核测试的最高温度达到了 3 270 K。通用电气公司的测试表明 CERMET 在 2 860 K、3 070 K、3 170 K 和 3 270 K 的高温氢气流中分别能达到 50 h,10 h,3 h 和 1 h 的运行时间。阿贡国家实验室的研究表明 CERMET 可以在 3 000 K 的高温氢气流中达到 50 h 的运行时间。但是,对于辐照性能的测试是非常有限的,对应的温度仅为 1 870～2 270 K,这比实际运行温度低得多。当然,金属陶瓷燃料也存在一些问题,如钨基材料的脆性问题。

不过从总体上看,CERMET 金属陶瓷燃料具有比 NERVA 型燃料可达到更高性能的潜力。只是现在对 CERMET 金属陶瓷燃料的研究还很不充分,还需要进一步的研发和测试。图 5-31 给出了美国近期用于 CERMET 金属陶

CERMET样品　　　　　　　CVD系统　　　　　　　　HIP系统

CFEET
样品测试

NTREES
组件测试

化学蚀刻系统

图 5‑31　美国近期用于 CERMET 加工和测试的设施

瓷燃料工艺加工和性能测试的部分设施。从中可以看到美国对深入研发采用
CERMET 燃料的极大重视。

5.4　核电推进系统的关键部件

在第 2 章中我们已经知道,核电推进系统(也即核电火箭发动机)由空间
核反应堆电源分系统和电火箭发动机分系统组成,电能的分配与管理模块是

两个分系统的接口。实际上,我们可以把电火箭发动机看作核电火箭发动机中一个较大的关键部件。与空间核反应堆电源配套而构成核电火箭发动机的电火箭发动机,主要有静电离子发动机、静态等离子体发动机和电磁类电火箭发动机。本节我们介绍最常用、最成熟的电子轰击式离子发动机(美国的900系列)和静态等离体发动机(俄罗斯的SPT-70)[11]。

5.4.1　电子轰击式离子发动机(900系列,美国)

1973年11月至1975年,美国国家航空航天局所属航空和空间技术办公室发起了太阳电推进(SEP)计划。由主承包商路易斯研究中心先后设计研制了400、700、800、900系列30 cm直径汞离子发动机,休斯研究实验室与路易斯研究中心签订了合同,也参加研制和试验。

900系列发动机继承了400、700、800系列发动机的优点,并在一项与哈雷

**图 5-32　一般电子轰击式
离子发动机外观**

彗星交会飞行的主推进任务促进下,进一步改善了放电室结构,减轻了溅射烧蚀。900系列发动机在输入功率为3 kW,比冲为2 940 s,推力为135 mN的运行状态下,通过了15 000 h的寿命试验。该发动机可作为轨道转移、轨道运输以及行星际空间探测飞行主推进应用。利用太阳能供电时处理单元转换效率为87%,总效率为76%。推力矢量采用可控支架,在两个方向上可提供±15°可变范围。图5-32为一般电子轰击式离子发动机概貌。

1) 发动机主要性能与结构参数

推力为135 mN;输入功率为3 kW;比冲为2 940 s;束直径为300 mm;工作寿命为15 000 h;推进剂为汞;发动机本体质量为8.2 kg。

2) 发动机系统

系统组成如下:

900系列离子发动机系统由发动机本体分系统、汞储存与供给分系统、电源处理与控制电路分系统、推力矢量控制分系统组成。

(1) 发动机本体分系统包括电子轰击式离子源-放电室-发散磁场结构,双栅离子光学结构,中和器等结构。

(2) 汞储存与供给分系统包括汞储罐组件、蒸发器、绝缘器、关断阀、毛细

吸管流量控制器、管路、阀门等。分三路提供蒸气：第一路经过阴极管进入放电室；第二路通过主推进剂进气环上小孔进入放电室；第三路进入中和器。三个分路都有独自的蒸发器、绝缘器、毛细吸管流量控制器、阀门等部件。

（3）电源处理与控制电路分系统大约包括 4 000 个电子元器件。电源转换效率为 87%，输出功率为 3 kW。

（4）推力矢量控制分系统包括两个铝制万向环、两个线性调节器和两个安装法兰、一个球轴承、一个圆形轭圈。发动机通过底法兰和螺栓（或焊接）固定在内环上。

工作原理如下：

加压氮气压迫丁烯橡胶膜，迫使液汞从储罐经过毛细管进入蒸发器。液汞经过加热蒸发后通过多孔钨塞。由于表面张力，未汽化的液汞不能通过多孔钨塞。一定压力的汞蒸气，分两路进入主放电室。单独的中和器液汞储存与供给子系统部分提供一路汞蒸气给中和器放电室。

在点火电压下，汞气受到阴极发射电子的轰击产生了部分电离。离子、电子、汞原子从阴极靴和挡板间进入放电室。在发散磁场和静电场作用下，电子受洛伦兹力加速并沿磁力线做前向螺旋运动，并不断碰撞汞原子使之电离。这个过程像链式反应一样，迅速扩展为整个放电室的放电。电子最终被阳极收集。等离子体受电磁场约束，离子被双栅离子光学结构聚焦、引导、加速喷出。进入中和器的汞蒸气同样被中和器阴极发射电子轰击电离，离子被阴极收集。引出的电子束流与加速喷出的离子束流汇合，中和成中性等离子体。电源处理单元提供的电能经上述过程转变为离子束动能。离子束流的反作用力即为推力。推力矢量由可控万向支架提供两个正交轴向上有 7.7° 的调节范围。

3）发动机主要部件

（1）汞储罐组件由异丁橡胶隔膜分隔开的两个半球罐组成。压力气体半球罐内有储氮槽（压力约 250 kPa）、充气阀、温度和压力传感器等。液汞半球罐盛有足量液汞，并有出口管、注汞阀等。

（2）蒸发器有主蒸发器、主阴极蒸发器、中和器蒸发器三种。它们大小不同，但结构原理相同，由液汞进口接头、钽管、限流塞（多孔钨塞，中心有通孔）、多孔钨塞（相分离器）、电加热器、气汞出口管等组成。

（3）绝缘器有主绝缘器、主阴极绝缘器、中和器绝缘器。前两者由陶瓷绝缘柱、多孔栅盘、陶瓷垫片（每片 30 孔）、屏蔽层、电加热器、安装法兰等组成。

中和器绝缘器由陶瓷管绝缘器提供较低电压的电绝缘。

(4) 空心阴极由钽管、多孔钨(海绵钨)钡浸渍物发射体、多孔钨顶、孔盘、点火触持极、电加热器、钽箔隔热层、陶瓷支撑等组成。

(5) 阳极喷砂处理的不锈钢丝编织成网状筒形阳极。

(6) 双栅离子光学结构由抛物面形束发散补偿屏栅极和加速栅极组成。双栅中心间距为 0.76 mm。有栅极碎片清除电路。

(7) 中和器由蒸发器、绝缘器、空心阴极、触持极等组成,如图 5-33 所示。

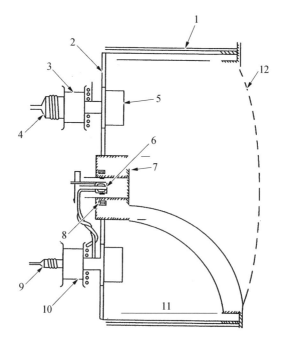

1—磁棒;2—放电室后底板;3—主进气口绝缘器;4—主进气口蒸发器;5—主进气口;6—主阴极;7—挡板;8—磁环;9—主阴极蒸发器;10—主阴极绝缘器;11—阳极;12—屏栅极-加速栅极。

图 5-33 900 系列电子轰击式离子发动机结构

4) 改进与发展

900 系列 30 cm 直径汞离子发动机是在 400、700、800 系列发动机基础上改进的。从 700 系列开始,阴极-绝缘器-蒸发器一体化部件(CZV)和一体化的中和器-绝缘器-蒸发器(NZV)部件,因热影响引起泄漏和控制不方便,改为独立部件。800 系列和 900 系列同样采用独立部件。

800 系列与 700 系列发动机基本相同。900 系列发动机与 800 系列发动

机的主要不同点在于:

(1) 发动机壳体材料使用了钛合金,取代了 800 系列的不锈钢。

(2) 阴极极靴用钽衬套覆盖,进一步减少溅射。

(3) 主绝缘器重新进行了设计,28 段绝缘器的尖角和边缘做了屏蔽防护,以免溅射材料引起绝缘性能下降。在较高电压工作下,新绝缘器未发现泄漏电流。

(4) 屏栅极与加速栅极中心间距稍有调大,为 0.76 mm。

900 系列发动机的飞行计划中止后,又发展了 J 系列 30 cm 直径离子发动机。

5.4.2 静态等离子体发动机(SPT-70,苏联)

SPT-70 是苏联研制并早已投入空间应用的静态等离子体发动机。静态等离子体发动机又称为霍尔发动机。有人把它列为无栅离子发动机类型,但从其结构和加速原理看,它应归属等离子体发动机一类。

从 20 世纪 60 年代起,苏联原子能院(IAE)一直坚持研究这种发动机。随后莫斯科航空学院(MAI)、热加工研究所(ITP)及加里宁格勒的法克尔(Fake)设计局等单位也投入研究。他们先后研制了多种样机,其中 SPT-70 的定型是在 SPT-60 和 SPT-50 空间飞行试验基础上完成的。头两次飞行试验(称为 Eol-1 和 Eol-2)都是采用加速通道直径为 60 mm 的 SPT-60 装在流星(Meteor)卫星上(轨道 900 km)进行的,如图 5-34 所示。

Eol-1 飞行试验用发动机系统质量为 32 kg,它的飞行试验任务如下:

(1) 通过飞行试验测量推力,比较静态等离子体发动机在空间和在地面的性能。

(2) 了解静态等离子体发动机改变(控制)轨道的能力。

(3) 研究静态等离子体发动机与星上其他分系统的相容性问题。

飞行试验结果表明,测得的推力与地面所得数据差别不大;静态等离子体发动机工作 170 h,可使轨道提升 17 km;未发现与星上的其他系统有什么不相容的问题。

Eol-2 飞行试验的目的是在 Eol-1 基础上进一步证实:

(1) 静态等离子体发动机性能的稳定性。

(2) 整个发动机系统的可靠性。

(3) 发动机系统与其他分系统的相容性。

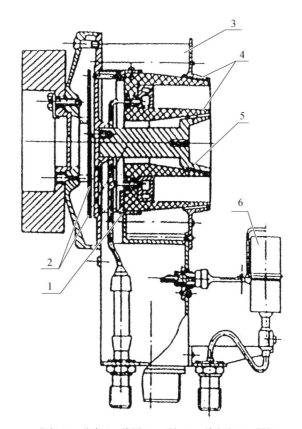

1—阳极;2—磁路;3—线圈;4—磁极;5—放电室;6—阴极。

图 5-34 SPT-70 静态等离子体发动机

（4）静态等离子体发动机的操控能力。

Eol-2 飞行试验用发动机系统总质量约为 50 kg,在轨 27 个月,启动 271 次,累计运行 600 多小时,工作稳定可靠。试验表明:静态等离子体发动机射流对太阳电池表面的沉积影响,相当于太阳电池自身性能的自然退化;至于对通信的干扰,当距离很近时,发现有信号丢失的现象,离得稍远一点,没有什么影响。

Eol-1、Eol-2 以及后来的 Eol-3(用 SPT-50 发动机)的飞行试验,证实了静态等离子体发动机的运行性能和控制能力,解决了航天器设计师们担心的不相容问题,从而使 SPT-70 发动机在 20 世纪 80 年代成为苏联通信卫星定位和东西位置保持控制系统的一个合格部件。

静态等离子体发动机的特点如下:

（1）与离子发动机相比,它的结构简单,没有容易变形和烧蚀的栅极;运行电压低,所需电源型号也少,大大提高了运行的可靠性。

(2)由于它不存在空间电荷效应问题,其推力密度比离子发动机高,体积较小。

(3)它的比冲和效率虽低于离子发动机,但比电弧加热发动机高,而且其比冲(1 372~1 568 s)正好处于目前近地空间航天器控制所需的最佳比冲范围(980~1 960 s)。

(4)排气流中粒子含有的能量比化学发动机和电弧加热发动机的多,有可能对暴露于射流的表面造成溅射腐蚀;另外,其射流比离子发动机更为发散。

(5)用氙作为推进剂能获得高效率,但是氙气在自然界很少,工业生产产量低,价格昂贵,对于功率大、总冲高的任务成本高。

1)发动机主要性能与结构参数

推力为 40 mN;效率为 50%;比冲为 14 798 s;输入功率为 650 W;推进剂为氙;证实寿命为 3 000 h;放电室直径为 70 mm;总冲为 4.3×10^5 N·s。

2)发动机系统和主要部件

系统组成如下:

SPT-70 发动机系统包括推进剂供给分系统、氙推进剂流量控制分系统、电源处理单元、发动机本体及有关的连接管道和电气接口等部分。

(1)推进剂供给分系统由于推进剂采用氙气,而且流量很小(1.0~50 mg/s),工作时间长,要有很高的可靠性,故采用互为备份的两套系统。系统包括储箱、压力传感器、启动阀门、安全阀门、电动阀门、压力调节器和连接管路等部件。

(2)氙推进剂流量控制分系统包括两个互为备份的系统。其中任一个都可为两个阴极提供氙气。氙推进剂流量控制分系统的作用是:选择运行阴极;为放电室及阴极提供合适的质量流量比;根据发动机放电参数来调节流量。

(3)电源处理单元是用来对发动机、氙推进剂流量控制器的起动和运行进行供电、检测和控制的。电源和指令通过电源处理单元送到发动机,来自发动机的遥测信号通过电源处理单元返回到航天器上。

(4)发动机本体包括加速器和两个互为备份的阴极(共用一个放电点火系统)。加速器又由阳极(也是推进剂分配器)、放电室和磁场系统组成。

工作原理如下:

推进剂气体(通常是氙)一方面通过阳极进入环形放电通道;另一方面进

入阴极(空心阴极)作为启动和维持放电的电子源。磁场线圈主要用来产生合适的径向磁场分布。发动机在工作时,通过阳极分配器进入环形通道的推进剂原子,被处于通道内的电子碰撞而离化形成等离子体。因通道内的电场与径向磁场相互作用,将对通道内的等离子体沿轴向产生电磁加速力,使等离子体高速喷出而产生反作用推力。

3) 改进与发展

为了满足航天器控制的要求,后来又发展了 SPT-100、SPT-140、SPT-200、SPT-290 等型号发动机。其中,SPT-140、SPT-200、SPT-290 发动机是为轨道转移服务的;而 SPT-100 则是为满足同步卫星南北位置保持控制的要求而研制的,并于 1994 年 1 月成功地用在格罗斯 1 号(Gals-1)同步卫星上,担负卫星的定位及全部位置保持(东西和南北位置保持)控制任务,紧接着又用于格罗斯 2 号、快捷 1 号和 2 号(Express-1,2)同步卫星上。这样,由静态等离子体发动机组成的电推进系统成了俄罗斯气象卫星和通信卫星上的一个正式的分系统。自 1971 年以来,已有 300 多台静态等离子体发动机在流星号、地平线(Corinmt)、荧光屏(Ekran)等卫星系列上应用,且成功率为 100%,成为卫星的定型标准部件之一,也成了后来俄罗斯宇航工业对外销售的一种高技术产品。

5.5 热离子空间核反应堆电源的主要试验设施

在研发热离子空间核反应堆电源的过程中,要用到许多试验设施,最具代表性的有三个:里克台架、"第一核电站"的堆内回路考验装置和"贝加尔"(Baikal)电加热综合试验台架[3]。这三个试验设施分别设在俄罗斯的科学与工业联合体 Lutch、物理与动力工程研究院(RRC IPPE)和机器制造中心设计局(CDBMB)。

5.5.1 里克台架

里克(Rig)台架是单节全长热离子燃料元件的考验台架,也是单节热离子燃料元件验收检验、性能试验和寿命考验台架。

1)"里克"台架的应用

(1) 用于热离子燃料元件(TFE)的除气和密封性检查。

(2) 用特殊的电加热器代替核燃料检验热离子燃料元件的电输出特性。

（3）对热离子燃料元件作性能研究和寿命考验。里克台架结构如图 5-35 所示。

2）技术特性

装置占地面积大约为 30 m²；从地面到吊车挂钩高度大约为 6 m；所要求的吊车载重为 5 t；真空室直径为 0.6 m；真空室高度为 1.2 m；真空室内剩余压力（真空度）为 1×10^{-3} Pa；铯真空系统内的剩余压力（真空度）为 1×10^{-3} Pa；冷却水的体积流量为 1.0 m³/h；对动力电要求（380 V，50 Hz）为 50 kW；液氮体积流量为 40 L/d。

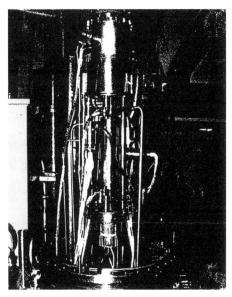

图 5-35　里 克 台 架

3）台架的组成及其功能

（1）真空室：① 放置带有热离子燃料元件（TFE）和加热器的工作段；② TFE 的加热器与台架系统的连接和通路的输出端；③ 保持真空室内的定压力。

（2）工作段：要保障热离子燃料元件废热排放的热通道，并保证热离子燃料元件运行条件下所要求的温度参数和真空参数。

（3）真空系统：① 提供在真空室内进行试验所必需的压力，最低达到 1×10^{-3} Pa；② 为高真空系统提供预真空；③ 排除除气时的产物，对密封空腔抽气和充气等。

（4）真空-铯系统：① 在真空-铯系统和热离子燃料元件中提供要求的压力，最低到 1×10^{-4} Pa；② 排除所指定空腔中除气的产物；③ 在热离子燃料元件电极间隙间保持要求的铯蒸气压。

（5）负载系统：保证记录伏安特性曲线和热离子燃料元件的电负载。

（6）气体供应系统：① 为气腔中试验提供要求的压力，最低可达 1×10^{-1} Pa；② 提供要求的混合气体；③ 对热离子燃料元件和工作段相应的空腔充气或充混合气体。

（7）加热器供电系统。为加热器提供平稳可调节的电压，并保障和监督加热器的参数和防止过载。

（8）数据自动化采集系统。用于试验过程中监督里克台架和热离子燃料元件的参数,处理设置的信息以便储存,并以容易接收的形式将参数提供给工作人员。

(9)供水系统。用于保证试验过程中台架和热离子燃料元件、设备在给定的温度下工作。

4)里克台架原理

里克台架原理如图 5-36 所示。

5.5.2 "第一核电站"的堆内回路考验装置

俄罗斯物理与动力工程院(RRC IPPE)的世界"第一核电站"建有核反应堆燃料元件的堆内回路考验装置。包括热离子型空间核反应堆电源燃料元件在内的各种燃料元件,有不少是在这里进行堆内考验的。图 5-37 给出了该装置的结构原理。

1)系统组成

该装置由辐照罐、真空及测量、热工水力及参数测量、裂变气体排放、铯蒸气供应与调节、电能供给与输出线路、热离子燃料元件的伏安特性测量、元件与考验回路的工作参数测量记录和诊断调节、辐射和事故工况下的安全保障与监测等分系统组成。

2)实验装置功能

该考验回路可进行单根热离子燃料元件(TFE)考验,也可进行两根或四根热离子燃料元件考验,以便同时模拟不同工况下进行热离子燃料元件寿命试验的比较研究,或进行不同结构或燃料装载方案的热离子燃料元件设计对比试验,甚至进行加速试验。寿命试验长达 3 年。

3)实验要求

实验回路应最大限度地保证实验条件接近热离子燃料元件实际工况,应满足热离子燃料元件的主要工作参数:

(1)燃料的释热密度及分布。

(2)中子通量及能谱。

(3)发射极温度。

(4)接收极及其套管温度与排出的热通量。

(5)铯蒸气压。

(6)电极介质组分。

(7)装置应能灵活调节或长期保持实验参数稳定以达到不同实验目的。

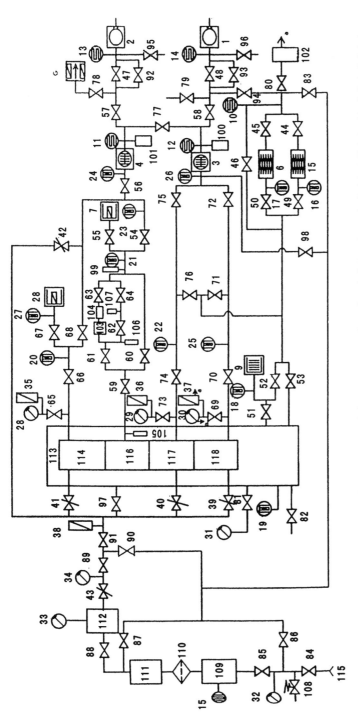

图 5-36　里克台架原理（此台架不包括热离子燃料元件和电加热器）

各部件的代号：1,2—机械泵；3,4—涡轮分子泵；5,6—吸附真空泵；7,8—磁放电（离子高真空）泵；9—离子泵和吸附真空泵组成的高真空机组；10～15—压力热电转换器；16～27—磁放电电压力转换器；28～34—薄膜压力计；35～38—压力传感器；39～43—电磁传动真空阀；44～48—电磁微调阀；49～58—电动机构真空阀；59～98—手动机构真空阀；99—质谱传感器；100～102—预真空室；103—铯液汽相分离器；104—铯收集器；105,106—铯储存罐；107—装小瓶铯的容器；108—保护阀门；109—冷阱；110—过滤器；111—钛吸收剂；112—干净气体容积；113—真空室；114—安放加热器的工作段；115—接气源的连接管；116—热离子燃料元件电极同隙空腔；117—不可调氩压的工作段空腔；118—可调氩压的工作段空腔。

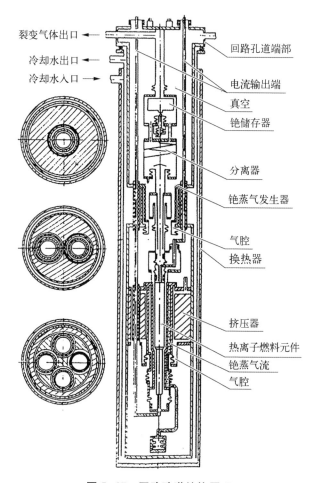

裂变气体出口

冷却水出口

冷却水入口

回路孔道端部

电流输出端

真空

铯储存器

分离器

铯蒸气发生器

气腔

换热器

挤压器

热离子燃料元件

铯蒸气流

气腔

图5-37 回路孔道结构原理

4) 回路孔道的要求

(1) 回路孔道系统的特点。保证能量释放;保证采热和热量调节;保证电极间铯蒸气压的参数;保证电能的输出;热离子燃料元件和回路孔道的监测和测量保证工作安全,包括事故条件下的安全。

(2) 回路孔道的用途。同时进行多根相同的热离子燃料元件寿命试验时的对比试验;不同结构,但有相同释热的热离子燃料元件对比试验;不同释热元件棒与相同结构的热离子燃料元件对比试验。在上述考验的基础上建立热离子燃料元件的加速试验。

(3) 回路孔道结构上有决定意义的部件。装热离子燃料元件的辐照罐;扩散式或流量式铯供应和调节系统;裂变气体产物排放系统;电线绝缘输出系统;温度和释热调节系统;从热离子燃料元件中采热和排放废热系统;诊断系统;安全保证和监测系统。

(4) 回路孔道综合监测中心的主要任务。获得热离子燃料元件和回路孔道的工作信息,整体上控制热离子燃料元件和回路孔道装置的工况;设计参数试验验证。

(5) 回路装置所保证的在回路孔道内的操作。发射极温度、接收极和回路孔道内控制点温度的测量;中子通量密度的测量;真空测量;冷却剂流量测量;在电流导线上测量电压;测量接收极上的绝缘电阻。

5) 考验回路中释热密度与分布条件的保证措施

由于热离子燃料元件考验在实验性反应堆内进行,其特性与所设计的反应堆转换器特性不同,这些条件的保证具有一定技术难度,也是实验能否成功的关键。为了确保热离子燃料元件的释热密度与分布,回路结构设计时,在热离子燃料元件轴向不同部位采用了具有不同厚度和中子慢化或吸收特征的材料(如钢或铝),必要时甚至充填中子慢化剂或吸收剂,以满足一定的中子通量密度(即释热率)的要求。

6) 回路中铯蒸气发生器

装置中的铯蒸气发生器温度稳定在 340 ℃。为保证铯蒸气系统正常工作,回路温度应在 400~600 ℃范围内调节,否则,温度太低时会影响铯蒸气工作,温度太高时回路中陶瓷密封件难以承受。

早期铯蒸气系统采用扩散方式,铯恒温器在辐照罐孔道下部,热离子燃料元件上部有阀门。阀门平时关闭,裂变气体在热离子燃料元件内部积累,定期或停堆时打开阀门,铯蒸气和裂变气体通过真空系统排出。结构上有不足之处。目前,铯蒸气供应采用循环系统,位于热离子燃料元件上部的工作腔中。连续不断地抽气时,铯蒸气经过冷凝分离器返回到恒温器中,裂变气体通过真空系统排出。该装置结构复杂,具有多个气腔,有各种管道和连线,比较理想。

7) 考验回路中的金属陶瓷密封件

为保证回路结构中热离子燃料元件电流输出端绝缘,在考验回路中使用了金属陶瓷密封件。当封接金属为钢时,工作温度在 450 ℃以下;当封接金属为铌时,工作温度可到 900 ℃。

8) 考验回路的安全保障和监督

考验回路的安全保障和监督系统包括保护气腔、温度传感器、中子通量探测器、液态金属泄漏传感器等。

由于核反应堆实验孔道尺寸的限制,考验回路结构和装置是十分复杂的。俄罗斯物理与动力工程院(RRC IPPE)早就具备设计和制造这种复杂装置的能力。到目前为止,RRC IPPE 考验了超过 100 根热离子燃料元件,并进行辐照后检验,获得了大量的信息,积累了丰富的经验。

5.5.3 "贝加尔"(Baikal)电加热综合试验台架

这里的"贝加尔"台架是专门用于"TOPAZ-2"空间核反应堆电源的电加热综合试验台架,这台架建在圣彼得堡机器制造中心设计局(CDBMB),不同于建在哈萨克斯坦的用于核火箭发动机热试验的"贝加尔"台架。

图 5-38 试验台架

1)"贝加尔"台架的用途

(1)对"TOPAZ-2"装置除气。

(2)向"TOPAZ-2"装置灌浇冷却剂(NaK)和混合气体。

(3)用专用的电加热器代替核燃料加热发射极,检查反应堆的电输出特性。

从放射性安全观点出发,在贝加尔台架上试验是绝对"干净"的。

2)技术特性

占用面积约 $150 \ m^2$;从地面到吊车吊钩的高度约为 12 m;要求吊车的装载质量为 5 t;真空室内直径为 2.5 m;真空室内部高度为 5.4 m;真空室质量为 16 t;冷却水体积流量为 $7 \ m^3/h$;供电参数为 380 V/50 Hz/250 kW。

"贝加尔"台架外貌如图 5-38 所示。

3)"贝加尔"台架的总体结构与各个系统的功能

"贝加尔"台架由 10 个系统组成,图 5-39 给出了台架的总体结构示意图。各个系统的功能如下:

(1)供电系统。试验过程中保障"贝加尔"台架设备和 TOPAZ-2 装置的温度工况。

(2)真空系统。主要用来在真空室内创造进行试验所必要的压力(1×10^{-3} Pa);在真空系统中创造预真空度;排除除气产物和在检查密封性后将

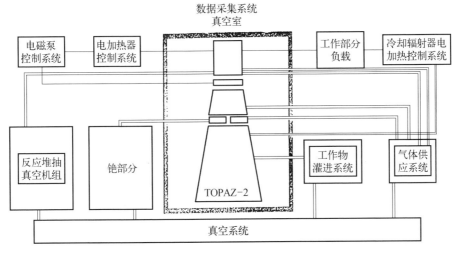

图 5-39　台架总体结构

气体抽走,空腔中充入气体等。

　　(3) 真空机组、仪表和铯机组。在台架铯腔中和"TOPAZ-2"装置铯腔中创造必要的压力,如 10^{-4} Pa;从指定的空腔中把除气产物排放出去;净化氙,进行氙气光谱分析和把氙与铯充入 TOPAZ-2 装置中。

　　(4) 灌浇系统。试验前在 NaK 腔中抽真空,保证压力达到 10^{-3} Pa;为"TOPAZ-2"灌浇 NaK 合金;清除氧化物和监督 NaK 纯度。

　　(5) 气体供应系统。试验进行前在气腔中抽真空,压力小于 1×10^{-1} Pa;制出要求的混合气体;在相应的零件气腔中充入气体或它们的混合气体。

　　(6) 中央电磁泵控制系统。对中央电磁泵参数的调节和监控,在台架切断电源后 30 s 内能借助于独立的电源保障 NaK 的抽吸,以便避免在燃料热模拟器(电加热器)事故断电时温度剧烈波动。

　　(7) 燃料热模拟器电源系统。用于平稳调节燃料热模拟器电压,并保障监督燃料热模拟器参数和防止燃料热模拟器过载。

　　(8) 工作负载。释放"TOPAZ-2"运行时产生的能量,保障调节和稳定"TOPAZ-2"装置输出的电压,并监督工作部分的参数。

　　(9) 辐射冷却器电加热控制系统。除气和灌浇 NaK 合金,并对"TOPAZ-2"装置辐射冷却器加热的电加热器的参数进行监控。

　　(10) 数据自动采集系统。试验过程中监督"TOPAZ-2"装置和"贝加尔"台架的参数,并对输入信号进行处理,以提供易于保存和工作人员容易接收形式的信号。

台架设备布置如图 5-40 所示。

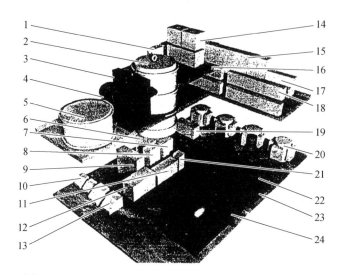

1—台架的整流器；2—真空室；3—真空阀；4—涡轮分子泵；5—真空室储存器；6—沸石机组；7—铯容器；8—真空仪表；9—NaK 灌浇系统；10—机械泵；11—气体供应系统；12—抽气系统；13—机械泵；14—电加热器的变压器；15—控制盘；16—工作场所；17—控制台；18—频率转换器；19—降压变压器；20—电压调压器；21—工作负载；22—TOPAZ-2 装置；23—操作人员台架；24—运输容器。

图 5-40 台架设备布置

4）试验装置的气体系统

试验装置的气体系统如图 5-41 所示。

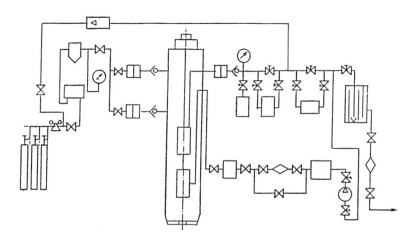

图 5-41 试验装置的气体系统

试验系统的技术参数如下：气体损耗为 $(3\sim 8)\times 10^{3}$ cm^3/h；压力为 0.3 MPa；扫描气体为氦与氖，可测量的气体为 ^{85m}Kr，^{88}Kr，^{89}Kr，^{131}Xe，^{139}Xe；测试方式为连续取样；释放气体测量范围为 $10^{3}\sim 10^{10}$ s^{-1}；控制参数为温度、中子通量、裂变产物释放、气体环境；转换速度为 20 mm/min。

能在"贝加尔"台架上进行整机的电输出特性试验，是"TOPAZ-2"热离子空间核反应堆电源的一大优点。通过"贝加尔"台架试验之后，"TOPAZ-2"空间核反应堆电源的核加热试验就比较简单了。这对降低试验技术难度、节约成本以及减少科研人员所受的辐射剂量非常有利。"贝加尔"电加热综合试验台架的重要意义就在于此。

5.6　俄罗斯专门用于核热推进试验的反应堆

为了提供与核热推进实际运行工况相一致的部件试验条件，俄罗斯专门建立了三座核反应堆试验装置。这就是用于核火箭燃料元件、组件动态试验的 IGR 高通量-石墨脉冲反应堆，用于全尺寸燃料组件在不同功率水平下寿命试验的 IVG-1 实验反应堆，以及最小尺寸的核热推进 IRGIT 试验性原型反应堆[7-8]。

5.6.1　IGR 石墨脉冲堆

IRG 石墨脉冲堆是由原子能院（IAE）和动力工程研究设计所（NIKIET）研制的，用于核热推进反应堆燃料组件的动态试验[12]。

1）研发应用情况

20 世纪 50 年代，苏联科学家库尔恰托夫提出建造一座比当时在建的 SM-2 中子通量更高的石墨脉冲反应堆，用于开展核火箭发动机燃料元件和组件实验。IGR 反应堆于 1958 年 5 月 13 日开始建造，1960 年 6 月 1 日首次临界。

1962—1963 年，苏联利用 IGR 反应堆对 NII-1 和 NII-9 设计的核火箭发动机反应堆的燃料元件开展了首批试验。试验取得了成功，达到了核火箭发动机的额定参数，包覆石墨燃料元件的氢气出口温度达 2 500 K，碳化物燃料元件氢气出口温度达 3 000 K。1967 年，苏联完成了对 IGR 反应堆的改建，建造了用于全规模燃料元件试验的专门台架。

苏联利用 IGR 反应堆开展核火箭发动机燃料元件试验的主要目的包括：

核实燃料元件材料和包覆燃料在高温高中子通量环境下的可靠性;证实最适宜运行温度;核实燃料组件的结构及制造方法;获得比冲等特性参数、燃料组件动态特性和最优控制模式的数据;研究燃料组件的运行特性。

目前,IGR反应堆隶属于哈萨克斯坦国家核研究中心,它仍是世界上积分中子通量最大的脉冲反应堆。

2)技术特征

IGR是一座高中子通量的均匀石墨脉冲反应堆,它能在短暂的时间内产生极高通量的中子及γ射线。

反应堆为钢制外壳,内部充氦气,外部注水。堆芯由石墨块组成,尺寸为1.4 m×1.4 m×1.4 m。石墨中均匀分布富集度90%的铀。堆芯中央部分可以移动,起到反应堆控制作用。石墨反射体厚50 cm。反应堆还有13根含氧化钆的控制棒。堆芯的中央实验通道可以插入由水冷却的用来容纳实验样品的安瓿。反应堆运行时,堆芯中央部位向上移动,随后控制棒快速拔出,反应堆产生脉冲。

IGR反应堆的一个重要特点是堆芯内没有金属结构,从而可以达到更高温度。堆芯内也没有冷却系统。这样,反应堆功率脉冲的持续时间就仅受到堆芯最高可容许温度的限制。这一温度是由石墨的热稳定性决定的。

IGR可对直径290 mm、高1 000 mm以内的反应堆部件进行试验。反应堆能够以两种模式运行:一种情况是让脉冲在几分之一秒内自己猝熄;另一种是通过施加控制,让脉冲持续数百秒。

表5-3给出了IGR反应堆的主要参数。图5-42给出了IGR反应堆的结构示意。

表5-3　IGR反应堆主要参数

项　　目	内　　容
脉冲模式下的峰值功率/GW	100
堆芯温度/K	1 400
最大热中子通量/($cm^{-2} \cdot s^{-1}$)	$7×10^{16}$
^{235}U装载量/kg	9
铀富集度/%	90
堆芯水平截面尺寸/m	1.4×1.4
堆芯高度/m	1.3
慢化剂	石墨

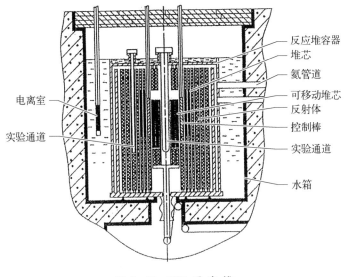

图 5-42　IGR 反 应 堆

5.6.2　IVG-1 实验堆

IVG-1 实验堆是由原子能院(IAE)、动力工程研究设计所(NIKIET)和邦达勒斯克研究与技术所(PNITI)研制的。用于开展核热推进反应堆燃料元件在不同功率水平下的寿命试验[13]。

1) 研发应用情况

苏联在 20 世纪 50 年代开发核火箭发动机反应堆之初选择了与美国不同的技术路线,采取非均匀反应堆和堆芯模块化的原则,在开发过程中重点对反应堆的各个部件,如燃料组件、慢化剂、反射层、压力容器等,进行反应堆实验研究。作为一个整体的反应堆只需进行检验测试或程序简化的试验,从而具有大幅降低部件特别是燃料组件开发费用等多种优势。在模块化开发的基础上,可以建造任意功率和尺寸的反应堆。

在此原则下,库尔恰托夫原子能院、NIKIET 及 PNITI 从 20 世纪 50 年代末就着手开发 IVG-1 反应堆,专用于模块化核热推进反应堆燃料组件的实验测试。反应堆位于 Semipalatinsk,1974 年投入运行。该反应堆堆芯的组成结构可以大范围调整,直至更换全部燃料元件、慢化体和反射体。

从 1975 年到 1989 年,苏联利用 IVG-1 反应堆对核火箭发动机反应堆的燃料组件在各种功率水平下开展了寿期试验和加速运行方式的试验,包括 10 多种改型设计的约 300 个燃料组件和 7 个堆芯。燃料元件释热密度达到 20 kW/cm³,氢气温度达到 3 100 K,加热速率达 1 500 K/s。

21 世纪初,俄罗斯对 IVG-1 反应堆开展了升级工作,建造了封闭排放氢气的气体冷却回路。

2）技术特点

IVG-1 反应堆是一座非均匀气冷的水慢化反应堆,设计功率为 720 MW,用于对不同设计的燃料元件和燃料组件进行各种功率水平的试验。

堆芯由可更换的部分和永久部分构成。可更换部分的中央组件包括 30 个试验通道和 1 个中央通道。中央通道是一个直径为 164 mm 的回路型通道,可容纳核火箭反应堆组件,最多能放入 7 个燃料组件和 1 个固体慢化体,从而可在各种能量参数和温度下对燃料组件进行试验。通道周围的铍材料可使反应堆中央的中子脉冲通量达到堆芯平均中子通量的 2 倍。反应堆还有一个独立的氢气供气装置,用来向燃料组件供应氢气。

表 5-4 给出了 IVG-1 实验反应堆的基本参数。

表 5-4　IVG-1 实验反应堆的基本参数

项　　目	内　　容
设计热功率/MW	720
中央通道热功率/MW	45
最大热中子通量/$(cm^{-2} \cdot s^{-1})$	7×10^{16}
堆芯直径/mm	548
堆芯高度/mm	800
燃料	UC-ZrC-NbC
燃料富集度/%	90
^{235}U 装载量/kg	9
慢化剂	水
反射体	Be
试验时间/s	500～1 000

图 5-43 给出了 IVG-1 实验反应堆结构示意图。图 5-44 是 IVG-1 实验反应堆启动时的照片。

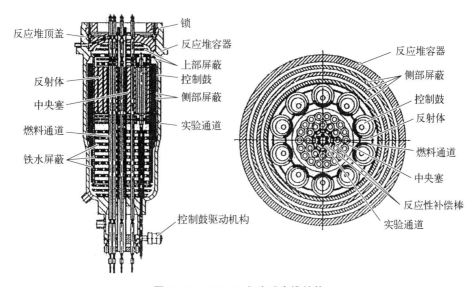

图 5-43　IVG-1 实验反应堆结构

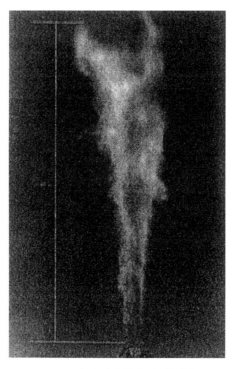

图 5-44　IVG-1 实验反应堆启动(热功率 225 MW,
氢温 3 000 K)

5.6.3　IRGIT 试验原型堆

IRGIT 试验原型堆是由化学自动化设计局（CADB）、仪器工程研究所（NIITP）、物理与动力工程院（IPPE）和邦达勒斯克研究与技术所（PNITI）研制的。在试验过程中，IRGIT 试验原型堆的最高功率水平达到 90 MW，氢温达到 3 000 K[14]。

1）研发应用情况

IRGIT 反应堆是苏联为 11B91（即 RD-0410）核热推进反应堆设计的地面原型堆。11B91 及 IRGIT 设计的最初目标是让反应堆将氢气加热到 3 000 K，堆芯释热比功率为 30 kW/cm³，从而使比冲达到 1 000 s。

IRGIT 反应堆首先分别在物理与动力工程院和塞米巴拉金斯克的 Baikal-1 试验设施上分两阶段实施了物理启动。1978 年 3 月 27 日，IRGIT 首次功率启动。从 1978 年 7 月到 8 月，IRGIT 又实施了两组燃料点火试验。随后又对两种反应堆构形开展了全规模的试验。在一系列试验中，氢气平均温度在 42 MW 的反应堆功率下达到了 2 600 K。IRGIT 还进行了 2 个原型装置在 63 MW 功率下的测试。

2）技术特点

IRGIT 反应堆采用石墨-碳化物和难熔金属碳化物燃料元件（见表 5-2）、固态含氢慢化剂和铍反射体。堆芯设计思路是尺寸最小化且铀含量不受限。堆芯高 360 mm，直径 600 mm，²³⁵U 装载量为 7 kg，过剩反应性达 3.5%。功率试验可容许的单个燃料组件功率达 5 MW。燃料组件主要以 IR-100 为基础。反应堆共有 37 个燃料组件。由于燃料组件要在 20 MPa 的外部压力下运行，因此燃料组件采用了专门设计的封套。

表 5-5 给出了 IRGIT 原型堆试验测得的参数。图 5-45 展示了位于 Keldysh 研究中心的 IRGIT 试验原型堆。

表 5-5　IRGIT 反应堆试验测得的参数

参　　数	功率启动	第一次燃料点火试验	第二次燃料点火试验
功率/MW	24	33	42
运行时间/s	70	93	90
流经燃料组件的工质流量/(kg/s)	1.18	1.46	2.01

（续表）

参　　数	功率启动	第一次燃料 点火试验	第二次燃料 点火试验
燃料组件出口工质平均温度/K	1 670	2 630	2 600
反应堆容器入口工质压力/MPa	6.04	9.46	10.65
燃料组件入口工质压力/MPa	1.9	2.2	2.4
燃料组件出口工质压力/MPa	1.1	1.2	1.3

图 5-45　位于 Keldysh 研究中心的
IRGIT 试验原型堆

5.7　用于核火箭发动机及其主要部件实物试验的"贝加尔"
台架

这里的"贝加尔"台架是世界上仅有的两个可以进行核火箭发动机及其主
要部件实物试验的台架综合设施之一,另一个这样的试验台架在美国的内华达州。试验台架综合体的特殊性是要能保证进行具有核危险和辐射危险成品的试验,以及可以进行使用大量气态氢和液态氢的试验工作。

5.7.1 "贝加尔"台架综合体的布置

"贝加尔"试验台架综合体的构筑物和系统集中建在两个主要地区。

在库尔恰托夫市"塞米巴拉金斯克-21"试验场中央居民点有液氮生产工厂,依勒得士河引水点和水处理站,发电厂和汽车库,生产、行政管理、日常生活及文化等工程。图 5-46 为"贝加尔"试验台架综合体基础设施平面布置[15]。

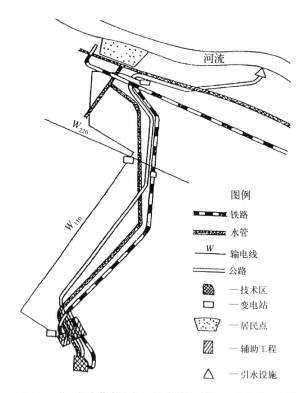

图 5-46 "贝加尔"试验台架综合体和基础设施的平面布置

主要工艺构筑物地区距库尔恰托夫市 65 km,包括:

(1) 试验台架综合体本身所在的技术区场地(见图 5-47)。

(2) 离技术区一个安全距离(3 km)的保障用途子项的场地。在那里有居民楼、生活服务设施、维修车间、防疫站、施工区和其他子项。

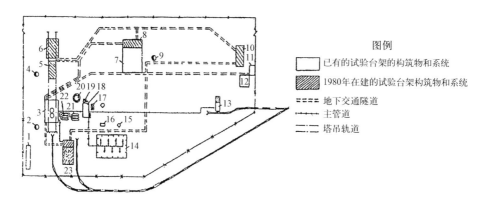

1—储存非放射性废物的壕沟；2,4,9—消防用储水箱；3—试验楼；5—工艺运输设备库房；
6—放射性废物库；7—中央控制站；8—中央控制站的二期工程；10—通风中心；11—通行检查站；
12—电力系统工艺大楼；13—氢和氮的气化站；14—氢和氮的排放区；15—氢和氮的地下储罐；
16—操纵和控制用氮的球形罐站；17—甲烷容器；18—气体配送站；19—馏出物高压容器；20—馏
出物地下容器；21—氮和氦的容器；22—应急冷却用氢的罐；23—液氢储罐和制备站。

图 5-47　"贝加尔"试验台架综合体技术区的平面布置

试验台架综合体所有场地之间都用沥青路连接,连接库尔恰托夫市的专用铁路于 20 世纪 80 年代末已经完工。

作为试验台架综合体的工质,利用了气态氢、氮、蒸馏水。试验中液氢由乌兹别克斯坦的契尔契克市生产厂用铁路罐车供应,氢和氮的汽化直接在技术区内进行(所需组分用汽车罐车从铁路终端站运抵)。气态氢储藏在两个地下约 150 m 深的球形容器内,而氮由另一个地下容器盛装。容器参数:容积为 900 m³,最高压力为 34 MPa。试验场地布建的各构筑物之间保持一定距离,保证符合辐射安全、防火和防爆的标准。主要构筑物由地下人行道和地下交通隧道相连。试验台架综合体的"干净"子项,如中央控制台、通风厂房、气化站、工艺大楼等,集中在技术区北部,处在放射性产物计划扩散的扇形区之外。

5.7.2　"贝加尔"试验台架综合体的主试验楼

主试验楼是一幢钢筋混凝土整体浇注的三层地下建筑。顶盖露出地面,厚度达 2 m,可保证人员和设备在运行间歇期免遭核辐射(在进行试验期间工作人员停留在这个构筑物中,从距试验楼 300 m 处的中央控制台遥控运行)。试验楼包括具有综合独立系统的第一、第二 A 和第二 B 工位,试验后拆卸和缺陷检查反应堆各部件的热室、就地控制盘、控制系统、测量系统及防爆防火系统等。图 5-48 给出了主试验楼的纵剖面示图。

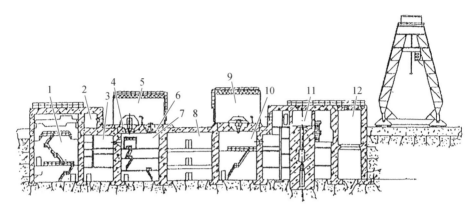

1—燃料组件、反应堆和发动机试验组装和准备室;2,3—操作室;4—反应堆试验工位(试验台架);5,9—可拆卸的堆顶构筑物;6—发动机试验工位(试验台架);7,10—堆下工艺室;8—监测仪器室;11—拆卸试验燃料组件的热室;12—拆卸反应堆和发动机的热操作间。

图 5-48 "贝加尔"试验台架综合体主试验楼的纵剖面

被试验的成品垂直安装在工位上,喷口朝上。20 世纪 70—80 年代,在"贝加尔"试验台架综合体上进行了反应堆试验,当时工质开式排放到大气中。这样的试验方法导致形成放射性烟云,放射性沉降物落到技术区域和附近区域。开式排放限制了运行频度,能否进行试验要根据天气条件决定。**但是,必须指出,当时苏联在实施核火箭发动机和一个演练计划时,这些限制还不那么严格,预定的计划没有太长的中断。今后,在恢复核火箭发动机创建工作时,试验台架综合体必然要装备闭式排放系统**(已经研究了它的各种方案),它的造价相当于建造技术区所有构筑物的造价。

主试验楼方案如下:高温气冷研究堆(IVG)装在整块顶盖内的第一工位中,顶盖除其他功能外,还起辐射防护作用。11B91-IR-100 装置(IRGIT)的反应堆部分位于顶盖上方的第二 A 工位中(见图 5-49)。因此,为了降低工作中反应堆对建筑结构和台架设备的辐射作用,11B91-IR-100 装置的反应堆围上了一层热屏蔽,它是一个装水的圆柱形容器。装置完成顺序进行的试验后,借助大型龙门吊用重生物屏蔽和可拆卸盖子把工位封了起来,该盖子在运行间歇期构成试验间的堆上部分。

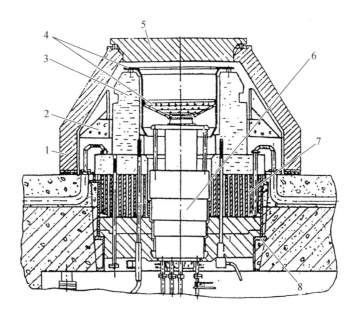

1—实验间歇期间掩蔽反应堆的生物屏蔽组合件;2—抗活化防护环;
3—热屏蔽冷却水箱;4—热屏蔽;5—生物屏蔽组合件顶盖;6—11B91‐IR‐
100 反应堆(IRCIT);7—试验台架的固定机构;8—支承受力环。

图 5-49　"贝加尔"试验台架综合体的第二 A 工位

5.7.3 "贝加尔"试验台架综合体的功能特性

　　试验台架综合体最重要特性之一是它的工作能力,正是它决定了发动机演练的工艺持续时间。制约试验频度的主要因素是试验的辐射状况:放射性沉积物污染作业区,使土壤、建筑结构和试验台架设备活化。根据 20 世纪70—80 年代的条件,在 IVG 反应堆设计功率下运行极限频度不应该超过每年2~3 次,在推力为 36 kN 的反应堆或发动机最大推力下,运行频度不超过每年 17 次。如此高强度的试验进度并未实现,在将来应用闭式排放条件下,可以保证这样(甚至更高)的运行频度。

　　在这里应该提到的是,推力为 36 kN 的核火箭发动机反应堆台架演练是作为专门设计的"11B91‐IR‐100"装置的组成部分进行的。该装置除了反应堆外,还包括保证辐射防护功能的工艺支架,以及将试验对象与"贝加尔"试验台架综合体第二 A 工位的设备和台架系统相对接。试验项目包括核反应堆物理运行、工作通道冷气体动力调节、可控物理运行、冷水力试验、功率运行、点

火试验、辐射研究、运行后研究等。在"贝加尔"试验台架综合体上,俄罗斯的
RD-0410(即 11B91)核火箭发动机实验样机完成了上述全部试验内容。

参考文献

[1] 中国核科技信息与经济研究院. 军用核动力最新进展[C]. 北京:中国核科技信息与经济研究
院,2010:251-262.

[2] Gontar A S. 热离子转换器的燃料元件(内部资料)[M]. 苏著亭,译. 北京:中国原子能科学研究
院,2009.

[3] 杨继材,李耀鑫. TOPAZ-2 材料及应用(内部资料)[G]. 北京:中国原子能科学研究院,1999.

[4] 科瓦斯尼科夫 L A. 热离子燃料元件和铯蒸气发生器(内部资料)[M]. 李耀鑫,译. 北京:中国原
子能科学研究院,2006.

[5] 安德列耶夫 P V. 空间核动力装置:热离子反应堆(上集)(内部资料)[M]. 李耀鑫,卢浩琳,许国
华,等,编译. 北京:中国原子能科学研究院,1995.

[6] 茹基尼科夫 V. 空间核动力装置:热离子反应堆(下集)(内部资料)[M]. 李耀鑫,杨文,杨洪广,
等,编译. 北京:中国原子能科学研究院,1996.

[7] 科罗捷耶夫 A S. 核火箭发动机(内部资料)[M]. 郑官庆,王江,黄丽华,译. 北京:中国原子能科
学研究院,2005.

[8] Ponomarev-Stepnoi N N, Kukharkin N E, Usov V A. Russian space nuclear power and nuclear
thermal propulsion systems [J]. Nuclear News, 2000, 76(13):37-46.

[9] 钱学森. 星际航行概论[M]. 北京:科学出版社,1963.

[10] Benensky K. Summary of historical solid core nuclear thermal propulsion fuels [R].
Pennsylvania:The Pennsylvania State Universit. 2013.

[11] 邢继发. 世界导弹与航天发动机大全[G]. 北京:军事科学出版社,1999.

[12] Kurchatov I V, Feinberg S M, Dollezhal N A, et al. The IGR pulsed graphite reactor[J].
Atomic Energy, 1964, 17(6):1224-1235.

[13] 斯梅坦尼科夫 V P,卡尔甘诺夫 K D,乌拉谢维奇 V K,等. IVG-1 反应堆在研发火星考察用核
火箭发动机长远计划中的地位[C]. 波多利斯克:第三届空间核动力学:核火箭发动机研讨会文
集(第二部分),1993:120-131.

[14] 扎哈尔金 I I,永金 V I,科诺瓦洛夫 V A,等. 在小尺寸反应堆 IRGIT 基础上研发核火箭发动机:
核反应试验样机的功率试验[R]. 波多利斯克:第三届空间核动力学:核火箭发动机研讨会文集
(第二部分),1993:72-84.

[15] 捷缅科 U G,扎伊采夫 V A,拉普 V V,等. 核火箭发动机实物试验的试验台架基地:发展现状
与前景[R]. 波多利斯克:火箭发动机和动力装置(第四卷),1973.

第 6 章
空间核动力的安全与可靠性

核能作为一种高效、相对清洁的能源,其开发和利用给人类带来的好处有目共睹,但发生事故后也会给环境、公众带来多种危害。在核能的发展过程中,核安全一直是核能利用的核心议题之一,也是公众能否接受核能的重要因素。

空间核动力作为核能利用的一种形式,其安全性同样受到人们高度关注。与地面核设施相比,由于空间核动力装置的运行环境不同,其体积和质量受到诸多限制,其设计无法做到与地面核设施同等的冗余性和多样性;空间核动力装置整个寿期会经历地面阶段、发射准备阶段、发射及部署阶段、任务运行阶段、任务终结处置阶段等,与地面核设施也大不相同。因此,相对于地面核设施,空间核动力具有其独特的核安全特性,需进行专门研究。

空间任务的运行环境决定了航天器在运行寿期几乎无法进行维护,因此对于空间任务来说,可靠性历来是关注焦点之一。空间核动力系统与设备的可靠性与安全性直接相关,而对空间核动力的高的安全性要求又反过来对可靠性提出了极高要求。因此,在空间核动力设计中,通常把空间核动力的安全与可靠性一起作为一个重要的课题加以研究。

6.1 空间核动力的安全

在本节中,将首先介绍空间核动力安全的概念,同时,为了吸取历史教训,借鉴已有的成功经验,我们将对历史上空间核动力的主要事故、国际上关于和平利用空间核动力的一些法规/规范/建议、空间核动力安全的特殊性、不同空间核动力形式在其活动的各阶段的安全要素、美国的空间核动力安全管理程序等进行综述性介绍,希望未来能够充分享受到空间核动力带来的"收益",而将"风险"降至最低。

6.1.1 空间核动力安全概念

在谈论空间核动力安全之前，我们首先来看一看对一个状态或是一项活动是否安全的这个概念的明确认识。

国家标准（GB/T 28001—2019）对"安全"给出的定义是：免除了不可接受的损害风险的状态[1]。国际民航组织对"安全"的定义是：安全是一种状态，即通过持续的危险识别和风险管理过程，将人员伤害或财产损失的风险降低并保持在可接受的水平或其以下。

上述定义中提到了"风险的可接受性"问题，那么，到底什么样程度的风险是可以接受的呢？又是谁来判断或确定"风险是可以接受的呢"。实际上，没有什么活动或状态是绝对没有风险的；并且我们会自觉或不自觉地在所有活动中都做出风险判断。例如，我们中的大多数人会通过食物污染是否处于足够低的水平来判定风险是否可以接受。上述事例中的选择完全取决于我们个人。但是，我们无法对所有可能影响我们活动的风险进行选择或决策。例如，我们可能会认为飞机不安全并决定不乘坐飞机，但我们个人的选择不会阻止其他人使用商业航线。有时可能一架航班失事坠毁砸到我们的房子，在睡梦中将我们杀死，尽管这样的事故可能发生了，商业飞行却依然存在，因为绝大多数人们（公众）判断它的社会效益要大于极低的风险。通常情况下，所有的社会活动都是由政府机构代替公众做出符合公众利益的判断的。因此，其实有关是否安全的核心问题如果说得赤裸一些可能可以表述成"收益远大于风险"。如果某一项活动对于公众来说"收益远大于风险"并且"可以通过一系列措施来降低风险"，则该活动的安全性应该就是可以接受的，或者说该活动是安全的。或者从另一个侧面来说，我们更应该关注"如何采用相关措施来降低活动的风险"使得该项活动"收益远大于风险"而造福广大公众，这才是安全的实质所在。

对于空间核动力的安全而言，因为空间核动力可以看作是核能利用的一种形式，我们可以借用核安全的定义对其描述："核安全指在核设施的设计、建造、运行和退役期间，为保护人员、社会和环境免受可能的放射性危害所采取的技术和组织上的措施的综合"[2]。

而在这里，为了吸取历史教训，借鉴已有成功经验，我们将对历史上空间核动力的主要事故、国际上关于和平利用空间核动力的一些法规/规范/建议、空间核动力安全的特殊性、不同空间核动力形式在其活动的各阶段的安全要素、美国的空间核动力安全管理程序等进行综述性介绍，寄希望未来能够充分享受到空间核动力带来的"收益",而将"风险"降至最低。

6.1.2　历史上空间核动力的主要事故

下面简述一下历史上空间核动力的主要事故[3]。

1）美国

到 2020 年 7 月发射"毅力"号为止,美国共开展了 36 次载有核动力装置的太空任务,其中有 3 次发射或部署失败,但均未造成有害的放射性影响。

1964 年,Transit 5BN-3 号卫星由于导航系统失灵未能入轨。当时,卫星搭载的放射性同位素电源设计成可以在部署失败的情况下使其在高空烧掉并分散;事故中装置达到了设计目标。尽管没有放射性物质扩散对生物圈造成威胁,但该事故之后的放射性同位素安全措施还是因此发生改变,要求系统设计能够保证放射性同位素装置在发射或部署失败时再入的完整性。

1968 年 5 月在范德堡空军基地,Nimbus B-1 气象卫星在发射时发生了一次发射事故。运载火箭和卫星在距离发射场中心 30 km 处被完全摧毁。通过航迹数据,卫星在加利福尼亚海岸的圣巴巴拉海峡被找到。卫星搭载的 SNAP-19B2 同位素电源在事故中保持完好,并在五个月后被修复。由于放射性同位素电源外壳被设计成可以保证再入和被海水淹没时的完整性,修复阶段的检查显示发射事故没有造成有害影响,而这些燃料也再次被用于之后的任务。

阿波罗 13 号任务是美国装有核动力装置的太空任务经历的最近一次失败。在向月球变轨飞行时太空船服务舱发生了一次爆炸,为了使宇航员得以生还,登月舱需要返回地球大气层内。装载有放射性同位素电源 SNAP-27 的登月舱在再入时被丢弃。放射性同位素电源返回地球后落入太平洋,而后来的大气监测显示并没有发现有燃料泄漏。至今未发现有害的环境影响,推测同位素电源外壳在再入时是完整的,并且在南太平洋汤加海沟超过 2 000 m 的底部保持完好。

2）苏联（俄罗斯）

到 1996 年 11 月发射 Mars 96 号飞船为止,俄罗斯以及它的前身苏联,在 42 次空间载核任务中报告过 6 次失败。

1968 年 1 月和 1973 年 4 月各有一颗载有 BUK 型空间核反应堆电源的卫星发射失败,其中 1973 年的事故中,反应堆掉入太平洋并保持次临界状态。关于这两次事故未见更多详细报道。

1978 年 1 月,一艘在低地球轨道运行的苏联卫星（COSMOS 954）因为反应堆未能与卫星分离,导致无法被推送到高轨道。结果载有空间核反应堆电源的卫星再入大气层并解体,带有放射性的碎片散落在加拿大的北部冰原无人区,数量众多、大小不一的残骸碎片散落在约 124 000 km² 的区域内。事故后,在国际原子能机构(IAEA)的协调下,俄罗斯及加拿大共同对事故进行了处理和分析评价。加拿大原子能管委会领导了空中和地面的搜索活动,包括很多带有高度放射性的大碎片在内的残骸碎片在 600 km 范围内被找到,而在 1×10^5 km² 范围内都能找到小的燃料颗粒,可以认为所有具有一定尺寸的放射性碎片都已被回收。加拿大原子能控制委员会的结论意见是:"单位面积上 ⁹⁰Sr 和 ¹³⁷Cs 的总沉积量是 1973 年进行武器试验时沉积物的十四分之一。" "碎片及尚未发现的颗粒对环境的影响可能不重要。"加拿大辐射防护局的结论意见是:"区域研究表明没有对空气、饮用水、沙子和食品供应造成可以探测的污染。" "在 1983 年甚至以后发现的放射性碎片引起的剂量,从公共健康的观点看来也不重要。"尽管清理行动后没有发现明显的环境影响,但反应堆装置在这次事故中的表现是不符合现行安全标准的。

因为 COSMOS 954 事件造成的后果,苏联重新设计了他们的空间核反应堆电源以确保在事故再入情况下放射性物质能够在高空完全扩散。太空飞船/卫星被设计为可以在运行阶段结束后分离成几块,其中一块包含了反应堆和一个小的助推段。分离后反应堆被推入更高的轨道,而堆芯在最后再入时被弹出以保证被完全烧毁。这种分离助推方法一直被成功应用直到 1982 年,COSMOS 1402 搭载的助推段未能成功与航天器分离,发生失控再入。但是在事故中,反应堆堆芯被成功弹出,报告显示它在再入时已按设计完全烧毁并坠入南大西洋。

1988 年 5 月,苏联通报了搭载着空间核反应堆电源的 COSMOS 1900 在轨道转移系统自动触发后,因为卫星与反应堆分离时姿态不正确,未能将反应堆推至预定废弃处置轨道,反应堆最终停留轨道高度约 700 km,比预定处置轨道稍低。这次事故没有对地球环境造成危害。

俄罗斯的最近一次载核太空任务事故发生在 1996 年。搭载着钚同位素电池的 Mars 96 号飞船成功进入 160 km 地球圆轨道,但第二次点火失败,导致发生再入。俄罗斯报告说同位素电池在再入后保持完好,如今仍沉在太平洋海底。

3) 经验总结

通过对美俄历次空间核动力任务事故情况的分析表明,在应用放射性同位素源的空间任务中,一旦发生发射失败或意外再入,保持放射性同位素源的完整性比在高空烧毁对生物圈的影响更小，是更为安全的策略；对于应用空间核反应堆的空间任务，需确保反应堆在未进入工作轨道之前的任何情况下均处于次临界状态，对于低轨道应用任务需有可靠措施保证任务完成后反应堆被推至足够高轨道进行处置，一旦运行后的反应堆发生意外再入大气层事故，将其完全烧毁并完全扩散是减轻放射性危害的较优策略。

另外，从美俄历次空间核动力任务事故的后果评价中也可以看到，通过合理的措施可以有效保证空间核动力的安全应用，即便发生事故，也可以将事故后果控制在可以接受的水平。

6.1.3　国际上关于和平利用空间核动力的一些法规/规范/建议

6.1.3.1　联合国"关于在外层空间使用核动力源的原则"

自 1978 年发生苏联 COSMOS 954 事件后，联合国开始在各种论坛场合探讨外层空间利用核能的议题。联合国对相关议题的讨论主要在和平利用外层空间委员会（COPUOS）进行。1992 年，COPUOS 下属法律分会形成了"关于在外层空间使用核动力源的原则"，并于 12 月 14 日联合国 47 次专门会议，47/68 号大会决议通过了该原则，对有关国际权利、空间核能源安全的技术见解、利用空间核能源的责任和损失补偿等问题做出规定。但是，由于包括美国在内的部分代表对上述原则持保留意见，目前该原则不具有国际法的法律约束力。

"关于在外层空间使用核动力源的原则"[4]总共包括 11 条：国际法的适用性、术语、安全使用的准则和标准、安全评价、再入通报、协商、国家协助、责任、赔偿责任和赔偿、争端解决、审查和修订。其中，原则三"安全使用的准则和标准"中对关于辐射防护和核安全的一般目标以及分别针对核反应堆和放射性同位素电源的安全要求做了规定，是我们关注的重点。原则三分为 3 个部分，下面介绍原则三的相关规定并进行部分解读[4-5]。

1）关于辐射防护和核安全的一般目标

（1）发射载有核动力源的空间物体的国家应力求保护个人、公众和生物圈免受辐射危害。载有核动力源的空间物体的设计和使用应极有把握地确保使危害在可预见的操作情况下或事故情况下均低于（2）和（3）界定的可接受水平。这种设计和使用还应极可靠地确保放射性物质不会显著地污染外层空间。

（2）在载有核动力源的空间物体正常操作期间，包括从足够高的轨道重返之时，应遵守国际辐射防护委员会建议的对公众的适当辐射防护目标。在此种正常操作期间，不得产生显著的辐照。

（3）为限制事故造成的辐照，核动力源系统的设计和建造应考虑到国际上有关的和普遍接受的辐照防护准则。

除发生小概率的具有潜在严重放射性后果事故的情况外，核动力源系统的设计应极有把握地将辐照限于有限的地理区域，对于个人的辐照量应不超过每年 1 mSv。允许某些年采用每年 5 mSv 的辐照剂量限值，但整个寿期的平均年有效剂量当量不得超过每年 1 mSv。

应通过系统设计使发生上述具有潜在严重放射后果的事故的概率非常小。

（4）应根据纵深防御理念设计、建造和操作对安全十分重要的系统。根据这一概念，可预见的与安全有关的故障都必须用另一种可能是自动的行动或程序加以纠正或抵消。

应确保对安全十分重要的系统的可靠性，除此以外，应使这些系统的部件具有冗余配备、物理隔离、功能隔离和适当的独立性。

还应采取其他措施切实提高安全水平。

2）核反应堆

（1）核反应堆可用于行星际航天任务，足够高的轨道和低地球轨道（条件是任务执行完毕后核反应堆须存放在足够高的轨道上）。

空间核安全的主要目标是保护地球生物圈内的人与环境不受到放射性危害。对于行星际航天任务或足够高轨道的航天任务，由于空间核反应堆距离地球生物圈足够远，其运行不会对生物圈造成放射性危害，因此空间核反应堆可用于这两种航天任务。而对于低地球轨道的航天任务，在任务结束后经过一段时间可能重返地球表面（生物圈），如果反应堆运行期间产生的物质没有经过充分衰减，可能对生物圈造成危害，因此规定其任务执行完毕后须转移到足够高轨道上存放。由于足够高的轨道具有足够长的轨道寿命，其放射性在轨道寿命结束时将降低至可接受水平，从而确保安全目标的实现。

（2）足够高的轨道是指轨道寿命足够长，足以使裂变产物衰变到大约为锕系元素活性的轨道。足够高轨道必须能够使对现有和未来外太空任务构成的危险和与其他空间物体相撞的危险降至最低限度。在确定足够高轨道的高度时，还应考虑到毁损的反应堆的部件在再入地球大气层之前也须经过规定的衰变时间。

（3）核反应堆只能用高浓缩 ^{235}U 燃料。核反应堆的设计应考虑到裂变和活化产物的放射性衰变。

核反应堆中采用的易裂变材料主要包括^{235}U 和^{239}Pu。钚燃料不仅具有较强的放射性,而且具有极强的化学毒性。而铀燃料的放射性水平非常低,且化学毒性弱。因为发射过程存在失败的风险,若采用钚燃料发射失败时其放射性及化学毒性对生物圈的危害大,而采用铀燃料发射失败时其放射性危害几乎可以忽略,且采用高富集度的^{235}U 燃料其裂变及活化产物的放射性远小于低富集度的,所以规定空间核反应堆只能使用高富集度^{235}U 燃料。

（4）核反应堆在达到工作轨道或行星际飞行轨道前不得使其进入临界状态。

反应堆运行前放射性很小,但是运行后将产生大量的放射性物质。进入轨道前,可能因发射失败重返地球。规定入轨前需要确保反应堆不进入临界状态,这样反应堆就不可能进入运行状态,从而确保反应堆不会产生放射性物质。

（5）核反应堆的设计和建造应确保在达到工作轨道前发生一切可能事件时均不能进入临界状态,此种事件包括火箭爆炸、再入、撞击地面或水面、沉入水下或水进入堆芯。

反应堆在到达工作轨道前可能发生火箭爆炸、再入、撞击地面或水面、沉入水下或水进入堆芯等事件。在这些情况下,反应堆的结构及其物理特性可能发生改变。在不利的情况下,有可能造成反应堆失控进入临界状态并产生放射性危害。因此,规定要求反应堆在到达工作轨道前发生一切可能事件时均不能进入临界状态。

（6）为显著减少载有核反应堆的卫星在其寿命低于足够高轨道的轨道上操作期间（包括在转入足够高轨道的操作期间）发生故障的可能性,应有一个极可靠的操作系统,以确保有效地和有控制地处置反应堆。

运行过的反应堆在短时间内回到地球表面通常是不可接受的。低轨道运行的反应堆轨道寿命较短,不足以将放射性衰减到可接受水平,因此,须有一个可靠的系统将停闭的反应堆进行合理的处置,例如将其推入寿命很长的高轨道。苏联的空间核反应堆电源主要作为军事用途运行在低轨道上。历史上共发生过两次反应堆返回地球的事件。1978 年,宇宙 954 号核动力卫星发生事故,核反应堆散落在加拿大北部。1983 年,宇宙 1402 核动力卫星发生事故,核反应堆碎片掉落在距巴西东海岸 1 800 km 的海域。在此背景下,1992 年的《关于在外层空间使用核动力源的原则》提出了该项要求。

3) 放射性同位素电池

(1) 行星际航天任务和其他脱离地球引力场的航天任务可使用放射性同位素电池。如航天任务执行完毕后将电源存放至高轨道,则也可用于地球轨道任务。在任何情况下都须做出最终处置。

该条与对空间核反应堆的要求类似。对于行星际航天任务和其他脱离地球轨道的任务,放射性同位素电池不会再返回地球,因此不可能对生物圈造成危害。而对于使用后存入高轨道的地球轨道任务,由于同位素的放射性将在处置轨道寿命结束前降低到可接受水平,不会对地球生物圈造成危害。

(2) 放射性同位素电池应用封闭系统加以保护,该系统的设计和构造应保证在可预见的轨道条件下在再入高层大气时能承受住热力和空气动力,轨道运行条件包括高椭圆轨道或双曲线轨道。一旦发生撞击,封闭系统和同位素的物理形态应确保没有放射性物质散入环境,以便可以通过回收作业完全清除撞击区的放射性物质。

除放射性外,用于放射性同位素电池的主要放射性同位素^{90}Sr、^{210}Po和^{238}Pu还具有极强的化学毒性。为避免放射性同位素电池重返地球时对生物圈造成危害,应保证放射性材料被密封在热源内,且在任何情况下都不能发生泄漏。因此,要求热源包壳(即封闭系统)能够在热力、空气动力、撞击等情况下完整包容放射性材料,确保没有放射性物质散入环境。

6.1.3.2 外层空间核动力源应用安全框架

2007年,联合国和平利用外层空间委员会(COPUOS)和国际原子能机构(IAEA)共同组建专家组,开始起草外层空间使用核动力源的安全框架草案。2009年,COPUOS和IAEA联合发布了"外层空间核动力源应用安全框架"[6]。该安全框架提供了关于空间核动力源应用的高级指导,涵盖了发射、运行和寿终飞行各阶段在核安全方面的指导意见。同时,对于空间核动力源设计、制造、测试和运输各地面活动阶段,对现有的国家或国际的安全指南和标准提供了补充指导意见。该安全框架属于纲领性文件,只是在大的原则方面做出了规定,其执行遵循自愿原则,不具有国际法的法律约束力。

6.1.4 空间核动力安全的特殊性

大多数有关核安全的著作都是针对陆地核电厂编写的。其反应堆、系统、结构、运行要求以及陆地设备的运行环境都与空间核动力装置有很大不同。尽管很多为陆地核设备开发的安全保护方法可以直接适用于空间核反应堆系统，但是空间任务还是带来了一些独特的安全问题。另外，陆地核安全的经验很少被直接用于在太空中使用的放射性同位素电源。这些特殊问题带来的结果是其安全防护与陆地核电厂使用的方法有所不同[3]。

1) 空间核反应堆与陆地核反应堆在安全考虑上的差别

一座陆地核电厂的反应堆堆芯容量要远远大于一台典型的空间核反应堆。比如，某大型商用压水堆的堆芯有效高度大约为 3.7 m，有效直径大约为 3.4 m，堆芯安装在一个巨大的低合金钢压力容器中，容器直径大约为 4.6 m，厚度为 12~25 cm。像这样的电厂的一回路通常被包围在一个整体结构中，这样的设计是为了包容在设计基准以及严重事故中所有可能通过反应堆压力容器泄漏的放射性核素。现代核电厂的电力输出通常可以超过 1 000 MW。相比之下，空间核反应堆如果用来供电的话其电力供应量就小了很多，范围通常在几千瓦到几兆瓦之间。商用动力堆一般使用低富集度的 ^{235}U 燃料；而空间堆为了减小临界质量，一般设计使用高富集度的 ^{235}U 燃料。与一般的低富集度的商用反应堆燃料相比，对装载运输高富集度燃料元件（从燃料制造厂到堆芯装料）提出了更高的安全要求并需要更高级别的安全保障。另外，使用高富集度燃料的空间核反应堆在运行中积累的长寿命锕系放射性核素要远少于使用低富集度燃料的商用反应堆在运行中积累的长寿命锕系放射性核素。

陆地核反应堆装置必须要在诸如地震、洪水、海啸和龙卷风等自然灾害中得到保护。这些环境因素都不会对在轨的空间核反应堆造成风险。另外，空间核反应堆在发射前、发射时和上升阶段不可避免地靠近推进剂。火灾、爆炸和撞击都有可能引起反应堆意外临界或造成反应堆损坏，以及核燃料泄漏扩散。此外，陆地核反应堆装置是固定的，而空间核反应堆在所有任务阶段经常处于运动状态。空间核反应堆的运动包括地面运输到发射场、与运载器结合、发射、上升、在轨运行或空间变轨。另外，如果空间核反应堆有再入大气层的可能，在这个过程中会受到急剧加热和高速冲击。

陆地核反应堆和空间核反应堆最大的不同之处在于它们对于地球生物圈的放射性影响。空间核反应堆只有在空间部署后才会有功率运行，在此之前一直处于非运行状态下，只有相对很小的辐射剂量（燃料的天然放射性，一般小于几十个居里）。而长期运行的陆地商用反应堆会产生数亿万居里的放射性产物。陆地反应堆在地球生物圈内运行，远比空间核反应堆更接近人群。

在太空中的运行事故一般不会对地球环境和居民造成显著威胁。在高轨运行的装置几乎不可能发生放射性物质快速扩散至地球大气圈的事故,更不用说在月球或其他行星上工作的反应堆。许多与陆地反应堆运行相关的重要安全问题,例如冷却剂丧失事故,可能并不适用于很多空间核反应堆任务。因此,陆地反应堆需要的安全设备,例如辅助冷却剂系统,对一些类型的空间核反应堆来说可能并不需要。

对许多任务,可以预计空间核反应堆运行事故可能造成的潜在安全后果。比如说发生在低地球轨道(LEO)的反应堆运行安全事故可能会使产生的放射性碎片得不到有效处置。在低轨道被加热的反应堆或碎片有可能在其放射性成分衰变到低水平之前就进入地球生物圈。运行事故分析必须包含那些陆地反应堆安全分析没有考虑到的环境因素。对于在轨装置,这些因素包括在微重力的真空环境下运行和受到流星体或太空垃圾撞击的可能性。真空环境下无法使用对流散热器,而没有重力效应也会阻止冷却剂通道间的自然对流传热。在其他行星或者月球上运行的反应堆也必须考虑非陆地环境的影响。

在陆地反应堆设备中,所有可进入区域都有厚重的防护墙将辐射屏蔽。使用空间核反应堆的任务也需要通过辐射屏蔽来保护宇航员和电子设备。为了将空间设备的质量降到最小,通常只对宇航员居住舱或敏感电子元件进行辐射屏蔽。同时,通过相关规程确保宇航员的活动空间仅限于被辐射屏蔽保护的区域内。在行星或月球表面工作的反应堆可能会利用地表材料作为屏蔽。对于这些情况,不仅必须评估地表材料发生中子活化的可能性,还需要考虑运行事故可能对设备附近的宇航员造成的危险。但是,由于宇航员所处的环境是可控的,因此可以排除吸入或摄入放射性物质的可能性,理论上对宇航员构成的威胁仅来自外部辐射源的直接照射。

2) 放射性同位素源

放射性同位素源一般比反应堆装置要小很多,并具有不同于陆地反应堆和空间反应堆的安全考虑。同位素源的辐射主要来自放射性元素的自然衰变。放射性物质总量在制造时最大并在之后通过衰变缓慢减少。在发射之前以及发射过程中同位素源通常比空间堆的放射性物质总量大得多。另外,一般来讲同位素源几乎不可能发生临界事故。放射性同位素源需要面对的主要问题是安全壳损坏以及由于推进剂着火、爆炸和高速撞击导致的同位素外泄扩散。因此,同位素源的设计和实验目标是要在预想的发射和再入事故中防止或将同位素的扩散降到最低。

放射性同位素源和空间核反应堆的核废料安全处置与陆地反应堆也完全不同。人们一般认为不需要使空间核动力装置返回地球进行处理,通常这样做也是不明智的。最常见的处置方法是将装置丢弃在高轨道或是行星和月球表面。一旦使用了这种方式,那么如果将其推送至高轨道的动作失败则会产生安全问题。对于行星际任务,将其丢弃在行星或太阳轨道的处置方法也可以采用。

6.1.5　空间核动力安全的有关考虑

6.1.5.1　空间核动力安全的范围

空间核动力安全的范围贯穿整个任务阶段,从开始的发射准备一直到最后的废弃处置。内容包括保护公众、工作人员、宇航员和环境不受空间核装置的放射性污染。其主要职责如下:

(1) 从空间核动力任务的发射准备阶段一直到废弃处置阶段,为公众、工作人员和宇航员提供辐射防护。

(2) 采取措施降低事故的可能性,并在假想的空间核任务事故中减轻放射性后果。

(3) 防止地球生物圈受到来自空间核动力装置放射性产物的辐射污染。

(4) 在空间核动力装置正常运行时提供辐射防护。

6.1.5.2　空间核动力各任务阶段的安全考虑

对于空间核动力装置,通常在任务的各阶段特定环境对其进行安全评估。任务阶段有不同的分类方法。在这里将空间核动力活动划分为以下几个任务阶段:地面阶段、发射准备阶段、发射及部署阶段、运行阶段、废弃处置阶段。以下分别针对各任务阶段介绍一下常规的安全考虑和安全措施[3]。

1) 地面阶段

地面阶段包括将空间核动力装置装配在发射工具前进行的所有活动,包括制造、运输、装载燃料、装配和测试。这些工作大多数都采用与常规陆地核动力装置相同的安全考虑和措施。

(1) 放射性同位素源。放射性同位素源在地面阶段的安全考虑和措施如表 6-1 所示。放射性同位素源需要关注的重点是吸入或摄入放射性物质的可能性。有明确方法用来保护员工,例如使用手套箱防止员工摄入放射性物质并防止其暴露在过量的穿透性射线中。

表 6-1 地面阶段——放射性同位素源的安全考虑

安 全 考 虑	安 全 措 施
（1）一般情况	
中子和 γ 射线的直接照射	① 使用 α 源 ② 进行遮挡屏蔽，设立禁入区 ③ 其他标准规程
放射性物质吸入或摄入	① 手套箱 ② 其他标准规程
（2）假想事故情况	
生产事故	标准规程防止事故发生和减轻后果
导致同位素燃料扩散的交通事故 ① 撞击 ② 火灾 ③ 爆炸 ④ 水淹 ⑤ 丧失冷却	① 容器或放射源在所有可信故事中保持密封性 ② 采用固体氧化物燃料形式 ③ 在发射前提供高度可靠的冷却系统

同样，采用标准规程来防止放射性事故发生，并建立相关反馈机制（如空气监测报警器触发人员疏散）来减轻假想事故后果。运输的放射性材料必须包容在经过设计和严格测试过的容器内，确保放射性材料在发生交通事故时的密封性。放射性同位素源本身的封装也被设计为可以经受住意外再入事故，并在假想交通事故中提供足够的保护。

（2）空间核反应堆。表 6-2(1)列出了空间核反应堆在地面阶段一般情况下的典型安全措施。尽管高浓缩铀的放射性比活度要远大于未经辐照的商用反应堆燃料，但未使用的富集新燃料几乎不会有穿透性射线放出。有一些空间核反应堆项目可能需要建立临界装置并进行反应堆样机的地面测试。通过建立一套完备的放射性安全规程来保证地面活动的安全，涵盖燃料制造、燃料装载、临界装置和原型反应堆运行。通过禁止在空间部署前进行高功率运行，使得在临界实验中只会产生很少的裂变产物。通过屏蔽、设立禁止区以及其他措施限制地面工作人员可能受到的辐照。而在试验后需要经过一定的冷却时间使裂变产物衰变，之后才允许工作人员接近反应堆装置。

表 6-2(2)列出了针对假想事故的典型安全措施。运输容器需要特别设计以确保运输大量高浓缩铀燃料时的安全，也会采用其他一些预防措施，比如

使用额外的中子毒物防止意外临界。在制造和原型样机测试阶段一般采用标准规程来防止或减轻事故及其后果。在发射场进行空间核反应堆的燃料装载和临界实验可能需要进行设备改造和制订特别的程序。此外，进行核热推进系统实验还需要特别的设施来包容或限制可能排出的放射性废气。

表 6-2　地面阶段——空间核反应堆的安全考虑

安 全 考 虑	安 全 措 施
（1）一般情况	
实验前中子和 γ 射线的直接照射	使用未经辐照的燃料
吸入或摄入放射性物质	标准安全措施和程序
原型样机地面测试	标准安全措施和程序
空间核反应堆燃料装载和临界实验时的辐射	① 低功率运行(仅限于临界) ② 屏蔽和标准安全措施及程序
空间核反应堆在实验后的辐射	① 缩短临界实验时间降低放射性水平 ② 在衰变到低放射性水平之前进行屏蔽并设立禁入区 ③ 使用密封式燃料组件
（2）假想事故情况	
生产事故可能导致 ① 燃料扩散、吸入或摄入 ② 意外临界、放射性照射	标准安全措施和程序
导致燃料扩散、吸入或摄入的交通事故 ① 撞击 ② 火灾 ③ 爆炸	① 容器设计要考虑所有可信事故 ② 限制燃料数量
导致意外临界的交通事故 ① 撞击 ② 火灾 ③ 爆炸 ④ 水淹	① 反应堆和容器设计要考虑所有可信事故的后果 　a. 损毁或变形 　b. 挤压 　c. 注入水的慢化作用 　d. 淹没对中子反射的增强 　e. 停堆装置位移 ② 限制燃料数量 ③ 在运输过程中设置中子毒物 ④ 选择燃料排列方式

(续表)

安 全 考 虑	安 全 措 施
原型样机实验导致的直接辐照或放射性材料泄漏	① 标准安全措施和程序 ② 对核热推进系统实验,需要包容并处理废气
空间核反应堆燃料装载和临界实验事故导致的直接辐照或放射性材料泄漏	① 标准安全措施和程序 ② 在发射场装料或实验可能需要特别安全措施

2) 发射准备阶段

发射准备阶段包括从核动力装置与发射工具装配一直到发射前的所有活动,其一般环境条件下的安全措施与地面阶段的一些措施相似。

(1) 放射性同位素源。放射性同位素源在发射准备阶段的安全措施[见表 6-3(1)]与地面阶段相似。关注重点是由于推进剂起火、爆炸或放射源坠落引起电池意外损毁或放射性物质扩散的可能性。核燃料的系统封装材料和结构是基于减轻发射准备阶段预想事故后果来设计的[见表 6-3(2)]。封装材料要能够经受推进剂起火、爆炸、碎片撞击和在坚硬表面坠落而不损毁。另外,也会通过选择燃料(比如 PuO_2)来减轻预想的燃料颗粒泄漏事故造成的后果。

表 6-3 发射准备阶段——放射性同位素源的安全考虑

安 全 考 虑	安 全 措 施
(1) 一般情况	
中子和 γ 射线的直接照射	① 使用 α 源 ② 进行遮挡屏蔽,设立禁入区
放射性物质吸入或摄入	采用固体燃料形式并经过封装的放射性同位素源
(2) 假想事故情况	
由下列因素造成的损毁或扩散 ① 推进剂起火 ② 推进剂爆炸 ③ 放射性同位素源坠落导致吸入或摄入	① 放射源容器能够承受大部分假想事故情况而不至于损毁 ② 选择燃料材料来减轻同位素燃料泄漏造成的后果

（2）空间核反应堆。表 6-4（1）列出了空间核反应堆在发射准备阶段一般情况下的安全措施。临界实验后经过一段时间的冷却，反应堆的伽马射线和中子剂量将会降低到足够低的水平，允许直接操作而不需要明显额外的屏蔽。

表 6-4　发射准备阶段——空间核反应堆的安全考虑

安 全 考 虑	安 全 措 施
（1）一般情况	
中子和 γ 射线的直接照射	① 提供冷却阶段 ② 设置屏蔽 ③ 特殊处理
（2）假想事故情况	
由以下原因造成的燃料损毁和扩散导致吸入或摄入 ① 推进剂起火 ② 推进剂爆炸 ③ 堆芯坠落	① 使用新燃料降低放射性风险 ② 设计能抵御破坏性事故的堆芯 ③ 安全规程
由以下原因引发的意外临界导致直接照射或放射性材料泄漏 ① 推进剂起火 ② 推进剂爆炸 ③ 水淹 ④ 堆芯坠落	① 堆芯设计要能在所有可信事故情况下都不会发生临界 　a. 损毁或变形 　b. 挤压 　c. 注入水的慢化作用 　d. 淹没对中子反射的增强 　e. 停堆装置位移 ② 设置可移动中子毒物
由于意外启动达临界，造成对工作人员的直接辐照或放射性材料泄漏	安全规程，联锁装置

表 6-4（2）列出了针对潜在事故的典型安全措施，关注重点是意外临界。潜在的诱因包括反应堆在装配到发射工具时坠落、推进剂起火、推进剂爆炸以及推进剂爆炸导致反应堆掉落到发射平台上。这些诱因可能导致的堆芯挤压、燃料变形和停堆装置位移都可能引起意外临界。如果堆芯随后被淹没在慢化液体中（例如水或推进剂），安全分析就必须考虑由于堆芯慢化能力增强或中子反射增强而引起临界的可能性。安全分析还必须考虑虚假信号引发核反应堆意外启动的可能性。安全规程的实施是为了防止事故，而反应堆系统的设计是要在所有可信事故情况下保持次临界状态。可能还会设置可移动中

子毒物来防止意外临界，这些毒物会在反应堆安全入轨后移除。

3）发射及部署阶段

发射及部署阶段与陆地核安全没有可比性。发射及部署阶段从火箭点火开始直到有效载荷进入稳定轨道、进入外太空转移轨道或是部署到月球或其他行星表面结束。

（1）放射性同位素源。只有当宇航员和放射性同位素源处于同一发射舱的情况下，才需要考虑同位素发出射线造成的直接照射。在一般情况下，如果有需要可能会采用遮挡屏蔽[见表6-5(1)]。表6-5(2)给出了这一阶段在事故条件下的典型安全措施。发射及部署阶段由于推进剂起火或爆炸造成的同位素源损毁或放射性物质扩散问题与发射准备阶段时相同。对发射及部署阶段的安全分析，还必须包括运载火箭翻倾和中止发射造成的高速撞击。一般来讲发射轨道都沿着低人口密度的路径，这有助于将给公众带来的风险降到最小。如果与预计轨道有偏差就可能需要通过运载火箭自毁来中止发射。

表6-5 发射及部署阶段——放射性同位素源的安全考虑

安 全 考 虑	安 全 措 施
(1) 一般情况	
中子和 γ 射线的直接照射	① 使用 α 源 ② 如果需要，对宇航员进行遮挡屏蔽
放射性物质吸入或摄入	采用固体燃料形式并经过封装的放射性同位素源
(2) 假想事故情况	
由以下原因造成的燃料损毁和扩散导致吸入或摄入 ① 高速撞击 ② 推进剂起火 ③ 推进剂爆炸 ④ 发射中止	① 放射源容器能够承受大部分假想事故情况而不至于损毁 ② 选择燃料材料来减轻同位素燃料泄漏造成的后果 ③ 选择低人口密度的飞行路径

（2）空间核反应堆。表6-6(1)列出了一般情况下发射及部署阶段的反应堆安全措施。发射阶段一般不考虑宇航员受到的中子和 γ 射线辐照。处于关闭状态的反应堆所发射的中子和伽马射线通常是很少的。如果是装载有空间核反应堆装置的载人任务，采用遮挡屏蔽并设置禁止区就能确保宇航员受到的射线辐照满足要求。

表 6-6　发射及部署阶段——空间核反应堆的安全考虑

安　全　考　虑	安　全　措　施
（1）一般情况	
中子和 γ 射线的直接照射	① 临界实验后，在接触前冷却一段时间 ② 遮挡屏蔽，设置禁入区
（2）假想事故情况	
由以下原因造成的燃料损毁和扩散导致吸入或摄入 ① 火灾 ② 爆炸 ③ 高速撞击	① 使用未燃烧过的新燃料降低放射性风险 ② 堆芯设计能抵御破坏性事故 ③ 选择低人口密度的飞行路径
由以下原因引发的意外临界导致直接照射或放射性材料泄漏 ① 火灾 ② 爆炸 ③ 高速撞击 ④ 淹没和进水	① 堆芯设计要保证在所有可信事故情况下都不会发生临界 　a. 损毁或变形 　b. 挤压 　c. 进水的慢化作用 　d. 淹没对中子反射的增强 　e. 停堆装置位移 ② 设置可移动中子毒物 ③ 选择低人口密度的飞行路径

表 6-6 给出了在假想事故下发射及部署阶段的典型安全措施。撞击、推进剂起火和爆炸都必须考虑。运载火箭翻倾、高速再入或推进剂爆炸产生的碎片都可能造成撞击。这些情况会导致反应堆燃料的损毁并扩散。使用未燃烧过的新的反应堆燃料就不会有大的放射性风险，同时反应堆系统的设计也要能够抵御假想事故情况而不损毁。尽管这些预想情况几乎不可能引发意外临界，但是一旦发生意外临界，将会造成严重的放射性后果，因此我们需要对可能引起意外临界的所有诱因进行分析。撞击、火灾和爆炸可能造成堆芯变形或挤压从而导致意外临界。装置损毁之后被海水、湿沙或淡水淹没会增加中子的慢化和反射，从而引发意外临界。可以通过反应堆装置的合理设计和验证实验来防止这些假想情况下的意外临界。可移动的中子毒物可以用来确保在所有可信事故情况下反应堆处于次临界状态。通过选择低人口密度的飞行路径也可以将风险降到最低。

4）运行阶段

空间核动力装置在运行阶段为空间任务提供电能、热能或推进力。对空间核反应堆,这个阶段包括了反应堆启动、运行和关停。在一些任务中,空间核反应堆可能要启动和关停数次;而放射性同位素源则一直处于放射性衰变状态。此外,在一些任务中处于运行阶段的空间核动力装置还可能进行变轨。因此,在这里简单地将运行阶段定义为从空间部署完成到即将进行废弃处置前的这段时间。

(1) 放射性同位素源。通过采用特殊操作规程和遮挡屏蔽,宇航员可以在运行阶段安全地操作放射性同位素源[见表6-7(1)]。

表6-7(2)给出了放射性同位素源运行阶段假想事故条件下的典型安全措施。放射性同位素源的主要问题是装置再入和同位素燃料扩散进入地球生物圈的可能性。例如在运行阶段借助引力进行地球轨道的变轨,就必须考虑超高速撞击事故。如果计划进行地球轨道任务,放射性同位素源就有可能被陨石或太空垃圾撞击。陨石或碎片撞击不会导致同位素电源装置直接再入;但是,撞击会产生轨道寿命比完整核装置更短的碎片。轨道选择和轨迹规划可以提供长周期的轨道避开陨石或太空垃圾从而降低在轨撞击的概率。放射性同位素源一般在行星或月球表面、行星际轨道或高地球轨道运行。

表6-7 运行阶段——放射性同位素源的安全考虑

安 全 考 虑	安 全 措 施
(1) 一般情况	
中子和γ射线的直接照射	① 遮挡屏蔽 ② 设立禁入区 ③ 特殊处理
飞船上放射性物质的吸入或摄入	采用固体燃料形式并经过封装的放射性同位素源
(2) 假想事故情况	
碎片和陨石撞击可能导致碎片提前再入,污染生物圈	选择避开碎片和陨石的寿命长的轨道
绕地球变轨失误导致的超高速撞击,造成放射性材料泄漏并扩散,污染生物圈	飞行时采用小幅度轨道调节,降低再入事故概率

(2) 空间核反应堆。表6-8(1)列出了一般情况下空间核反应堆在运行阶段的通用安全措施。对于在宇航员附近运行的空间核反应堆装置,需要采取足够的辐射防护措施。反应堆装置的屏蔽通常与反应堆构成一个整体结构。一些核热推进系统概念设计利用液氢推进剂作为额外的放射性屏蔽。大多数

轨道核反应堆装置的设计采用距离屏蔽,将人员和对辐射敏感的电子元件与运行的反应堆隔离开。在行星或者月球表面还可以利用当地土壤提供辐射屏蔽。宇航员的活动被限制在不能提供足够辐射屏蔽的禁入区以外(例如未被阴影屏蔽防护的区域)。对于在星球表面运行的反应堆,必须考虑地表材料发生中子活化的可能性。

表 6-8 发射及部署阶段——空间核反应堆的安全考虑

安 全 考 虑	安 全 措 施
(1) 一般情况	
宇航员受到中子和 γ 射线直接照射	① 辐射屏蔽(整体结构屏蔽、当地土壤等) ② 距离屏蔽
星球表面核反应堆装置引起地表材料活化	如果需要则进行屏蔽
(2) 假想事故情况	
内因事故 ① 起因: 　　a. 瞬态超功率 　　b. 失水事故或失流事故 ② 后果:反应堆损坏并伴随 　　a. 碎片再入,生物圈沾污 　　b. 宇航员受到辐照 　　c. 无法从低地球轨道升至高轨道,导致废弃处置失败	① 禁止空间核反应堆在低地球轨道运行 ② 对于在低地球轨道运行或者距离宇航员很近的核反应堆,采用标准安全措施和规程来防止内因事故发生或减轻事故后果(包括设置辅助安全系统)
外因事故 ① 起因: 　　a. 陨石撞击 　　b. 空间碎片撞击 ② 后果:反应堆损坏并伴随 　　a. 碎片再入,生物圈沾污 　　b. 宇航员受到辐照 　　c. 无法从低地球轨道升至高轨道,导致废弃处置失败	① 设置陨石撞击保护装置 ② 设置辅助安全系统 ③ 禁止反应堆在低地球轨道运行
核热推进系统轨道错误导致再入、反应堆损毁和放射性物质扩散,沾污生物圈	飞行时采用小幅度轨道调节,降低再入事故概率

表 6-8(2)列出了假想事故情况下空间核反应堆在运行阶段的典型安全措施。陨石和太空垃圾的撞击或者装置的内因事故都有可能导致运行阶段发

生事故。运行事故并不都会对地球生物圈造成威胁。这里关注的主要问题是
① 产生的碎片可能过早再入地球生物圈;② 失去从低地球运行轨道上升到高
废弃处置轨道的能力;③ 任务成员受到的放射性风险。前两个问题通常假
设在运行阶段被触发,而其安全性后果通常反映在废弃处置阶段。对于在
低地球轨道运行或距离宇航员很近的空间核反应堆,必须考虑反应性事故
和冷却剂失效事故。对于使用核热推进系统的任务还必须考虑由于变轨或
轨道机动失败造成返回低地球轨道导致的再入事故。可以采用标准安全措
施来防止空间核反应堆内因事故发生或减轻事故后果。也可以使用各种辅
助安全系统,例如陨石撞击保护装置和辅助冷却系统来防止内因或外因事
故发生。运行阶段最简单但或许也是最好的安全措施就是避免在低地球轨
道运行。

5) 废弃处置阶段

废弃处置阶段在任务结束后开始。表 6-9 列出了一些废弃处置方式。至
于什么方式是最好的处置方式取决于具体应用环境。一般不考虑让运行后废
弃的空间核动力装置返回地球进行处置。在足够高轨道运行的空间核动力装
置,在保证其存在不会对其他任务造成危害的前提下,可以直接将其丢弃在轨
道上。在这里,足够高轨道指可以让空间核动力装置的放射性活度在可能的
再入发生前降低到足够低水平的轨道。足够高轨道的选择取决于系统设计、
废弃时的放射性总量以及因陨石或空间碎片撞击导致废弃装置产生碎片的可
能性。反应堆活度主要由相对短寿命的裂变产物和活化产物决定。裂变产物
和活化产物的活度通常在几百年后就会衰变到极低水平。但也有一些空间核
反应堆的设计,其活化产物需要经过数千年才能衰变到低的水平。放射性同
位素源通常都需要数千年才能衰变到低的水平。如前所述,低地球轨道运行
事故可能会造成装置无法升至足够高的轨道,导致过早再入。轨道上升系统
故障也会导致空间核动力装置滞留在低地球轨道,并会造成过早再入。将空
间核动力装置置于行星际轨道或太阳轨道也可以使其得到安全处置。

表 6-9 废弃处置阶段——放射性同位源和空间核反应堆的安全考虑

安　全　考　虑	安　全　措　施
(1) 一般情况	
宇航员受到来自废弃空间核动力装置的直接辐照	禁止在废弃空间核动力装置附近进行载人空间活动

(续表)

安 全 考 虑	安 全 措 施
(2) 假想事故情况	
由低轨运行事故引起的空间核动力装置过早再入,造成放射性物质扩散进入生物圈	① 禁止在低地球轨道运行 ② 运行阶段的安全措施
由于轨道上升系统故障造成装置无法由低轨提升到高轨,导致空间核动力装置过早再入,放射性物质扩散进入生物圈	① 禁止在低地球轨道运行 ② 使用高度可靠的轨道上升系统
由于碎片或陨石撞击废弃的装置,造成装置碎片过早再入,放射性物质扩散进入生物圈	使用更高的废弃处置轨道或将空间核动力装置留在行星或月球表面

6.1.6 美国的空间核动力安全管理程序

在此,我们仅对美国在空间核动力使用方面的安全管理程序进行概略介绍。

美国作为国际上实现空间核动力实际应用的两个国家之一,从一开始考虑将核能应用于空间,就认识到空间核动力区别于陆地核动力的独特性。其建立的相关安全管理程序与陆地核设施有很大区别。第一,对陆地核设施建立的安全标准并不适用于空间核动力装置。第二,空间核动力装置需要进行的安全分析与陆地核设施有很大不同。第三,空间核动力装置的安全审核和批准方法也不同于陆地核设施。

1) 审核与批准

1960 年美国原子能委员会成立了一个航空航天核安全委员会,分析和评估空间核动力装置可能对全球公众健康带来的影响,并为美国计划部署的空间核动力装置提供安全措施的推荐标准。之后出台了系统、综合的审核和批准程序,并在 20 世纪 60 年代中期组建了特别安全审查委员会。这个委员会最终被命名为跨部门核安全审查委员会。跨部门核安全审查委员会(INSRP)现在由美国能源部(DOE)、国防部(DOD)、国家航空航天局(NASA)和环保部(EPA)的代表组成,并由来自几个国家实验室的科学家和工程师团队提供技术支持。负责向商业核电站发放许可证的美国核管理委员会(NRC)没有空间核任务的管理权,仅为跨部门核安全审查委员会提供技术建议。

跨部门核安全审查委员对以核能源部为任务方提供的安全分析报告(SARs)进行审查,并根据安全分析报告和其他有关资料出具一份安全评估报告(SER)提供给总统办公室批准。1971 年,公共法 91～190 规定可能对环境造成不利影响的活动都需要提供环境影响报告(EIS),之后由美国国家航空航天局针对每次太空核应用任务提供专门的环境影响报告书。其他安全审查程序还包括核材料运输至发射场审批和发射场安全审批。

2) 安全导则

核管理委员会用一系列规范的安全标准来管理商用核电站。但是,空间核应用的特殊环境却不适用这些安全规范。太空核任务的类型、环境、装置类型可能非常广泛,对所有的太空核任务设立统一的安全规范将会导致在一些情况下需要满足不必要的安全要求而在另一些情况下却安全监管不足。因此,比起成文的安全标准,空间核任务的安全管理程序更依赖于采取的安全措施、深入的安全分析以及实验。此外,能源部与任务发起单位一道与跨部门核安全审查委员会对每项任务进行安全审核和评估,以保证任务风险极低。

对于美国发射的放射性同位素源,其标准安全措施是通过系统设计防止或将假想事故条件下放射性材料的泄漏降到最低。相对于同位素源,空间核反应堆装置的设计方案和应用更加广泛。另外,美国只在 1965 年发射过一座空间核反应堆。这些因素导致美国目前没有一个简单可行的空间核反应堆安全指导原则。在 SNAP-10A 发射之后美国没有后续的空间核反应堆项目实际发射过空间核反应堆;尽管如此,后续的空间核反应堆项目通常都自行建立了相关安全措施。1990 年美国能源部特许成立了跨部门核安全政策工作组(NSPWG)对"太空探索倡议"计划中的核热推进项目提出安全策略、要求和指导方面的建议。跨部门核安全策略工作组的建议不是规定性的,并且这些建议的适用性非常广。为了阐明建议要求的确切含义,跨部门核安全策略工作组后来修改了措辞以适用于后来的空间核反应堆项目。表 6-10 列出了修改后的跨部门核安全策略工作组建议。

表 6-10　空间核反应堆建议安全导则(基于 NSPWG 建议)

序　号	安　全　导　则
1	核反应堆除了只会产生轻微放射性的地面低功率测试,在部署到太空之前不应运行
2	核反应堆装置的设计应该确保装置在到达其设计轨道之前保持停堆状态

（续表）

序　号	安　全　导　则
3	在正常情况和可信事故情况下都不会发生意外临界
4	放射源对宇航员造成的辐射剂量应被限制在工作剂量以下
5	航天器在正常运行情况下产生的放射性应只对地球造成极小的影响
6	对宇航员健康造成影响的放射性事故发生的可能性应该极小
7	在涉及放射性释放的假想事故中宇航员可以生还,放射性释放不应导致航天器无法继续使用
8	空间事故导致的放射性释放对地球造成的影响应是可忽略的
9	任务计划中应明确包含退役核装置的安全废弃处置
10	应该为核装置提供足够的安全保护,以防止在任何可信事故情况下导致的装置损毁或功能退化而妨碍到安全废弃处置
11	应在任务剖面中排除计划再入
12	应使意外再入的可能性和造成的后果都在可以接受的最低程度
13	如果发生热态反应堆意外再入,反应堆应保持基本完好或再入能够使得放射性物质在高空完全散布
14	反应堆在从意外再入到与地面撞击的整个过程中都应保持次临界
15	地面撞击后的放射性物质应被限制在局部范围内以减轻放射性后果

在这里强调一下跨部门核安全策略工作组安全导则的一些要点。首先,跨部门核安全策略工作组的安全要求只是建议,可能适用也可能不适用于其他任务,是非政策性的。其次,跨部门核安全策略工作组指出,他们的安全建议可以由其安全审查合作单位进行修改。导则建议采用分级安全措施,这样在任务计划以及装置系统设计更加完备后就可以建立更加详尽的安全设计规范。

6.2　空间核动力的可靠性

随着世界各国技术和经济的不断发展,可靠性凸显重要,它已成为保障产品完成规定功能和达到指标要求的重要条件之一。因此,航空、航天等高科技领域将可靠性作为关注的焦点,并提出了高要求和严格的规范标准,同时也投入大量的人力和物力加以开发利用。空间核动力一般是为航天器等空间产品提供动力,它也是空间产品的一部分,因此航天领域对空间核动力的可靠性也提出了很高的要求,并给予了高度重视。

6.2.1 空间核动力可靠性概念

随着世界各国技术和经济的不断发展,可靠性凸显重要,它已成为保障产品完成规定功能和达到指标要求的重要条件之一。因此,航空、航天等高科技领域将可靠性作为关注的焦点,并提出了高要求和严格的规范标准,同时也投入大量的人力和物力加以开发利用。空间核动力一般是为航天器等空间产品提供动力,它也是空间产品的一部分,因此对空间核动力的可靠性也提出了很高的要求,并给予了高度重视。

空间核动力可靠性是指在规定的条件下和规定的时间内、完成规定功能的能力[7]。

规定的条件:太空环境。

规定的时间:任务时间一般都较长,常常按年计算。

规定功能:空间核动力一般是为航天器提供动力,如电力、推力。

空间核动力可靠性分析的目标:确保新研和改型的空间核动力装置达到规定的可靠性要求,并保持和不断提高装置的可靠性水平,以满足相应任务的要求,同时降低寿期费用。

为了实现空间核动力可靠性分析的目标,可将空间核动力可靠性分析分为五个方面加以开发和研究:确定可靠性要求、可靠性管理、可靠性设计、可靠性试验与评价、使用可靠性评价与改进。多年来,世界各国开展可靠性工作的经验证明,"可靠性是设计进去的,制造出来的,管理出来的",故空间核动力也不例外。以下各章节就针对上述五个方面进行阐述,其中对于前两个方面,仅做简要的概述,后三个方面是论述的重点。

可靠性要求一般指的是可靠性指标。在进行空间核动力技术指标论证的同时,需进行可靠性指标论证,并对国内外同类的空间核动力进行分析,以便根据新的需求提出既先进又可行的指标。

可靠性管理是为了保证以最少的资源来满足对可靠性的要求,其涉及空间核动力寿期的各个阶段。在论证阶段要确定可靠性要求,在方案阶段确定设计与保障方案和相应的保障措施;在工程研制阶段按计划开展可靠性设计、分析和试验,在生产阶段保证产品在批量生产中的可靠性;在使用阶段保持和发挥产品的可靠性水平。

6.2.2 可靠性设计

空间核动力装置的设计是保证其达到可靠性指标要求的最重要一环。在设计过程中,对于核燃料的装载量和装载方式、结构形式和材料的选择、排热能力和方式以及控制方式等都要给予高度重视,从而保障空间核动力装置的可靠性和寿命。通过多年来世界各国开展可靠性工作的经验也已经证明了可靠性设计有着重要的影响,根据以往的统计,在故障原因中,由于设计不合理所造成的损坏占了50%左右,故要提高空间核动力装置的可靠性,关键在于完善空间核动力的可靠性设计工作。

可靠性设计的主要内容是建立可靠性模型、可靠性指标的预计与分配、故障分析等,其相互关系如图6-1所示。在设计阶段反复多次地进行可靠性预计与分配,并不断深化,目的是为了选择方案,预测可靠性水平,逐步合理地把可靠性指标分配到各个层次上,并找出薄弱环节,从设计上去改进或消除,从而达到提高可靠性的目的。

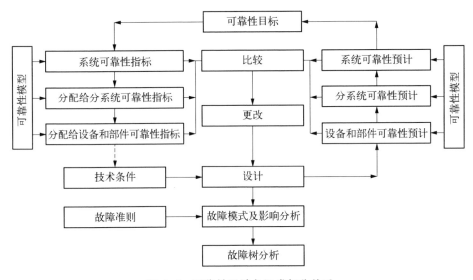

图6-1　可靠性设计各组成部分关系

1) 可靠性建模

可靠性模型是为了预计或估算空间核动力的可靠性所建立的可靠性框图和数学模型[8]。建立系统、分系统或设备的可靠性模型,其目的和用途在于定量分配、估算和评价空间核动力的可靠性。根据任务要求,构思原理图,进而画出可靠性框图,建立数学模型,以便进行可靠性预计、分配和定量的评价。

在建立空间核动力装置可靠性模型的过程中,要绘制一系列的可靠性框图,可靠性框图就是可靠性模型的图形表示。它是由一些方框组成,每一个方框代表一个具有可靠性值的单元或功能,所有方框连线没有可靠性值,导线或连接器或接口环节应单独放入一个方框,或作为某个单元的一部分。所有方框对完成任务成败来说相互独立。

可靠性框图与功能框图既有联系又有区别。功能框图是建立可靠性框图的基础,但是可靠性框图和功能框图存在一定的区别:可靠性框图只表明各单元在可靠性方面的逻辑关系,并不表明各单元之间的物理和时间关系,因此各单元的排列不像功能框图那样具有严格的顺序;在某些情况下,组成系统的各单元在物理作用上是平行的,从而在功能框图上各单元是并联关系,但在可靠性框图上则是串联关系;同一个系统如果具有多种功能要求,往往在功能框图上不便于分别表示出来,但在可靠性框图中表示出所有不同功能要求的各单元可靠性逻辑关系。

另外,在可靠性建模过程中要考虑的主要因素有:空间核动力各系统组成单位可靠性逻辑关系,即串联、并联、表决系统等关系;各系统组成单元同类性;各系统内各单元可靠性特征量分布类型。

在空间核动力建立可靠性框图时,发现空间核动力装置绝大部分都是串联模型,只有个别系统或部件是并联模型或表决系统模型。这是由于在设计过程中,受到发射质量的限制,要求设计者尽可能地降低发射质量,故空间核动力装置没有对系统或部件采用过多的冗余和备用设计,这将使得空间核动力装置存在大量"单点失效"的问题。减少由"单点失效"而引起空间核动力装置故障的问题,在后面将进行详细讨论,这里不做赘述。

2) 可靠性预计

可靠性预计是为了估计空间核动力在给定的工作条件下的可靠性而进行的工作。它根据组成系统的元件、部件和分系统的可靠性来推测系统的可靠性。将预计结果与要求的可靠性指标相比较,审查设计任务书中提出的可靠性指标是否能达到。在论证阶段,根据预计结果的相对性进行方案比较,选择最优方案。在设计阶段,通过预计发现设计中的薄弱环节并加以改进,为可靠性增加试验、验证试验及费用核算等方面的研究提供依据。

系统可靠性预计一般遵循如下程序:明确系统定义;明确系统的故障判据;明确系统的工作条件;建立系统可靠性数学模型;绘制系统的可靠性框图,可靠性框图绘制到最低一级功能层次;预计各单元设备的可靠性;根据系统可靠性数学模型预计系统任务可靠性,可靠性预计结果为可靠性分配提供依据,当实际系统有变动时,进行可靠性再预计、再分配,直到满意结果为止。

可靠性预计的注意事项如下:可靠性预计应当尽早进行,以便在研制的不同阶段都和设计要求的可靠性相比较,能及时在技术上管理上予以重视,采取必要的改进措施;在产品研制的各个阶段,可靠性预计可为调整可靠性分配提供依据,故可靠性预计与可靠性分配常常是互相迭代进行的;可靠性预计结果的相对意义比绝对值更加重要;可靠性预计值应当不小于合同书规定的可靠性要求。可靠性预计常用的方法有相似设备法、元器件计数法、应力分析法等。

可靠性预计可以作为设计手段,为设计决策提供依据。因此,要求预计工作具有及时性,即在决策点之前做出预计,提供有用的信息,否则这项工作就失去其意义。为了达到预计的及时性,在设计的不同阶段及系统的不同级别上可采用不同的预计方法,由粗到细,随着研制工作的深化而不断细化。通过预计给可靠性分配奠定基础。

3) 可靠性分配

系统可靠性分配就是根据系统设计任务书中规定的可靠性指标,结合空间核动力的特点,按一定的方法分配给组成该系统的分系统、设备和元器件可靠性指标。可靠性分配的目的就是使各级设计人员明确其可靠性设计要求,根据要求估计所需的人力、时间和资源,并研究实现这个要求的可能性及办法[9-11]。

可靠性分配主要适用于空间核动力方案论证及工程研制阶段,为了提高可靠性分配的合理性和可行性,在进行可靠性分配时一般应遵循以下准则:对于复杂程度高的系统或产品,分配较低的可靠性指标;对于技术上成熟继承性好的产品,分配较高的可靠性指标;对于处于较恶劣环境的产品,分配较低的可靠性指标;对于任务时间长的产品,分配较低的可靠性指标;对于重要度高的产品,分配较高的可靠性指标。常用的可靠性分配方法有等分配法、比例分配法、AGREE 分配法(即考虑重要度和复杂度的分配法)、花费最小分配法等。

从流程图 6-1 中可知,可靠性预计、可靠性分配、设计变更等工作是反复迭代的过程,该过程在空间核动力研制初期尤显突出。

通过可靠性分配后,部件和设备得到了相应的可靠性指标,但是这些设备和部件是否满足指标要求,需要进入流程图下一个循环来进行验证,即试验、评价、分析等这个循环过程,并且在该过程中不断地提升可靠性,直到满足可靠性指标要求。

4) 故障分析

在空间核动力可靠性设计中,还有一部分也非常重要,即故障分析。通过对空间核动力系统和部件故障分析能够鉴别其故障模式、故障原因,估计该故障模式对系统可能产生何种影响,以及分析这种影响是否是致命的,以便采取措施,提高系统的可靠性。故障分析一般包括故障模式及影响分析和故障树分析。

故障模式及影响分析(FMEA)就是在空间核动力设计过程中,通过对空间核动力各系统和部件的各种故障模式及其对功能的影响进行分析,并把每一个潜在故障模式按其严酷程度予以分类,提出可以采取的预防改进措施,以提高空间核动力可靠性的一种设计分析方法。

进行故障模式及影响分析时,应考虑系统的一切任务阶段,如:发射准备、发射、转移轨道、入轨、数据采集、正常轨道运行、重新采集、轨道改变和再入等。

故障模式及影响分析常用的有两种方法:功能法和硬件法。

功能法一般是在无法确切分辨硬件项目时使用,或由于系统的复杂性而需要从初始的结构层次分析到下面各级结构层次时使用。首先,要制订功能方框图,通过搜寻、分析,或模拟,来确定单个失效对系统功能所造成的后果。如果失效发生后所造成的后果随时间而发展变化,则应分析这种发展变化的情况。该方法一般用在空间核动力研制初期,各个部件的设计尚未完成,得不到详细的部件清单、原理图及装配图。

硬件法是根据空间核动力的功能对每个故障模式进行评价,用表格列出各个系统或部件,并对可能发生的故障模式及影响进行分析。各部件的故障影响与分系统及系统功能有关。当空间核动力设计图纸及其他工程设计资料明确确定时,一般采用硬件法,该方法从零部件级开始分析再扩展到系统级,即自下而上进行分析,找出故障的根源,便于采取相关改进措施,从而提高可靠性。

进行故障模式及影响分析时,必须熟悉整个要分析的系统情况,包括系统结构、系统使用以及系统所处环境等方面的资料。具体来说,应获得并熟悉以下信息:

技术规范和研制方案通常阐明了各种系统故障的判据,并规定了系统的任务以及对系统使用、可靠性方面的设计和试验要求。此外,技术规范和研制方案中的详细信息,通常还包括工作原理图和功能方框图,它们表明了系统成功工作所需执行的全部功能。那些说明系统功能顺序所用的时间方框图和图表有助于确定应力与时间关系及各种故障检测方法和改进措施应用的可行性。技术规范和研制方案中给出的功能与时间关系，可以用来确定环境条件的应力与时间关系。

设计方案论证报告通常说明了对各种设计方案的比较及与之相应的工作限制，它们有助于确定可能的故障模式及其原因。

设计数据和图纸通常确定了执行各种系统功能的每项部件及其结构，通常从系统级开始直至系统的最低一级产品对系统内部和接口功能进行了详细描述。设计数据和图纸一般包括功能方框图或可用来绘制可靠性框图的简图。

为了确定可能的故障模式，就需要对系统或产品的可靠性数据进行分析。一般来说，最好利用可靠性试验所得到的数据。当没有这种数据时，可以采用国/军标的可靠性数据或类似产品在相似使用条件下所进行的试验和由使用经验获得的可靠性数据。

故障树分析就是在空间核动力设计过程中，通过对可能造成各系统故障的各种因素进行分析，画出逻辑框图，从而确定系统故障原因的各种可能组合方式及其发生概率，以计算系统故障概率，采取相应的纠正措施，以提高系统可靠性，从而提高空间核动力整体可靠性的一种设计分析方法。

通过故障树分析能够寻找导致空间核动力各系统顶事件发生的原因和原因组合，识别导致顶事件发生的所有故障模式，帮助判明潜在的故障，以便改进设计。同时，故障树分析能够给出系统故障发生的概率以及导致系统故障贡献最大的因素及贡献比例。

从故障模式及影响分析和故障树分析可以看出：这两种方法相互支撑，相辅相成，能够帮助设计者和决策者从各种方案中选择满足可靠性要求的最佳方案；能找出对系统故障有重大影响的部件和故障模式并分析其影响程度；能够为试验方案的制订和试验分析提供支持。

另外，上面提到空间核动力易出现"单点失效"，而引起"单点失效"主要是两方面的原因：一是设计过程中冗余和备用的设备少；二是单个设备可靠性差。前者由于发射质量的限制在设计上无法满足，而后者存在着提升的空间，同时也只能从该方面入手，发现设备的薄弱环节，采取纠正措施来提高可靠性。故障分析的目的就是发现设备的薄弱环节，有针对性地采取措施，从而可以减少和克服"单点失效"。因此，故障分析是减少空间核动力故障重要的分析方法之一。

6.2.3　可靠性评价

　　在空间核动力可靠性设计过程中,确定了可靠性指标要求,但研制出的空间核动力是否满足可靠性指标要求,需对空间核动力整体、各系统及其部件进行可靠性评价,并给出评价结果。在进行可靠性评价时,需要得到可靠性数据、可靠性评价方法、试验分析等方面的支持,其关系如图6-2所示。

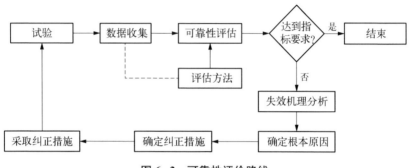

图6-2　可靠性评价路线

　　首先讨论可靠性数据,可靠性数据是进行可靠性评价最关键的因素之一,它的正确性和准确性直接决定着评价结果的好与坏。空间核动力可靠性数据的来源贯穿于设计、制造、试验、使用的整个过程。总的来说,空间核动力可靠性数据主要从两方面得到:一是从实验室进行可靠性试验中得到;二是从空间核动力实际使用中得到。对于空间核动力可靠性数据来说,后者获得数据较为稀缺,主要由于我国没有发射过空间核动力,世界各国在太空应用的数量也非常少,再则各国把空间核动力的技术和数据作为敏感信息,很难查到相关的可靠性数据。因此,从前者获得可靠性数据才是最根本的途径。要从实验室获得可靠性数据就需要进行大量的试验,而空间核动力的各系统和设备又比较昂贵,导致可靠性试验需要投入大量物力和人力。无论从哪方面来看,空间核动力可靠性数据都是十分珍贵的。由此可见,空间核动力可靠性数据的缺乏是可靠性评价过程中最大的难题之一。

　　可靠性数据是通过试验获得的,进行可靠性试验前,需制订试验方案。空间核动力的试验方案尤为重要,因为最佳的试验方案能够充分模拟使用环境,减少系统和设备投入的数量,大幅度节省成本。在制订试验方案的过程中,对空间核动力各个系统和设备的功能、工作原理等进行分析,确定它们的可靠性特征量,针对可靠性特征量选择试验的方法,确定故障判据,按照试验程序进行试验,从而得到可靠性数据[12]。

利用可靠性数据,结合可靠性评价方法,能够给出评价结果。在选择可靠性评价方法时,要针对每个系统或设备的不同特征选择合适的方法,因为一种合适的可靠性评价方法能够在一定程度上减少对可靠性数据的需求,并且可以提高评价的准确性,降低评价偏差。若评价结果没有满足分配给该系统和设备的可靠性指标要求,要对它们进行失效机理分析,找出导致故障的根本原因,有的放矢地采取纠正措施和改进,从而提高它们的可靠性,再次重复上述试验过程,直到满足可靠性指标要求。

6.2.4　使用可靠性评价与改进

使用可靠性和改进的方法类似于空间核动力各个系统和设备可靠性试验过程中的步骤和方法,使用过程中的可靠性数据及故障分析结果都是非常珍贵的,应充分利用。我国目前尚无空间核动力投入使用,仅有实验室的一些实验数据。俄罗斯大量的空间核动力投入使用,积累了大量的使用数据,利用这些数据,不断反复修正和改进,使得空间核动力可靠性不断提升。下面就以俄罗斯在空间核动力使用过程中,进行可靠性评价和改进为例给予介绍。

6.2.4.1　俄罗斯空间核动力可靠性定量评价方法[13]

空间核动力在长时间工作中可能因发生的各种事件和过程而遭到破坏并导致故障,无法完成其正常功能。

所谓故障是指空间核动力从能工作的状态过渡到不能工作的状态,按故障出现的特点而分为随机故障和参数渐变故障。

材料和结构连接件中的缺陷及经历的过程都可能是故障的原因。缺陷分为显形的和隐蔽的,显形缺陷可用提供的监测手段发现。经历的过程可以使得已经存在的隐蔽缺陷显现出来。隐蔽缺陷的显现不能预测具有随机特性的多种不同原因产生的影响。随机故障属于偶然发生且具有故障强度遵循统计平均的特征。由过程引起空间核动力状态参数偏离允许范围同样意味着工作能力的破坏。表示参数故障可以用它们的概率特性和装置功能的数学描述并按状态参数的渐进变化进行预测。空间飞行器可靠性定量评价方法基于使用描述其功能的数学模型。对空间核动力功能描述应当用研制的功能模拟模型,它由两种类型的数学模型构成:随机故障模型和参数渐变故障模型。而参数渐变故障模型本身又分为以下三种:

（1）参数之间有确定关系的状态数学模型（静态模型）。

（2）在出现扰动作用时参数之间有确定关系的非稳态过程数学模型（动力学模型）。

（3）参数与寿期之间有确定关系的功能数学模型。

功能模拟模型应当等价描述空间核动力及其结构部件寿期功能的过程、故障的出现以及条件、工况和进行过程的变化对输出效应的影响。正如研究和描述故障随时间分布的任务一样，可靠性定量评价任务以最一般的形式提出。

在可靠性初评阶段编制形成描述组成空间核动力结构部件功能的理论数学模型和必需的数据库。为此，要使用已知的计算机代码、参考说明和结构部件的试验结果。描述空间核动力功能的先验理论模型还可用于计划的试验与研究工作、建立自动控制系统以及其他目的。

在建立空间核动力最后阶段的试验与实验研究计划中，提出获取随机故障和参数渐变故障定量信息的任务，按试验和实验研究的结果对输入的理论功能模拟模型进行修正和校验。校验的功能模拟模型是统计学模拟和可靠性指标评价的重要工具，以及对实际试验统计不足的补充。

1）无故障工作概率定量评价方法

对于参数渐变故障和相应的寿期限定过程，已知的两种可靠性相关问题求解方法为进行加速试验和使用功能模拟模型。

加速试验是指在其过程中获得比试验器件所在试验时间更长时间内的可靠性信息，依靠寿命限定过程的强化达到加速的目的。例如，提高（增加）热功率和温度。加速系数应当依据物理解释的功能模拟模型进行论证，仔细研究所关注的过程与其他过程的差异，加速试验结果对其他过程进展的影响和正常工况下不具备的功能。在进行加速试验时，原则上可获得证实 n 次全寿期的信息。

功能模拟模型与加速试验不同，它的论证应当在所要求的功能全周期进行试验，在该试验过程中获得试验器件在试验时间内实际的可靠性信息。所获得的信息用于校验功能模拟模型，可进行寿命预测。根据不同的原则建立了两种论证可靠性问题的办法，为建造核动力示范堆提供支撑。另外，选择临时试验基地也取决于对功能模拟模型的充分验证。

如果有可能，采用两种结合的解决办法是合适的：进行加速试验和利用校验过的功能模拟模型进行寿命预测和可靠性定量评价。

但加速方法不可用于随机故障，因为相应的模型未确定强度与加速之间的关系。这不包括循环往复操作过程，如自动控制装置的传动动作。

统计建模和百分比寿期评价是基于校验后的功能模拟模型进行可靠性定量评价的方法,还可用于实现对各种寿期限定参数的寿期变化、百分比寿期置信下限的评价和对无故障工作概率的评价。

描述模型结构的数学模型可以通过关系图的形式表示,该关系图中的所有参数具有模拟装置所在状态的特性,可分为内部参数和外部参数、输入参数和输出参数。

在长阶段有效发挥作用的空间核动力中对于寿期限定过程来说,反应堆热功率和使用条件是外部输入参数,而电功率和所有寿命限定参数是基本外部输出参数。温度是附加的输出参数,对它要确定限定条件。内部参数涉及几何尺寸、所使用材料的成分和性能。所有这些参数均带有某种已知的误差。这些误差的原因可分为两类:参数测量误差和确定工艺造成的制造误差。测量误差通常遵从常规定律,并非常具有统计学特征。由工艺决定的制造误差,不太具有统计学特征(如研究氢从机组慢化剂中的逸出),而它们的分布规律也是先验未知的。

在准备统计建模时内部参数值的选择应考虑这两种误差源来编制形成。因此,对于确定工艺造成的误差,建议选用参数最大值和最小值之间平均分布定律。

在寿命要求的情况下,建模时要保障在时间 T 期间无故障的条件为:在整个 $t \leqslant T$ 期间,确定的参数 $X(t)$ 处于规定的 (X_1, X_2) 界限内,即确定参数裕度 r_x 的变化与限制上限和下限的关系。对于参数裕度问题必须满足 $r_x \geqslant 0$ 的条件。预测的参数变化计算值与 $r_x = 0$ 点交叉确定无故障工作时间 t_{xi}。N 个事件的 t_{xi} 总和在经验上不具有分布规律,相应地应进行百分比寿期的置信度下限评价。这一问题可能有两种方法求解。第一种方法为确定分布规律和对置信概率给定值和置信系数以及确定的事件数,并对寿命 T_x^r 评价:

$$T_x^r = \overline{T}_x - K\sigma_{t, x}$$

式中: K 为容忍因子,对已知分布规律按表中给出值确定; $\overline{T}_x$ 为参数 x 的寿命平均值; $\sigma_{t, x}$ 为均方根偏差。

但是在这一过程中不同人选择不同的分布规律可能导致非单值性结果。

排除非单值性的第二种方法为根据参数 x、$\overline{T}_x$、均方根差 $\sigma_{t, x}$ 确定寿期平均值,并评价 T_x^r:

$$T_x^r = \overline{T}_x - 2\sigma_{t, x}$$

研究的事件数 N 根据 $\sigma_{t,x}$ 与 N 的关系凭经验确定。

凭经验可以说,在满足 $\overline{T}_x - 2\sigma_{t,x} \geqslant T_{给定}$($T_{给定}$为给定寿命)的条件下,相应的置信概率和置信系数处于 0.95 范围内。

对所有寿命限制参数应当完成所建议的程序。当过渡到定量评价装置整体无故障工作概率时应当使用以下规则:

对有寿命限制参数的空间核动力的无故障工作概率按预测百分比寿命最小值的参数确定 $T^r_{最小}$。在给定相同的概率 P^r、故障数 r 和样品数 N 值下,对有寿命限制参数完成 T^r_x 的比较。

这些规则的依据有完全明了的解释:在空间核动力最小 T^r_x 的部件故障试验时,排除了其他部件故障对其可靠性的影响。

论证可靠性必须满足无故障工作条件: $T^r_{最小} \geqslant T_{给定}$。

当不满足 $T^r_{最小} \geqslant T_{给定}$ 条件下设立:

(1) $T_{平均} - T_{给定}$ 之差为新的置信概率和置信系数,以此完成无故障工作条件;

(2) 新的 $T_{给定}$ 值,以此完成无故障工作条件。

2) 随机故障时无故障工作概率定量评价方法

[n,T]试验计划和可靠性指标评价:在所有类型的空间飞行器执行的标准中,对如何选择随机故障统计分布不存在明确的方法学规定。研究人员按照对这种或那种方案和观点的喜好来选择非确定性分布规律(均匀分布、正态分布、二项分布、指数分布、韦布尔分布等),这会导致产生不同数量的可靠性评价指标。因为可靠性指标应当满足技术任务书的要求,并用于不同动力能源比较分析的标准,所以必须从方法学上消除这种不确定性。

空间核动力可靠性定量评价方法的选择考虑了其特殊性。

某一设备在建造过程中,其结构部件原有的可靠性受到多种改变,如出于修改、为性能改进和为消除已知故障原因所采取的变更。结构部件经过一段时间的试验之后,出现故障强度明显降低的特征,进入工作寿期阶段,结构部件的可靠性出现稳定的强度为 λ 的随机故障特征或无故障工作概率呈指数规律特征。

采用统计试验计划确定参数 λ 具有重要意义。该计划包括每一种样品和所有部件系列的最终试验条件,同时包括故障部件是否能够更换。n 个样品的可靠性基本系列独立统计试验计划分为以下几种:

(1) 故障部件有替换定时截尾试验时间 T([n,T]计划)。

（2）故障部件有替换定数截尾试验，故障部件数 r 后终止试验（$[n,r]$ 计划）。

（3）故障部件无替换定数截尾试验，故障部件数 r 后终止试验（$[n,r]$ 计划）。

（4）故障部件无替换定时截尾试验，在 T 时刻终止试验（$[n,T]$ 计划）。

空间核动力及其部件是长时间工作的产品，通常按照有替换 $[n,T]$ 计划进行试验。当按照这一计划对空间核动力进行试验时会出现以下情况：抽样为 n 的一组产品在时间 $t_j \ll T$ 期间内，无故障工作（j 为试验序号）；而另一组产品却出现这个单元或那个单元工作故障的特征。在这种情况下，抽样不但具有无替换 $[n,T]$ 计划特征，还具有存在的 n_1 不完整试验特征。在实际中这样的问题由下面的原因产生：地面台架或飞行试验在确定的时间 t_j 内单元不可更换，当出现一个结构单元故障时，其他单元虽然还具有工作能力但也不能继续工作了。在研究所有实验结果时应当考虑经验信息，包括在 $(0,t_j)$ 时间间隔上确定其无故障工作的实际情况。

进行试验之后空间核动力部件的统计信息可以分为 3 组：在部件的 n 次试验中以及 $t_j < T$ 时间内的固定时刻的故障 m；不完整实验，装置部件在 $t_j < T$ 时刻之前无故障工作；达到时刻 T 的 $(n-m-n_1)$ 完整试验。

在这种情况下对装置部件使用混合评价参数 λ 并按以下公式确定：

$$\lambda = \frac{m}{S_n(T)}$$

其中，

$$S_1(T) = \sum_{i=1}^{m} t_i + (n-m-n_1)T + \Delta nT$$

$$\Delta n = \frac{1}{T} \sum_{j=1}^{n_1} t_j$$

式中：Δn 为到时间 T 的补充完整试验数，等同于 n_1 的不完整试验。

为求得置信下限，首先确定故障强度评价上限 $\lambda_{上}$：

$$P(r, n, m) = e^{-\lambda_{上}T}$$

该公式确定可靠性指标 P^r（概率）、γ（置信度）、n（样品数）和 r（故障数）之间的相互关系。可按列线图或表赋予 P^r、γ 和 r 相应的值从而获得需要的

试验数 n。

无故障工作和可靠性指标评价：在描述的程序中假定存在 m 个故障。查清随机故障的原因，采取有效的措施消除故障，可从统计故障中排除这种故障，当没有故障时，存在：

$$P^r = (1-r)^{1/n}$$

$$n = S_n/T$$

式中：S_n 为无故障工作时间总和。

按统计随机故障在定量评价无故障工作概率单侧置信下限 P^r 时，根据相关文献，在按无替换 $[n_i, T]$ 计划（$i=1, 2, 3, \cdots, K$）对所研究的 K 个部件试验时，且所有这些试验中均没有故障，这 K 个部件串联组成的系统其 P^r 指标与按最小试验数的部件试验指标相符。

$$P^r_{c,o} = (1-r)^{1/(n_i)_{min}}, \ 1 \leqslant i \leqslant k$$

式中：$(n_i)_{min}$ 指所有 n_i 中的最小试验数。

n_i 由部件的无故障总和与给定寿期之比确定。

该方法不含对串联结构可靠性无故障工作概率的连乘。此结果需按可靠性结构图对系统无故障工作概率评价的传统方法学过程进行修正。对这样的结果有一个合理的解释：具有不可更换和维修性质的器件在试验时，其 K 个结构部件中含最小无故障工作时间的一个部件的故障不包括其余部件对器件可靠性的影响。当可更换或维修时，K 个结构部件中每一个部件按照结构图和可靠性模型确定器件的整体可靠性。

3) 基于试验结果统计分析库的故障发生频率信息

由于试验统计的量少，在评价无故障工作时间时要求谨慎地对待每一个试验。

有关偶然突然故障的信息分析（偶然突然故障统计审查）表明，这一程序本身需要更明确地确定审查规则。

按照标准技术文件，不计入的故障有如下几种：

(1) 从属故障（非关联故障）。

(2) 在技术任务书中未规定的外部因素作用导致的故障。

(3) 维护人员违背运行规程而导致的故障。

(4) 在完成过程中排除的故障，其效果在进一步的可靠性试验或补充试验中被确认。

所有这些失效在空间核动力的地面试验中均发生过。更详细的应由以下规则组成：

（1）可利用不计入故障的实验结果，来确定空间核动力所有结构部件总和的无故障工作时间。

（2）可用计入故障的实验结果，来确定空间核动力部件仍能继续工作总的无故障工作时间。对长寿命的空间核动力，在不完全实验中，利用部件无故障工作时间来确定总的无故障工作时间。

（3）将故障分为参数渐变故障和偶发突发故障只反映我们对其发生原因的认知程度。弄明白偶发突发故障的原因，将其转变到参数渐进故障类别中，采取将其消除的有效措施就能从故障统计中去除这些故障。

6.2.4.2　空间核动力试验

在空间核动力整个试验期间，从样机到原型机反应堆机组，其构成没有发生明显的改变。同时，在结构上所有组成部件都不止一次地进行了改动。一方面这是按试验研究结果对结构加以完善，另一方面与不同寿期、功率和在卫星上布置方面的要求有关。

主要变动是完善发电管（即热离子燃料元件）和延长其寿命。在寿期为1年的空间核动力中，在工作区段引入了 E-16 型号的发电管 28 个。在 1.5 年寿期的空间核动力中，工作区段由 34 个结构改进型发电管组成。这些发电管的逐步完善使得工作区段 34 个发电管的寿命提升到了 3 年。

空间核动力试验类型清单如表 6-11 所示。

表 6-11　空间核动力试验研究结果

序号	部件	试验类型	延续时间/h	结果
1	转换器独立试验 A-T1.182-07-006（无气腔、发电管和慢化块）	热试验	11 800	由于焊接质量差，径向反射层发生外斜，采用更可靠的焊接技术，并进行了焊缝检验，确保了反射层可靠性
2	A-T2.182-07-0008（无气腔、发电管）	热试验	2 025	由于慢化剂腔室没有足够的刚度，出现纵向裂纹，失去了密封；在所有的内管中加入了刚性强的肋板，并进行了检验，确保可靠

(续表)

序号	部　件	试验类型	延续时间/h	结　果
3	A-T3.182-07-0009(无气腔、发电管)	动力学试验台架动态试验、热试验	869	由于内部加热系统失误而终止试验
4	A-1.182-07-0015(带热发射转换器的首个原型堆)	动力学试验,台架动态试验		振动试验之后反应堆保持密封性,铍和氢化锆无损伤
5	反应堆机组综合试验 B-11.182-01-0005 反应堆 182-07-0013	31个第1代发电管热试验	3 200	发电管失去密封性;研发新结构的发电管
6	B-12.182-01-0014 反应堆 182-07-0014	热试验	850	—
7	B-13.182-01-0007 反应堆 182-07-0023	机械试验、冷试验		紧固件和锁紧螺母老化
8	Я-20.182-01-0015 反应堆 182-07-0030	热试验	2 500	发电管失去密封性;绝缘电阻能力降低,低于允许值,研发新结构的发电管
9	Я-21.182-01-0015 反应堆 182-07-0030	热试验	5 000	发电管失去密封性;绝缘电阻能力降低,低于允许值,研发新结构的发电管
10	31个第2代发电管(E-16) B-15.182-01-0021 反应堆 182-07-0030	冷试验(发射场及入轨条件)		反应堆进行了发射场和入轨试验
11	B-16.182-01-0021 反应堆 182-07-0030	机械试验(铁路、动力学),热试验	2 300	紧固件和锁紧螺母老化
12	Я-23.182-01-0021 反应堆 182-07-0030	核动力试验	5 000	发电管格架损坏,燃料肿胀导致慢化剂至冷却剂回路的腔室密封丧失
13	Э-31.182-01-0021 反应堆 182-07-30	核动力试验	3 000	由于燃料肿胀,波纹管和上端部尺寸减小,格架损坏

（续表）

序号	部　　件	试验类型	延续时间/h	结　　果
14	Я-24.182-01-0021 反应堆 182-07-0030	核动力试验	14 000	氦气腔密封性丧失
15	37 个第 3 代发电管(E16MO) B-71.182-01-0021-01 反应堆 182-07-0040	1.5 年寿期 机械试验,冷 试验(发射场 和入轨条件), 热试验,在阿 利布凯尔克 试验	1 300	在热试验进程中,空气 进入了铯系统
16	Я-81.182-01-0021-01 反应堆 182-07-0040	核动力试验	12 380	真空冷却套泄漏而终止 试验
17	Я-82.182-01-0021-01 反应堆 182-07-0040	核动力试验	8 300	泵出口冷却剂回路泄漏 而终止试验
18	Э-38.182-01-0021-01 反应堆 182-07-0040	核动力试验	4 700	由于冷却剂回路泄漏而 终止试验
19	37 个第 4 代发电管(E16 MOY) Я-21Y.182-01-0021-02, 反应堆 182-07-0040-01	3 年寿期 热试验,其中 包括在加强工 况下的试验	3 700	—

1）反应堆转换器

在表 6-11 中给出了反应堆转换器（即热离子反应堆）试验结果的基本数据、偶发突发故障的特性以及消除故障所采取的措施。

多年来,反应堆转换器试验工作可分为三个阶段：

（1）完成了反应堆转换器的结构及其制造工艺。在该阶段中,根据确定的冷却剂回路与慢化剂腔之间密封失效的原因采取了措施,获得了核热实验电加热器工作经验,经验缺失与发电管的结构缺陷导致了其上部延伸区密封丧失。

（2）发电管试运转及转换器所有其他组成部分使用期间的试验。在该阶段,主要是由于燃料再冷凝和膨胀、定位块以及电极间绝缘电阻降低而引起的故障,并不断改进发电管和反应堆转换器结构,以消除慢化剂腔对冷却剂回路密封失效的原因,保证 1.5 年寿期。

（3）装有发电管的反应堆转换器所有组成部分试运转试验。在这一阶段,采取相关措施,不断改善发电管并使其寿命延长到3年。

在后期的反应堆机组试验中,验证了所采取措施的有效性。关于偶然突发故障,总的反应堆转换器工作时间由两部分构成,即第二阶段工作时间和第三阶段工作时间,总共为64 880 h。

2)冷却剂回路

冷却剂回路的试验研究由辐射器与体积补偿器的单体试验研究和作为反应堆机组组成部分的综合试验研究组成。

作为热试验形式的单件试验研究进行过一次辐射器试验。在工作2 325 h后辐射器试验因管子泄漏而停止。泄漏发生在辐射器电加热器与辐射器接触处。在维修恢复工作之后试验继续。辐射器在单件热试验中总的工作时间为7 860 h。

12个体积补偿器样机的单体进行了研制试验。总的功能工作时间为95 500 h。前3个样机的试验允许选择波纹管的制造方法及材料。在其余的试验中测试了外部负荷作用下的机械强度、循环和腐蚀的稳定性。

在反应堆机组试验时,由于电加热器与辐射器接触处烧毁,辐射器冷却剂管道发生泄漏。这种密封失效的原因在辐射器单件试验时出现过,因此割去该管路,封住切口处。在后续的试验中,没再次出现该故障。

在一系列的单体和综合试验中,出现了管道和焊接处冷却剂泄漏的问题,采取了相关措施包括X光检查、加工过程控制、冷却剂净化等,使得故障逐一排除。最终冷却剂回路总工作时间为55 930 h。

3)传动装置

传动装置的研制包括专用台架上的单体试验和作为反应堆机组组成部分的综合试验两部分。

进行了三种类型传动装置的单体试验:

(1)在真空条件下的热寿命试验。

(2)在工作温度(110~135 ℃)条件下辐照试验。

(3)机械作用试验。

下面是在正常气候条件下的功能试验。

在三个台架上进行了独自试验:热试验、辐照试验和动态试验。在前两个台架所要求的负荷上建立了专门的输出轴负荷装置。这些单体试验中:由于润滑剂在辐照和高温条件下传动装置无法动作,研制了新型的润滑剂;由于传动装置涂层因强辐照而变暗变软,研制了新的涂层。由于单体试验采取了相关的纠正措施,保证了传动装置综合试验的可靠性。

在单体研制时对决定传动装置可靠性部件,如电动机、润滑剂、安装导线、波纹管,给予了特别的关注。

传动装置与反应堆机组一起进行综合试验时,总的工作时间为 107 400 h,出现过一次故障。

6.2.4.3　俄罗斯空间核动力可靠性评价存在的问题

在进行可靠性定量评价时引出了需要专门讨论的问题,并需要采取一系列编制的监管措施。

问题 1：空间核动力是特殊类型的反应堆装置,需要长期稳定工作。对于该类反应堆装置问题,在地面研发中需长时间无故障工作,从而验证高可靠性指标要求。近 30 年的反应堆装置建造经验证实,选择的统计经过保守的检验之后加上非完全试验时间满足无故障工作概率置信下限值 $P' = 0.562$,在 $T_{寿命} = 1.5$ 年时其置信系数 $\gamma = 0.9$。为了有效地验证要求的无故障工作时间,试验时间需要达到寿命的几倍,实际上这是达不到的。试图通过进行足够数量的地面试验来证明高可靠性指标的方法,既耗费时间,又会导致所建造的反应堆装置价格高昂。

已知的两条解决问题途径：进行加速试验和使用功能模拟模型。但研究编制并论证长寿命下加速试验方法和功能模拟模型本身就不是一个简单的问题。另外,非常重要的一点是,在地面研制完成阶段并未要求执行技术任务书(T3)可靠性方面的条件。因为后续要进行飞行试验,其过程可能出现随机突发故障,目的是希望快速进入飞行试验阶段,但应以基于地面研制确切的结果和高的可靠性指标基础上。因此,编制规范问题的解决途径归结于在地面研制阶段研究编制并引入单独的标准来消除可靠性指标要求中存在的不确定性,并且使可靠性指标定量评价方法具体化。

根据地面研发结果,利用置信系数为 γ 的无故障工作概率的单侧置信下限,可将可靠性指标转化为有寿期要求的实际值。同时,应当将两种转换方法标准化。

降低寿命要求至 3～6 个月。这样一段时间对于暴露太空的"意外"有足够长的时间,缩短了建造空间核动力投入时间和积累必要无故障工作时间。

增添备用样机的数量是实现给定高标准可靠性指标试验计划所必要的。

综上所述,为将无故障工作概率的置信下限值提高到高标准指标,可通过转变方式,来保证飞行试验的成功。

示例 按地面无故障工作时间总和 $T = 55\,930\,\text{h}$,寿命 1.5 年的无故障工作概率置信下限评价结果得到 $P^{0.9} = 0.562$。转换成寿命为 3 个月的 $P^{0.9} = 0.928$ 及 6 个月的 $P^{0.9} = 0.825$。增加样机数目进行飞行试验就可以得到两个样机中任何一个样机通过飞行试验的概率不低于 0.95 的结果。

因此,地面研制的一般概念在于:为所研制的装置满足飞行试验要求,在寿命改变期间要提供充分论据以确保试验的成功。飞行试验是研制的继续,在这一过程中可能出现太空"意外"。通过充分的论证,缩短地面研发时间,建立长期运行的项目,避免不必要的投入。同时,建议伴随飞行试验进行地面核动力试验和建立功能模拟模型。

问题 2:进行空间核动力试验样机陆地上综合试验研发时,随机突发故障统计检验显示,需要确定以下规则:

(1) 如果出现了违反试验条件,不能认为失去工作能力是一个故障。

(2) 找到随机突然故障的原因,并采取了将其消除的有效措施,可以将这些故障从故障统计中排除掉。

(3) 按现行标准,违反试验条件和采取措施有效不成为故障记录标记,即试验结果从随机故障统计中排除掉。应当进一步建立非记录标记故障的实验结果单,并用于确定所建造装置的所有组成部件能够保持工作能力的无故障工作时间总和。

问题 3:在可靠性和经济性之间寻求平衡可能导致地面研制阶段和飞行试验阶段的可靠性要求值指标降低。在这种情况下产生的问题是如何计划试验次数 n 以及 P^γ 和 γ 值,进行可靠性试验。对于空间核动力装置指标的优化问题,需要通过规范文件进行核准。

空间核动力属于寿命长且具有核危险、辐射危险,以及毒性和火灾风险的装置。该装置提出了非常高的可靠性要求,因此需更加关注装置设计中安全性和安全概率分析问题。比如,对装置坠落于湿沙和它充满水时的核安全问题给予了很大的关注。但是,很明显的是,这种坠落的概率取决于储存条件,运输装置的可靠性以及运输条件,还有运载火箭和飞行器发射的可靠性。飞行器发射到预定轨道需要非常高的可靠性,目前该可靠性水平已达到了 0.90~0.95。可靠性是指在规定的条件下和规定的寿期内,完成规定功能的能力,可靠性指标是用来评价装置准备完毕、交付轨道运行发挥正常功能及用于发射入轨后在给定期限内发挥其功能的可靠性评价。在轨道运行时核安全由控制与安全系统的功能确定,包括反应堆机组组成部分的传动装置的传感器、控制机构和反应堆机组,而可靠性是反应堆机组保证自身以电功率形式输出效应的功能。这样划分安全性和可靠性概念在客观上形成了不同的方法学解决途径：当评价安全性时，评价包含危险后果的风险，评价可靠性时，评价无故障工作概率或者完成所提出任务的条件，重要的是为了这些差别要在标准技术文件中得到体现。

6.2.5　结论

总之，在上述空间核动力可靠性分析中，我国遇到的一些难题和难点如下。

一是可靠性数据：可靠性预计过程中的数据选取，设备和部件的故障率数据是系统可靠性预计的基础，但是对于空间核动力装置的可靠性数据的获得是比较困难的，主要是由于空间核动力是新研发的装置，国内外相似设备和部件的数量非常少，可靠性数据更缺乏，使得可靠性预计结果的偏差较大。

另外，在可靠性评价过程中，很多设备未进行过相关试验，缺少可靠性数据。同时，空间核动力部分系统和设备需要入堆考验，使得它们带有一定的放射性，导致在数据测量上带来一定的困难。由此可见，在空间核动力可靠性评价中可靠性评价结果准确性差。

为了解决该问题，需加强国际合作，充分借鉴国外的相关系统和设备的可靠性数据，同时投入一定人力和物力进行可靠性试验获得可靠性数据。

二是可靠性分配方法的选取：由于空间核动力装置受到发射质量的限制，冗余设备和部件非常少，使得每个部件的可靠性指标要求都非常高。按照可靠性分配准则，对于复杂度高、技术上不成熟，以及处于恶劣环境条件下、需要长期工作的部件和设备，应分配较低的可靠性指标，而空间核动力装置的绝大多数部件和设备都包含这几种条件，同时可靠性指标要求又非常高，使得可靠性分配方法的选取比较困难。

为了解决该问题，可借鉴其他类似复杂产品的可靠性分配方法的选取方案，结合空间核动力的实际情况，进行适当的调整。

三是可靠性试验方案的制订和可靠性评价：空间核动力装置的设备和部件都比较昂贵，且使用寿命较长。因此，在制订可靠性试验方案时，既要减少试验样品的数目，又要缩短试验时间，但却要获得较多的试验信息，才能满足工程上的需求，这给试验方案的制订带来一定难度，同时在制订试验方案时，还要考虑部件在反应堆内进行相关试验时，受辐照后所带来的危害。由于获得可靠性数据很有限，使得在进行可靠性评价时，需选择小样本的可靠性评价方法,但是目前小样本的评价并没有形成一套统一有效的方法,主要是由于通过小样本来评价母体的可靠性存在较大的不确定性。

为了解决该问题,充分调研国内外针对小样本可靠性评价的方法,进行调整和优化,使得评价方法更加地适用于空间核动力可靠性评价。充分分析系统和设备的故障模式,若放射性对其可靠性和寿命影响不大,可利用反应堆外部试验来代替反应堆内试验,从而来降低放射性对数据监测的影响。

参考文献

[1] 中华人民共和国国家质量监督检验检疫总局. 职业健康安全管理体系规范:GB/T 28001—2019 [S]. 北京:中华人民共和国国家质量监督检验检疫总局,2019.

[2] 好搜百科. 核安全[EB/OL]. http://baike.haosou.com/doc/6024714-6237711.html.

[3] Albert C M, Haskin F E, Veniamin A U. Space Nuclear Safety[M]. Malabar(USA): KRIEGER Publishing Company, 2008.

[4] United Nations. Principles relevant to the use of nuclear power sources in outer space[C]. Vienna:United Nations,85th Plenary Meeting, 1992.

[5] 赵守智,解家春,胡古,等. 对《关于在外层空间使用核动力源的原则》的解读(内部报告)[R]. 北京:中国原子能科学研究院,2014.

[6] United Nations Committee on the Peaceful Use of Space Scientific and Technical Subcommittee and International Atomic Energy Agency. Safety framework for nuclear power sources applications in outer space[R]. Vienna:United Nations,2009.

[7] 陆廷孝,郑鹏洲,何国伟,等. 可靠性设计与分析[M]. 北京:国防工业出版社,2002.

[8] 秦英孝,张耀文,江劲勇,等. 可靠性维修性保障性管理[M]. 北京:国防工业出版社,2003.

[9] 郭永基. 可靠性工程原理[M]. 北京:清华大学出版社,2002.

[10] 刘志全. 航天器机构及其可靠性[M]. 北京:中国宇航出版社,2012.

[11] 顾履平,冯锡曙. 实用可靠性技术[M]. 北京:机械工业出版社,1992.

[12] 贺国芳,许海宝. 可靠性数据的收集与分析[M]. 北京:国防工业出版社,1995.

[13] 涅恰耶夫 IO A. 核能物理-技术问题[M]. 莫斯科:莫斯科原子能出版社,2011.

第 7 章

空间核动力装置举要

从 20 世纪 50 年代起,美国和俄罗斯对各种类型的空间核动力装置都进行了深度不同的研发。有的已成功应用在各种空间任务中,如放射性同位素电源(含热源)和空间核反应堆电源;有的已完成了地面试验和空间试验,如核电推进;有的只进行了地面试验,还没能进行空间试验,如核火箭发动机;有的完成了技术设计并进行了分系统和重要部件的验证性试验,如 SP-100 空间核反应堆电源;有的是提出了极为成熟的且不需再做多少演示验证的技术设计,如 SPACE-R 空间核反堆电源;有的只是通过了设计方案论证,如 NEBA-3 双模式核火箭发动机系统。当然,也有的正在研发过程中,如俄罗斯的兆瓦级核动力飞船。

本章重点介绍典型的且具有代表性的 13 个空间核反应堆装置,其中包括 9 个空间核反应堆电源、2 个核火箭发动机,以及 2 个双模式空间核动力系统。第 2 章 2.1.1 节已列举过典型的 ^{238}Pu 放射性同位素电源(SNAP-3B RTG、SNAP-9A RTG、SNAP-19 RTG、SNAP-27 RTG、GPHS-RTG、MMRTG 和 ASRG),这里不再重复。

7.1 最具代表性的空间核反应堆电源

本节介绍 9 个典型的空间核反应堆电源,包括苏联的 ROMASHKA、BUK、TOPAZ、TOPAZ-2,以及美国的 SNAP-10A、SP-100、SPACE-R、HOMER、Kilopower。

7.1.1 ROMASHKA 空间核反应堆电源

这是苏联建造和试验的第一个小型热电直接转换的空间核反应堆电源系统。它是由原子能院(IAE)、苏呼米物理与工程所(SIPE)、邦达勒斯克研究与技术所(PNITI)、哈尔科夫物理与工程所(KIPE)共同设计制造的。1964 年 8 月，ROMASHKA 开始启动,连续运行了 15 000 h,生产了大约 600 kW·h 的电能[1]。

图 7-1 为其系统总图。ROMASHKA 反应堆是一个在快中子状态下运行的中子学系统。堆芯释放的热量沿径向传导到反射层,从反射层的侧面再传导到反射层附近沿轴向分布的半导体转换器上。反应堆堆芯装 11 盒燃料元件,每个元件都由带盖子的石墨盒、释热板和二碳化铀中心圆盘组成(见图 7-2),^{235}U 的富集度为 95%。堆芯内^{235}U 总的质量约为 49 kg。

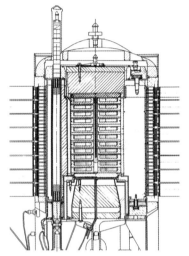

图 7-1　ROMASHKA 系统

图 7-2　ROMASHKA 系统的反应堆与燃料元件

堆芯为整块的径向铍反射层所包围,为了防止铍与转换器材料相互作用并减少铍的蒸发,在与半导体转换器相邻近的径向反射层的带有 24 个小刻面的外表面上,借助铍螺钉附加上了一些石墨板。反应堆的端部反射层也是由金属铍构成的。为了减少热损耗,在反应堆的端部采用了基于多孔石墨和多层石墨化织物的高温热绝缘层。这个反应堆所选材料的组合使堆芯的运行温度高达 1 900 ℃,反射层外表面的温度达到 1 000~1 100 ℃。

反应堆的控制系统包括位于径向铍反射层和底部反射层的 4 根控制棒。为了运行期间的反应堆自动控制,装备了一根带有 VG-98 包壳的由铍和氧化铍构成的自动控制棒,并通过伺服驱动机构来操作。借助于移动一根把中子反射与吸收作用组合在一起的人工控制棒可以实现反应堆的手动控制。通过移动底部的反射层可以补偿反应堆的温度效应。在设计上类似于手动控制棒的 2 根安全棒和底部反射层可提供事故状态下的停堆操作。

ROMASHKA 系统采用了一种热电转换器,这种转换器的材料是现有的有最高工作温度的半导体合金——锗-硅合金(质量分数分别为硅 85%、锗 15%)。

转换器装在钢制的反应堆压力容器的内侧。无用的热量通过 192 个辐射式散热片从转换器上放出去。为了改进红外光谱的辐射能力,散热片的辐射表面涂上了耐热的瓷釉涂层,确保热的发射率不小于 0.9。

ROMASHKA 转换器反应堆的主要特性如表 7-1 所示。在 ROMASHKA 转换器反应堆的实验过程中,反应堆首次与脉冲等离子体推进器组合在一起。

表 7-1　ROMASHKA 转换器-反应堆主要特征

名　称	规　格	名　称	规　格
直径(横跨燃料组件)	241 mm	装载^{235}U 裂变材料	49 kg
外壳高度(横跨燃料组件)	351 mm	反应堆质量	265 kg
径向反射层内径	266 mm	带有包壳和辐射器的热电转换器质量	185 kg
径向反射层外径(跨石墨板)	483 mm		
径向反射层高度	553 mm	转换器-反应堆质量(不包括驱动机构)	450 kg
顶部反射层厚度	125 mm		
底部反射层厚度	180 mm	转换器-反应堆寿命	15 000 h
		转换器-反应堆有效热功率(不考虑端部热传播)	28.2 kW
		转换器-反应堆负荷端的电功率(寿期初)	460~475 W

7.1.2　BUK 空间核反应堆电源

与 ROMASHKA 的研发几乎是同时,在 20 世纪 60 年代初,物理与动力工程院(IPPE)、M. M. Bondariuk 实验设计局(OKB)、苏呼米物理与工程所(SIPE)、现代能源研究所(VNITT)以及随后加入的科技与生产联合体红星开始研究 BUK 型空间核反应堆电源。从 1967 年到 1988 年的 20 余年中,俄罗斯已成功发射了 33 颗 BUK 型空间核反应堆电源[2]。

图 7-3 给出了 BUK 型核反应堆电源系统的总图。系统采用了小型快堆,其堆芯含有 37 根燃料棒。燃料棒材料采用了高浓铀(^{235}U 富集度为 90%)与钼的合金。其电功率为 3 kW,热功率为 100 kW,^{235}U 装载量为 30 kg,质量为 930 kg。沿纵向移动的控制棒装在铍的侧反射层内。系统内装有双回路的液态金属冷却系统,采用低共熔钠-钾合金作为冷却剂。一回路冷却剂在核反应堆中被加热到 973 K,并被传输到外罩为圆桶型的热电发生器。热电发生器装在辐射屏蔽层后的辐射散热器的下面。热电发生器的内腔是密封的并充有惰性气体。

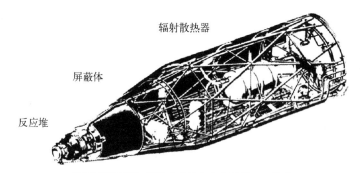

COSMOS 1176~1932宇宙飞船均使用的BUK核电源系统

图 7-3　BUK 核电源系统(NPS)总图

二回路冷却剂将无用的热量排放到辐射散热器。在辐射散热器入口处的最高温度达到 623 K。热电发生器有两个独立的部分,其中主要部分用于给飞船上的有效载荷供电,辅助部分用于为传导型的电磁泵供电。电磁泵通过核反应堆电源系统两条回路来输送冷却剂。热电发生器采用两级热电池,第一级使用锗-硅合金。反应堆的热功率限于 100 kW。核电系统的最高电功率约 3 kW。在 BUK 型系统的运行过程中其运行寿命达 4 400 h。在地面试验和空间运行的过程中,观察到热电发生器电参数性能出现一定程度的下降。通过 4 400 h 的运行,转换效率平均下降到初始值的 90%。

BUK 型核反应堆电源系统的核安全是通过基于不同运行原理的两套系统来保证的。主要系统建造在飞船里,具有将核电装置抛入长期放置轨道的能力。这个轨道是一个高度在 850 km 以上的近圆周的轨道。系统在该轨道上的滞留时间将足以使反应堆的裂变产物衰变到天然放射性水平。

核电源装置的轨道处置系统位于宇宙飞船的指定舱中,该舱与核电装置直接连接在一起,并且在低的运行轨道与飞船的仪表舱相分离。该处置系统包括一个独立的具有各种控制系统和自备电源的推进系统。

第二个系统是一个备用系统。其功能是在主要系统失效的情况下,使得含裂变产物及带有诱发活性物质的燃料元件,在地球大气上层实现空气动力学分散。这个系统的基础是在运行轨道上或者在含有反应堆的物体重返地球时,把燃料组件从反应堆里弹射出来。在重返地球过程中所发生的空气动力学加热、热破坏、熔融、蒸发、氧化等过程,可以保证把燃料分散成尺寸很小的颗粒,使得这些颗粒在地球表面的沉降不会增加对公众和环境的辐射照射而超出国际辐射防护委员会所推荐的允许水平。这个备用系统由若干控制装置和一种驱动器组成,该驱动器的基础是,一些专门设计的柔性元件在炸药压力累积器所产生的气体压力的作用下,会产生形变并随之而失效。

在运行过程中,备用安全系统包含在 BUK 型核电源系统中,COSMOS-954 宇宙飞船发生故障后,在重返大气过程中,备用系统导致了破坏结构的放射性碎片的降落(1978 年降落在加拿大北部)。BUK 型核电源系统反应堆装置大约为 900 kg 左右,而它的比电功率大约为 2.5 W/kg。

7.1.3　TOPAZ 空间核反应堆电源

在 ROMASHKA 和 BUK 空间核反应堆电源进行试验的同时,科技与生产联合体红星和物理与动力工程院(IPPE)研发了采用多节热离子燃料元件(TFE)的 TOPAZ 空间核反应堆电源系统。

图 7-4 表示的是 TOPAZ 核电源系统的外观形状[4]。它由反应堆系统

带有控制系统的热离子　　　　屏蔽体　　　　辐射散热器
转换器-反应堆

COSMOS 1818 和 1867 宇宙飞船

图 7-4　TOPAZ 核电源系统总图

(带有铯蒸气供给系统的热离子转换器-反应堆和控制装置)、辐射屏蔽、热辐射器及连续装配的框架组成。

在 1970—1973 年间,3 个采用多节热离子燃料元件的热离子转换器-反应堆(TCR)样机建成并在世界上首次进行了地面功率试验。前两个样机使用 VM-1 钼合金发射极,第三个样机的发射极具有以氧化镧为基础材料的附加涂层。

这些样机的功率测试证实,所选择电极对提供的热转换效率显然不能满足实际要求,需要使用单晶发射极。同时,发现在加工制造铯和液态金属管路时有必要改善工艺技术和检测方法。

这导致了用单晶材料作为热离子燃料元件的发射极的开发及其堆内试验工作,其结果是加工了第四个热离子燃料元件发射极是单晶材料的热离子转换器反应堆样机。

该样机进行了 5 000 h 的试验,并且在热离子转换器反应堆(TCR)中能以同样的性能进一步运行的情况下停止了各种测试。在测试中热离子转换器反应堆的电特性保持稳定,其工作区段效率高达 7%。

根据对第四个样机进行测试得到的结果,可以建造为 Plasma-A 实验宇宙飞船所使用的 TOPAZ 空间核反应堆电源系统。其电功率为 5 kW,热功率为 150 kW,^{235}U 装载量为 11.5 kg,质量为 980 kg。

热离子转换器反应堆堆芯包括 79 根热离子燃料元件及 4 个氢化锆慢化剂圆盘。热离子燃料元件和冷却管道安装在慢化剂圆盘的孔道中形成 1 个由 5 组同心燃料元件排列构成的系统。采用 5 节热离子燃料元件,接收极为 3 层的套管,裂变气体从不致密的发射极组件通过电极间隙(IEG)排放。发射极组件和外包壳直径分别为 10 mm 和 14.6 mm。

热离子燃料元件按供电要求连接形成工作区(62 根热离子燃料元件)和泵区(17 根热离子燃料元件)两部分。泵区的热离子燃料元件是并联的,目的是向核反应堆电源装置热排放系统的传导式电磁泵供电。这个区内的热离子燃料元件的两端都在铯蒸气中连接起来。

在工作区接线柱处的电功率约为 6 kW,电压为 32 V。泵区电流为 1 200 A,电压为 1.1 V。在转换器-反应堆达到额定电功率水平之前,电磁泵由带有大电流蓄电池的启动设备供电,该设备位于辐射屏蔽的后面。

热功率调节、反应性补偿及紧急停堆功能由 12 个可转动的带有碳化硼扇形薄板的铍圆柱体来完成。这些圆柱体装在侧反射层内,并且分成了 4 组,每 3 个为一组。每一组都由它自己的驱动机构来控制。

TOPAZ 核电源系统使用铯蒸气供应系统,将铯蒸气通过热离子燃料元件电极间隙以 10 g/d 的质量流量率泵出。铯穿过电极间隙被热解石墨收集器吸收并且在系统中不再被使用,非凝结的杂质被排放到宇宙空间。

TOPAZ 核电源系统使用的是单组分的氢化锂辐射屏蔽,氢化锂装在带有内部载荷构件的密封钢容器中。

以钾-钠作为冷却剂的单回路排热系统包括一个具有一定负荷能力的辐射散热器,这是核反应堆电源装置的一个重要构件。散热器辐射表面面积大约为 7 m²,在散热器入口处冷却剂温度高达 880 K 时,可以保障至少把 170 kW 热功率有效地散出去。

自动控制系统(ACS)保障将核电源系统提升到额定热功率和电功率水平,将工作区电流或冷却剂温度维持在规定水平,保证机载设备电力供应线的电压在 28 V 左右,并且根据宇宙飞船的控制信号关闭热离子转换器反应堆(TCR)。

TOPAZ 核电源系统的质量包括核反应堆电源装置、自动控制系统及电缆共计 1 200 kg,其寿命为 4 400 h。核反应堆电源装置长度为 4.7 m,最大直径为 1.3 m。

为了准备飞行试验,1982—1984 年,核电源与自动控制系统连在一起以自动的模式进行了两次较大功率的试验。第一次试验核电源系统所用的热离子燃料元件的发射极组件是表面带有单晶钨涂层的单晶钼。第二次试验热离子燃料元件利用的是单晶钼发射极组件。第一次试验进行了大约 4 500 h,第二次进行了大约 7 000 h。

试验揭示出转换器的效率有所降低,在寿期初工作段的效率大约为 5.5%,在 4 500 h 内效率降低大约不超过初始值的 20%。还发现,热离子反应堆转换器超过 80% 的效率降低可能归因于氢从堆芯中泄漏,在运行 3 000 h 之后,泄漏明显增加。其理由是,热离子反应堆转换器的设计寿命短,因此在该热离子反应堆转换器中,在慢化剂圆盘的整个寿期内,没有采取必要的措施使它的防护涂层保持低的氢渗透率。在这种情况下,泄漏出来的部分氢进到了电极间隙(IEG)空腔。

对这两套设备进行试验的结果充分证明了在启动和运行模式中控制算法的正确性,以及核电源系统、它的子系统及其部件的输出参数与在规定寿期为 4 400 h 期间所要求的某些数值(工作区的电功率不少于 5.6 kW)之间的一致性。

1987—1988 年,装有 TOPAZ 核电源系统的两个 Plasma-A 飞船(COSMOS-1818 和 COSMOS-1867)首次试飞。第一个装置的转换器-反应堆使用热离子燃料元件为单晶钼发射极组件,第二个热离子燃料元件的发射极带有单晶钨涂层。飞船被发射到高度为 800 km 以上的圆形轨道内,运行轨道的轨道寿命不少于 350 年,这足以使裂变产物衰变到安全水平。

核电源系统在宇宙飞船(COSMOS-1818)上首次使用,运行了 142 天;第二个核电源系统(在 COSMOS-1867 上)运行了 342 天。在两种情况下,正如所设计的那样,当铯的备料在铯蒸气发生器中耗尽时,核反应堆电源系统就终止了运行。两个装置的试验计划都圆满完成了。

飞行试验的结果证明,在地面条件下核电源系统的输出参数和一些主要过程的模式与在空间条件下的是一致的,同时也证明在空间飞行条件和带有运行着的等离子推进器的情况下,反应堆转换器和支持系统都能稳定运行。

7.1.4 ENISEY(TOPAZ-2)空间核电源系统

在科技与生产联合体红星和物理与动力工程院(IPPE)研发多节热离子燃料元件的 TOPAZ 空间核反应堆电源的同时,机器制造中心设计局(CDBMB)、原子能院(IAE)、邦达勒斯克研究与技术所(PNITI)及苏呼米物理与工程所(SIPE)协作,开发出使用单节热离子燃料元件的热离子空间核电源

系统设计(ENISEY 核电源系统,在海外以 TOPAZ-2 著称)。

1969 年,克拉斯诺亚尔斯克(Krasnoyarsk)应用机械设计局(DBAM)被委任为苏联边远地区直播电视广播建造航天飞船。中型机械制造部(MMMB)内的组织机构负责研制开发该航天飞船的电源系统,机器制造中心设计局(CDBMB)被任命为电源系统设计负责者,原子能院(IAE)负责科学监督,邦达勒斯克研究与技术所(PNITI)负责热离子燃料元件和堆芯组件的设计与技术研制开发,苏呼米物理与工程所(SIPE)作为自动化控制系统开发者。

ENISEY 空间核电源系统以热离子燃料元件为基础,将核反应堆产生的热能转换为电能,作为一个核电源系统是由开发者提议建造的。图 7-5 表示 ENISEY 核电源系统反应堆装置的一个概貌[1]。

图 7-5 ENISEY 核电源系统

所有设备都装配在一个构件中,构件形状像一个截

头圆锥体。反应堆在顶部,辐射屏蔽紧贴于反应堆下方,而所有其他仪器都布置在屏蔽的"阴影"之下。

ENISEY 空间核电源系统使用单节热离子转换器(TIC)设计。正如在 1.3.1.3 节中指出的,利用单节热离子燃料元件构成的空间核反应堆电源具有极其重要的优点。单节热离子燃料元件发射极放置核燃料芯块的空腔可以自由进出,因此在研发阶段,利用适当功率水平的专用电加热器替代燃料芯块,插入发射极的空腔,可以进行热离子燃料元件、反应堆和空间核电源系统全尺寸的电加热试验。当制造核电源系统时,利用类似的技术可以进行全尺寸的电功率验证试验,并获得该系统的输出特性。

在空间核电源系统地面研发和运行阶段,单节热离子燃料元件的这种特点,在保证核电源系统的核与辐射安全方面也是有优势的,因为它可以选择在最方便的时间向反应堆中装载核燃料,并且在装料之前完成大部分所需要进行的检测工作。

ENISEY 空间核电源系统主要技术特性在表 7-2 中列出,反应堆设计如图 7-6 所示[2]。

表 7-2　ENISEY 空间核电源系统主要技术特征

项　　目	数　　据
反应堆装置对用户输出端的最大电功率	5.5 kW
电流形式	直流
电压	27 V
反应堆热功率	不超过 135 kW
反应堆出口处最高冷却剂温度	550 ℃
最大发射极温度	1 650 ℃
核测试确定的寿命	1.5 年
反应堆装置质量	1 000 kg
反应堆长度	3 900 mm
最大直径	1 400 mm
离开反应堆堆芯中心 6.5 m 处、直径为 1.5 m 的某个平面上的辐射情况(能量为 0.1 MeV 的中子注量与 γ 射线照射剂量)	5×10^{12} cm^{-2} 5×10^{5} R
堆芯直径	260 mm
堆芯高度	375 mm
堆芯热离子燃料元件数量	37 根
侧反射层中转动控制元件数量	12 个
堆芯^{235}U 装载量	25 kg

（续表）

项　　目	数　　据
有效增殖因子 K_{eff}（控制元件向外、冷态）	1.005
总反应性温度效应 $\Delta K/K$	0.012
12 个控制元件价值 $\Delta K/K$	0.055
平均功率密度沿径向不均匀系数 K_x	1.1
平均功率密度沿轴向不均匀系数 K_z	1.26
反应性裕度所保证的寿命/年	3

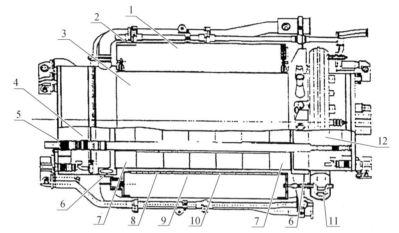

1—径向反射层（插件）；2—箍带；3—反应堆容器；4—上部氦室；5—热离子燃料元件
（TFE）；6—冷却剂集管；7—端部反射层；8—慢化剂；9—控制棒；10—中子吸收剂插件；
11—旋转装置；12—下部氦室。

图 7-6　ENISEY 空间核电源系统反应堆设计

一组氢化锆慢化剂块和铍端部反射层块固定在反应堆圆筒内。慢化剂和反射层块的一些开孔形成热离子燃料元件通道。管板由焊接到薄片上的一对对同轴管连接在一起。外管将冷却剂腔室与慢化剂腔室隔离开，而内管容纳热离子燃料元件。慢化剂由核级氢化锆制成。氢化锆基体材料的氢成分占材料质量的 2.06%。

在慢化剂中保持氢的问题通过在含氢慢化剂部件和周围金属构件上使用防护涂层而得到解决。

冷却剂在管道之间空隙通过。

热离子燃料元件插在管道内，其间隙充着氦气（这是在反应堆制造的时候就完成的）。这样可保证从热离子燃料元件电极到冷却剂有稳定的热传导。

热离子燃料元件固定在上部冷却剂联箱的外管板上。热离子燃料元件设计如图 7-7 所示。

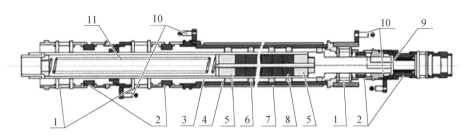

1—波纹管；2—金属陶瓷封接件；3—发射极；4—接收极；5—端反射层；6—定位架；7—外绝缘体；
8—燃料；9—铯供至极间间隙(IEG)的通道；10—电流导线；11—固定部件。

图 7-7　热离子燃料元件(TFE)设计

发射极材料的选择和工作表面制作质量是最重要的,这将影响到热离子燃料元件的性能。因此,利用带^{184}W 涂层的单晶钼作为发射极材料,而利用钼作为接收极材料。电流在堆芯外面热离子燃料元件的两端引出。热离子燃料元件电极相互电绝缘以及与反应堆容器的绝缘,则借助于固定在电极端部的金属陶瓷封接件来实现。

当启动和加热反应堆装置时,电极间的间隙充满了一定压力的铯蒸气。核燃料是^{235}U 富集度为 96％的二氧化铀芯块。对于中心组的 7 个热离子燃料元件在芯块中心有直径 8 mm 的开口,其余的热离子燃料元件芯块的中心孔直径为 4.5 mm,这样是要保证功率密度沿堆芯半径有合适的分布。氧化铍端部反射层芯块放置在发射极内燃料两端。当利用空间核电源系统进行地面运行时,专用装置将芯块保持在其位置并且不使有毒尘埃排出,而裂变气体可以自由地进入空间。

热离子燃料元件分为两区,34 根串联的热离子燃料元件为工作区,3 根并联的热离子燃料元件为泵区。径向反射层固定在反应堆压力容器的外侧,处在外部与下部冷却剂联箱之间。径向反射层包括装在薄壁钢套内的 12 个活动的圆柱形铍棒(转鼓)以及 12 个装在转鼓之间的固定式的铍插件。这些插件紧紧地压在反应堆压力容器上,与转鼓之间间隔一个很小的间隙。铍插件表面经过氧化处理,防止形成铍粉末。控制鼓在滑动轴承中转动。插件与转鼓一起通过两个金属箍压在反应堆压力容器上。金属箍装有电力锁,以此把金属箍和径向反应层固定成组装状态。

当电能加在金属箍电锁上时,电锁就会开启,并且在安装于反射层插件和反应堆压力容器之间的弹簧推动器的作用下导致径向反射层很快散开。反射层散开是事故状态下安全措施之一。

覆盖转鼓周边1/3的碳化硼吸收体元件装配在沟槽中,沿控制鼓的整个高度而布置。12个转鼓分为2组:9个为控制鼓,3个为安全鼓。通过连接器使控制鼓与转动机构相连接,而安全鼓则连接在它们单独的驱动机构上。

转动机构相当于一个分配装置,它能把来自单一驱动装置的转矩传送到9个转鼓上。

反应堆冷却系统保证传递来自反应堆的热,并把废热排放到宇宙空间中去。该系统包括热辐射器、循环泵、稳压器、氧收集器、预热电加热器、管道及装配在集流环和管线不同位置的温度传感器。钠-钾低熔点合金作为冷却剂,不锈钢作为冷却回路的构件材料。一个直流磁流体力学传导泵用于核电源系统中输送冷却剂。

空间核电源系统利用一个"灯芯"型铯蒸气发生器,在整个运行阶段由冷却回路加热,而无须动力支持。

屏蔽可保证航天飞船不受辐射和减少中子与 γ 辐射照射。同时,屏蔽可作为反应堆装置承重结构的一部分。

屏蔽设计为一个填满氢化锂的钢壳。屏蔽有两种设计形式:一种具有薄壁端部,另一种具有几厘米厚的端部用于更好地防止 γ 辐射。

空间核电源系统的自动控制系统要保证系统以所需要的模式运行。自动控制系统执行如下主要功能:

(1)启动核电源系统并将其开到额定功率水平。

(2)维持其额定功率水平。

(3)维持自动控制系统输出电压。

(4)在启动之前开启备用电源以满足核电源系统内部的能量需求。

(5)在核电源系统运行期间可对备用电池充电、放电及再充电。

(6)在地面准备、轨道发射和在轨运行期间,对核电源系统的参数进行遥测监测。

(7)在操作装有核燃料的反应堆时,确保核安全与辐射安全。

(8)在地面准备过程中,为核电源系统的功能性检验提供手段。

自动控制系统包括以下功能子系统:指令与遥测、自动调节、电力供应。

为了对自动控制系统进行功能检查,研制并建成了检查设备。这种仪器可模拟核电源系统运行条件和检查核电源系统技术特性。作为在飞船上的控制系统模拟器,自动控制系统检验设备可对连接自动控制系统的核电源系统进行地面核功率测试。检验仪器可用于检验所有核电源系统部件连接的正确性,并检验运行逻辑、启动和额定功率水平、输出电压质量及遥测器获得的信息。

自动控制驱动机构设计使反应堆控制鼓从其初始位置到 0°～180° 任一角度旋转。该驱动机构由自动控制系统控制。该设备充满氩气并且被密封起来。驱动机构能在高真空、高温和高辐射通量条件下工作。

为保障反应堆装置液态金属回路在发射位置和进入轨道段的热防护,使用了一个包括 3 个角形区和 1 个底部区构成的热防护罩。一些仪器为使角形区散开并与反应堆装置分离提供了保证。一旦热防护职能按要求完成,热防护罩就按照自动控制系统的指令脱落。

正如在俄罗斯实施中的空间核电源系统一般设计要求所规定的那样,ENISEY 系统进行了全周期地面测试,包括在机器制造中心设计局(CDBMB)装置上的综合电热测试,旨在检验宇宙飞船运输和轨道发射期间对负载作用阻尼的传输和冲击测试,低温室液氮冷却测试,作为测试的结束阶段在原子能院(IAE)R 装置(Ya-23、Eh-31、Ya-81、Eh-38 装置)和在仪器工程研究所(NIITP)T 装置(Ya-24、Eh-82 装置)上进行了核功率测试。Dvigatel 州工厂大约制造了 30 座 ENISEY 空间核电源系统实验装置用于这些试验。在原子能院(IAE)与仪器工程研究所(NIITP)的 R 和 T 核设施上分别进行了 6 次核功率测试。

这样,在 1988 年 ENISEY 系统通过了在宇宙飞船飞行试验之前要求的全周期的地面测试,并且证明该系统的性能参数与设计要求是一致的,而 1.5 年的寿命具有至少增长至 3 年的可能性。

但 1988 年克拉斯诺亚尔斯克应用机械设计局(DBAM)的宇宙飞船研制工作中止了,ENISEY 项目资金不再继续提供。于是,才有了 20 世纪 90 年代初期到中期俄罗斯与美国、英国、意大利等国家的"TOPAZ"国际合作计划。

7.1.5　SNAP-10A 空间核反应堆电源

在美国诸多包含空间核动力研发计划中,SNAP(辅助核电源系统)计划是最为成功的计划,其标志性的研发成果是在 1965 年 4 月成功发射了世界上第一座空间核反应堆电源。这也是美国迄今为止发射的唯一一颗空间核反应堆电源。SNAP 计划主要由美国原子能委员会(AEC)全面负责,主要研发机构是国际原子公司(AI)。研发目的是用于为人造卫星提供电力,并对铀氢锆空间反应堆设计进行飞行测试。

SNAP 计划开展铀氢锆反应堆技术研发和地面试验取得一定成果后(见表7-3),原子能委员会和国防部在 1961 年启动"核辅助电源轨道测试"(SNAPSHOT)计划,打算把静态热电转换的 SNAP-10A 反应堆发射到太空进行飞行测试。

表 7-3   SNAP-10A 地面原型堆与飞行系统

代 号	用 途	运行时间	连续运行时间
S10A-FS-3	地面原型系统	1965-01-22—1966-03-15	10 005 h
S10A-FS-4	飞行测试系统	1965-04-03—1965-05-16	43 d

1965 年 4 月 3 日太平洋时间 13:24,火箭升空,将 SNAP-10A 飞行测试系统(代号 S10A-FS-4)成功送入 1 300 km 的轨道。在 23:15,反应堆临界,4 月 4 日 01:45,SNAP-10A 反应堆达到满功率。1965 年 5 月 16 日,由于"阿金纳"运载器电气故障,SNAP-10A 系统连续运行 43 天后永久关闭[3]。

SNAP-10A 空间电源设计目标是能够至少运行 1 年,并且电功率在 500 W以上,主要构成为铀氢锆反应堆、NaK 热传输回路和一体化的 Si-Ge 热电转换器-辐射器。装置直径为 1.5 m,整体高度为 3.4 m。反应堆在轨道上根据地面命令启动,启动后不需要主动控制,也没有运动部件。

反应堆堆芯由 37 根燃料元件构成。每根燃料元件长为 32.64 cm,直径为 3.17 cm。包壳管和端帽采用哈斯特洛伊镍合金材料。燃料直径为 3.07 cm,与包壳管之间有 0.007 6 cm 充氢气的间隙。包壳管外层包覆含可燃毒物 Sm_2O_3 的 Solaramic S14-35A 陶瓷。燃料为铀氢锆合金。每根燃料元件包括 128 g ^{235}U、11.8 g ^{238}U、24.6 g H、1 215 g Zr 及少量的碳。堆芯燃料元件以三角形栅格排列,燃料元件中心间距为 3.2 cm。燃料元件用上下两个哈斯特洛伊镍合金堆芯栅板支撑。反应堆容器采用 316 不锈钢,内径为 22.54 cm,长为 39.62 cm,最薄处厚度为 0.081 cm。

反应堆有一层厚度为 5.08 cm 的包围堆芯的铍反射层,4 个半柱形控制鼓。控制鼓半径为 8.89 cm,长为 25.72 cm,通过控制堆芯中子泄漏量来控制反应堆功率。反应堆启动命令发出后,反应堆通过控制鼓的动作在 7 h 后达到临界。反应堆可通过弹射反射体组件实现关闭。

反应堆使用 NaK 合金冷却剂,出口温度为 554 ℃。冷却剂泵为传导式电磁泵,利用自身的 PbSnTe 热电转换器供电。NaK 管道采用 405 不锈钢、氧化铝绝缘材料和铜热阱。

热电转换材料采用 RCA 普林斯顿研究实验室 1961 年开发的 SiGe 材料,其优点是高温下的蒸气压低、力学性能好以及在比 SNAP-10A 所需更高的温度下稳定性好,不过转换性能不如 PbTe 材料。SNAP-10A 有 2 880 个热电转换元件,热端是铜热阱,冷端是辐射器的散热板。辐射器的有效面积为 5.8 m^2。

SNAP-10A 采用了重为 98.6 kg 的 LiH 影子屏蔽。屏蔽体采用不锈钢加固和一层不锈钢外壳。设计目标是把 γ 辐射降低到 4×10^7 R 的水平以及把 1.0 MeV 中子辐射降低到 5×10^{12} cm^{-2} 的水平。反应堆安装在用钛制造的圆锥形结构上。SNAP-10 A 的系统参数如表 7-4 所示。SNAP-10 A 的核反应堆、堆芯、SNAP-10A 系统图、外观图及发射过程,分别如图 7-8、图 7-9、图 7-10、图 7-11、图 7-12 所示[4]。

表 7-4 SNAP 10A(FS-4)系统参数

系 统 参 数	值或材料
最低电功率/W	533
额定热功率/kW	43.8
反应堆燃料	ZrH-U
反射体	Be
包括屏蔽的系统质量/kg	436
设计寿期/年	1
辐射器面积/m^2	5.8
电源总长度/cm	348
底部直径/cm	127
冷却剂	NaK(含 K 78%)
冷却剂流速/(L/s)	0.84
反应堆出口温度/℃	554
反应堆入口温度/℃	517
能量转换	Si-Ge
电压/V	30.3

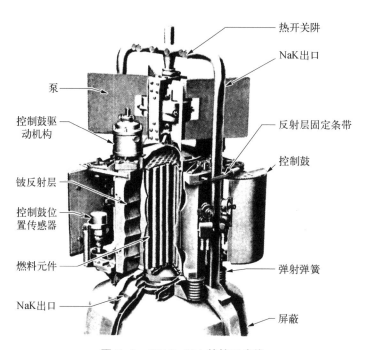

图 7-8　SNAP-10A 的核反应堆

图 7-9　SNAP-10A 堆芯

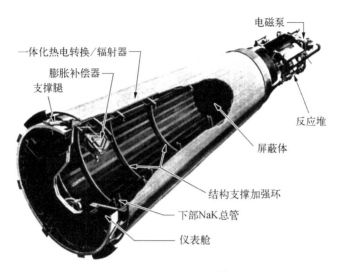

一体化热电转换／辐射器

膨胀补偿器

支撑腿

电磁泵

反应堆

屏蔽体

结构支撑加强环

下部NaK总管

仪表舱

图 7 - 10　SNAP - 10A 系统图

图 7 - 11　SNAP - 10A 外观图

图 7-12　SNAP-10A 的发射过程(运输、到达、安装、检查、运载火箭和升空)

7.1.6　SP-100 空间核反应堆电源

SP-100 是 20 世纪 80 年代美国最初为"星球大战"(SDI)开发的轨道电源。选定的任务可用轨道为 2 000 km 高、倾角为 28°的圆形轨道。作为一种轨道电源、月球或火星表面电站,可为核电推进提供能量。SP-100 空间核反应堆电源的发起者是美国国防部(DOD)、能源部(DOE)和国家宇航局(NASA)。苏联解体后,SP-100 项目更多地朝着 NASA 的任务需求发展。SP-100 并不是一种低费用的一次性使用设备,而是计划作为一种具有高度灵活性的空间核反应堆电源,即以具有灵活性的标准设计为基础,通过形成多种任务能力来实现费用优势。1991 年项目停止时,SP-100 的研发在部件制造和测试技术方面已实现了重大进展,相关工业与国家实验室的综合基础设施也已经建立起来。所有这些技术与措施满足了计划任务要求的严格的安全性、性能、寿期和可靠性。SP-100 设计开发大约投入了 10 亿美元[5]。

美国国防部(DOD)对电源的功率要求是额定功率 100 kW 或更高功率的空间核反应堆电源(见图 7-13);而国家宇航局(NASA)则在未来月球和火星探测中需要核电推进。SP-100 最终设计为可在几十千瓦和几百千瓦之间缩放,一般设计为 100 kW,从而适应各种类型的任务需求。在经过了对系统权衡折中性研究和关键技术可行性研究之后,确定了寿期为 10 年的最低质量和最低费用的空间反应堆电源系统(SRPS)方案:选择氮化铀燃料、锂冷却的快中子反应堆与热电能量转换器相结合,利用热管式辐射散热器将废热排放到太空。

图 7-13　装配了桁梁和有效载荷的
SP-100 空间核反应堆电源

国防部(DOD)的任务细节至今大部分仍为机密;NASA 部分则已公开。NASA 的最初研究表明,采用 100 kW 动力系统的核电推进(NEP)系统、40 kg/kW 的比质量以及 10 年寿期,能够实现最为大胆的行星任务。更新的研究表明,3～5 年的任务可采用 20～40 kW 的低功率水平 NEP。20～40 kW 的动力系统还可以运行一座月球或火星基地。除 NASA 任务外,20～40 kW 动力系统还适合一些商用与国防部 SDI 的应用,例如大功率通信、空中交通管制、遥感以及军事侦察等。

20 世纪 90 年代初以前,计划主要设计一般的 100 kW 的 SP-100,后来的计划更加侧重 NASA 任务。在计划可能取消时,为加快部署,进行了要求不太严格的设计,例如寿期缩短、质量增加。不太严格要求设计下的 20～40 kW 的系统,能够比一般的 100 kW 系统更早部署,因为基于较低要求的相关技术开发在 90 年代初已基本完成。1994 年计划终止时,除热电-电磁(TEM)泵和能量转换装置(PCA)仍需在液态锂回路中进行连接部件试验外,20～40 kW 系统的详细设计、制造和资格认证都已准备就绪。

尽管 SP-100 的 20～40 kW 系统在计划取消时已经成为重点,但 100 kW 一般设计在 SP-100 计划寿期中却得到了最多的设计和开发,其部件对于所有其他相关缩放的系统而言都是基础。SP-100 设计借鉴了液态金属冷却快堆和固态热电能量转换器的丰富经验。美国在超过 25 年的空间任务中采用放射性同位素电源(RTG),已经论证了热电能量转换装置的长期高度可靠性。SP-100 是为 10 年任务寿期设计的,然而并没有限制其寿命的内在技术特征。"旅行者"号在太空飞行 13 年后,其功率仍然有初始功率的 90%,这就很好地证明了这一点。

SP-100 设计考虑了可缩放的需求,方法是采用主要部件和子系统的模块化,从而可以以各种形式组装,满足使用者的体积限制和功率水平。由于采用模块化设计,SP-100 反应堆和屏蔽、散热子系统,可以与动态转换装置连接,从而提高能量转换效率。在不运行反应堆的情况下,SP-100 在发射前都进行了各种操作温度下的验证。SP-100 设计的开发符合各种各样苛刻的外太空环境,并能够在包括航天飞机在内的一系列运输工具上装载。对有效载荷进行辐射防护是通过配备被动屏蔽完成的。为防止碎石和微流星体的冲击,则根据特定任务配以缓冲装置或装甲。

7.1.6.1 对 SP-100 的功能要求

SP-100 设计是由一系列要求规定的,这些要求源自并发展自任务需求。SP-100 功能要求文件中描述的一般任务分成以下 7 个阶段。

(1) 发射准备:始于 SRPS 装置启动,结束在运载火箭发射装置准备倒数计秒时。

(2) 发射:始于倒数计秒开始,结束于有效载荷(SRPS)从运载火箭中释放出来。

(3) 轨道/行星表面探测跟踪:始于有效载荷(SRPS)的发射,结束于行星表面航天器的启动。

（4）运行启动：始于有效载荷部署成功的确认，结束于反应堆启动和检验。

（5）运行：始于 SRPS 达到任务规定反应堆热电输出值，结束于反应堆停堆。

（6）特殊运行：如果运行阶段长时间地中断，低于额定热输出则开始，回到正常运行状态时结束。

（7）处置：证实反应堆停堆时开始，成功处置后结束。

以上每个任务阶段都规定了特定的功能要求。任务要求中突出的重点是以最小的质量、最长的寿期、高度的可靠性、自主控制、使用者灵活性、防威胁、意外再入大气层时的包容，实现最大的功率。随着任务的发展，详细的功能要求逐渐把重点放在"一般的"，但是可缩放的 100 kW 功率输出上。表 7-5 列出了主要的功能要求。

表 7-5　主要功能要求

序　号	功　能　要　求
1	10 年的任务寿期，其中 7 年为满功率
2	在寿期结束时能为任务模块提供 100 kW 的电功率
3	系统总质量低于 4 600 kg
4	0.95 的可靠性，即任务的成功率达到 95%
5	自主控制
6	对无人任务只有发射前可维护性，对有人任务启动后仍具有一定的可维护性
7	偶尔停堆和重新启动的能力
8	利用当地土壤作为屏蔽在月球或火星表面运行的能力
9	以距离反应堆容器底部 22.5 m，直径 4.5 m 的使用者面（user plane）为基础，在任务寿期内任务模块的辐射环境： —与高能（1 MeV）中子注量（10^{13} cm^{-2}）相当的中子注量 —γ 剂量等于 5×10^3 Gy —0.14 W/cm^2 的热功率密度
10	安全性（见 7.1.6.8 节）
11	特定任务规定的面对敌对威胁的生存性；NASA SP-8013 和 SP-8042 定义的微流星体环境（颗粒能量水平和速度分布）

7.1.6.2 SP-100 的结构与性能参数

根据表 7-5 的功能要求得出的 SP-100 最高级设计与功能特性如表 7-6 所示。100 kW 的 SP-100 设计为发射时长 6 m、直径 4 m，展开后长度为 22.5 m。锥角为 17°(即半圆锥)，向有效载荷提供了直径为 4.5 m 的屏蔽。卫星的前面与反应堆尾部的间距(22.5 m)通过一个可张开的架子实现。

表 7-6 最高级设计与性能参数

参　　　数	数　　值
任务结束时使用者的电功率	100.0 kW
任务结束时转换器的电功率	106.3 kW
任务结束时反应堆的热功率	2.4 MW
任务结束时反应堆冷却剂出口温度	1 375 K
主能量转换器数量	12
主热电电磁泵数量	12
热电总面积	7.622 m^2 主体，0.156 m^2 辅助冷却与加热
一端固定散热器总面积	8.1 m^2
一端展开散热器总面积	98.5 m^2
总质量	4 518 kg

SP-100 可分成两个主要部件：反应堆电源部件(RPA)和装有可展开散热器的能量转换部件(ECA)，如图 7-14 所示。RPA 包括反应堆、反应堆仪表和控制系统(I 和 C)、辐射屏蔽，以及一回路传热系统(PHTS)的前部和辅助冷

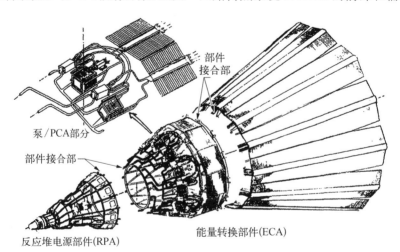

图 7-14　SP-100 主要部件

却与加热（ACT）回路。ECA 由 PHTS 的后部、整个二回路传热系统
（SHTS）、热电电磁（TEM）泵、多个能量转换器（PCA）、固定与可展开的散热
器，以及可展开支架组成。PHTS 的作用是将热量从反应堆传给 PCA，
SHTS 用于把废热从 PCA 传给散热器。RPA 和 ECA 的划分主要是为了方
便分别制造和试验。RPA 的核特性要求其加工制造和试验的许多工作要在
批准的核设施上进行，而 ECA 不需要。这两个部件的功能整合如框图 7-15
所示。

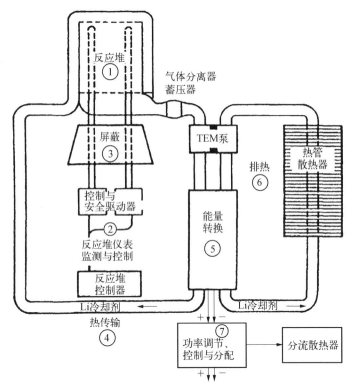

图 7-15　SP-100 功能框图

反应堆电源部件如图 7-16 所示，12 个滑动反射体确立了反应堆的中子
情况，并由独立的驱动机械装置单独控制。3 根安全棒成为一组，作为一个整
体被驱动。电子多路转换器（MUX）与位置遥远的系统控制器通过硬件连接
起来，既接收传感信息，又向反射体和安全棒驱动机构发出控制动力。每个
PHTS 回路的冷却剂首先经过气体分离器/蓄压器（GSA），在这里清除反应堆
中产生的氦气泡。随后，锂流经过两个串联的 TEM 泵，在这里传输的热量中

有一小部分被取出,以驱动泵运行。冷却剂从 TEM 泵离开后经过两个并联的 PCA,在这里锂传输的绝大部分热量通过热电转换,以产生系统的电力。PCA 部件含有 Si-Ge 温差电池可产生电力。Si-Ge 电池的主要部件是热电模块、柔性护垫、高压绝缘子。经过 PCA 后,冷却的锂又流过另外两个串联的 TEM 泵,然后回到反应堆。SHTS 回路与 PCA 的冷侧连接,由一个 TEM 泵驱动,并拥有串联的固定散热器和可展开散热器。

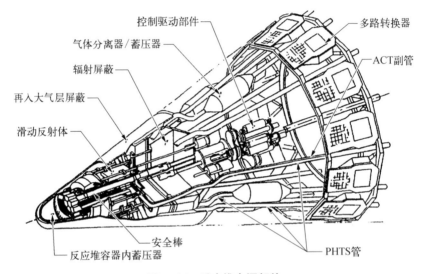

图 7-16 反应堆电源部件

7.1.6.3 堆芯和燃料细棒

1) 堆芯

反应堆中有一个蜂巢形结构,为燃料细棒提供支撑,并为引导冷却剂围绕燃料细棒流动建立通道(见图 7-17)。反应堆压力容器外安装的 12 个滑动的辐射状反射体,通过平行于反应堆的轴向运动提供了对功率水平的控制能力。随着辐射状反射体的滑动,它关闭或打开反应堆中部附近的圆周缝隙。堆芯内部的安全棒提供了反应堆停堆的能力。三根安全棒中的任何一根都能使反应堆从热的满功率降低到冷的次临界状态,12 个反射体中的任何 11 个也能做到这一点。图 7-17 所示的是反应堆芯的横截面,它由 858 根燃料细棒和 52 根 U 形管组成,形成一个近似的直角圆柱体。U 形管构成了 ACT 回路的一部分,提供启动时融化锂冷却剂的能力,以及在 PHTS 冷却剂丧失的情况下消耗衰变热的能力。

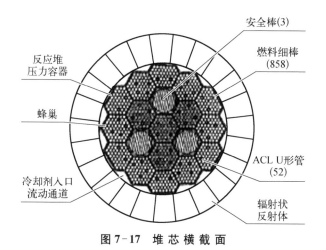

图 7-17　堆 芯 横 截 面

与堆芯有关的关键开发工作包括但不仅限于：用一整块材料制成蜂巢状支撑结构以消除焊接的影响；全规模模型的水压试验，保证流动分布的均匀平稳并测量实际的压降；用一个模型进行次临界试验，论证中子行为。

2）燃料细棒

图 7-18 所示的燃料细棒包括一个一体化 BeO 尾部轴向反射体，从而降低了堆芯和屏蔽的质量。

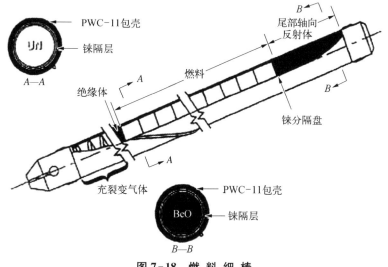

图 7-18　燃 料 细 棒

一个铼盘被夹在燃料和 BeO 之间，防止相互发生化学作用。在各种燃料中选择了 UN，目的是节省质量，保持化学稳定性和物理完整性。燃料包壳选用了铼并在外层结合一层 Nb-1Zr(PWC-11)层。铼是用热等静压与 Nb-1Zr 相结合的。Re/Nb-1Zr 复合物被选择的原因是铼比 Nb-1Zr 与燃料和裂变气体之间有更强的化学惰性,铼的强度比 Nb-1Zr 高,Nb-1Zr 比铼与锂冷却剂有更好的相容性和延展性。总的来说,这样得到的燃料细棒比其他的质量更小。

与燃料细棒有关的关键开发工作包括但不仅限于:热等静压程序;裂变气体释放随燃耗的成分变化;材料应力与应变行为(见图 7-19)。图 7-20 显示的是预期的燃耗(即裂变气体释放)与包壳应变(即变形)的关系,这与热通道因子相关。热通道因子是最坏情况下燃料芯块发热的度量。

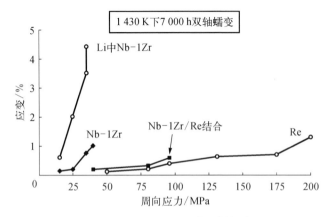

图 7-19 Nb-1Zr/Re 的双轴蠕变

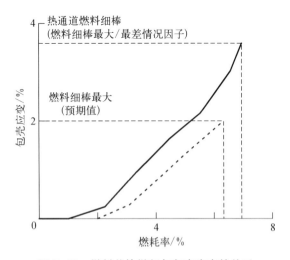

图 7-20 燃料芯块燃耗与包壳应变的关系

作为 SP-100 计划的一部分,制造高质量、薄壁、锻制铼管的工艺得到了成功开发和验收。经过评估包括型锻、拉制、挤出烧结管材壳体以及化学气相沉积在内的多项工艺,然后选择了将铼条成型并用电子束焊接制成拉制管的工艺,这是最经济的方法。此外,在 20 世纪 60 年代开发的供高温下与液态金属一起使用的 PWC-11(即含 0.1% C 的 Nb-1 Zr),需要进行开发以生产 SP-100 燃料细棒包壳。后来,橡树岭国家实验室把这种材料加工成外径为 3.7cm、内径为 2.5cm 的燃料包壳供鉴定计划使用。

生产高质量氮化铀燃料芯块的制造工艺在洛斯·阿拉莫斯国家实验室得到了成功开发,并经过了辐照试验的充分验证。作为 SP-100 计划的一部分,超过 73 个燃料细棒都在 EBR-Ⅱ 和 FFTF 反应堆中辐照过。辐照包括在最多 3 倍于额定功率、超过 6%(原子分数)燃耗这个设计目标下进行试验。为了进行地面试验,还几乎制造了一整个堆芯,即包含约 50 000 个原型燃料细棒。燃料包壳计划采用 PWC-11,成功开发并验收了 Nb-1Zr/Re 的制造。这是迄今为止用于液态金属反应堆的最高强度的燃料包壳。

7.1.6.4　SP-100 的质量

质量最小化决定了许多子系统和零件的设计。例如,尽管 UO_2 是最成熟的反应堆燃料,但还是选择 UN 燃料而不是 UO_2,目的就是为了减轻质量。其他需要重新开发而不是使用现有技术来减轻质量的零件设计的例子,包括 Nb-1Zr/Re 燃料细棒包壳,还有温差电池采用了十分昂贵的硅锗合金以提高热传导性。图 7-21 是根据系统质量最小化原则来确定最适宜热电转换器电偶臂高度的权衡研究的

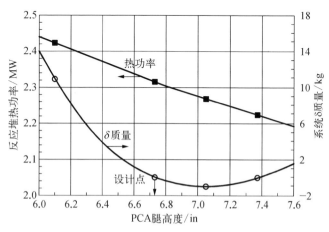

图 7-21　PCA 电偶臂的权衡研究

注：1 in=2.54 cm。

一个例子。如果小于最适宜的高度,热转化效率低,将导致反应堆和屏蔽质量的增加;如果大于最适宜高度,更大的温差电池也会使系统质量增加。许多主要部件,如 TEM 泵和热电转换/散热器区域,都进行了这类权衡研究。

7.1.6.5 SP-100 的寿期

寿期在很大程度上取决于材料的选择,这又直接影响着系统质量。选择的是物理强度高和化学稳定性强的材料。特别具有挑战性的是高温和高辐射对整个系统中唯一运动部件、即控制棒组件中轴承的影响。温差电池中较高的热梯度会促使产生高应力并导致裂缝;高辐射会引起电子仪器中晶体管损坏。其他寿期问题包括锂冷却剂中氧的污染,会由于锂渗漏或形成氧化物淤渣引起 Nb-1Zr 管道系统故障,控制棒组件中电磁感应线圈和离合器表面的材料降级,以及由于 LiH 肿胀导致屏蔽完整性故障。

7.1.6.6 启动和停堆

最初启动设计为小于或等于 72 h 达到满功率。冷启动所需的电力是由电池提供的,直到部分冷却剂解冻并开始产生基于反应堆的电力。最初时电池必须提供通信、控制棒驱动装置机械启动,以及电阻加热冷却剂解冻的电力,并有 100% 的裕量。为了在整个任务寿期内发生的多次停堆/重启动事件,配备了可充电电池。以衰变热重启动不如最初启动苛刻,停堆时间则要限制在 NaK 副管系统维持溶解的期间内。这个停堆时间根据过去的运行寿命可从 2 个月到 6 个月变动。系统设计为从备用功率(不发生解冻)到满功率可运行 20 次。

7.1.6.7 运行可靠性

对各部件分配的系统可靠性目标设计为达到 0.95 的总体可靠性,这意味着 100 次中有 95 次实现性能要求。为实现运行可靠性采用了以下设计:

(1) 在一个排热回路不起作用的情况下达到满功率。

(2) 在一个控制反射体保持打开时达到满功率。

(3) 控制棒马达、闸和离合器的冗余。

(4) 允许 1% 的燃料细棒发生故障导致的裂变气体泄漏到冷却剂中。

(5) 过量的热电转换区,可以防止寿期材料降级。

(6) 最少 2 条各有 2 个传感器的电路,接收每一个关键信号。对非关键测量采用有 3 个传感器的一条电路。

在众多评估 SP-100 可靠性的研究中,一个例子是估算一个排热回路故障影响的计算机模型。该性能模型采用了每个系统部件的有限差分表征,包括 TEM 泵、PCA 和散热器。在缺失一个排热回路,包括排除其中 PCA (12 个当中的 1 个)产生的功率的情况下,反应堆出口温度从 1 345 K 升高到 1 375 K,随后导致剩下的 11 个 PCA 产生更高的功率。结果仍保留了约 100% 的功率。

7.1.6.8　安全

以下设计特点实现了可靠的安全性:

(1) 一个反射体卡住的情况下,仅用三根安全棒中的一个就能够停堆。

(2) 控制器的设计排除了关掉多于一个反射体的可能性。

(3) 多个冷却剂一回路和二回路,提供冗余的排热途径。

(4) 燃料设计温度保持高达 2 300 K,保证在冷却剂丧失事故情况下燃料芯块的完整性。

(5) 堆芯设计可在意外再入大气层受土埋或充水影响的情况下,所有的反射体都位于可能最坏的布局,三个安全棒都插入,实现冷停堆。

对意外再入大气层并被掩埋之后可能的几何构型的次临界要求定义为:压力容器压缩,燃料细棒阵列中有锂,允许安全棒相对于堆芯发生 5 cm 轴向位移的次临界。

如前所述,为了在冷却剂丧失事故(LOCA)等情景下进行辅助冷却设计 ACT,ACT 设计可容许一回路冷却剂有一处穿孔的同时在满功率下运行,并排出 35 kW 的反应堆衰变热。此外,如果一回路冷却剂压力损失,控制系统可以使反应堆停堆。LOCA 发生时,ACT 系统在堆芯的 U 形管中的 NaK 温度升高到最高值 1 400 K。二回路副管到散热器内的 NaK 超过 900 K 约 40 min,被认为是可以接受的。

SP-100 的设计研发中融入了复杂的技术,为后来美国空间核动力的发展提供了丰厚的技术储备。

7.1.7　SPACE-R 热离子空间核反应堆电源

1991 年,按照双方签订的"TOPAZ 国际计划",美国从俄罗斯先后引进了 6 座 TOPAZ-2 型热离子空间核反应堆电源,进行了大量的实验研究。在此基础上设计了 SPACE-R 热离子空间核反应堆电源系统。SPACE-R 广泛吸收了俄罗斯 TOPAZ 型空间核反应堆电源的先进技术,也借鉴了美国自身在液态金属快增殖堆和 SNAP 系列空间核反应堆电源方面的研究经验。

SPACE-R 是一个紧凑的两吨重的空间反应堆,它可以装在 Delta-Ⅱ、Atlas Centaur 或更大的推进系统的头部。在空间条件下,它可以产生 40 kW 的电功率,工作寿命达 10 年。发射该系统时没有放射性,其设计完全符合美国和国际公共安全以及环境防护基准目标,并且易裂变材料^{235}U装载量最小,扩散的可能性也最小。该系统采用了单节热离子燃料元件的概念,它简化了全尺寸的发射前热试验和电输出试验,在发射和到达某个长寿命的安全轨道之前不产生放射性。该设计所依据的技术、材料、部件和温度已经在美国的 SNAP 反应堆计划的空间飞行中和苏联的 TOPAZ 反应堆计划中得到了证明[6]。

1) 设计基本要求和方法

设计研究的目的是确定一个输出电功率为 40 kW 的电源系统,用以满足 20 世纪 90 年代末期所预期的商业、民用和国防方面的空间高功率需求。限制条件是在最小的成本以及最小的技术和计划风险的前提下,提供这种动力。

(1) 基本要求。① 安全性:完全符合公众安全和环境防护要求及目标。② 功率水平:40 kW。③ 工作时间:10 年。④ 可靠性:95%(具有高的置信度)。⑤ 自然环境:距离地球或月球 800 km。⑥ 成本:与在同轨道上的太阳电池能够相比拟。质量和体积:允许使用较小的助推器。生存能力:能适应可能的威胁。⑦ 技术风险:最小。⑧ 可用性:1999 年之前。⑨ 开发成本:在与可靠性及安全目标相适应的情况下,要求最小的成本。

(2) 设计开展的方法。把数据的外推减至最小,即尽最大的可能,把设计工作建立在经过证实的动力堆和飞行概念的基础之上。

2) 冷却剂系统

世界上所有输出功率在几千瓦以上的数百座动力堆,都利用泵送对流(循环)冷却剂。因此,世界上所有的经过证实的动力堆的运行经验都与泵送对流冷却剂、管道、各种泵、仪表、换热器等有关。为了在 6~8 年的研制开发时间内设计工作寿命为 10 年的空间核反应堆电源,决定要使用强迫对流冷却,以便充分利用过去 50 多年的经验。

世界上众所周知的反应堆冷却剂系统温度与系统持续时间关系的经验曲线如图 7-22 所示。可以注意到,对于 10 年的持续工作时间,最高温度的冷却剂是钠或 NaK 合金,工作温度为 800~900 K。在这种温度范围内,可以使用不锈钢和耐热耐腐蚀镍基合金(Hastelloy)金属结构,一般用真空或者充满惰性气体的试验设备。

在苏联的 TOPAZ-1 和 TOPAZ-2 中,泵送冷却剂由辐射器的散热片直接冷却。为了在这个设计中引入更高的可靠性和生存能力,冷却剂将把它的热量传给数量相当冗余的热管,即使坏掉 50% 的热管,电功率也不会有明显的损失。换热器将很紧凑地隐匿在构架中并且被屏蔽起来,以防止由陨石或敌方攻击而造成碎裂,如图 7-23 所示。

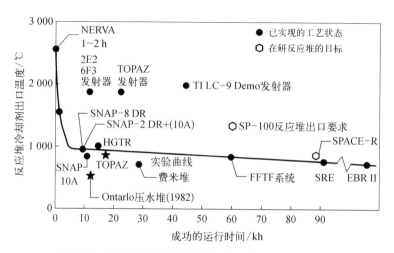

图 7-22　美国和世界上动力堆温度和持续时间关系曲线

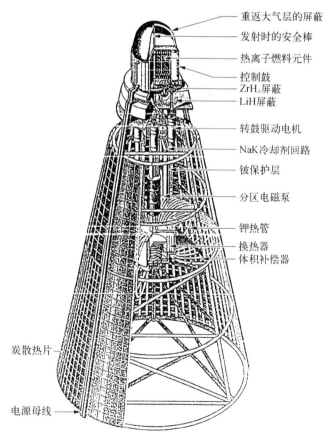

图 7-23　SPACE-R 堆内热离子反应堆电源系统

图 7-23 所示是一个堆内热离子反应堆电源系统,燃料元件为 UO_2,泵送液态金属(NaK)冷却,并且是一个慢化的堆芯。这一基本的 SPACE-R 设计可以产生 40 kW 的电功率(寿期末),寿命为 10 年,使用堆芯长度为 350 mm,两端引出电流、单节热离子燃料元件(TFEs)。辐射器的结构以及屏蔽圆锥角的选择,主要是考虑堆芯与有效载荷之间要保持 10 m 的距离(没表示出来)匹配。这个系统在装载燃料之前,可以用电加热方法,对整个装置进行满功率的运行试验。通过广泛地采用经过验证的 SNAP、LMFBR 和苏联的 TOPAZ-2 技术,通过低成本、低风险的开发研究计划完成这个设计是可能的。

稳态运行的冷却剂系统的连接中由三个独立并联的电磁泵构成。因此,该系统可以失去三个电磁泵之中的任何一个或两个而继续满功率运行。

3) 能量转换

SPACE-R 采用堆内热离子转换,难熔金属(钨或钼)为包壳的陶瓷核燃料元件就如日光灯丝一样悬挂在真空中。处在 1 700~1 800 K 温度下热的阴极,蒸发出的电子跨过电压间隙到达较冷的阳极。典型 900 K 绝缘的并且装以保护套管的阳极,其作用相当于燃料元件转换器的真空封装的金属包壳。900 K 的金属外包壳管由液态金属冷却,其温度低于 900 K(见图 7-24)。

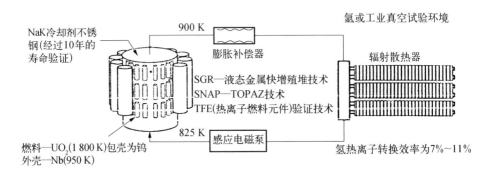

图 7-24 堆内热离子转换

4) 堆芯

直径为 46 cm、长为 35 cm 的堆芯,由 150 根热离子燃料元件、铍金属包壳的氢化钇慢化剂元件、钠钾共晶合金冷却剂以及性能合适的不锈钢和耐热耐蚀镍基合金(Hastelloy)反应堆容器构成,堆芯布置参看图 7-25。

热离子燃料元件是单节型的,并且与适于飞行的 TOPAZ-2 反应堆应用

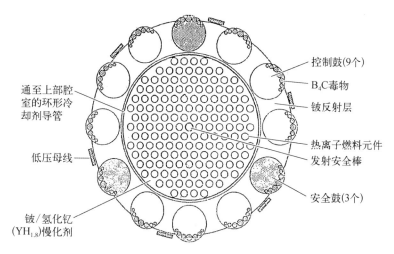

通至上部腔室的环形冷却剂导管

低压母线

铍/氢化钇(YH$_{1.8}$)慢化剂

控制鼓(9个)

B$_4$C毒物

铍反射层

热离子燃料元件

发射安全棒

安全鼓(3个)

图 7-25　慢化堆芯的横截面

的那些经过验证的燃料元件很相似。如图 7-26 所表示的,单节热离子燃料元件制造工艺比多节热离子燃料元件简单得多,成本低得多,裂变气体对电极空间的可能污染也小得多,而可靠性高,并且提供了较高的燃料体积份额和较小的临界堆芯尺寸。最重要的是,在装核燃料之前,可以进行整个系统满功率热的和电的输出运行及测试。这一重大的试验特性对宇宙飞船的建造和可能的空间电源系统的顾客是最重要的,而这一直是从前美国反应堆空间电源系统设计的缺憾。在新墨西哥州工程研究院(NMERI)规划的与 TOPAZ-2 有关的 TSET 计划将验证这种能力。

　　5) 反应堆、控制和安全性

　　10 cm 厚的铍金属反射层运行在 800 K 左右。反射层包含 12 个转动控制鼓,可以经受的最大快中子注量为 3×10^{20} cm^{-2}。因此,在 10 年寿期内可以保持很好的尺寸稳定性。每个转鼓在其 120° 的柱面区段都有开了若干排气孔的 ^{10}B$_4$C 棒(见图 7-25)。这些转鼓在控制反应性方面都能达到 0.75 元的反应性当量[在核反应堆动力学分析中,把在数值上等于缓发中子份额(0.006 5)的反应性称为 1 元($\$$)的反应性当量,并且当反应性 $P = \beta = 0.006 5$ 时,核反应堆会达到瞬发临界]。转鼓的轴承都是经过挑选和处理过的自校准的陶瓷轴承,以防止在承载温度和在空间的真空条件下发生自焊现象。可靠性研究以及 TOPAZ-1 和 TOPAZ-2 的经验已经表明,所推荐的系统将使用一个大型的齿轮和 2 个冗余的驱动马达用以带动 12 个控制鼓中的 9 个,其余的 3 个控制鼓作为启动和停闭反应堆的安全鼓而被单个驱动,即一个鼓有一个驱动马

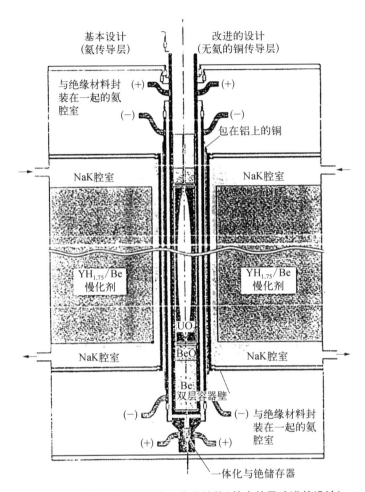

图7-26 热离子燃料元件和堆芯结构(基本的及改进的设计)

达(见图7-27)。

TOPAZ-1和TOPAZ-2系统的全部的氢化锆慢化剂提供了一个正的慢化剂温度系数,这本身也简化了停闭反应堆的操作,仅用一个安全鼓就可以实现停堆。SPACE-R设计采用氢化钇和铍金属慢化剂,得到慢化剂反应性系数为零和负的燃料系数。因此,必须使用2个安全鼓才能把系统停闭在一个冷的零功率状态。这可以通过三种方式达到:迅速断开3个或4个停堆控制鼓的2个,或者驱动停堆控制鼓并使9个或8个补偿控制鼓中的2个转到零功率状态,或者把位于堆芯中央的安全棒插入堆内。即使控制鼓和安全鼓都失效,并且假定中央控制棒失效,也存在着一个最后的固有停堆机制。这种机制就是在下述情况下慢化剂的过热和氢的恒定流失。这些情况包括发射台着

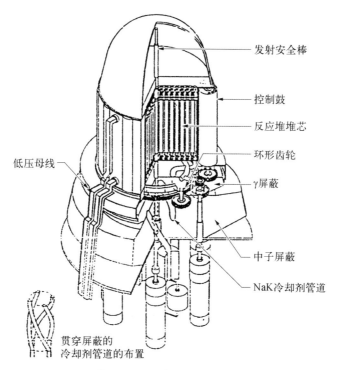

发射安全棒

控制鼓

反应堆堆芯

环形齿轮

低压母线

γ屏蔽

中子屏蔽

NaK冷却剂管道

贯穿屏蔽的
冷却剂管道的布置

图 7-27　反应堆和屏蔽布置

火和爆炸,在高轨道运行时失冷,以及发射失败或轨道衰变几百年之后的返回发热等。

6) 耐久性

影响耐久性的关键方面涉及核陶瓷燃料的肿胀、裂变产物泄漏到电极空间、氢的保持、铍肿胀、容器的冷却剂腐蚀或质量迁移,以及陨石或碎片对冷却剂系统或辐射散热器造成的损害。

10～15 年寿命的、冗余的热管辐射器可以承受接近 50% 的热管损失,而保持满功率输出。钾(热管)在 800～900 K 的低温下运行,可导致最小的质量迁移和长的寿命。在 800～900 K 温度下的铍,在整个 10 年寿期内将保持尺寸的稳定性。正在做这样一种考虑,让入口流通过整个慢化剂,然后转过方向,向下流经整个热离子燃料元件。这样金属铍将保持接近 800 K。

借助氢化锆在铍中保持氢只能保持大约一年左右时间。10 年的要求则需要一种在防护层中带有吸气剂箔的双层密封,或者利用氢化钇(它的分解压要低 100 倍)。铍金属包 $YH_{1.8}$ 的思想是,使慢化剂获得 10 年寿命的最简单的方法。裂变产物往电极空间泄漏比较容易避免,其措施是利用单节电极,并且具有 1.5 mm 的连续的发射极壁气体阻挡层,在这里裂变气体从燃料本身一端引出。在这种概念中仅需要一对电极间的密封,并且这些密封也许超出堆芯范围而在热离子燃料元件较冷的和较低注量的端部。多节热离子燃料元件要求燃料棒的每一节之间都要极间绝缘体密封,而且是在堆芯高注量和高温发射区内。在多节热离子燃料元件中,裂变气体必须从每一节中引出,并且借助非常细的通道而通到热离子燃料元件的一端。

最后,单节热离子燃料元件的、慢化到热能的反应堆需要大大减少完全浓缩的 UO_2 体积。因此,在每个热离子燃料元件中燃料的体积分数减少到不足 70%。由于燃料的轴向再分配,在堆芯中心燃料份额少于 60%,而在热离子燃料元件的两端其分数比 70% 稍大一些。这种情况提出了所谓的"软燃料芯块"。"强发射极"则利用了 1.5 mm 的 TOPAZ 型的合金化钼单晶,其上化学气相沉积了一层 0.15~0.2 mm 的、有固定取向的加浓 [184]W 的金属钨涂层。研究者对这种"软燃料芯块"和"强发射极"的结合进行了计算,其目的是把燃料肿胀限制在一定范围,以保证 10~15 年的反应堆寿命。

7) 设计参数与分析

表 7-7 汇总了 40 kW 的反应堆电源系统设计和运行参数。

表 7-7　40 kW 基本系统的特性

特　　　性	参　　　数
反应堆热功率	611 kW
寿期初电功率输出	44 kW
系统效率	7.2%
可允许的系统性能下降	10 年内降低 10%
堆芯直径/高度	46 cm/35 cm
能量转换	慢化堆芯中装单节热离子燃料元件
热离子燃料元件数量	150 根
驱动器的数量	0
发射极/接收极平均温度	1 823 K/900 K
轴向热功率比	0.7(端部/中平面)
径向热功率比	0.7(最小/最大)
反应堆输出	24 V/1 900 A(直流)
燃料	UO_2
[235]U 装载量	81 kg(90% 的富集度)
燃耗	在 10 年内达到 3.5%

（续表）

特　性	参　数
有效密度	0.7
慢化剂	混合的铍和氢化钇（$YH_{1.75}$）
反射层	铍
轴向	8 cm
径向	10 cm
控制鼓数目	9 个（直径 10.4 cm Be＋B_4C）
安全鼓数目	3 个（直径 10.4 cm Be＋B_4C）
堆芯安全棒数目	1 根（B_4C 带有 Be/YH_x 跟随器）
热排放	
主回路	电磁泵送 NaK（6.45 kg/s）
二回路（辐射器）	K 热管
辐射器平均温度	815 K
辐射器面积	28 m^2
辐射器质量	621 kg
屏蔽	LiH＋ZrH_x
屏蔽质量：	
5 m①	1 270 kg
10 m	512 kg
系统质量：	
5 m	2 781 kg
10 m	2 201 kg

注：① 指有效载荷离开距离。

8）结论

这个基础性的研究探讨了功率输出范围 5～100 kW,10 年寿命的空间核电源系统。SPACE-R 研究则集中在寿期末净功率输出 40 kW、寿期初的输出功率为 44 kW 和总功率为 49 kW 以上。这一更详细的研究证实了较早的、由 SNAP-TOPAZ 转化而来的一些反应堆 SPI 的研究,SPI 的目标在于探讨寿命为 5 年、功率为 30 kW 的系统。

生存能力强、10 年寿命、40 kW 的 SPACE-R 系统的质量仅比 5 年寿命、30 kW 的 SNAP-TOPAZ 派生系统的高 25％左右。TOPAZ-2 在 6 kW、3 年寿命的情况下质量为 1 000 kg。14 kW、10 年寿命的 SPACE-R 大约为 1 400 kg,

而寿期末净功率为 40 kW、10 年工作时间的 SPACE-R 质量为 2 000～2 400 kg,这取决于生存能力的要求。

有生存力的太阳能电源系统比质量为 250 kg/kW 的量级。在 1 000 km 轨道上使用 NaS 蓄电池的先进的光电池或太阳能动态转换系统比质量大约为 100 kg/kW。因此,可以得出结论,在 10～20 kW 以上的功率水平,产生空间电能的反应堆其质量是有竞争力的。SPACE-R 系统的尺寸仅为太阳能电力系统展开尺寸的 3%～10%。功率输出大约 10 kW 以上的核系统的小尺寸以及定向需求的灵活性,将能装备更可靠的大功率人造卫星。

这一研究显示,根据已经证实过的技术和部件可以建一个长寿命的核动力装置并进行试验,以证明在 40 kW 的输出功率下,寿命可达 10 年。该空间系统可以用"阿特拉斯·森涛"(Atlas Centaur)运载火箭发射到初始(启动)轨道。该装置可以在 1999 年之前做好飞行准备,并且将全部符合美国和国际的安全与环境防护要求及其目标。

SPACE-R 系统是一个相当完整和成熟的技术设计。

7.1.8 热管式火星/月球表面核反应堆电站(HOMER)

HOMER 设计可提供 50～250 kW 能源用于生命支持、当地推进剂生产、科学实验、作物生长、高强度照明等火星/月球任务活动。设计理念为低成本、可接受研发周期、高可靠性。这是美国星表核反应堆电站具有代表性的方案之一。

图 7-28 为热功率 125 kW HOMER 堆芯截面图。HOMER 采用转鼓控制,热管换热,不需要泵及其他运动部件。热量由燃料元件传递给栅格中的热管,由热管带出堆芯送至能量转换系统。外部的能量转换系统可以考虑采用热电偶、热离子、布雷顿循环、斯特林、朗肯循环及碱金属热电转换等模式,主要有以下两个方案[7]。

(1) HOMER-15。该系统采用富集度为 97% 的 UN 燃料,包壳材料为不锈钢,热功率为 15 kW,采用钠热管将热量传输至 1 台斯特林发动机,堆芯包含 19 根热管和 102 根燃料元件,可产生 3 kW 电功率,效率为 20%,堆芯直径为 18.1 cm,堆本体(不含屏蔽体)质量为 214.4 kg,系统质量为 775 kg,比功率约为 3.9 W/kg。图 7-29、图 7-30、图 7-31 和图 7-32 分别给出了 HOMER-15 的反应堆结构、燃料元件与热管排布、三维剖视图和外形尺寸。

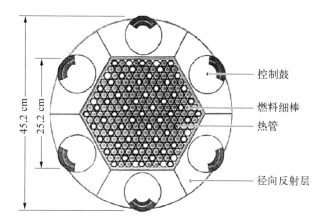

图7‑28　热功率125 kW HOMER 堆芯截面图

控制鼓

燃料细棒

热管

径向反射层

图7‑29　HOMER‑15 反应堆结构

热管

燃料元件

径向反射层

控制鼓

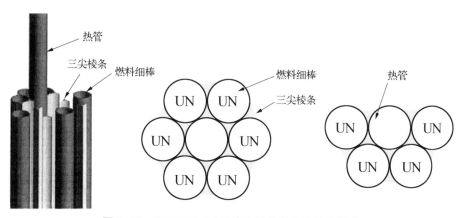

图7‑30　HOMER‑15 反应堆元件和热管排布模式

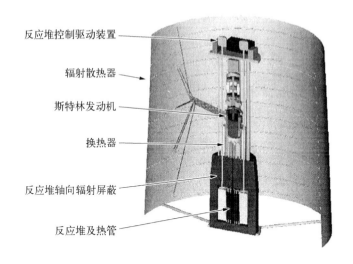

图7-31　HOMER-15 三维剖视构想图

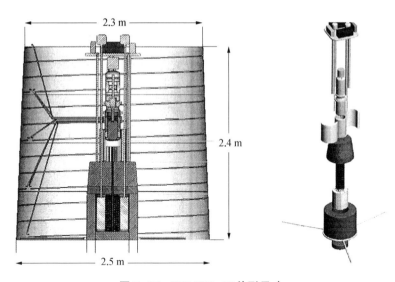

图7-32　HOMER-15 外形尺寸

（2）HOMER-25。该系统的设计寿命为5年，热功率为94.5 kW，净电功率为25 kW，采用富集度93%的UO₂燃料、钾热管、6台斯特林发动机（正常运行投入4台，2台备用），堆芯包含61根热管和156根燃料元件，燃料元件直径为1.384 cm，长为49 cm，在额定工况下燃料峰值温度为931.7 K，平均温度为914.9 K，钾热管平均温度为880 K，斯特林发动机热端平均温度为847.8 K，冷端平均温度为 414.4 K,辐射器平均温度为 440 K。用于月球基地时堆本体布置在 1.5 m 深的月坑中,包含屏蔽体在内的堆本体质量为 1 225.0 kg,系统总质量为 2 133.1 kg,净效率约 26.5%,比功率约 11.7 W/kg。热管与元件间中空部分填充有 B_4C 热中子吸收体,以保证在堆芯浸水事故中保持次临界状态[8]。

图 7-33、图 7-34 和图 7-35 分别给出了 HOMER-25 的堆芯堆面、燃料元件及热管排布和系统简图。

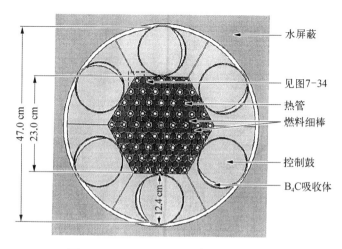

图 7-33　HOMER-25 反应堆堆芯截面图

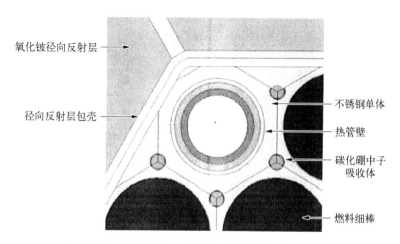

图 7-34　HOMER-25 反应堆元件和热管排布结构

417

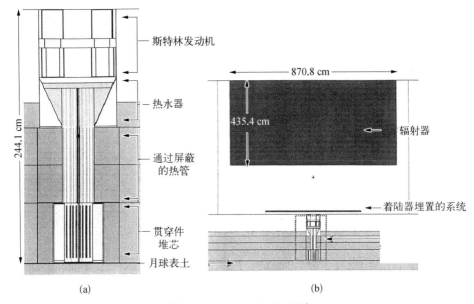

图 7-35　HOMER-25 系统

(a) 反应堆和能量转换系统；(b) 总体系统图

7.1.9　Kilopower 空间核反应堆电源

7.1.9.1　设计指标要求

2010 年,针对气态巨行星探测任务需求,美国开展了千瓦级空间核反应堆电源 Kilopower 的方案设计,其设计指标/要求[9]如下:

(1) 发射和运行时的安全性。

(2) 1 kW 的持续电功率输出。

(3) 15 年设计寿命。

(4) 2020 年具备发射条件。

(5) 航天器载荷辐照剂量限值满足现有商用电子元器件的剂量限值要求,即中子为 1×10^{11} cm^{-2},光子为 25 krad。

(6) 包络尺寸直径不超过 4.5 m。

(7) 直流母线电压为 28 V。

(8) 没有明确的系统质量要求,但应遵循质量尽可能小的原则。

(9) 研制成本和风险低,这比减小质量更为重要。

(10) 对航天器的要求尽量少,如控制系统、运行限制、额外电源、推开桁架等。

（11）功率和任务的可扩展性。

7.1.9.2　设计方案

在技术方案遴选阶段,研究团队比较了 4 种技术路线:

（1）固态堆芯外围布置静态温差发电器件(类似于苏联的 ROMASHKA)。

（2）热管堆结合分散布置的温差发电器件。

（3）热管堆结合集成式温差发电系统或斯特林发电机。

（4）液态金属回路反应堆结合集成式温差发电系统或斯特林发电机。根据系统简单、研制风险小、质量轻的原则,最终选择了热管堆结合分散布置温差发电器件,以及热管堆结合斯特林发电机这两种技术路线做进一步研究。

温差发电型 Kilopower 方案如图 7-36 所示。该方案采用块状 U-10Mo 燃料,其中^{235}U 富集度为 93％,由 18 根钠热管导出堆芯热量,温差发电器件分散布置于热管的冷凝段,发电材料采用新型的 Zintl/LaTe/SKD,发电器件热端与热管之间采用辐射传热,发电器件冷端直接连接铝翅片用于废热排放。该方案的运行模式较为特殊,反应堆通过调节中心控制棒棒位启动运行,在进入额定运行状态之后,全寿期内无须任何控制系统干预,燃料消耗和燃料肿胀导致的反应性下降完全由堆芯自身的温度负反馈来补偿,燃料温度每年下降约 3 K(15 年寿期共下降 45 K),即可维持反应堆的持续稳定运行。在该方案中,燃料最高温度不超过 1 200 K,热管运行温度约为 1 100 K,发电器件热端温

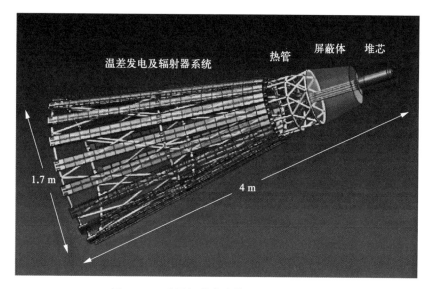

温差发电及辐射器系统　　热管　屏蔽体　堆芯

1.7 m　　　　4 m

图 7-36　采用温差发电的 Kilopower 方案

度约为 1 050 K,冷端温度约为 525 K。堆芯热功率约为 13 kW,输出电功率约为 1 kW,器件转换效率约为 9.83%,系统转换效率约为 8%,系统质量约为 604 kg(其中设计裕量约为 772 kg,不含推开桁架的质量)[11]。

斯特林发电型 Kilopower 方案如图 7-37 所示。该方案采用块状 U-7Mo 燃料,其中 ^{235}U 富集度为 93%,由 8 根钠热管导出堆芯热量,钠热管的蒸发段被紧箍于燃料径向外围的凹槽中,热管绝热段绕过屏蔽体,热管冷凝段呈环形结构,与一个金属导热板相连,8 台斯特林发电机的热头以两两对置的结构布置于导热板上,斯特林发电机冷头连接 H_2O 热管,H_2O 热管冷凝段布置铝翅片用于废热排放。在该方案中,钠热管的热量通过导热板传递至斯特林发电机的热头。由于导热板的存在,使得在一根钠热管或一台斯特林发电机失效时,其余钠热管和斯特林发电机仍可运行。该方案的运行模式与温差发电型方案类似,在进入额定运行状

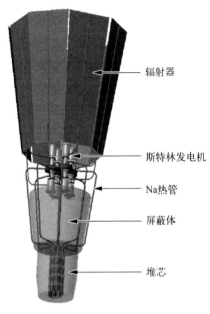

图 7-37 采用斯特林发电的
Kilopower 方案

态之后,全寿期内无须任何控制系统干预,燃料温度每年下降约 4.9 K,即可维持反应堆的持续稳定运行。在该方案中,燃料最高温度约为 1 100 K,钠热管运行温度约为 1 050 K,斯特林发电机热头温度约为 1 000 K,堆芯热功率约为 4.3 kW,输出电功率约为 1 kW,系统质量约为 406 kg[10]。

2011 年底,研究团队确定了将斯特林发电型 Kilopower 作为后续研发的方向。相比于温差发电型方案,斯特林发电型方案热功率更小,被认为更容易建造和试验,且具有更好的可扩展性:电功率可扩展至 10 kW,适用于星球表面任务,如图 7-38 所示。

7.1.9.3 DUFF 试验

2012 年,研究团队针对斯特林发电型 Kilopower 开展了原理验证试验 DUFF(the demonstration using flattop fission)。该试验利用美国现有的 Flattop 临界装置,在其球型高浓铀燃料的中心孔中布置一根 H_2O 热管,热管冷凝段通过铜换热器与两台对置的斯特林发电机相连。DUFF 试验成功产生

图 7-38　10 kW Kilopower 方案及其月面应用示意图

了 24 W 电功率,这是人类核工业史上首次实现热管堆临界及热管堆电源发电。研究团队将 DUFF 试验数据与采用理论模拟程序 FRINK(fission reactor integrated nuclear kinetics)的计算结果进行比对,两者高度吻合,表明对该型热管堆电源的物理特性已有充分了解,并可以采用现有模拟工具进行精确模拟和预测。DUFF 试验设施如图 7-39 所示[11]。

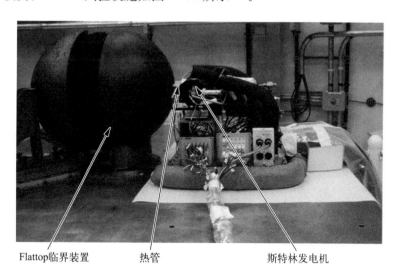

Flattop临界装置　　　热管　　　　　斯特林发电机

图 7-39　DUFF 试验设施

7.1.9.4　KRUSTY 试验

在 DUFF 试验之后,NASA 对 Kilopower 概念的兴趣陡增,并于 2014 年底启动了 Kilopower 项目,目标是完成名为 KRUSTY(kilowatt reactor using stirling technology)的带核演示验证试验,该试验拟在真空环境中对

Kilopower 的关键物理特性进行全面测试。该项目历时约 3 年,总耗费小于 2 000 万美元。

KRUSTY 试验分为 3 个主要阶段,如图 7-40 所示,分别如下:

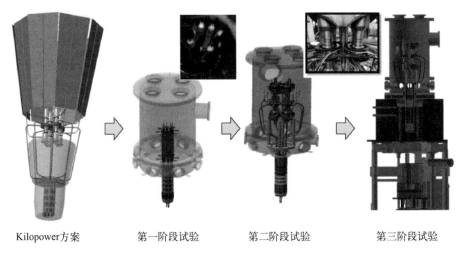

| Kilopower方案 | 第一阶段试验 | 第二阶段试验 | 第三阶段试验 |

图 7-40　KRUSTY 的分阶段试验规划

（1）使用不锈钢模拟堆芯的电加热非核模拟试验。

（2）使用贫铀模拟堆芯的电加热非核模拟试验。

（3）使用高浓铀堆芯的带核试验。

第一阶段试验于 2016 年完成,该试验采用电加热不锈钢模拟堆芯,热管冷凝段直接由冷却套管带出热量,并未接入斯特林发电机。该试验的目的是检验电加热器性能、模拟堆芯与热管之间的传热性能,以及隔热材料性能等,为第二阶段试验奠定基础。在该试验中,尝试了数种将热管集成于燃料外围凹槽中的方法,结果表明,将预热膨胀的不锈钢圈环绕于燃料和热管外围,然后令其冷却收缩将热管紧箍于燃料凹槽中,该方法可以实现燃料与热管之间最佳的传热性能。

第二阶段试验于 2017 年完成,该试验采用贫铀铀钼合金模拟堆芯,可最大限度模拟真实燃料的热工、材料和力学性能。此外,该试验采用了 2 台斯特林发电机以及 6 台斯特林模拟机,模拟机并不发电,而是直接采用氦气带出热量。该试验比较了两种斯特林发电机的集成方式:

（1）热管冷凝段呈环形结构,连接至一个金属导热板,8 台发电机以两两对置的结构布置于导热板上,热管的热量通过导热板传输至发电机热头。

（2）热管与斯特林发电机一对一连接，热管冷凝段呈"漏斗形"结构，直接连接发电机热头，如图 7-41 和图 7-42 所示。其中，第一种集成方式的优势是两两对置可减轻发电机的振动，且在任一热管/斯特林发电机失效时，其余热管和斯特林发电机仍可运行，该集成方式的缺点是热管与发电机之间的传热效率较低；第二种集成方式的优势是热管与发电机之间的传热效率高，有利于提升发电效率，缺点是任一热管/斯特林发电机失效将同时导致与其相连的斯特林发电机/热管也随之失效，此外，每台斯特林发电机后端需连接一台主动减振器以缓解振动问题。研究表明，第二种集成方式在系统质量方面更有优势，被选为后续带核试验的方案。

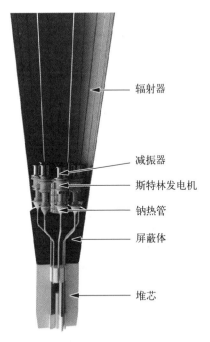

辐射器

减振器

斯特林发电机

钠热管

屏蔽体

堆芯

图 7-41　1 kW Kilopower 最终设计方案

图 7-42　热管与斯特林发电机一对一连接的结构

此外,上述2个阶段的电加热试验也为FRINK程序提供了重要的热工基准数据,为后续的带核试验打下基础[12]。

第三阶段的带核试验于2017—2018年开展,如图7-43所示。试验系统安装于一台名为Comet的垂直升降装置上,其中,燃料、热管、真空室、屏蔽体、2台斯特林发电机以及6台斯特林模拟机等安装于Comet的顶部平板,反射层被布置于下方的可移动平台,通过向上移动反射层至燃料外围,可使系统达到临界/超临界状态,如图7-44所示。带核试验分为4个子阶段:部件临界试验、冷态临界试验、温态临界试验、热态满功率试验。

图7-43 KRUSTY装置建造

图7-44 调节反射层轴向位置示意图

其中,在部件临界试验中,系统主要部件只包含燃料、控制棒、反射层以及屏蔽体。通过调节反射层轴向位置使反应堆达到超临界,由中子探测器测得中子计数率的指数变化趋势,由此算得反应堆周期,进而由倒时方程求得系统有效增值系数(K_{eff}),并将结果与模拟程序(MCNP 6.2 程序结合 ENDF/B-7.1 截面库)的计算结果做比较。在该试验过程中,按不同的控制棒棒位和反射层位置,对 60 种构型进行了测试。结果表明,测试结果与程序计算结果吻合得很好[13]。

在部件临界试验的基础上,冷态临界试验增加集成了热管、真空室、斯特林发电机/模拟机等,使系统结构变得完整。试验过程与部件临界试验类似,按不同的控制棒棒位和反射层位置,对 52 种构型进行了测试,测试结果用于对理论分析模型进行校准,同时,根据测试结果获得了反射层和控制棒的控制价值曲线,为后续温态临界试验和热态满功率试验打下基础[14]。

温态临界试验是 KRUSTY 首次核功率升温试验。该试验共开展了 3 次,分别引入了 15 分、30 分和 60 分正反应性。试验测得燃料外表面温度和裂变功率随时间的变化曲线,用于校准 FRINK 理论分析模型,并确定后续热态满功率试验所需引入的反应性以及对应的反射层位置。值得一提的是,在引入 60 分反应性试验之前,采用 FRINK 程序对系统响应行为进行了预测,结果显示燃料表面测温点处最高温度可达到 447 ℃,后续试验测得该处最高温度为 446 ℃,两者仅相差 1 ℃,表明理论分析模型已十分精确,安全监管部门也据此批准了后续开展热态满功率试验的许可[15]。

热态满功率试验的持续时间被限制在 28 h,以避免对试验设施及厂房造成过量的活化。在 28 h 内,先后完成了启动、满功率稳定运行、负荷跟踪、传热链失效、反应性引入、丧失/恢复冷却、停堆等各项试验,试验数据(见图 7-45)与理论预测结果高度吻合[16]。

各项试验分别简述如下。

(1) 启动和满功率稳定运行试验。$T=0.15$ h,开始上移反射层;$T=0.63$ h,堆芯温度达到 500 ℃,热管开始启动;$T=0.92$ h,热管完成启动;$T=1.14$ h,斯特林发电机热头温度达到 650 ℃,启动斯特林发电机;$T=1.7$ h,系统达到准稳态运行状态,此时燃料表面温度约为 800 ℃。之后,反射层位置保持不变,由于真空室、反射层的缓慢升温会持续引入微量正反应性,使燃料温度继续缓慢升高约 30 ℃,之后调节反射层位置使燃料表面温度回到 800 ℃,稳定运行直至 $T=8.0$ h。此时,堆芯裂变功率约为 2.75 kW,衰变功率约为

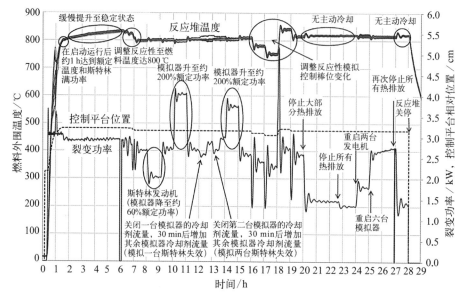

图 7-45 KRUSTY 试验数据曲线

150 W,堆芯总功率约为 2.9 kW;与斯特林发电机相连的单根热管从燃料吸收功率约 300 W,其中传输至发电机约 265 W,单台发电机的发电功率约 90 W,发电机转换效应近 35%,对应系统转换效率约 25%。

（2）负荷跟踪试验。在该试验过程中反射层位置始终保持不变,系统所有响应均源自系统自身的温度负反馈效应。具体如下：$T=8.0$ h,通过减小发电机活塞行程以减少发电机的热功率输入,使得燃料温度上升并引入负反应性,继而使堆芯裂变功率由 2.75 kW 降低至 2.05 kW,并使燃料表面温度回复至 800 ℃;$T=9.08$ h,恢复发电机活塞行程至原水平,燃料温度短暂下降然后仍自动回复至 800 ℃,裂变功率则重新升至 2.75 kW;$T=10.02$ h,将斯特林模拟机的冷却流量提升至原来的 2 倍,使得燃料温度下降并引入正反应性,继而使堆芯裂变功率由 2.75 kW 提升至 4.05 kW,并使燃料表面温度回复至 800 ℃;$T=11.0$ h,斯特林模拟机的冷却剂流量恢复至原水平,燃料温度短暂上升然后仍自动回复至 800℃,裂变功率则重新降至 2.75 kW。

（3）传热链失效试验。在 KRUSTY 试验中,每根热管与其相对应的斯特林发电机/模拟机及废热排放系统串联成一条传热链,其中任一部件或接口的损坏都将导致整条传热链的失效。在该试验通过停止斯特林模拟机的冷却流量来实现传热链的失效。在试验过程中反射层位置始终保持不变,系统所有响应均源自系统自身的温度负反馈效应。具体试验过程如下：$T=12.0$ h,关闭 0°方位角的模拟机冷却流量,结果显示该方位角及附近的燃料表面温度上升,而对面 180°方位角的燃料表面温度则发生显著下降,这使得反应堆平均温度基本维持不变,进而使系统维持临界状态;$T=12.5\,h$,增加剩余模拟机的冷却剂流量,使裂变功率回升到 2.85 kW,在该功率下可输出额定的电功率(假设所有模拟机均为真实的发电机);$T=13.0\,h$,关闭 180°方位角的斯特林模拟机冷却流量,同样使得该方位角及附近的燃料表面温度上升,而对面 0°方位角的燃料表面温度则发生显著下降;$T=13.5\,h$,增加剩余模拟机的冷却流量,使裂变功率升到 3.0 kW,以恢复额定的电功率输出。之所以回复后的裂变功率要大于原先的 2.75 kW,是因为剩余传热链的平均温度较之前有所降低,使得发电机的转换效率有所下降。

(4) 反应性引入试验。调节反射层位置引入反应性,具体如下:$T=16.0\,h$,反射层位置缓慢下降 0.5 mm,对应引入负反应性约 5.5 分,使燃料温度下降了约 29 ℃;$T=17.0\,h$,反射层位置继续缓慢下降 0.5 mm,燃料温度则继续下降约 29 ℃;$T=18.0\,h$,反射层位置缓慢上升 1.5 mm,裂变功率最高达到 5.1 kW,燃料表面温度最高达到 857 ℃,对应燃料内部最高温度约 880 ℃;$T=19.0\,h$,反射层位置缓慢下降 0.5 mm 至原位置,燃料表面平均温度下降至约 815 ℃。该温度高于 800 ℃,是因为在整个试验过程中,真空室、反射层、屏蔽体等均未达到热平衡状态,而始终处于缓慢升温的过程,该过程会引入少量正反应性,从而使燃料的临界温度也一直处于缓慢上升的状态。

(5) 丧失/恢复冷却试验。$T=20.0\,h$,关停所有斯特林发电机,并大幅减小模拟机的冷却流量,使得裂变功率降至 1.5 kW,燃料表面温度升至 819 ℃。该温度高于 815 ℃,是因为功率减小导致燃料内部温度梯度减小,而燃料平均温度维持不变。$T=22.7\,h$,关停所有模拟机的冷却流量,使裂变功率进一步降至 1.35 kW,这与系统的被动散热功率相符,其中,通过导热由每台发电机散热约 75 W,每台模拟机散热约 130 W,通过燃料外围多层箔向外传热约 400 W。$T=24.0\,h$,重启发电机,使裂变功率升至 1.8 kW;$T=25.0\,h$,恢复模拟机冷却流量,使裂变功率回复至 2.75 kW;$T=27.0\,h$,关停所有斯特林发电机以及所有模拟机的冷却流量,即突然丧失所有主动冷却措施,使裂变功率降至 1.35 kW,燃料最高温度仅上升约 11 ℃。对于实际的飞行系统,在堆芯保温措施做得非常好的情况下,假设所有被动散热功率仅为 400 W,那么在所有主动冷却措施突然丧失时,燃料温度最大上升幅度也将小于 20 ℃,具有很好的安全裕量。

(6) 停堆试验。$T=28.03\,h$,下移反射层使系统深度次临界,裂变功率快速下降,燃料表面温度从820℃开始缓慢下降,后续一直跟踪记录温度数据至$T=87.0$ h,此时燃料温度降至46℃。在该过程中,在燃料温度高于450℃时,其温度下降速率相对较快,此时热管仍处于工作状态;而当燃料温度降至450℃以下,热管失去传热作用,燃料只能通过多层箔向外传热,因此温度下降速率要慢得多。

7.1.9.5 Kilopower及KRUSTY小结

(1) Kilopower项目历时约3年,总耗费小于2 000万美元,证明该系统可实现快速、低成本的设计、建造和试验。

(2) KRUSTY试验验证了Kilopower具备各项预期运行特性,如稳定运行、负荷跟踪、耐受事故等。

(3) KRUSTY试验结果与理论预测高度吻合,证明研究团队已完全掌握Kilopower方案的物理特性,并可采用现有理论模拟工具进行精确模拟和预测。

7.2 最具代表性的核火箭发动机

本节介绍2个典型的核火箭发动机,即俄罗斯的RD-0410核火箭发动机实验样机以及美国的小型核反应堆发动机MITEE。

RD-0410 NRE

图7-46 RD-0410核火箭发动机实验样机

7.2.1 俄罗斯的RD-0410核火箭发动机实验样机

苏联从20世纪50年代就开始研发核火箭发动机,在"非均匀堆芯""模块化"和"部件必须做实验"的三原则思想指导下,开发了大量的核火箭发动机设计[2]。开发程度最高的是RD-0410(即11B91)核火箭发动机实验样机和RD-0411设计。参与研发的主要单位有:Keldysh研究中心、邦达勒斯克研究与技术所(PNITI)、动力工程研究设计所(NIKIET)、原子能院(IAE)、化学自动化设计局(CADB)等。

RD-0410核火箭发动机实验样机的

热功率为 196 MW,推力为 35 kN,比冲达 900 s。采用非均匀堆芯设计,燃料元件为扭曲带状的三元碳化物燃料组成棒束。每个燃料组件含有 6～8 个棒束。燃料组件插入燃料通道中,氢推进剂从堆芯流过。图 7-46 给出了 RD-0410 核火箭发动机实验样机的概貌。表 7-8 给出了 RD-0410 的特征参数。

表 7-8　RD-0410 特性参数

特　　　性	参　　　数
真空推力/kN	35.28
推进剂	H_2＋己烷
推进剂质量流量/(kg/s)	约 4
真空比冲/s	约 900
堆芯出口温度/K	3 000
燃烧室压力/Pa	$70×10^5$
^{235}U 富集度/%	90
燃料组成	(U,Nb,Zr)C
燃料元件形状	扭曲带状
热功率/MW	196
堆芯尺寸	
长/mm	800
直径/mm	500
发动机尺寸	
长/mm	3 700
直径/mm	1 200
寿期/h	1
包括辐射屏蔽在内的质量/kg	2 000

苏联第一个核火箭发动机反应堆(RD-0410-IR-100 装置)于 1977 年 9 月 17 日在"贝加尔"综合试验台架上达到临界,1978 年 3 月 27 日进行功率运行。点火试验是核火箭发动机反应堆演练计划的精髓,RD-0410-IR-100 进行了两次点火试验:第一次是 1978 年 7 月 3 日进行的;第二次是 1978 年 8 月 11 日进行的。图 7-47 和图 7-48 分别给出了两次点火试验的变化曲线。在表 7-9 中列出了核火箭发动机第一个反应堆样机在功率运行和两次点火试验时额定工况的一些参数[17]。

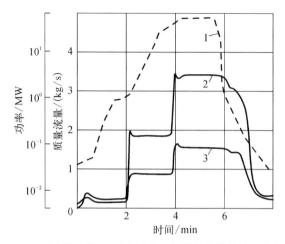

1—反应堆功率;2—冷却壳体-反射层-慢化剂的工质流量;3—通过燃料组件的工质流量。

图 7-47　第一次点火时, RD-0410-IR-100 反应堆试验主要参数的变化曲线

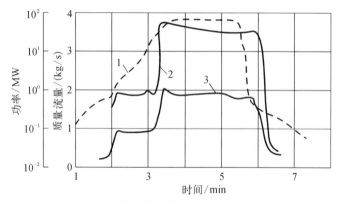

1—反应堆功率;2—冷却壳体-反射层-慢化剂的工质流量;3—通过燃料组件的工质流量。

图 7-48　第二次点火时, RD-0410-IR-100 反应堆试验主要参数的变化曲线

表 7-9　核火箭发动机第一个反应堆样机在功率运行和两次点火试验时，额定工况的一些参数

参　　数	功率运行	第一次 点火实验	第二次 点火实验
功率/MW	24	33	42
额定工况持续时间/s	70	93	90

（续表）

参　数	功率运行	第一次 点火实验	第二次 点火实验
工质质量流量/(kg/s)：			
通过壳体-反射层-慢化剂	1.72	3.23	3.51
通过燃料组件	1.18	1.46	2.01
燃料组件出口工质平均温度/K	1 670	2 630	2 600
工质压力/MPa：			
装置壳体进口	6.04	9.46	10.65
燃料组件进口	1.9	2.2	2.4
燃料组件出口	1.1	1.2	1.3
材料平均温度/K：			
慢化剂组合件	405	397	398
反射层组合件	356	381	371
装置壳体(外面)	315	320	325
装置工艺支架冷却水质量流量/(kg/s)	8	8.3	8.3

在这之后,在"贝加尔"综合试验台架上又进行了 2 号和 3 号两个核火箭发动机反应堆样机的实物试验。例如,在 1981 年 12 月 25 日进行的 2 号装置的试验过程中,达到了下列指标:额定工况功率为 63 MW(持续时间 38 s);通过燃料组件工质流量为 1.8 kg/s;通过壳体-反射层-慢化剂工质流量为 3.3 kg/s;燃料组件出口工质温度为 2 500 K;工质在装置壳体进口压力为 12.5 MPa;工质在燃料组件进口压力为 3.3 MPa;工质在燃料组件出口压力为 1.4 MPa;慢化剂组合件材料平均温度为 530 K;反射层组合件平均温度为 420 K;装置壳体外部平均温度为 310 K。

对试验结果进行分析和运行后综合研究表明,包括燃料组件在内的核反应堆部件成功地经受住考验,并且在试验结束后处于令人满意的状态。计算的与实验的热物理特性以及中子物理特性非常吻合,基本上证实了设计核火箭发动机反应堆样机采用的结构方案、工艺方案和材料方案是正确的。A. S. 科罗捷耶夫院士高度评价这些试验。他在"用于空间探测的核推进系统"的论文中指出,"从 1978 年开始完成了几个系列的试验,这些试验证明了建造核火箭发动机(NRE)和核推进及电源系统(NPPS)的可行性"。

这就是 RD-0410 核火箭发动机实验样机在俄罗斯核热推进发展史上的地位与价值。RD-0410 核火箭发动机的展览模型在俄罗斯 Keldysh 研究中心;RD-0410 核火箭发动机实验样机在化学自动化设计局(CADB)。

7.2.2 小型核反应堆发动机(MITEE–Minature Reactor Engine)

"MITEE"核发动机是在颗粒床反应堆基础上发展起来的。主要着眼于缩小核发动机的体积、减小结构质量和提高堆芯的换热效率,同时适当减小推力(因而反应堆的热功率和输出功率密度都相应减小),以便降低研制难度。表 7-10 给出了 MITEE 和 PBR 的设计目标参数[18]。

表 7-10　MITEE 和 PBR 设计目标参数对照

发动机	推力/kg	反应堆功率/MW	反应堆输出功率密度/(MW/L)	发动机总质量/kg	起动时间/s
MITEE	1 400	75	10	≤200	20
PBR	22 000	1 000	30	800	2

与 PBR 相似,MITEE 是由 37 个六角形的燃料元件和相同外形、相同尺寸以及适当数量(根据反应堆中子物理学分析确定)的控制棒构成堆芯,外面加 24 个相同外形、相同尺寸的反射层组件(中间只含慢化剂,没有裂变材料)。与 PBR 不同的是,燃料元件取消了颗粒床结构,而将裂变材料 UO_2 颗粒(约 400 μm)均匀弥散在金属陶瓷薄板(厚度约 0.25 mm)中,在薄板上钻有适当空隙率的换热孔。然后,将 35 层薄板卷成筒套在一起。在燃料元件中心,轴向从小到大形成锥形通道,使核反应堆中各处的功率分布保持均匀与恒定。另外,每个燃料元件都有各自的出口喷管,单独产生推力,然后集聚在一起形成总的推进动力。不像 PBR 那样只有一个大的喷管室和喷管,这样就大大降低了研制和试验研究难度。小喷管质量轻,强度、工艺问题比较容易解决,传热和推力模拟试验都可以单个燃料元件进行。

每个燃料元件都分为外部区、中间区和内部区。

(1) 外部区由铍金属基体组成。在铍金属中包含着适量的石墨纤维,石墨纤维又是经过 UC 或 UO_2 浸渍的,在其上钻有控制推进剂工质流通的孔,它处于低温(30～100 K)区域。

(2) 中间区是钼金属为基体(金属粉末加约 60% 容积的 UO_2)的烧结板。同样,板上钻有一定空隙率的小孔。它处于较高温度区域。层数约占燃料元件滚筒总层数的 2/3。空隙率的大小根据换热要求而定。

(3) 内部区是以钨金属为基体其中弥散着 UO_2 颗粒的高温烧结板,同样上面钻有适当空隙率的推进剂工质流通小孔。它处于高温区域。这个区域的层数约占燃料元件滚筒总层数的 2/3。钨采用同位素[184]W,以减少中子吸收。在堆芯外是慢化剂 [7]LiH,最外面是铍合金制成的六角形压力管。出口连接 TaC 包覆的碳纤维喷管,形成一个完整的燃料元件。在燃料元件的外部区域和慢化剂之间有环形的推进剂通道。

推进剂液氢的初始温度约 30 K。在环形通道中首先对慢化剂和燃料元件的外区进行冷却,温度升到约 100 K。然后经外部区薄板的流量控制孔进入中间区,通过换热孔被加热后,流进第二层,再加热,然后流进第三层。直到通过内部区最后一层烧结板的换热孔。推进剂被加热到约 3 000 K,从中心扩张型通道经喷管喷出,产生推进动力。因此,反应堆中大部分组件(燃料元件外部铍压力管壳体、[7]LiH 慢化剂和燃料元件的外部区)被冷却氢流动冷却而处于较低温度。燃料元件的中间区处于较高温度,只有燃料元件的内部区的高温烧结板(W/UO_2)和 TaC 包覆的碳纤维喷管处于 3 000 K 左右的高温。

下面给出了 MITEE 反应堆装置的示意图(见图 7-49)、MITEE 运载火箭框图(见图 7-50)和 MITEE 火箭发动机的性能参数(见表 7-11)。

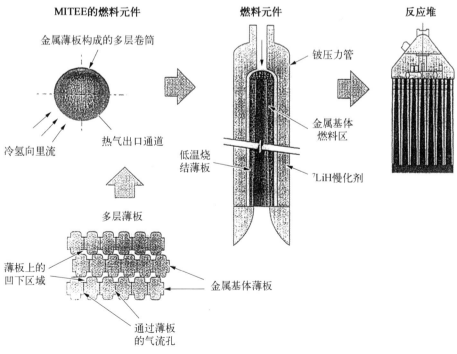

图 7-49　MITEE 反应堆装置

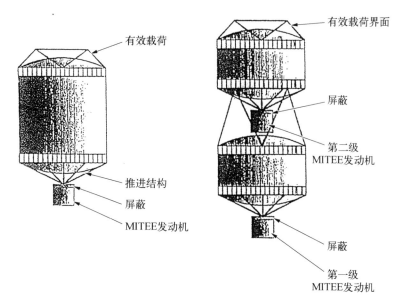

图 7-50 MITEE 运载火箭框图

表 7-11 MITEE 核火箭发动机主要性能参数

特　性	参　数
反应堆功率/MW	75
冷却剂供应压力/MPa	7
反应堆入口/出口温度/K	30/3 000
燃料区域的反应堆功率密度/(MW/L)	10
推力/N	14 000
燃料元件数量/反射层元件数量	37/24
燃料元件的外径/内径/mm	27.7/10
慢化剂/反射层类型	^{7}LiH/Be
反应堆堆芯外径/反射层外径/mm	387/498
^{235}U 的质量/kg	23.2
增殖系数 K_{eff}	约 1.07
反应堆质量/kg	100
辅助设备质量(包括涡轮泵、供应导管、喷管和控制器等)/kg	36
意外事故防护质量/kg	64
发动机总质量(不含储箱)/kg	200
推力/质量	约 7∶1

在系统质量、几何尺寸、功率和推进力等方面,MITEE 核火箭发动机是迄今为止世界上最小的核火箭发动机。

7.3　最具代表性的双模式空间核动力系统

本节介绍 2 个典型的双模式空间核动力系统,包括美国的以核火箭发动机为基础的双模式空间核动力系统 NEBA-3,以及俄罗斯的以核电推进为主推力的兆瓦级核动力飞船。

7.3.1　美国的 NEBA-3 双模式核火箭发动机

NEBA-3 核火箭发动机是由美国能源局(DOE)资助空军菲利浦实验室(Phillip Laboratory)设计的一种产生推力和发电的双模式应用核发动机。马丁·马丽埃塔(Martin Marietta)公司、喷气推进实验室(JPl)、阿拉莫斯(Alamos)国家实验室、阿贡(Argonne)国家实验室和能源技术工程中心(Energy Technology Engineering Center)等单位与能源局签订了合同,参加了这项工作。1995 年,该发动机通过了设计方案论证。

NEBA-3 核火箭发动机设计拟作阿特拉斯 2AS(Atlas-2AS)运载火箭的上面级,它可按 90 N 连续推力和 900 N 脉冲推力两种方式工作,可分别在 4.5 天和 3 天内将 1 356 kg 和 1 939 kg 有效载荷,从近地轨道推进到同步轨道,并为卫星提供 10 年的发电能力。该发动机的核反应内堆采用 SP-100 空间核电源工程样机技术,外堆采用 GE-710 核反应堆加热氢喷射形成推力的结构。发动机的轴向主梁是可收缩/伸展的折叠式结构,有效载荷舱安排在另一端,如图 7-51 所示[19]。

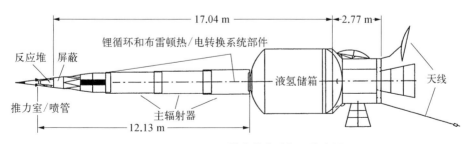

图 7-51　NEBA-3 核火箭发动机总体布置

NEBA-3 核火箭发动机的性能参数如表 7-12 所示。

表 7-12 发动机主要性能与结构参数

参　数	量　值	参　数	量　值
推力/N：		喷管扩张比：	
连续工作	91.1	连续工作	100：1
脉冲工作	926	脉冲工作	100：1
推进剂质量流量/(g/s)：		推进工作时间/h：	
连续工作	11	连续工作	300
脉冲工作	110	脉冲工作	30
比冲/s：		输出电功率/kW：	
连续工作	827	连续工作	10
脉冲工作	840	脉冲工作	10
推力室温度/K：		结构质量/kg	1 591
连续工作	2 542	推进剂	氢
脉冲工作	2 610	液氢质量/kg	3 759
推力室压力/MPa：		直径/m	4.19
连续工作	2.07	长度/m：	
脉冲工作	2.07	发射时	15.21
		入轨后	22.87

1) 发动机系统组成

NEBA-3 核火箭发动机系统由核反应堆分系统、锂循环热能传输分系统、氢推进剂储存管理与推力室分系统、布雷顿循环热/电转换分系统、主散热分系统、交流/直流电源变换与蓄电池分系统、监控分系统、结构分系统和推力矢量控制分系统等组成。

(1) 核反应堆分系统由内堆芯燃料管(259 根)、铼反射罩、密封壳、内外堆界面层、环形对称分布的 8 组外堆芯、碳化硼衬套、外堆环形反射层、中子和伽马射线防护屏及在反射层中的核反应控制棒等组成。

(2) 锂循环热能传输分系统由 1 台热电电磁泵、1 台线性感应泵、1 台锂/氙氦换热器、2 台锂/氢换热器、1 台气体分离/蓄积器、耐高温金属和封装在回路中的工质锂组成。该分系统是闭合回路,流经反应堆内堆芯的通道曲折,工质要通过 259 根核燃料管。锂回路外部有一个电子扫描加热器,使反应堆工作时能同步熔化堆芯和外回路中的工质锂,加热器电源由蓄电池提供。气体分离/蓄积器有两方面作用:一是锂在中子辐照时会产生氦气,它妨碍了热交换,需用表面张力网分离氦气泡,并将其储存在一个气室中;二是为锂熔化时提供一个体积膨胀的空间。

（3）氢推进剂储存管理与推力室分系统由液氢储罐（包括输送泵和阀门）、流量控制器、2 台并联的锂/氢换热器、钼铼（Mo41Re）管和不锈钢管、推力室和喷管等组成。推进剂氢还流过外堆芯中的核燃料管。液氢还流过锂回路中的线性感应泵外壳上的冷却管，在冷却该感应泵的同时，液氢被第一次预热。液氢经过锂/氢换热器时被第二次预热汽化，温度可达 1 250 K。气氢进入外堆芯时被第三次加热，进入推力室的氢气温度达到 2 542 K。

（4）布雷顿循环热/电转换分系统由锂/氙、氦气体换热器、涡轮发电机、回热器、气体冷却器（即氙、氦/甲苯换热器）、气体循环动力泵、气体压缩机、铌锆（N$_b$-Z$_r$）管、不锈钢管以及封装在循环回路中的氙、氦混合气体组成。它与另一套备份并联，以便在有故障时切换使用。

（5）主散热分系统由主辐射散热片、气体冷却器、管道、封装在回路中的甲苯及其循环压力泵组成。

（6）交流/直流电源变换与蓄电池分系统由变压器、整流与自动稳压电路、镉/镍蓄电池组组成。

（7）监控分系统由温度、压力、中子辐射通量等参量的多测点传感器、中子吸收控制棒、联轴器马达驱动机构、反射层驱动机构、时序开关控制电路和自动控制系统等组成。

（8）结构分系统主要由可折叠式伸缩主梁、三段不同直径的筒形主辐射散热片、反应堆与主梁连接件、主梁与液氢储箱连接件、有效载荷舱与主梁和液氢储箱连接件、发动机与运载火箭的安装连接件、有效载荷传感器遮光罩弹出机构和天线展开机构以及整流罩等组成。

2）工作原理

这里以产生连续推力的工作为例。NEBA-3 发动机系统被运载火箭射入近地轨道后，相互分离并抛掉整流罩；伸展折叠式主梁和三段套装的主辐射散热片，并通过遥控和程控方式指令启动发动机。发动机系统有 3 种工作方式，分述如下。

（1）双模式启动过程。接通蓄电池，启动反射器驱动机构的直流电机，合拢反射器。接通反射器中的中子控制棒驱动机构电源，调整控制棒位置，使内外堆开始工作。再启动锂回路电子扫描加热器，使堆芯内的锂和一回路的锂同步熔化，同时开启热电电磁泵、线性感应泵、液氢阀、流量控制器和输氢泵。此时，锂循环、布雷顿循环热/电转换、主散热器、推进剂氢输送和推力室等开始工作，如图 7-52 所示。

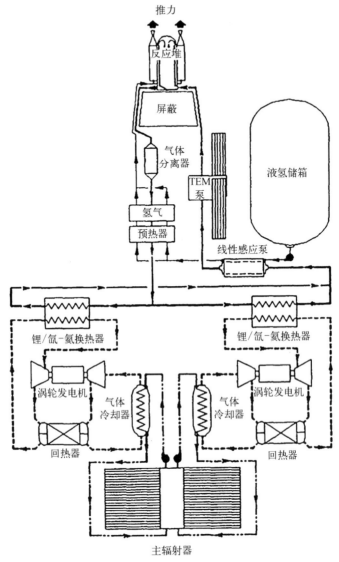

推力

反应堆

屏蔽

气体
分离器

TEM
泵

液氢储箱

氢气
预热器

线性感应泵

锂/氙-氦换热器

锂/氙-氦换热器

涡轮发电机

气体
冷却器

气体
冷却器

涡轮发电机

回热器

回热器

主辐射器

图7-52　NEBA-3核火箭发动机系统

　　(2) 双模式稳态运行过程。发电系统正常供电后,电源由蓄电池切换到交流/直流变换稳压电源。内、外反应堆芯温度稳定在2 500 K附近后,液态锂流动性好使其循环的动力负荷减轻,泵电机的耗电减少。液态锂流经内反应堆芯,充分吸收氮化铀燃料管核裂变释放出的热能后,经过气体分离/储存器滤除氦气泡,在锂/氢换热器和锂/氙-氦换热器中放出热能,并再回流进反应堆芯的燃料管,如此循环下去。同时,推进剂氢经过阀门、流量控制器、线性感应泵外壳导管、锂/氢换热器后,温度可升到 1 250 K 左右。它还流经外反应堆芯核燃料管,被再加热后进入推力室,由喷管高速喷出而产生推力。发电是在布雷顿循环中由锂/氙-氦换热器、涡轮发电机、气体冷却器和气体压缩器等完成的。

(3) 单模式稳态运行过程。在双模式稳态运行过程中,内、外反应堆芯同时工作。进入同步轨道后,推力室不再需要工作,这时反应堆外堆芯要关闭,仅维持内堆芯继续运行以产生电功率。

3) 发动机主要部件

(1) 内堆芯核燃料管的外表层用铌锆合金丝编织,内层是铼金属栅层,管内填满了数以万计的核燃料微粒。核燃料微粒的中心是氮化铀实心丸,其外部有 3 个包层,最外面是铌锆合金(也称 PCW-11 合金)层,中间是铼金属层,内层是充氦气间隙层。

(2) 外堆芯核燃料管由三层同轴锥管和数以万计的核燃料微粒组成。外层锥管由吸收中子的致密材料制成,中间锥管由冷烧结多孔材料制成,内层锥管由热烧结多孔材料制成。在内层和中间锥管的夹层中填充的核燃料微粒是钨-二氧化铀($W-UO_2$)丸,在其外面还包有碳化锆层。

(3) 中子和伽马射线防护屏由钨板和氢化锂板组成,总厚度为 0.52 m。内层钨板用于屏蔽伽马射线,外层氢化锂板用于阻挡可穿透钨板的中子。

7.3.2　俄罗斯的兆瓦级空间核动力飞船

2009 年,时任俄罗斯总统梅德韦杰夫批准实施建造兆瓦级空间核动力飞船项目,启动了俄罗斯空间核动力发展的新阶段。该项目的总投资是 170 亿卢布。计划进度:2010 年启动研发工作;2012 年完成草图设计和运行过程的计算机建模;2015 年建成核发动机;2018 年做好飞行准备。具体分工如下:俄罗斯联邦原子能部(Minatom)的 NIKIET 研究院负责核反应堆的开发;Keldysh 研究中心负责核推进系统;火箭与航空公司 Energuia 负责建造飞船[20]。

7.3.2.1　兆瓦级核动力飞船的基本特点

俄兆瓦级核动力飞船包括 5 个主要模块:作业模块、桁架结构、应急系统、自动功率管理系统和核电推进(NEP)。作业模块包括多个设备与驱动机械舱,容纳机载电脑、通信系统、导航系统、热管理系统、自动电源与推进系统以及与其他模块的对接装置;桁架结构用于在发射时及在轨道上装配和支持核动力航天器;应急系统包括核反应堆解体系统和自动应急推进装置,后者可将航天器送到更高的废弃轨道上;自动功率管理系统包括自动控制系统、电源支持系统(包括太阳能电池阵和蓄电池)、能量转换、调节与配电系统(包括主电源和辅助电源);核电推进(NEP)模块包括核反应堆及阴影式辐射屏蔽、能量转换系统、废热排出系统(即换热器)和电推进器。NEP模块是核心模块。

反应堆为气体冷却的快中子谱反应堆,堆芯温度为1 327 ℃。阴影辐射屏蔽范围内的γ射线照射剂量应不超过10^6 rad,大于0.1 MeV的中子通量不应超过10^{12} cm^{-2}。涡轮机能量转换装置的电功率为0.8～1.0 MW。推进模式的累计运行时间应至少达到50 000 h,同时单次连续运行持续时间至少10 000 h。空闲期的累计运行时间至少为40 000 h。涡轮机的最高运行温度设定为1 227 ℃,转速为30 000～60 000 r/min。换热器的最高运行温度设定在927 ℃。

电推进器在输入功率大于50 kW时,期望能够产生约7 000 s的比冲。

表7-13和表7-14分别给出了俄罗斯兆瓦级核电推进装置结构部件的质量和核动力发动机提案的规格参数[21]。

表7-13　俄罗斯兆瓦级核动力发动机结构元件质量

结构元件	质量/kg
反应堆装置	2 500
回热器	890
换热器(气-液)	280
辐射器	1 200
涡轮压缩机-发电机	800
电缆网	100
电力转换与配电系统	150
自动控制系统	100
能量储存与释放系统	250
支承机架	250
管道与阀门固定装置	280

表7-14　俄罗斯兆瓦级核动力发动机提案的规格参数

参　　数	辐射器类型		
	液滴式		热管式
涡轮机入口工质温度/K	1 200	1 500	1 500
压缩机入口工质温度/K	320	320	400

（续表）

参　　数	辐射器类型		
	液滴式		热管式
压缩机内压缩比	1.8	1.6	3
总的能量转换效率/%	35	38	35
动力装置质量/kg	6 800	6 500	6 800
动力装置比功率/(kg/kW)	6.8	6.5	6.8

　　核动力航天器的质量约为 20 t，服役寿期至少 12 年。航天器必须能够由未来俄罗斯 Rus-M 火箭发射器从东方港发射场以 51.8°的倾角发射（能将 23.8 t 的有效载荷发送到 200 km 的圆轨道上）或者由"安加拉"-A5 火箭发射器以 63°的倾角从普列谢茨克发射（能将 24.5 t 的有效载荷送往 200 km 的圆轨道）。核动力航天器将从 200 km 的轨道再被推进到大于 800 km 的圆形轨道上，再根据联合国法规从这里启动。

　　目前，公开的详细信息足够得出结论，俄罗斯 NEP 将采用布雷顿循环运行。两种最有可能使用闭合布雷顿循环的 NEP 方案如图 7-53 和图 7-54 所示。两者的主要差异是是否使用同流换热器来提高循环效率。能量转换系统

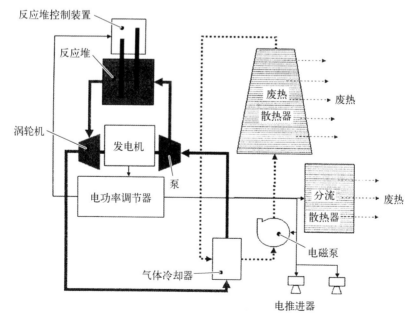

图 7-53　闭合布雷顿循环的 NEP 概图

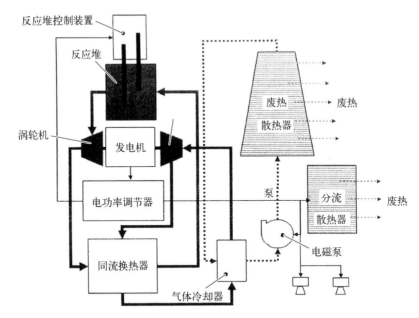

图 7-54　使用闭合布雷顿循环与同流换热器的 NEP 概图

将采用两个反向旋转的涡轮机,以抵消旋转产生的动量。根据过去的研究开发,NEP 设计最有可能采用惰性的氦-氙气体混合物作为一回路的冷却剂,采用 NaK 低共熔合金或液态金属锂作为二回路冷却剂。

在热传输一回路中,被反应堆加热的气体在涡轮机中膨胀,再流经气体冷却器,废热进入液态金属冷却剂,气体经加压重新进入反应堆。热传输二回路中,进入液态冷却剂的废热经散热器排入空间中。功率调节装置产生的电力供电推进器、电磁泵、反应堆控制装置和其他载荷使用。过剩的电力经过分流散热器释放。

热传输一回路的涡轮机出口和反应堆入口之间加装同流换热器,从而让较热的涡轮机废气加热较冷的压缩机出口进入反应堆的气体。同流换热器能提高循环效率。

使用锂金属冷却剂的好处是:锂的中子活化很小,^{8}Li 同位素快速衰变(约 0.9 s),对辐射安全有好处;锂在高温下化学稳定性好,质量比 NaK 低共熔合金小,热导率高从而提高了传热效率。运行温度范围(180~1 327 ℃)大,热容量比 NaK 低共熔合金大。以上特征与 Na/K 低共熔合金相比,能提高能量转换效率以及 NPS 的安全性,并减少质量。

根据俄罗斯(含苏联)过去空间核反应堆电源的研究经验,NEP 最有可能使用氧化铀或氮化铀陶瓷核燃料。

7.3.2.2　核电推进(NEP)方案的可行性分析

近期提出的俄罗斯 NEP 是苏联早期有关工作的逻辑延续。TOPAZ 任务已经论证了 NEP 概念的可行性。对过去经验的回顾证明,俄罗斯提出的 NEP 概念是基于现有技术针对目前情况的改造。俄罗斯从未建造过兆瓦级空间核电源装置,因此这一举措与过去开发的 NPS(最高 7 kW)相比是一个巨大的进步。但是,快中子谱反应堆是在太空中运行过的,适合空间核反应堆电源的核燃料也是存在的。尽管涡轮机能量转换从未在在轨的空间核反应堆电源上实践过,但苏联核火箭发动机涡轮泵开发计划积累的经验和硬件可以用于涡轮机能量转换装置的开发。俄罗斯研发机构曾考虑过为地面核电站使用氦-氙气体混合物。尽管俄罗斯空间核反应堆电源从未使用过锂冷却剂,但这项技术的开发是可行的。锂作为核电站冷却剂的基础工作曾在 1956—1968 年开展过。此外,除了锂,还可以使用过去空间核反应堆电源曾经使用过的 Na/K 低共熔合金。

现代电推进器的推力小,20 t NEP 航天器完成轨道机动需要的时间长,达数天或数月。在这么长的时间里,电推进器要持续消耗数百千瓦的电功率。尽管对绝大部分现代太空系统来说,这样大的能量需求是无法达到的,但 TOPAZ 的 NEP 轨道运行经验表明,对兆瓦级空间核反应堆电源来说,这样的任务是可行的。合适的电推进器也是存在的。耐高温合金制成的用来测试大功率核电站组件与系统的装置也是存在的。预期的 NEP 空间飞行器可以利用"质子"级发射器或目前正在开发的 Rus 和"安加拉"发射器送入轨道。

NEP 概念不需要突破性的技术开发,可以证明这是一项技术可行、低风险的开发计划[22]。

7.3.2.3　需要具体研发和验证的主要技术问题及其进展情况

1) 在核反应堆装置研发方面

兆瓦级核动力飞船的核心功能部分是"推进-电源"模块,而核心的核心是核反应堆装置。反应堆装置的功能是产生热能,热能在核推进装置的能量转换回路中转换为电能,成为电推进器和其他用户设备的能源。反应堆装置包括反应堆、辐射屏蔽、综合安全与控制系统(包括中子物理学与热工监测传感器、执行部件的驱动机构、集流腔和管线)以及连接框架。

核反应堆装置主要部分是高温气冷快中子反应堆。图7-55为反应堆装置概貌。反应堆冷却剂及电源装置的工作介质为含氦质量分数7.17%的氦-氙混合物。反应堆装置的主要特征如表7-15所示。在反应堆装置研发中,特别关注的主要问题是:

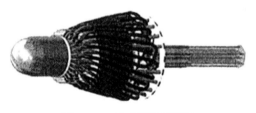

图7-55 反应堆装置概貌

表7-15 反应堆装置主要特征

参　　数	量　　值
主要运行状态下的热功率/kW	高至3 000
额定服役寿期/h	约100 000
反应堆出口温度/K	高至1 500

(1) 开发一种高密度燃料元件的制造技术,燃料包壳由单晶难熔合金制成。

(2) 进行反应堆回路试验,在预定运行条件下验证燃料元件的可使用性。

(3) 开发综合安全与控制系统执行部件的制造和综合测试技术。

(4) 开发基于铌、钼、钨和耐热镍合金等难熔材料的制造技术。

(5) 根据综合的实验验证计划,测试反应堆样机(包括热、热工水力和振动-冲击测试)及其单个部件(堆芯、反射层、辐射屏蔽和堆容器等)。

2) 在推进-电源模块设计开发方面

主要包括开发和验证燃料组成、燃料元件包壳(钨和钼合金)、高温和绝热材料的封接、中子物理与核安全、氦-氙冷却剂回路的热物理学以及辐射屏蔽;验证制造材料的选择、结构部件的寿期特性、综合安全与控制系统吸收部件的长期可用性(包括对1 073 K以上温度下的碳化硼的研发)。

设计开发时必须考虑下列各种因素:

(1) 候选燃料成分当燃耗(百分比燃耗)高达10%时的可用性。

(2) 燃料肿胀与气态裂变产物的释放、燃料元件的内部压力。

(3) 燃料温度高至2 000~2 500 K,燃料元件壁温高至1 950 K。

(4) 燃料元件包壳与燃料材料(氧化铀或碳、氮化铀)的相互作用。

(5) 包壳材料在高温和长期中子辐照下的强度。

3）在中子物理和核安全研发方面

主要科学问题是针对整个服役寿期优化中子特性,在所有预期和非预期事故下实现核安全,并且使反应堆质量达到最小,不需要调节堆芯组成和安全、控制系统的控制棒。

（1）使用高富集度的铀燃料（90% ^{235}U）。

（2）中子谱在堆芯范围内变化幅度大——中心、堆芯外围和铍反射层附近,快中子、中能中子和热中子的分布及变化。

（3）不具备很强的温度/功率反应性反馈。

（4）在假想事故下,需要补偿较高的过剩反应性（当含氢介质流进回路时）。

4）在辐射屏蔽研发方面

主要是根据以下约束来优化辐射屏蔽的质量-尺寸特性。这些约束条件有：屏蔽质量最小;确保辐射水平对反应堆装置安全与控制系统的自动化设备可以接受,包括逻辑部件采用的商用计算机、步进马达控制块和高压整流器;辐射屏蔽的可制造性以及在整个寿期内的有效性。

研发与验证辐射屏蔽的主要问题如下：

（1）缺少有关保护性材料以及反应堆装置综合安全与控制系统自动化部件、整流器和其他电子器件对于辐射耐受能力的经验数据和文字信息。

（2）影子屏蔽要有大量通道以容纳安全与控制系统和带有高温冷却剂的管线,增加了复杂性。

（3）有效保护性材料选择余地小,电子设备要有较强的辐射耐受力。

2012 年 11 月,俄罗斯《原子能》杂志介绍了俄兆瓦级核动力飞船的进展情况。包括高温气冷快中子反应堆、辐射屏蔽、综合安全与控制系统的反应堆装置的初步设计已经完成,反应堆装置的设计开发采用了现代计算技术和 3D 模拟手段。反应堆热功率为 3 MW,服役寿期为 10 万小时,冷却剂为氦-氙混合气体。反应堆选择高密度核燃料,燃料包壳采用难熔合金。已研发并验证了燃料成分、燃料元件包壳材料、中子物理与核安全、冷却剂回路热物理学与辐射屏蔽,并验证了制造材料、结构元件寿期特性、综合安全与控制系统元件寿期可用性等。接下来将开展反应堆堆内试验和堆外试验。

7.3.2.4　风险评价

技术可行性并不能确保开发计划的成功完成。俄罗斯早期的太空核反应堆开发计划中曾有过成熟的技术开发计划被非技术原因终止的例子;美国国家航空航天局(NASA)的"星座"计划搁浅是最近的一个例子。考虑到这些，把这些可能造成计划取消的关键性非技术原因称为"关切"。这些关切应该看成是提高计划生存力所需要解决的问题。

俄罗斯为期9年的NEP研发进度对航天工业计划来说是典型的。俄罗斯政府目前确保的研发预算对计划来说是一个好的开始。然而，在这段时间里俄罗斯快速的通货膨胀实际上把这笔钱的数量至少减少一半。兆瓦级核反应堆电源的研发有可能需要一些新的设施，因为目前的实验设施只能操作$100\sim150$ kW级的装置。新设施的开发也需要花费时间和资金。因此，尽管兆瓦级空间NEP技术开发在几年内似乎是可行的，但没有进一步投资，开发计划可能遭受资金短缺，从而拖延进度，增加预算，最后导致计划的取消。另一个关切是，苏联的空间核反应堆计划到目前的兆瓦级空间堆计划之间相隔近1/3世纪。在这一期间，大量的有用经验和人员可能都已流失了，尽管在未来数年内计划可以良好地推进。

NEP空间飞行器的开发应该说很有希望成功，但由于核动力飞行器的用途专一，所以要求有未来更长时间的规划。进入轨道后，NEP飞行器在$12\sim15$年的寿期内要求专门的关注与充足的资金。作为一个飞行器，NEP也要有将要运输的有效载荷，也就是说，要求开展配套的$12\sim15$年的有效载荷计划并有资金支持。否则，NEP有可能重蹈俄罗斯"能源号"火箭仅试验两次就因没有足够大的有效载荷而退役的覆辙。

未来NEP飞行器任务的核安全问题可以按照与TOPAZ相同的方式来解决，也就是将亚临界的反应堆送入约800 km高度的轨道，然后在800 km以上的轨道运行。地球轨道上的NEP活动要求开展全球监督，确保飞行安全，包括开发全球雷达网或者开展国际合作。NEP星际任务则要求远距离的空间通信网络。

目前，以上关切都不影响开发计划的成功实现。但是，上述问题都应该得到解决，以避免产生计划被取消的风险。

7.3.2.5 仍含悬念的倾向性结论

苏联TOPAZ任务早已在较小规模上论证了NEP概念。近期俄罗斯NEP概念的基础是将现有技术升级到兆瓦级。尽管现有技术的选用过程有一定挑战，但NEP的开发是技术可行并能够成功的，除非该计划因非技术原因被取消。NEP太空飞行器的成功开发将把太空探索实践带上新的层次，原因如下：

（1）将 NEP 用于太空运输,使得其与传统化学推进技术相比,带入到目的地的有效载荷质量大大增加。

（2）有效载荷的增加使得实现更有挑战性的任务成为可能,如月球人类基地、载人火星探索、从太阳系行星返回样品等。

未来 NEP 任务确保核安全的方式是坚持联合国方针,与 TOPAZ NPS 任务相同。

为了保持需求,未来 NEP 太空飞行器还需要配套的有效载荷计划。此外,还要求有强大的支撑性的监测手段与通信雷达网络。

作为中国的核能科技工作者,我们预祝,也乐见俄罗斯研制的世界上第一艘兆瓦级核动力飞船取得圆满成功!

参考文献

[1]　波诺马廖夫-斯捷普诺依 N N. 空间核动力(热电转换和热离子转换的空间核反应堆电源 "ROMASHKA"和"ENISEY")[M]. 刘舒,译. 北京:原子能出版社,2015.

[2]　波诺马廖夫-斯捷普诺依 N N,库哈尔金 N E,乌索夫 V A. 俄罗斯的空间核电源和核热推进系统(内部资料)[R]. 王丽英,译. 北京:中国原子能科学研究院,2002.

[3]　Staub D W. SNAP programs summary report [R]. Canoga Park, Calif: Atomics International Division,1973.

[4]　Voss S S. SNAP reactor overview [R]. New Mexico: Air Force Weapons Laboratory, August, 1984.

[5]　中国核科技信息与经济研究院. 军用核动力最新进展[C]. 北京:中国核科技信息与经济研究院,2010:222-250.

[6]　Rhss H S. 采用堆内单节热离子燃料元件的 SPACE-R 热离子空间核电源系统(内部报告) [R].苏著亭,译. 北京:中国原子能科学研究院,1992.

[7]　Poston D I. The heatpipe-operated mars exploration reactor (HOMER) [R]. Los Alamos: Los Alamos National Laboratory, 2000.

[8]　Amiri B W, Sims B T, Poston D I, et al. A Stainless-steel, Uranium-dioxide, Potassium-heatpipe-cooled surface reactor [C]. New Mexico: Space Technology and Applications International Forum, 2006:289-297.

[9]　Mason L, Casani J, Elliott J, et al. A small fission power system for NASA planetary science missions [R]. Cleveland, Ohio: Glenn Research Center, 2011.

[10]　Gibson M A, Mason L S, Bowman C L, et al. Development of NASA's small fission power system for science and human exploration [R]. Cleveland, Ohio: Glenn Research Center, 2015.

[11]　Poston D I, McClure P R, Dixon D D, et al. Experimental demonstration of a heat pipe-stirling engine nuclear reactor [J]. Nuclear Technology, 2014, 188(3): 229-237.

[12]　Greenspan E. Encyclopedia of nuclear energy [M]. Amsterdam (Netherlands): Elsevier Inc., 2021.

[13]　Sanchez R, Grove T, Hayes D, et al. Kilowatt reactor using Stirling technologY (KRUSTY) component-critical experiments [J]. Nuclear Technology, 2020,206(Suppl.): 56-67.

[14]　Grove T, Hayes D, Goda J, et al. Kilowatt reactor using Stirling technologY (KRUSTY) cold

critical measurements[J]. Nuclear Technology，2020，206(Suppl.)：68-77.

［15］ Poston D I，Gibson M A，McClure P R，et al. Results of the KRUSTY warm critical experiments［J］. Nuclear Technology，2020，206(Suppl.)：78-88.

［16］ Poston D I，Gibson M A，Sanchez R G，et al. Results of the KRUSTY nuclear system test［J］. Nuclear Technology，2020，206(Suppl.)：89-117.

［17］ 科罗捷耶夫 A S. 核火箭发动机［M］. 郑官庆，王江，黄丽华，等，译. 上海：上海交通大学出版社，2020.

［18］ Powell J，Maise G，Paniagua J. MITEE：A compact ultralight nuclear thermal propulsion engine for planetary science missions［C］//forum on innovative approaches to outer planetary exploration 2001-2020. 2001，1：66.

［19］ 邢继发. 世界导弹与航天发动机大全［G］. 北京：军事科学出版社，1999.

［20］ 许春阳. 俄罗斯计划开发兆瓦级核火箭发动机［J］. 研究堆与核动力，2010，36(4)：1-2.

［21］ 科罗捷耶夫 A S. 原子能空间应用新阶段［J］. 许春阳，译. 研究堆与核动力，2010，36(4)：3-6.

［22］ 许春阳. 空间核动力专家评兆瓦级核飞船开发计划［J］. 研究堆与核动力，2011，44(6)：1-15.

结束语

——人间正道是沧桑

空间核动力已经走过了半个多世纪的发展历程,取得了极其重要的成果。放射性同位素电源(含热源)和空间核反应堆电源已经多次应用于宇宙空间任务中,为军用和研究用的航天器提供电能或热能。特别是空间核反应堆电源和核火箭发动机的研发工作为把核动力应用于宇宙空间的未来发展提供了雄厚的技术基础。

纵观空间核动力的发展历史,我们不仅看到了科技工作者所创建的一座座骄人的科学丰碑,而且还格外高兴地注意到了那些符合社会公众意愿、体现人类良知的、具有深刻意义的重大发展变化。一是人们对空间核动力的安全性越来越重视。相继制定了以 1992 年 12 月联合国专门会议通过的"关于在外层空间使用核动力源的原则"为中心的一系列国际法规和准则等。只要在研发、应用和处置的各阶段严格按照相关安全原则办事,空间核动力的安全是有保证的。二是人们关于空间核反应堆电源和核火箭发动机第一应用领域的观点已经逐步改变并回归理性。如果说在 60 多年前美、苏两个超级大国首先考虑的是如何把核动力应用于装备弹道导弹和战略轰炸机,作为相互攻击的手段,那么在和平和发展成为主要潮流的当今世界,不论在政治经济和科学技术上,还是在环境生态和法律法规上,都要求把核能应用于地球和地球大气层外的空间,应用于为全人类的共同利益而协调一致的行动过程中,使空间核动力成为推动人类社会进步的正能量。三是以美、苏为代表的曾经对立的两大阵营,在极为敏感的空间核动力技术领域竟然开始了密切合作。其中,20 世纪 90 年代的"TOPAZ 国际计划"堪称是空间核动力国际合作的典范。在相关国家(俄、美、英、法、意)中,特别是在美国核科技界产生了极其强烈、极其深刻的正面影响。从这些现象中我们清楚地看到了空间核动力未来发展的光辉前景。当然,道路可能是非常曲折的,但前途必定是光明的。

地球是人类的共有家园。21世纪,人类文明面临着既要解决宏伟的、与研究深空有关的超高能耗任务(如探索生命起源和地外文明,拓展人类生存空间,开发利用宇宙空间资源等),又要对付很多全球性的威胁(其中包括来自宇宙空间的威胁,如小行星撞击地球等),以保障人类自身的安全。空间核动力融核能、航天、材料、信息、控制、环境、生命等科学为一体,是综合性的高、精、尖前沿科学工程技术,其功能极为强大。在完成上述任务中,空间核动力所处的地位是不可替代和不可或缺的。俄罗斯两个空间核动力的顶尖专家N.N.波诺马廖夫-斯捷普诺依院士和A.S.科罗捷耶夫院士一致认为,空间核动力系统的研发是极其复杂的、费用浩大的活动,开展广泛的国际合作,采用各个国家的最高科研成果,可极大地节约经费和有效地缩短研发周期,这无疑是最有效的途径。

人间正道是沧桑。放眼当今世界,人类正在走向同舟共济、命运密切相关的共同体,"世界很小,是一个家庭。"空间核动力终将成为人类的共同事业,它必将对科学的发展、民生的改善和社会的进步产生巨大的推动作用。忆往昔,我们对弥天大勇的"万户飞天"怀着深深的敬意;看今朝,我们对空间核动力的未来发展充满了强烈的信心!

正是——春秋有序,人民不亏时彦;宇宙无极,伟业尚待后贤。

致　谢

在中国核动力研究设计院于俊崇院士的举荐和支持下，在上海交通大学出版社杨迎春博士的指导和帮助下，经过 8 个月的不懈努力，我们终于完成了《空间核动力》一书的初稿。

在编写过程中，我们查阅、学习、参考和借鉴了许多国内外公开出版或发表的图书杂志、会议文集、专题论文和研究报告，以及中国原子能科学研究院、中国核科技信息与经济研究院和中国空间技术研究院一些科技人员的相关研究报告。这些资料都逐一列在《空间核动力》各章的参考文献中。

虽然《空间核动力》作者署名为苏著亭、杨继材和柯国土，但实际上，上述 3 个研究院及其他单位的不少科技人员以不同的形式（包括直接参与编写、提供资料和咨询、查对技术数据、校核和修改书稿、提出意见和建议等）对本书的编写给予了具体的支持。这些人员如下：中国原子能科学研究院的胡古和于宏（2 人参加完成了第 6 章的编写）、孙征、安伟健、霍红磊、吴晓春、解家春、赵守智、姚成志、刘兴民、曹绳全、李耀鑫、卢浩琳、杨文、杨启法、杨洪广、褚凤敏、郑剑平、齐立君、张华峰、许国华、杜开文、郝老迷、柴宝华、魏国锋、浦胜娣、陈仁济、阎凤文、华孝康、赵品台、姚世贵、胡定胜、林生活、刘振华、朱庆福、金华晋、贾占礼、钱道元、冯嘉敏、袁建东、郭孝威、李松、徐启国、张明葵、李振毅、王谷军、骆志文、程多云、吕品、刘天才、王玥、罗志福、姜山、王仲文等；中国核科技信息与经济研究院的许春阳、王颖、王春芬、宋清林等；中国空间技术研究院的韩国经、姚伟、周成、朱安文等；中国核工业集团公司伍庆昌、刘振河、丁春明、黄国俊、冯运昌、傅满昌、孙礼亚、薛小刚、杜学恭、孙彦辉；中国原子能工业有限公司杨天禄、郝建军；上海航天八院汪南豪；中国人民解放军总装备部康力新、李景、徐宏广、施庆余；国防科工局黄东兴；国家环保部李吉根等都提出了宝贵意见。中国原子能科学研究院老科协打字室的赵欣等为书稿的文字录入、修改和初步排版做了大量工作。上海交通大学出版社及相关单位的专家为本书的校审、编辑和正式出版做了极为富有成效的工作。

在此,我们对上述的各位以及其他所有为本书编著和出版给予过支持和帮助的朋友们,表示诚挚和深切的谢意。

苏著亭　杨继材　柯国土

2024 年 1 月　北京